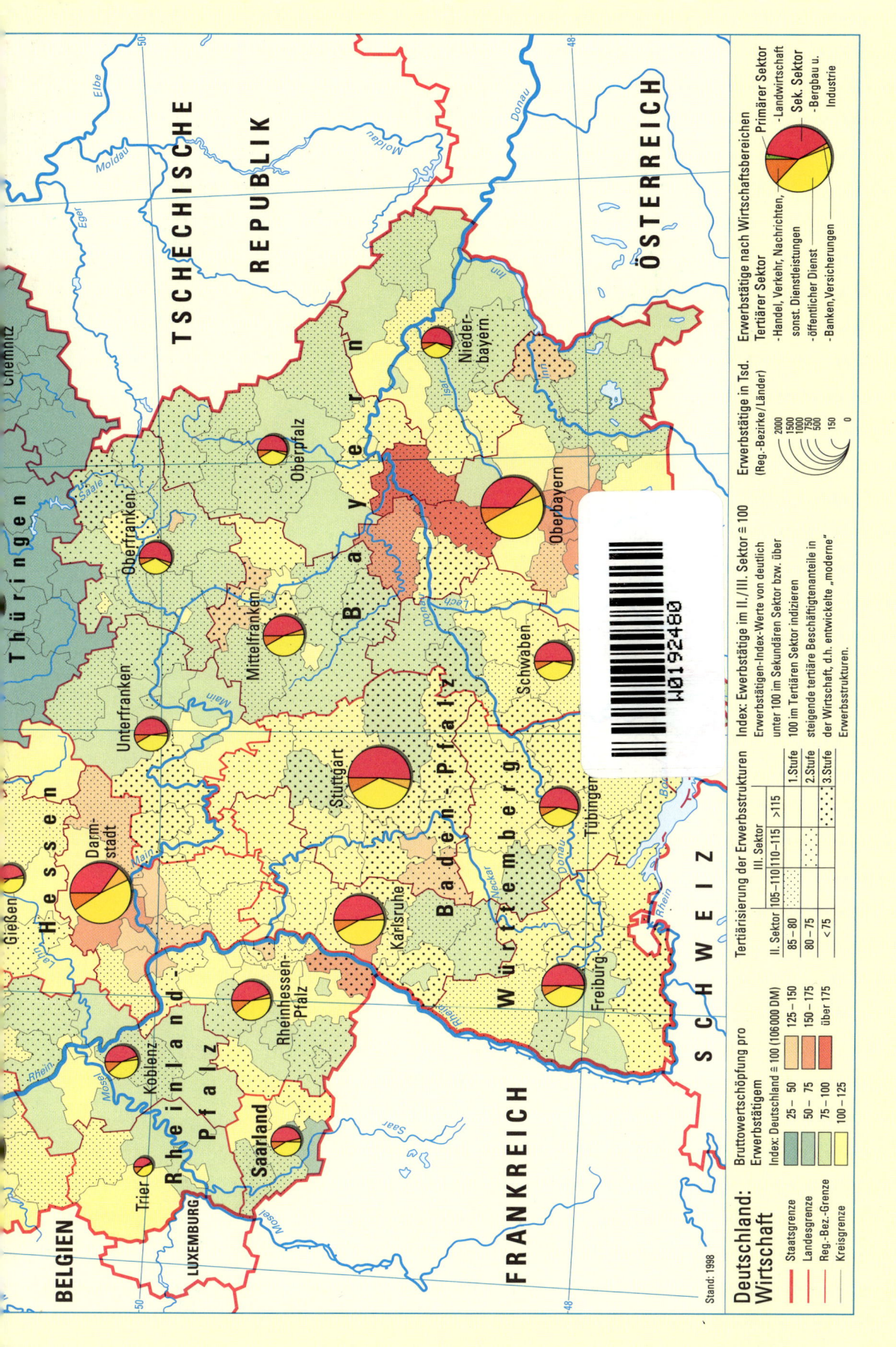

Stand: 1998

Deutschland: Wirtschaft

Erwerbstätige nach Wirtschaftsbereichen

Primärer Sektor
- Landwirtschaft

Sek. Sektor
- Bergbau u.
- Industrie

Tertiärer Sektor
- Handel, Verkehr, Nachrichten,
- sonst. Dienstleistungen
- öffentlicher Dienst
- Banken, Versicherungen

Erwerbstätige in Tsd.
(Reg.-Bezirke/Länder)

2000
1500
1000
750
500
150
0

Index: Erwerbstätige im II./III. Sektor ≅ 100

Erwerbstätigen-Index-Werte von deutlich
unter 100 im Sekundären Sektor bzw. über
100 im Tertiären Sektor indizieren
steigende tertiäre Beschäftigtenanteile in
der Wirtschaft, d.h. entwickelte „moderne"
Erwerbsstrukturen.

Tertiärisierung der Erwerbsstrukturen

	III. Sektor		
II. Sektor	105–110	110–115	>115
85 – 80			1.Stufe
80 – 75			2.Stufe
<75			3.Stufe

Bruttowertschöpfung pro Erwerbstätigem

Index: Deutschland ≅ 100 (106 000 DM)

25 – 50
50 – 75
75 – 100
100 – 125
125 – 150
150 – 175
über 175

Staatsgrenze
Landesgrenze
Reg.-Bez.-Grenze
Kreisgrenze

Ländernamen und Gebiete:

BELGIEN
LUXEMBURG
FRANKREICH
SCHWEIZ
ÖSTERREICH
TSCHECHISCHE REPUBLIK
Thüringen
Hessen
Rheinland-Pfalz
Saarland
Bayern
Baden-Württemberg

Niederbayern
Oberpfalz
Oberfranken
Mittelfranken
Unterfranken
Oberbayern
Schwaben
Stuttgart
Tübingen
Karlsruhe
Freiburg
Darmstadt
Gießen
Koblenz
Trier
Rheinhessen-Pfalz

Chemnitz
Elbe
Moldau
Eger
Saale
Main
Mosel
Saar
Rhein
Neckar
Donau
Lech
Isar
Inn

PERTHES GEOGRAPHIEKOLLEG

Allgemeine Industriegeographie

Jörg Maier
und Rainer Beck

*102 Abbildungen
und 8 Tabellen
sowie 11 Übersichten*

KLETT-PERTHES
Gotha und Stuttgart

Die Deutsche Bibliothek – CIP-Einheitsaufnahme

Maier, Jörg
Allgemeine Industriegeographie / Jörg Maier ; Rainer Beck . - Gotha ;
Stuttgart : Klett-Perthes, 2000
  ISBN 3-623-00851-6

Anschriften der Autoren:
Prof. Dr. JÖRG MAIER, Universität Bayreuth, Lehrstuhl Wirtschaftsgeographie und
Regionalplanung, Universitätsstraße 30, 95440 Bayreuth
RAINER BECK, Universität Bayreuth, Lehrstuhl Wirtschaftsgeographie und
Regionalplanung, Universitätsstraße 30, 95440 Bayreuth

Umschlagfoto:
Rolf Köppen Fotografie, Duisburg

ISBN 3-623-00851-6
1. Auflage

Lektor: Dr. KLAUS-PETER HERR, Gotha
Einband: KLAUS MARTIN, Arnstadt, und UWE VOIGT, Erfurt
Druck und buchbinderische Verarbeitung: Salzland Druck & Verlag, Staßfurt

Gedruckt auf Papier aus chlorfrei gebleichtem Zellstoff.

http://www.klett-verlag.de/klett-perthes

Inhalt

Teil A:
Problemstellung und Begriffsabgrenzung:
Industrie und Gewerbe unter dem Einfluss der Globalisierung von Wirtschaftsstrukturen

Die sozio-ökonomische Entwicklung ist weltweit gekennzeichnet durch tiefgreifende Wandlungserscheinungen. Die standortorientierte Industriegesellschaft tritt zugunsten einer flexibleren Dienstleistungsgesellschaft zurück. Im Zuge dieses gesamtgesellschaftlichen Wandels kommt der Betrachtung der räumlichen Aspekte wirtschaftlicher Aktivitäten eine besondere Bedeutung zu.

Der Wirtschaftssektor Industrie und Gewerbe zählt dabei auch heute noch zu den wichtigsten Teilbereichen der bundesdeutschen Wirtschaft, und stellt wegen seiner Umweltauswirkungen einen wichtigen Aspekt nicht nur der Wirtschafts-, sondern auch der Gesellschaftspolitik dar. Die Raumwissenschaft ist deshalb, und nicht nur aufgrund von Fragen der Standortanalyse wie in traditionellen Untersuchungen der 1970er Jahre aufgerufen, den Komplex der industriellen Wirkungen detailliert zu studieren und zu bewerten. Im Mittelpunkt der Betrachtung stehen deshalb drei Themenbereiche:

- Das Problem der Standortkomponenten und -faktoren sowie Ansätze zur Erklärung von Standortstrukturen und -prozessen, wobei der Schwerpunkt hier auf Fragen der wirtschaftlichen und regionalen Konzentration der Industrie liegt. Insbesondere soll die Situation in Verdichtungs- und in peripheren Räumen als Ergebnis von Effekten der Globalisierung, der Internationalisierung, des wirtschaftlichen Strukturwandels und auch der neuen „Fabrikkonzepte" betrachtet werden. Ebenso wird der Frage nach der Bedeutung kleiner und mittlerer Unternehmen nachgegangen;
- die Faktoren des Entscheidungs- bzw. Konfliktbereiches Industrie in Gestalt der Unternehmer, die Rolle staatlicher und kommunaler Maßnahmen sowie der Arbeitnehmer und
- die Wirkungseffekte der Industrie im ökonomischen, sozialen und ökologischen Bereich, wobei auch Fragen der Umweltschutzmaßnahmen sowie der Umweltindustrie als Wachstumsbranche behandelt werden.

1   Industrie und gesellschaftlicher Wandel

Die historische Darstellung der Entwicklung von Industrie und Industrialisierung soll im Sinne handlungstheoretischer Überlegungen deutlich machen, dass diese Entwicklung ohne den Aufbau einer bestimmten Geisteshaltung (philosophische Grundhaltung) gar nicht denkbar wäre.

Dabei muss schon an dieser Stelle auf die Unterscheidung zwischen Industrialisierung und Industrie aufmerksam gemacht werden. Erstere bezeichnet als Prozessbild des gesellschaftlichen Wandels eine der tiefgreifenden sozialen Veränderungen in der geschichtlichen Entwicklung und kommt nur unzureichend in der Wirtschaftssektoren-Darstellung von J. FOURASTIÉ (1954) oder C. CLARK (1957) zum Ausdruck. Der Begriff Industrie ist dagegen in erster Linie technisch-organisatorischer Natur, aus rechtlicher und statistischer Notwendigkeit geboren, und umfasst als Strukturbild einer Wirtschaftsbranche folglich nur einen Teilfaktor des gesellschaftlichen Wandels.

Versucht man diesen Prozess zeitlich zu gliedern, so kann man – sicherlich grob verallgemeinert – nach der wirtschaftshistorischen Literatur von den Manufakturen absolutistischer Herrschaftsstrukturen und der Gewerbeentwicklung des 17. und 18. Jahrhunderts als ersten Ansätzen ausgehen. Die Zeit großer technischer Erfindungen Anfang des 19. Jahrhunderts (1780 – Erfindung der Dampfmaschine durch James Watt – bis 1840) lässt sich als Frühstadium industrieller Entwicklung oder als Zeit industrieller Information bezeichnen. Erst allmählich und keineswegs zeitlich eindeutig fixierbar breitete sich die industrielle Tätigkeit aus, wobei der erste Aufschwung (1840 – 1875) von dem Aufbau einer privaten Unternehmerschaft kapitalistischer Prägung begleitet wurde. Der Zeitraum von 1875 – 1914, von manchen Autoren auch als industrielles Reifestadium bezeichnet, ist durch eine Weiterentwicklung privaten Unternehmertums bis hin zu der Ausbildung betrieblicher Kooperationen und Konzern-/Kartellbildung gekennzeichnet.

Abb. A 1: Entwicklung der Wirtschaftssektoren
Abb. A 1.1 links: Die Drei-Sektoren Hypothese
Abb. A 1.2 rechts: Tatsächliche Entwicklung zum Vergleich
Quelle: BADE 1994, S. 176

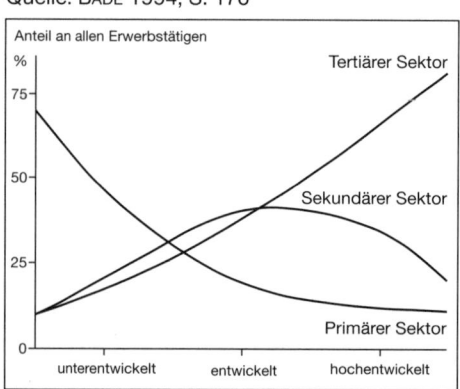
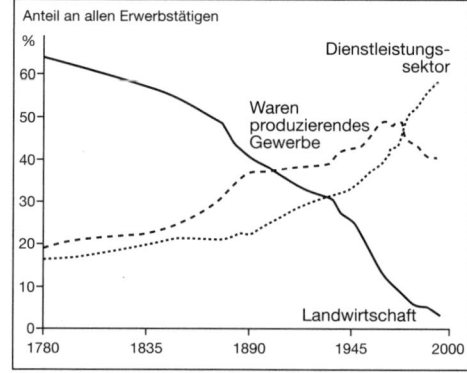

Die nachfolgende Zeit (1914 – 1935) ist durch die Kritik an der Selbstregulierbarkeit des Marktmechanismus und seiner sozialen Folgen, von einer Zunahme staatlichen Einflusses im Wirtschaftsleben (Interventionismus vs. Liberalismus) geprägt. Ergänzend dazu kann man den Zeitraum nach dem Zweiten Weltkrieg, nach der Phase des Wiederaufbaus, durch die zunehmende Internationalisierung und betriebliche Verflechtung im industriellen Bereich beschreiben. Die Entwicklung in neuester Zeit ist gekennzeichnet durch die Globalisierung der Wirtschaft. An der Spitze dieser Entwicklung stehen Unternehmen, die sich als global players verstehen. Sie betrachten die ganze Welt als ihren Markt, zunehmend auch als ihren Produktionsstandort.

Angesichts dieser Entwicklungen und der damit verbundenen betrieblichen Veränderungen, die die industrielle Entwicklung für die Wirtschaft und Gesellschaft gebracht haben, soll im folgenden Kapitel auf die Industrie als Gegenstand der Geographie eingegangen werden.

1.1 Industrie und Gewerbe als Gegenstand der Geographie

Tätigkeiten der Industrie berühren fast jeden Lebensbereich und haben immer auch räumliche Wirkungen: Wachstumsindustrien sichern und schaffen Arbeitsplätze, schrumpfende Industrien verursachen Unterbeschäftigung, Stillegung von Betrieben und Arbeitslosigkeit. Obwohl die Industrie in den hochindustrialisierten Ländern auf vielfältige Weise in das Leben eines jeden Menschen, als Arbeitnehmer, Konsument oder Bewohner, eingreift und Nutzungskonflikte häufig sind, sind selbst in diesen Ländern mit starker internationaler Verflechtung die Kenntnisse von Tätigkeitsanforderungen und -bedingungen in der Industrie, von den Veränderungen der internationalen Arbeitsteilung und den regionalen Entwicklungschancen der Industrie eher gering.

Angesichts dieser Wirkungen stellt sich die Frage, weshalb die Geographie doch erst relativ spät (im Gegensatz zur Entwicklung etwa der Agrargeographie) Analysen industrieller Erscheinungen durchgeführt hat? Dies dürfte darin begründet liegen, dass z.B. die Grundlagen der Agrarwirtschaft organische Gebilde bzw. an bestimmte Fakten gebundene Pflanzen- und Tierbestände sind. Die Fragen, die sich daraus ergaben, waren einfacher zu bearbeiten als die Probleme, die sich in der Industrie auftun, weil diese aus ganz anderen Elementen zusammengesetzt ist und insbesondere technisch-betriebswirtschaftliche Vorgänge in der Produktionsweise dominieren (Harms Handbuch..., S. 119). Die Geographie ist neben der Industriebetriebswirtschaftslehre, der Volkswirtschaftslehre, der Soziologie, der Wirtschafts- und Sozialgeschichte nur eine von mehreren Wissenschaften, die sich mit industriellen Fragestellungen beschäftigt. In Hinblick auf die Stellung der Industriegeographie innerhalb der geographischen Organisationspläne gilt sie als Teil der Wirtschaftsgeographie (Abb. 1.2).

Im Gegensatz dazu weisen die theoretischen Bezüge und Ziele, inhaltlichen Schwerpunkte, Methoden und Verfahren industriegeographischer Analysen ein überaus breites Spektrum auf. Man kann die Vielfalt der parallel zueinander beschrittenen Wege der Forschung sogar fast als Kennzeichen der Entwicklung, nur zum Teil jedoch noch der derzeitigen Situation ansehen. Bereits OTREMBA (1960, S. 246) hat belegt, dass eine Trennung der vorhandenen Literatur in historisch klar voneinander unterscheidbare Betrachtungsweisen in diesem Teilbereich geographischen Arbeitens nur schwer durchführbar ist. Man kann feststellen, dass bis in die 1960er Jahre neben der deskriptiven, vor allem auf die physiognomisch sichtbaren Strukturveränderungen industrieller Standorte ausgerichteten Behandlung (etwa bei KOLB 1951, S. 207 – 219) die geodeterministische Analyse mit dem Ziel der Erfassung kausaler Beziehungen zwischen Natur und Mensch vorherrschte. Während diese Sichtweisen inzwischen in den Hintergrund getreten sind, besitzt die enzyklopädisch-statistische Betrachtungsweise heute noch weite Verbreitung. Insbesondere durch die Konzentration auf regional differenzierte statistische Datenanalysen bei einer Vernachlässigung des Menschen als Raumgestalter wurde der Weg für eher positivistisch an volks- und/oder betriebswirtschaftliche Standortkomponenten-Analysen naiver Art angepasste Arbeiten geebnet. Demgegenüber nimmt OTREMBA (1960) mit seiner auf die Wirkungszusammenhänge der Industrietätigkeit aufgebauten funktionalen Betrachtung bewusst davon Abstand, wenngleich durch die Betonung der ökonomischen Kräfte die politischen und sozialen Einflusskräfte zurücktreten.

Um nun auf das (heutige) Erkenntnisobjekt der Industriegeographie genauer einzugehen, so ist dieses die Industrie und das Gewerbe schlechthin als raumprägendes Element, wobei die Forschungsschwerpunkte der Industriegeographie darin bestehen, einerseits entsprechende spezifische Standortstrukturen und -prozesse, Verflechtungen, Entscheidungs- und Einflussfaktoren, Wirkungseffekte sowie mit diesen Teilaspekten verbundene und aus diesen entstehende raumbezogene Probleme und Konflikte im Rahmen der allgemeinen Industriegeographie herauszuarbeiten, wie auch andererseits – jedoch eng verbunden mit den Erkenntnissen der Grundlagenforschung – raumordnerische und -planerische Regelungsmöglichkeiten für die mit diesen Teilaspekten verbundenen Problemsituationen anzubieten, worin sich ihre angewandte Forschungsarbeit ausdrückt. Hieraus ergibt sich, dass die Industriegeographie im Rahmen der Angewandten Geographie sich nicht auf die Erfassung der räumlichen Strukturen und Prozesse der Industrie beschränken kann, vielmehr ist es auch ihr Kennzeichen und ihre Aufgabenstellung, raum-zeitlich sich stellende Problemsituationen in Verbindung mit wie auch innerhalb der industriellen Tätigkeit als Gegenstand der Forschung aufzugreifen, um daraufhin in einem weiteren Schritt in Form konkreter Strategievorschläge zu deren Regelung beizutragen. In diesem Zusammenhang ist als grundlegender Bestandteil der angewandten industriegeographischen Arbeit ein enger Kontakt des Wissenschaftlers zu den Entscheidungsträgern der industrieräumlichen Gestaltung, also vorrangig zu Unternehmern aber ebenso zu regionalpolitischen Institutionen anzusehen. Somit kann als Standort der Angewandten Industriegeographie die Nahtstelle zwischen regionalökonomischer Theorie und regionalpolitischer Praxis festgehalten werden.

Auch ist gerade in jüngerer Zeit zu beobachten, dass im Rahmen angewandter industriegeographischer Arbeiten subjektive Einschätzungen und Bewertungen von seiten der Unternehmer und – daraus oft abgeleitet – unternehmerische Verhaltensmuster zunehmend Eingang in die Forschung finden, in Verbindung zu sehen

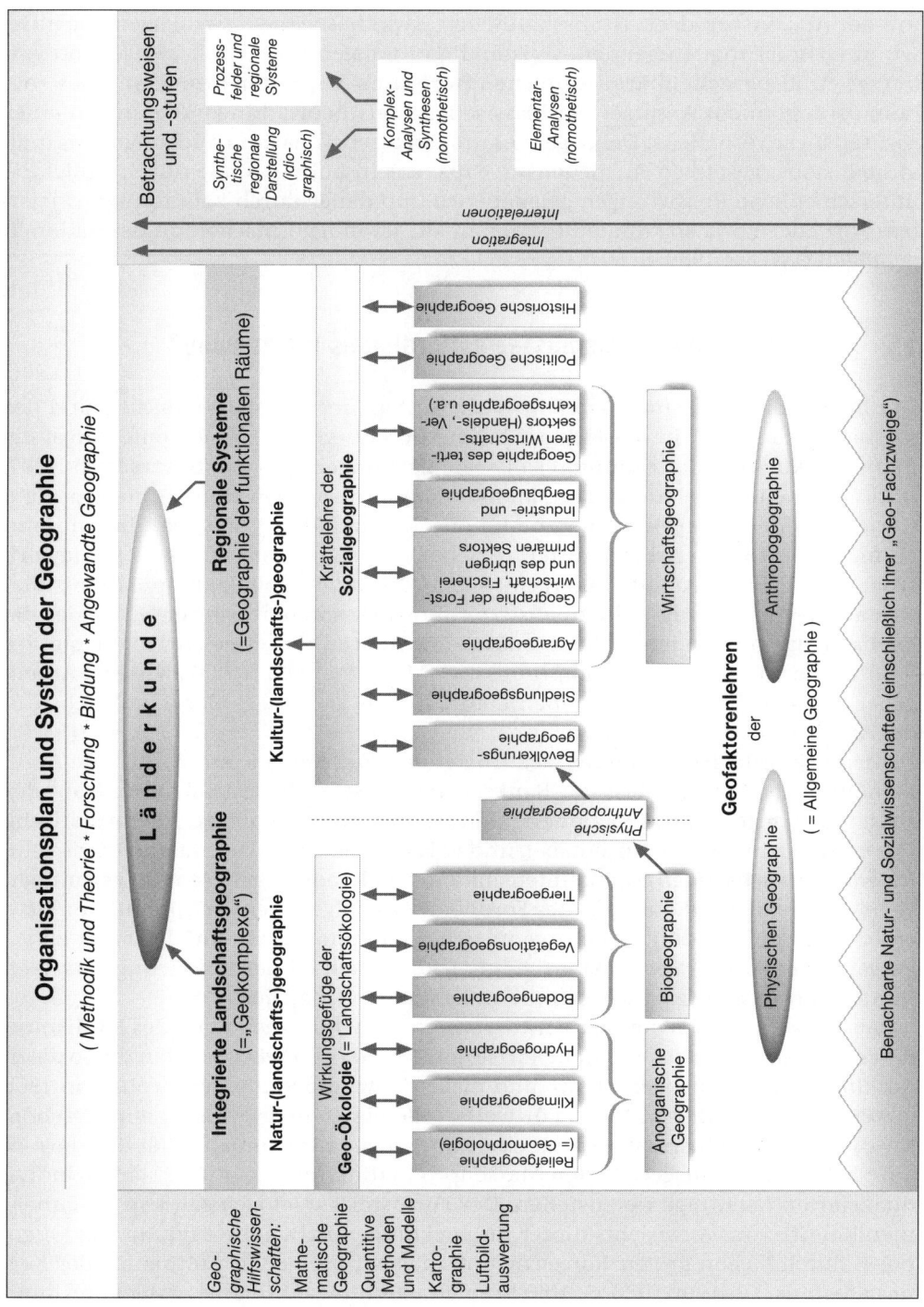

Abb. A 2: Organisationsplan und System der Geographie
Quelle: UHLIG 1970

mit der Abkehr von der wissenschaftlichen Hypothese eines normierten, nach Gewinnmaximierung strebenden, vollständig rationalen und damit weitgehend vorherseh- und berechenbaren unternehmerischen Verhaltens im Sinne des sog. homo-oeconomicus-Ansatzes der klassischen Preistheorie hin zu derjenigen eines sog. satisficer-Verhaltens. Dabei geht es um ein Streben nach Erreichung eines individuell selbst gesetzten Anspruchsniveaus, das in hohem Maße durch subjektiv unterschiedliche Bewertungen geleitet wird und daher durch kaum prognostizierbare, oft auch zufallsbedingte Reaktionen auf jeweilige Entscheidungssituationen geprägt ist (WEBER 1989, S. 69 ff.).

1.2   Die Krise des Fordismus – Postfordismus als Ausweg?

Der Begriff des Fordismus bezeichnet ein System der Massenproduktion und des Massenkonsums, das im Bereich der Produktion durch die konsequente und systematische Nutzung der economies of scale gekennzeichnet ist (STETTBERGER 1997, S. 26 ff.). In einem relativ starren Mensch-Maschine-System werden hochspezialisierte Maschinen eingesetzt, deren Monofunktionalität mit den von überwiegend gering qualifizierten Arbeitskräften versehenen standardisierten Abläufen tayloristisch organisierter Arbeit einhergeht. Die fordistische Kapitalakkumulation stützt sich auf den nur wenig individualisierten Konsum standardisierter Güter, der die Realisierung von Skaleneffekten zulässt. Die Reproduktion der Arbeit erfolgt im Rahmen des „fordistischen Kompromisses" (MÜHLECK 1992, S. 123) zwischen Arbeitgeber und Arbeitnehmer, der einen Lohnzuwachs garantiert, der dem Wachstum der Arbeitsproduktivität entspricht.

Den krisentheoretischen Betrachtungen der Fordismusdiskussion ist die Argumentation gemeinsam, dass der Bankrott fordistischer Industrialisierung auf der sinkenden Wirkung von Skaleneffekten beruht. Demnach wird die fordistische Produktion zunehmend unrentabel, und es setzt eine Überakkumulationskrise ein, indem der wachsenden Kapitalintensität eine sinkende Kapitalrendite gegenübersteht. Alternativ wird die Krise des Fordismus als Folge einer Überproduktion bzw. einer Unterkonsumtion erklärt, wenn sich die Kapitalrendite infolge einer zu geringen Warennachfrage rückläufig entwickelt. Nach beiden Erklärungsansätzen herrscht profit squeeze: Die Gewinne sinken oder bleiben aus.

Als erste Anzeichen einer gesamtwirtschaftlich wirksamen Krise des Fordismus, deren Beginn spätestens mit der Ölkrise von 1973 datiert wird, werden die sozialen Konflikte der späten 1960er Jahre und nicht zuletzt die Studentenrevolte von 1968 gewertet (AIGNER/MIOSGA 1997). Für weite Teile der Industrie waren eine Erschöpfung der Produktionsreserven und eine zunehmende Inkompatibilität der starren, auf Skalenerträge ausgerichteten Massenproduktion mit einer jetzt stärker individualisierten Nachfrage festzustellen. Der Fordismus zeigt sich seitdem als zunehmend ineffizient. Angesichts dieser Entwicklungen haben die Bildung von Oligopolen durch Fusion großer Konzerne und die als „inter- oder multinationaler Keynesianismus" (BRANDT 1986, S. 109) bezeichnete Internationalisierung von Unternehmen und Märkten das Ziel, den Prozess der postfordistischen Restrukturierung und damit die Auflösung fordistischer Strukturen der Akkumulation zu verzögern.

„Versuche, krisenhafte Entwicklungen durch aktives staatliches deficit-spending", durch Beschäftigungsprogramme, steuerliche Entlastungen und Unternehmenssubventionierung zu bekämpfen, schlugen mit nachlassendem ökonomischem Wachstum in eine strukturelle, inflationsanheizende Krise der Staatsfinanzen um. Auch protektionistische Versuche, den nationalen Standort zu sichern, wurden konterkariert durch die unternehmerische Strategie, die tayloristische Logik im Weltmaßstab durchzusetzen, um Kostenvorteile zu realisieren" (AIGNER/MIOSGA 1994, S. 25).

Als „Neofordismus" kritisiert MÜHLECK (1992, S. 224 f.) die Strategie, der Krise des Fordismus mit der Verlagerung fordistischer Produktion in periphere Wirtschaftsregionen zu begegnen. Eine Konsequenz dieser außereuropäischen Beschäftigungsentwicklung ist die Deindustrialisierung bislang hochindustrieller Regionen. GRABHER (1988, S. 27) begründet dieses auf die Zielgebiete sog. Niedriglohnländer gerichtete Outsourcing als Folge komparativer Kostenvorteile. So ist zu beobachten, dass „die Krise des Fordismus mit den Mitteln des Fordismus bekämpft" (AIGNER/MIOSGA 1994, S. 36) wird, indem fordistische Produktionsprinzipien in weltweitem Maßstab ausgedehnt werden. Im Ergebnis zeigen sich weltweite Netzwerke von abhängigen Subunternehmern, der Ausbau hierarchischer industrieller Kontrollbeziehungen in Form des Zusammenkaufens von Misch-Konzernen und die Einbindung abhängiger Zulieferbetriebe.

1.3 Postfordismus als Organisationsmuster industrieller Arbeit

Die neofordistischen Entwicklungen zeigen, dass es verfehlt wäre, von der Krise des Fordismus auf eine vollständige Ausmusterung fordistischer Elemente zu schließen. Postfordistische Elemente setzen sich zwar immer mehr durch, doch lassen diese die Annahme einer ausschließlich postfordistischen Restrukturierung nicht begründet erscheinen. Die Unterauslastung überwiegend monofunktionaler Produktionsanlagen führt zur Ablösung der Arbeitsproduktivität als Hauptkriterium effizienter Arbeitsorganisation durch die Gesamtproduktivität. Die Optimierung der Produktionsprozesse in Hinblick auf ein zunehmend flexibilisiertes Marktgeschehen ersetzt nun das Prinzip der Rationalisierung. Dabei tritt an die Stelle einer Zerlegung und der arbeitsteiligen Organisation der Arbeitsprozesse der Versuch ihrer Integration. Bislang getrennte Funktionen, wie Produktentwicklung, Produktion und Marketing, werden bei postfordistischer Arbeitsorganisation miteinander verzahnt. So wird die moderne Fabrik als ein learning laboratory gestaltet. (LEONARD/BARTON 1992, S. 23 – 38; WARNECKE 1993). Wirkungen dieser Flexibilisierung der Arbeit sind Effizienzsteigerung und Zeiteinsparungen infolge der Reduzierung von Schnittstellen zwischen den Arbeitsschritten, Verringerung des innerbetrieblichen Logistikaufwands aber auch ein infolge Parallelschaltung der Aufgaben höherer Prozessaufwand und somit ein Anstieg der Qualifikationsanforderungen. Die Kooperation von Produktentwicklung und Qualitätsmanagement, produktionsbegleitende Qualitätskontrollen und die Flexibilisierung der Produktion durch den Einsatz multifunktionaler, EDV-gesteuerter Produktionstechniken ermöglichen eine flexible Spezialisierung (REGINI 1986, S. 27; KRÄTKE 1996, S. 6 – 19)

Fordismus	Postfordismus
Individualisierung / Standardisierung • Massenprodukte • Tätigkeitsorientierung • Löhne • Preise • Wohnformen	**Flexibilisierung** • Produktdifferenzierung • Funktionsorientierung • Lohndifferenzierung • Preisdifferenzierung • individualisierte Wohnformen
Synchronisierung • starre Zeiten • Urlaub, Konsum, Freizeit • Verkehrsspitzen • Arbeitseinkommen	**Entkopplung** • flexible Zeiten • Individualisierung • Verkehrsentzerrung • Entlohnung ohne Arbeit

Konzentration / Zentralisierung
• Konzentration der Arbeit
• Konzentration bestimmter Fertigungen
• Verstädterung, Konzentration
  auf Ballungskerne
• Infrastruktur; Großkrankenhäuser, -Schulen
• zentrale Energieversorgung
• komplexe Politikeinheiten
• zentrales Management, Großverwaltungen
• zentrale Koordination
• substanzorientierte Kapitalbeschaffung
	Dekonzentration
	• Lockerung des Fabriksystems
	• Lockerung der Standortbindungen
	• Zersiedelung, Sub-/Disurbanisierung
	• kleinere Einheiten
	• dezentrale Konzepte
	• Bürgerinitiativen
	• Profit Centres, Teams, Projektgruppen,
	  Qualitätszirkel
	• Autokoordination
	• konzeptionierte Kapitalbeschaffung

Maximierung • Economies of Scale • quantitatives Wachstum • Teilmaximierung	**Optimierung** • flexible Fertigung • qualitatives Wachstum • Gesamtoptimierung

Übersicht A 1: Fünf Aspekte des technischen, ökonomischen und sozialen Paradigmenwechsels
Quelle: GRABOW 1988, S. 38

und den Einsatz von flexiblen, qualifizierten Arbeitskräften sowie multifunktionalen Maschinen zur Realisierung schneller Reaktionen auf ein zunehmend individualisiertes Marktgeschehen mit zunehmendem Dienstleistungsanteil in den Produkten. So verlieren economies of scale an Bedeutung gegenüber economies of scope. Die Produktion in hochindustrialisierten Nationen konzentriert sich auf Präzisionsprodukte, Produkte nach Kundenwunsch und Technologieprodukte.

Die Flexibilisierung der Produktion bringt zudem eine Reduzierung der Fertigungstiefe der Unternehmen und eine grundsätzliche Neudefinition von Zulieferbeziehungen mit sich. Im Postfordismus entstehen neue, systematische Kooperationsbeziehungen mit zunehmender vertikaler Arbeitsteilung und einer „Ausbildung von flexiblen Netzwerken formell selbständiger kleiner und mittlerer Produktionsstätten" (KRÄTKE 1991, S. 31).

Die Überkomplexität fordistischer Fertigung wird dabei durch eine weitgehende Konzentration auf die Kernaktivitäten der Unternehmen ersetzt, während solche Leistungen, deren externer Bezug mit Kostenvorteilen verbunden ist, ausgelagert werden.

Damit geht die Entwicklung eines Variantenmanagement einher, das es infolge der funktionalen Konzentration der Unternehmen ermöglicht, für kleiner

	Fordistisch-tayloristisches Modell	Post-Fordistisches Modell
Produktions-organisation	• Komplexe, aber starre Einzweck-technologien, zeitaufwendige und teuere Umstellung auf neue Produkte • hohe vertikale Integration (Fertigungstiefe) • funktional und räumlich lockere Beziehungen zu Lieferanten • viele direkte Zulieferer • große Lagerhaltung • Fließband	• flexible Mehrzwecktechnologien, relativ schnelle und kostengünstige Umstellung auf neue Produkte • abnehmende vertikale Integration • funktional organisierte Zuliefer-systeme *(single sourcing, modular sourcing und global sourcing)* • starke Abnahme der Zahl der Direktlieferanten *just in time-Anlieferung* • geringe, jedoch störanfällige Lagerhaltung • Fließband und Arbeitsgruppen
Arbeits-organisation	• Entwicklung der Produkte durch relativ eng qualifizierte Fachkräfte, Fertigung durch an- und ungelernte Arbeitskräfte, relativ einfache Arbeiten in vorgegebener Folge, Trennung von Fertigung, Qualitätskontrolle und Wartung	• Entwicklung in Gruppen Gruppenarbeit, Integration von Fertigung, Qualitätskontrolle, Wartung und Reparatur, zunehmende Anforderungen an die Qualifikation der Arbeitskräfte
Produkte	• wenige, standardisierte Produkte (hohe Stückzahlen) • *economies of scale* relativ geringe Produktdifferenzierung	• zunehmende Produktdifferenzierung • *economies of scope*
Wettbewerb	• Oligopol	• Oligopol strategische Allianzen
Produktions-räume	• Nordamerika, Europa Lateinamerika	• Europa, Nordamerika

Übersicht A 2: Produktions- und Arbeitsorganisation in der Automobilindustrie
Quelle: DICKEN 1992, S. 282

werdende Zielgruppen Kundenbedürfnisse, -wünsche und -erwartungen zu erfüllen; es entsteht das Konzept der "focussed factory" (HAYES/PISANO 1994, S. 78). Entsprechend werden auch die Kontakte zu den Kunden enger; das Spektrum reicht hier von der Erschließung marktrelevanter Informationen über die Belieferung nach dem Just-in-Time Prinzip bis hin zur Kooperation von Hersteller und Kunden bei der Produktentwicklung. Das industrielle Paradigma des Postfordismus ist darüber hinaus durch Veränderungen der sozialen Formen industrieller Arbeit gekennzeichnet. So gewinnen individuelle wie kollektive Fähigkeiten an Bedeutung, und hierarchische Entscheidungsstrukturen und Kompetenzverteilung werden dezentralisiert.

Die neuen Phasen des industriellen Wettbewerbs, die von Seiten der Management-
theorie im Sinne einer „Dekonstruktion" herkömmlicher Management-Konzepte
angesehen werden, beziehen sich auf das Aufspüren neuer Wertschöpfungsketten
gegenüber klassischen Produktbereichen. Es gilt nicht mehr der alte Leitspruch:
„Schuster, bleib bei deinen Leisten", sondern Unternehmen „erfinden" immer neue
Wege der Produktvariation und Vermarktung bzw. schaffen sich ihre Absatzmärkte
selbst. Beispielhaft zeigt sich dies etwa in den Convenience-Stores der Mineralöl-
Konzerne, die häufig aus Tankstellen kleine Warenhäuser machen, bis hin zu ersten
Joint Ventures der Tankstellenbetreiber mit den Supermarktketten Safeway und
Spar.

2 Die Globalisierung von Wirtschaftssystemen

2.1 Globalisierung von Produktionsnetzen und Standortsystemen

Globalisierung ist binnen kurzem zu einem der meist gebrauchten Begriffe des Alltagsleben wie in den Wirtschafts- und Sozialwissenschaften herangewachsen: Inflationär wird es als Formel für negative Trends oder Zukunftschancen gebraucht, dient Rechtfertigungen und weckt Befürchtungen. In der Art und Weise wie der Begriff oft unreflektiert verwendet wird, als Schlagwort für alle Übel und Chancen in Regionen und Nationen, trägt Globalisierung sicher beide Eigenschaften in sich.

In den vergangenen fünfzig Jahren hat sich das Weltwirtschaftsystem grundlegend gewandelt. Stärker als jemals zuvor sind Unternehmen und Regionen über regionale und nationale Grenzen hinweg miteinander in der Weltwirtschaft verflochten. Globalisierung ist die Konsequenz aus dem Abbau von Handelsschranken, der steigenden Mobilität von Gütern, Menschen und Kapital. Beschleunigt wurde dieser Prozess durch den technologischen und organisatorischen Fortschritt auf dem Gebiet der Kommunikation und des weltweiten Transports von Waren und Dienstleistungen. Die quantitativ und qualitativ zunehmende ökonomische Verflechtung in Form von Direktinvestitionen, strategischen Allianzen und die globale Auslagerung von Unternehmensbereichen lässt sich insbesondere auf drei Ebenen feststellen (SCHAMP 1996, S. 206):

Erstens haben sich einige Länder der früher als Dritte Welt bezeichneten Weltregionen außerordentlich schnell industrialisiert. Sie sind bei anhaltender Deindustrialisierung der alten Industrieländer zu Newly Industrialized Countries (NICs) herangewachsen. Zu ihnen zählt man üblicherweise die vier Tigerstaaten (Korea, Taiwan, Hongkong, Singapur), daneben aber auch die Länder Südostasiens (ASEAN), Südchina und die schon früher industrialisierten Länder Südamerikas sowie Indien.

Zweitens ist der Welthandel in weit stärkerem Maße gewachsen als die industrielle Warenproduktion. Dies ist Ausdruck der Tatsache, dass Industrien immer weniger nur für den lokalen oder nationalen Markt produzieren, sondern zunehmend sowohl für Zwischenprodukte als auch für Endprodukte weltweite Märkte finden.

Drittens hat sich eine neue, weltumspannende Organisationsform des kapitalistischen Unternehmens, nämlich das Transnationale Unternehmen, weitgehend durchgesetzt. Es gilt als wichtigster aber nicht einziger Motor der Globalisierung. Einen Eindruck von der Bedeutung des Transnationalen Unternehmens für die gegenwärtige Weltwirtschaft vermittelt die Statistik der Direktinvestitionen. Diese nehmen bis in die Mitte der 1980er Jahre zwar unregelmäßig zu aber in den vergangenen zehn Jahren sind die Direktinvestitionen exponentiell gewachsen – weit stärker als die Produktion und auch die Exporte (Abb. A 3).

Aufgrund veränderter Rahmenbedingungen entstehen neue wirtschaftliche Strukturen, als deren zentrale Merkmale der globale Wettbewerb und die globale Standortkonkurrenz gelten (Übersicht 3). Mit dem zunehmenden Wachstum der

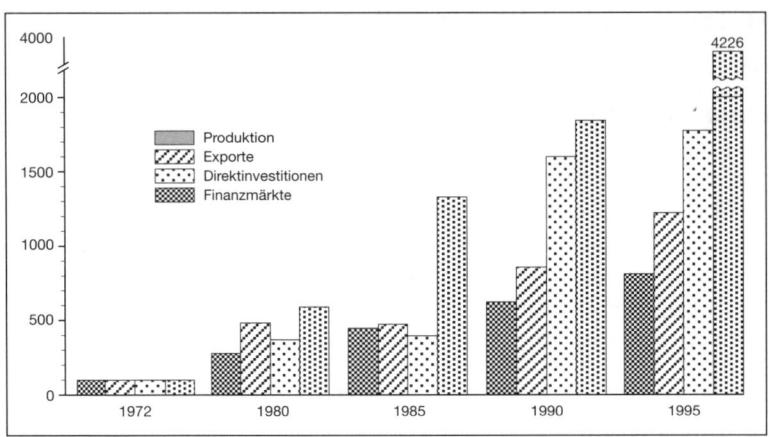

Abb. A 3:
Wachstum von
Produktion, Export,
Finanzmärkten und
Direktinvestitionen
1972 – 1995
(Indexwerte)
Quelle: Fuchs 1998,
S. 6; nach Fels
1997

Direktinvestitionen ordnet sich die Welt neu. Neben einer räumlichen Komponente, in Form von Prozessen, die die ganze Welt umfassen oder weltweit wirksam sind, wie z.B. das Entstehen weltweiter Produktionsstandorte eines multinationalen Unternehmens, bedeutet Globalisierung auch die Intensivierung der Interaktionen, Querverbindungen und Interdependenzen zwischen Staaten, Gesellschaften und Unternehmen.

Rahmenbedingungen und Entwicklungen	Indikatoren
• Die Zunahme des Warenhandels als Folge der Deregulierung auf dem Weltmarkt (Handelspolitische Liberalisierung)	• Wachstum des Welthandelsvolumens z. B. im Vergleich zum Wachstumstempo des Produktionsvolumens
• Die sich ständig beschleunigenden Fortschritte in der Informations- und Kommunikationstechnologie und die damit verbundene weltweite Vernetzung	• Innovationen und Ausweitungen im Internet, Intra-Nets für transnationale Unternehmen oder Institutionen
• Die Kostenminimierung für Waren- und Informationstransporte sowie der Strukturwandel von weltweiten Transportunternehmen zu "Logistik-Dienstleistern"	• Wachstum des Transportvolumens, Transportunternehmen als Logistik-Dienstleister, Transportstrukturen als Folge von Outsourcing (Auslagerung von Geschäftsbereichen)
• Die globale Verfügbarkeit des Kapitals als Folge der Deregulierung der Kapitalmärkte und der Informationsvernetzung	• Neue national weitgehend unabhängige Finanzmärkte *(offshore-banking* / Eurodollar-Märkte); ausländische Direktinvestitionen
• Die neue "Mobilität" von Arbeitsplätzen und Produktionsstandorten als Voraussetzung für globale Produktionsnetzwerke	• Auslandsinvestitionen und deren Wachstum; Herausbildung transnationaler Unternehmen

Übersicht A 3:
Globalisierung:
Rahmenbedingun-
gen, Entwicklun-
gen und deren In-
dikatoren
Quelle: Fuchs
1998, S. 6

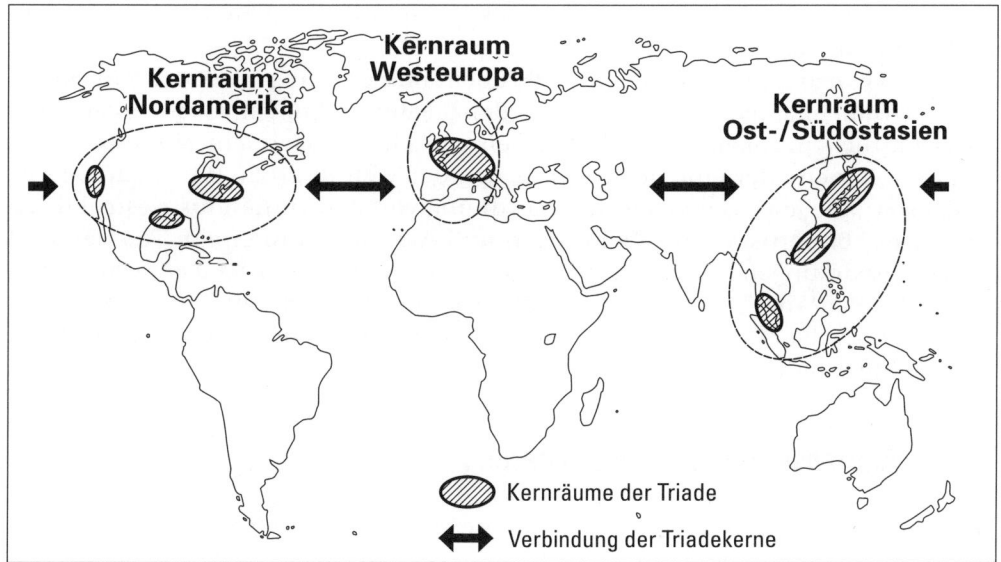

Abb. A 4: Verbindungen der Triadenkerne
Quelle: nach RITTER 1996

Nicht mehr Niedriglohnländer sind die bevorzugten Anlageregionen für Direktinvestitionen, sondern die mächtigen Kernländer Nordamerikas und Westeuropas
sowie die neuen asiatischen Wachstumsregionen, die durch Kontrolle der Finanzmärkte und der Absatzwege zudem die Kontrolle über die neuen Produktionsstandorte gewinnen. Im Zusammenwirken des Handelns von großen Staaten und mächtigen Unternehmen kann man das Entstehen einer Dreierordnung der Weltwirtschaft
erkennen. Eine hochgradig durch Direktinvestitionen untereinander verflochtene
„Triade" bildet sich heraus, bestehend aus den Kernräumen Nordamerika, Europa
und Ostasien (SCHAMP 1997, S. 3) (Abb. A 4).

Sehr deutlich zeigt sich die Verflechtung der "Triade" bei der Betrachtung internationaler Kapitalströme. Wurde in den 1970er Jahren Überschusskapital aus den
OPEC-Ländern in die armen Länder
durch die Banken des Nordens vermittelt, geschah in den 1980er Jahren eine
tiefgreifende Veränderung. Die bisherigen Kapitalströme vom Süden in den
Süden über den Norden wurden durch
Nord-Nord-Ströme ersetzt, und zwar
hauptsächlich durch Kapitalströme innerhalb der Triade. Weniger entwickelte

Abb. A 5: Internationale Kapitalströme nach
ihrem Bestimmungsort
Quelle: Bundeszentrale...1997, nach: Daten des
IWF, 1997

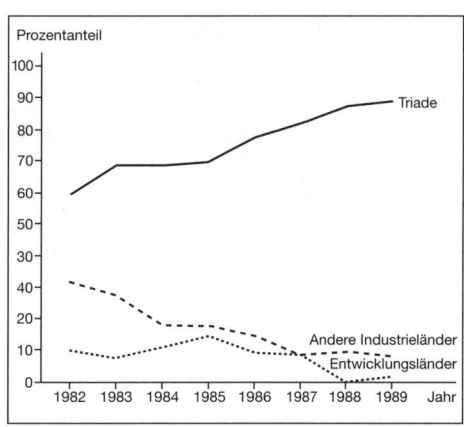

Länder werden von der Entwicklung abgekoppelt, insbesondere im Bereich industrieller und finanzieller Investitionen.

Das Weltwirtschaftssystem lässt sich zudem immer weniger mit der Vorstellung einer Vielzahl unabhängiger Territorien (den Staaten) begreifen, die miteinander in wirtschaftlichem Austausch stehen. Es entwickelt sich vielmehr ein System von Makro-Regionen oder eine Regionalisierung der Welt in große Wirtschaftsblöcke findet statt, die jeweils eine eigene Anordnung von Zentrum-Industriestrukturen aufweisen. Ereignisse, Entscheidungen und Aktivitäten in einem Teil der Welt haben Auswirkungen für einzelne und ganze Gesellschaften in weit entfernt liegenden Teilen der Welt. So greift der europäische Industriekern mit Zulieferbeziehungen weit über die EU hinaus und erreicht beispielsweise nordafrikanische und osteuropäische Länder.

2.2   Antriebskräfte der Globalisierung

Die Gründe für diese Entwicklung zu der neuen Form eines integrierten Weltwirtschaftssystems sind vor allem in der Veränderung der institutionellen Rahmenbedingungen, die es den wirtschaftlichen Akteuren ermöglichen, neue Organisationsformen zu finden und neue Strategien zu erdenken und zu suchen. Sie finden sich desweiteren in der Tatsache, dass neue Akteure im Weltwirtschaftssystem erscheinen, die neue Strategien auch durchsetzen. Zu den wichtigsten Veränderungen im institutionellen Umfeld der Unternehmen gehören (SCHAMP 1992, S. 207):

Abb. A 6: Installierte Internet-Server in verschiedenen Weltregionen
Quelle: DIE ZEIT vom 14.11.1997, W. SISCHKE

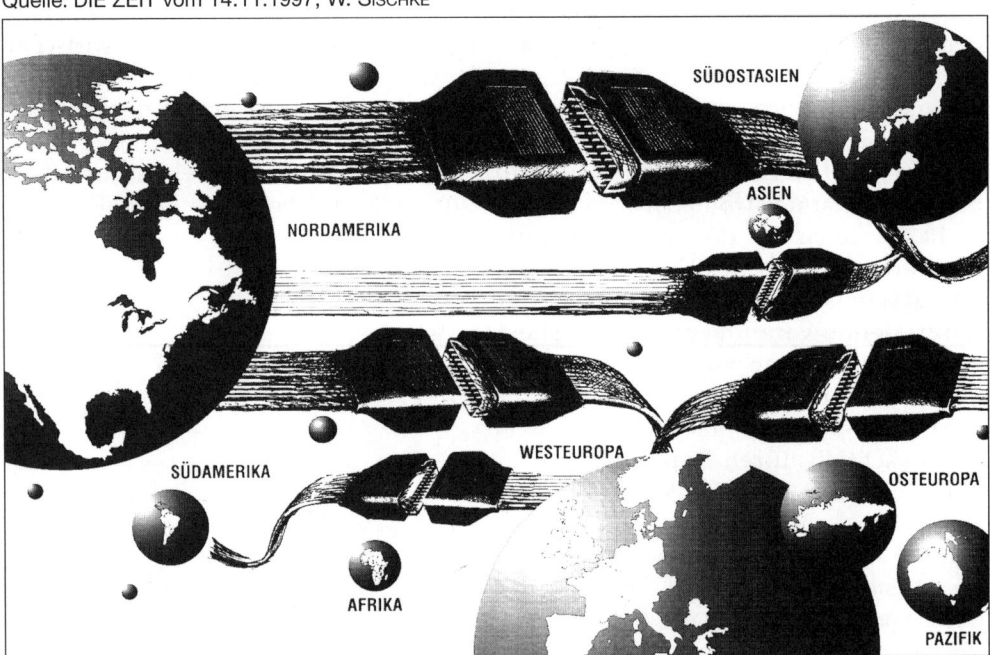

- Erstens die zunehmenden und anhaltenden Bemühungen der Staaten um eine Regulierung des Außenhandels von Gütern und neuerdings Dienstleistungen, z.B. im GATT (General Agreement on Tariffs and Trade) bzw. nun in der WTO (World Trade Organisation),
- zweitens eine weitgehende Deregulierung und Liberalisierung der Finanzmärkte und die Schaffung internationaler Liquidität hat in den letzten Jahren zur Herausbildung von globalen Finanzmärkten geführt. Internationale Kapitalanlagen, der spekulative Handel mit Währungen und die Ausdehnung internationaler Kredite gewinnen heute gegenüber dem sichtbaren Warenhandel zunehmend an Gewicht (KRÄTKE 1995).

Neben diesen institutionellen Veränderungen im Weltwirtschaftssystem spielen auch technische und organisatorische Innovationen eine wichtige Rolle, die die Transportkosten und Transportzeiten sowohl von Waren als auch von Informationen im globalen Maßstab verändert haben: z.B. der Container im Weltschiffs- und -luftverkehr, neue Formen von Logistikdiensten und Umschlagtechniken oder das Internet im Bereich der Informations- und Kommunikationstechnik.

2.3 Der Begriff der Globalisierung

Die Ausbreitung der industriellen Produktion, die Vernetzung im Handel und das Entstehen multinationaler Unternehmen sind zwar erkennbare Phänomene der Globalisierung, nicht aber konstituierende Elemente der Globalisierung selbst (SCHAMP 1992, S. 208). Bei der Suche nach einer allgemeinen Definition ist zu bedenken, dass die einzelnen Prozesse der Globalisierung keineswegs völlig neu sind. Die folgende Tabelle fasst die gegenwärtigen Konzepte und tatsächlich stattfindenden Prozesse der Globalisierung zusammen.

Weltweite Ausdehnung der Produktion, zunehmender Handelsaustausch zwischen fernen Ländern und schließlich auch Multinationale Unternehmen sind auch schon früher in der Entwicklung des kapitalistischen Weltwirtschaftssystems aufgetreten. Deshalb wird in Anlehnung an SCHAMP 1992 die Auffassung vertreten, dass Globalisierung im engeren Sinne einer neuen Phase des kapitalistischen Weltsystems entspricht. Der Umfang und die Art der globalen Verflechtungen machen das Neue aus, das zum Begriff der Globalisierung geführt hat. In seiner Auseinandersetzung mit der Moderne bietet GIDDENS (1990, S. 85) eine recht umfassende Definition der Globalisierung: „Definieren läßt sich der Begriff [...] im Sinne einer Intensivierung weltweiter sozialer Beziehungen, durch die entfernte Orte in solcher Weise miteinander verbunden werden, daß Ereignisse an einem Ort durch Vorgänge geprägt werden, die sich an einem viele Kilometer entfernten Ort abspielen, und umgekehrt."

Globalisierung wird als ein Prozess verstanden, in dem mächtige Akteure eine weltweite Integration von Wirtschaftssektoren und Produktionssystemen bewirken, die zuvor territorial weitgehend getrennt waren. Integration kennzeichnet die neue Art der weltweiten Verflechtungen, gewissermaßen als Fortentwicklung der weltweiten Arbeitsteilung durch Spezialisierung sowohl innerhalb von Transnationalen Unternehmen als auch zwischen Unternehmen. Die ökonomische Integration umfasst (WALKER 1988, S. 381 f.):

GLOBALISIERUNGSKONZEPTE	
Kategorie	**Hauptelemente/-prozesse**
1. Globalisierung von Finanzen und Kapitalbesitz	Deregulierung der Finanzmärkte, internationale Kapitalmobilität, Anstieg der Firmenverschmelzungen und -aufkäufe, Globalisierung des Aktienbesitzes in der Frühphase.
2. Globalisierung der Märkte und Marktstrategien	Weltweite Integration der Geschäftsabläufe, Etablierung integrierter Operationen im Ausland, (inkl. F&E und Finanzierung), globale Suche nach Komponenten und strategischen Allianzen.
3. Globalisierung von Technologie und der damit verbundenen Forschung und Entwicklung bzw. des Wissens	Technologie ist der Schlüsselfaktor: Die Entwicklung der Informationstechnologie und der Telekommunikation ermöglicht die Entstehung globaler Netzwerke innerhalb einer oder zwischen mehreren Firmen. Globalisierung als Prozess der ›Toyotisierung‹/*lean production*.
4. Globalisierung von Lebensformen und Konsummustern sowie des Kulturlebens	Transfer und Transplantation der vorherrschenden Lebensweisen. Angleichung des Konsumverhaltens. Die Rolle der Medien, GATT-Regeln werden auf Kulturaustausch angewandt.
5. Globalisierung von Regulierungsmöglichkeiten und politischer Steuerung	Die reduzierte Rolle nationaler Regierungen und Parlamente. Versuche, eine neue Generation von Regeln und Institutionen für die globale Steuerung zu schaffen.
6. Globalisierung als politische Einigung der Welt	Staatenzentrierte Analyse der Integration der Weltgesellschaften in ein globales wirtschaftlich-politisches System unter Leitung einer Zentralmacht.
7. Globalisierung von Wahrnehmung und Bewußtsein	Sozio-kulturelle Prozesse, die sich am »Eine Welt«-Modell, der »globalistischen« Bewegung, dem Weltbürgertum orientieren.

Übersicht A 4:
Globalisierungs-
konzepte
Quelle:
Bundeszentrale...
1997, nach:
RUIGROOK, W.,
TULDER, R.v.

- die physische Verbindung von Produktionsstandorten durch Warenflüsse im Sinne einer vertikalen Produktionskette,
- die Koordination der Produktionsprozesse und der Arbeitsorganisation der verschiedenen Standorte miteinander, und
- die Regulierung von Warenflüssen, Informationsströmen und Finanzströmen zwischen den Standorten.

Den Prozess der Globalisierung muss man sich als einen langfristigen Entwicklungsprozess des gegenwärtigen Weltwirtschaftssystems vorstellen, der nicht alle Sektoren der Wirtschaft in gleicher Weise und zur selben Zeit erfasst. So gibt es Branchen, die der Globalisierung früher unterworfen sind als andere und in denen die Globalisierung auch strategisch früher verwendet worden ist als in anderen. Neben Kreditkarten als ein typisches Beispiel einer globalen Dienstleistung ist die Automobilindustrie derjenige Industriezweig, für den als erster die Globalisierung diskutiert worden ist, was weitgehend mit dem Aufkommen japanischer Automobilkonzerne als Wettbewerber im Weltwirtschaftssystem begründet wird.

Globalisierung ist nicht zuletzt das Ergebnis strategischen Handelns einzelner mächtiger Akteure, die in der Lage sind, ihre ökonomische, politische und soziale Umwelt in ihrem Sinne zu beeinflussen. Diese Akteure sind im traditionellen Verständnis der Wirtschafts- und Sozialwissenschaften einerseits der Staat und andererseits das Transnationale Unternehmen.

Globalisierung darf aber nicht nur reduziert werden auf eine rein ökonomische Betrachtungsweise, sondern letztlich werden alle gesellschaftlichen Bereiche von Globalisierungsvorgängen betroffen werden. Nach MESSNER/NUSCHELER (1996) verändert die Globalisierung nicht nur Handel, Finanzen und Arbeit, sondern auch die Umwelt, Sozialsysteme, die Kommunikation untereinander, Lebenswelten und Gesellschaftsformen bis hin zur Tiefenstruktur nationaler Gesellschaften.

2.4   Die Ebenen der Globalisierung

Im Prozess der Globalisierung lassen sich drei Dimensionen unterscheiden: die Globalisierung der Märkte, die Globalisierung der Standorte durch eine globale Vernetzung von Produktionsstätten und die globale Ausbreitung von Produktionskonzepten. Sie sind im Globalisierungsprozess miteinander verbunden, d.h. schaffen sich ihre Bedingungen wechselseitig (SCHAMP 1992, S. 212).

2.4.1   Globale Märkte

Die Globalisierung der Märkte bezeichnet den Umstand, dass in zunehmendem Maße industrielle Waren von gleichem Standard und Design in den größten Volkswirtschaften der Welt verkauft werden können. Beispiele finden sich vor allem unter den Investitionsgütern aber auch unter Konsumgütern. Mit Ausnahme einiger weniger Produkte, die von multinationalen Unternehmen vertrieben werden (wie Coca-Cola, McDonald´s oder Jeans), erscheint eine vollständige Standardisierung der Produkte für den globalen Markt nicht nötig, zumal sie bislang auch nur mit Mühe durchsetzbar ist.

Das zeigen die verschiedenen Bemühungen von Ford, ein Weltauto zu bauen: Während Ford noch in den 1980er Jahren mit dem Modell des Escort als Weltauto scheiterte, wird der Versuch heute mit dem Modell des Mondeo wiederholt. Entwickelt wurde das Modell in den FuE-Zentren Köln/BRD und Dagenham/UK, produziert wird es in Genk/Belgien und in Kansas/USA, verkauft wird es überall – aber mit unterschiedlichem Namen und mit unterschiedlicher Karosserie.

In globalen Industrien vermittelt sich der oligopolistische Wettbewerb sowohl über Preise als auch über technologische Innovationen. Das wird ebenfalls sehr deutlich in der Automobilindustrie: Während am Anfang die japanischen Autohersteller nur durch preiswerte Autos Exportmärkte erobern konnten, haben sie gleichzeitig einen enorm schnellen technologischen Lernprozess vollzogen: Noch 1972 hatten die japanischen Autohersteller im Vergleich zu den amerikanischen einen weiten technologischen Rückstand, 1978 hatten sie bereits auf gleiche Höhe aufgeschlossen und 1982 die amerikanischen Konkurrenten überflügelt.

2.4.2 Globale Produktionsnetze

Die Bedeutung der Globalisierung in Bezug auf die Organisation und Strategie von multinationalen Unternehmen zeigt sich deutlich am Beispiel globaler Produktionsnetze der Fahrzeugindustrie und der Fahrzeughersteller. Japanische Unternehmen haben mit dem Konzept internationaler Produktionsnetze auf verschiedene Einfuhrbeschränkungen (Selbstbeschränkungsabkommen mit den USA, Exportkontingente japanischer Automobilunternehmen in die EU) ab 1982 in den USA, ab 1985 auch in Europa mittels sog. „transplants", Verpflanzungen japanischer Autofabriken mit japanischer Produktionsorganisation in die jeweiligen Marktgebiete, reagiert, wobei wichtige Teile weiterhin aus den japanischen Fabriken zugeliefert werden. Die Strategie internationaler Produktionsnetze wurde allerdings nicht von Japanern erfunden. Amerikanische Konzerne haben schon in den frühen 1980er Jahren eine internationale Produktion aufgenommen. Seit den 1980er Jahren produzieren die Werke von Ford in einem Produktionsnetz, in dem sie einerseits die Montage bestimmter Modelle parallel durchführen, andererseits aber Teile für die jeweils anderen Montagewerke bauen. Damit entstehen sowohl neue Möglichkeiten als auch neue Probleme für globale Unternehmen. Zur Stärkung im globalen Innovationswettbewerb können globale Unternehmen sowohl ihre Kompetenz in den Heimatländern sichern als auch andere Kompetenzzentren miteinander vernetzen und damit für sich nutzbar machen. Die Vernetzung erstreckt sich desweiteren auf den Marktzugang und den Zugang zu Finanzmärkten.

Dagegen nimmt das Problem einer Alternative zwischen der zunehmenden Unbeweglichkeit zentralisierter Hierarchien im globalen Unternehmen und der geringeren Kontrollierbarkeit dezentraler Koordinationsformen auf insgesamt unüberschaubaren Märkten zu. Folglich suchen Unternehmen einen Mittelweg, indem sie einerseits ihre Kernkompetenz innerhalb der Triade zu erhalten versuchen und zugleich flexibel bleiben wollen.

Eine zunehmende Bedeutung erfahren strategische Unternehmensallianzen. Die Hauptgründe für solche Allianzen sind (Bundeszentrale...1997):
• die Reduktion und Teilung von Forschungs- und Entwicklungskosten,
• die Sicherung des Zugangs zu komplementären Technologien,
• die Teilhabe am Wissen und an der Technologie des Partners,
• die Reduktion des Produktlebenszyklus,
• die Kostenteilung in der Produktentwicklung,
• die Sicherung des Zugangs zu neuen Märkten,

Renault und die japanische *Nissan* haben am Samstag ihre Zusammenarbeit besiegelt. Außer dieser jüngsten Vereinbarung gab und gibt es eine ganze Reihe von Allianzen auf dem weltweiten Automobilmarkt unter Beteiligung japanischer Unternehmen:

1993. Nach 22 Jahren endet die Kapitalbeteiligung des US-Konzerns *Chrysler Corp.* bei *Mitsubishi Motors Corp.* Der Chrysler Konzern hielt damals noch 2,72 Prozent an Mitsubishi, nachdem er 1971 mit 20 Prozent bei dem japanischen Unternehmen eingestiegen war.

1994. *Honda Motor Co Ltd* macht eine Kapitalbeteiligung an der britischen *Rover-Gruppe* rückgängig. Bei der Beteiligung hatten beide Unternehmen je 20 Prozent des Wettbewerbers gehalten. Im Anschluß daran wird Rover von *BMW* übernommen.

1996. Die *Ford Motor Corp.* als weltweit zweitgrößter Autobauer erhöht ihren Anteil an *Mazda Motor Corp.* auf etwa 33 Prozent. Henry Wallace von Ford übernimmt als erster Ausländer die Leitung eines großen japanischen Unternehmens. Die erste Beteiligung an Mazda war Ford im Jahr 1979 eingegangen.

1997. *Mitsubishi Motors Corp.* gibt eine strategische Allianz mit dem schwedischen Autohersteller *AB Volvo* bekannt. Diese beinhaltet auch die Produktion von Original-Teilen für kleine Lkw.

1998. Der weltgrößte Autohersteller *General Motors Corp.* aus den USA erklärt, seinen Anteil an dem Lkw-Hersteller *Isuzu Motors Corp.* auf 49 von zuvor 37,5 Prozent aufzustocken. Seine erste Beteiligung an Isuzu war General Motors im Jahr 1971 eingegangen.

1998. *General Motors Corp.* stockt seinen Anteil an dem Kleinwagen-Hersteller *Suzuki Motor Corp.* auf zehn von zuvor 3,4 Prozent auf. General Motors ist seit 1981 an Suzuki beteiligt.

Reuters

Übersicht A 5: Kapitalverflechtungen am japanischen Automarkt
Quelle: Süddeutsche Zeitung, 1999

Tab. A 1:
Die Verteilung strategischer Technologiealianzen
Quelle:
Bundeszentrale...
1997, nach:
FREEMAN/HAGEDORN
1992, S. 41

Technologie-bereich	Anzahl der Allianzen	%-Anteil entwickelter Ökonomien	%-Anteil der Triade	%-Anteil Triade – NIC*	%-Anteil Triade – LDC**	Weitere
Biotechnologie	846	99,1	94,1	0,4	0,1	0,5
Neue Materialien	430	96,5	93,5	2,3	1,2	–
Computer	199	98,0	96,0	1,5	0,5	–
Industrielle Automation	281	96,1	95,0	2,1	1,8	–
Mikroelektronik	387	95,9	95,1	3,6	–	0,5
Software	346	99,1	96,2	0,6	0,3	–
Telekom	368	97,5	92,1	1,6	0,3	0,5
IT	148	93,3	92,6	5,4	0,7	0,7
Autoindustrie	205	84,9	82,9	9,8	5,4	–
Luftfahrt	228	96,9	94,3	0,9	1,3	0,9
Chemie	410	87,6	80,0	3,9	7,1	1,5
Lebensmittel	42	90,5	76,2	9,5	–	–
Elektrik	141	96,5	92,2	1,4	2,1	–
Werkzeuge	95	100,0	100,0	–	–	–
Andere	66	90,9	77,3	1,5	4,5	3,0
Gesamt	4192	95,7	91,9	2,3	1,5	0,5

*NIC = neuindustrialisierte Länder   **LDC = wenig industrialisierte Länder

• der Zugang zu hochqualifiziertem Personal und
• der Zugang zu finanziellen Ressourcen.

Eine wachsende Zahl von Produkten wird so durch die Zusammenarbeit mehrerer Unternehmen in verschiedenen Teilen der Welt entwickelt. Diese Entwicklung ist auf den neuen Technologien basierenden Industrien besonders ausgeprägt, umfasst aber im Prinzip alle Bereiche. In der Zukunft ist davon auszugehen, dass dieser Prozess, der mittels strategischer Allianzen, Fusionen und Übernahmen zu einer weiteren Integration von nationalen und internationalen Unternehmen in ein globales Netzwerk führt, weiter zunehmen und sich noch beschleunigen wird.

Abbildung A 7 zeigt das Unternehmen Ericsson, das ein anschauliches Beispiel dafür darstellt, wie mittels Allianzen, Fusionen und Übernahmen ein globales Produktions- und Entwicklungsnetzwerk entsteht.

Zugleich werden Produktionsstandorte global differenziert und Aufgaben an Zulieferer verlagert. Mit der Verlagerung der Vormontage von Systemen auf Zulieferer verlangen die Autohersteller zunehmend deren räumliche Nähe, während die Teileproduktion an Randstandorte verlagert wird (Schamp 1997, S. 230 – 243). Indem Autohersteller aber zugleich in jeder Region der Triade Autos montieren und weltweit die gleiche flexible Produktionstechnologie verwenden, können sie zunehmend die Produktion einzelner Modelle zwischen verschiedenen Werken kurzfristig verlagern.

Abb. A 7: Das Unternehmensnetzwerk Ericsson
Quelle: Bundeszentrale 1997, S. 199

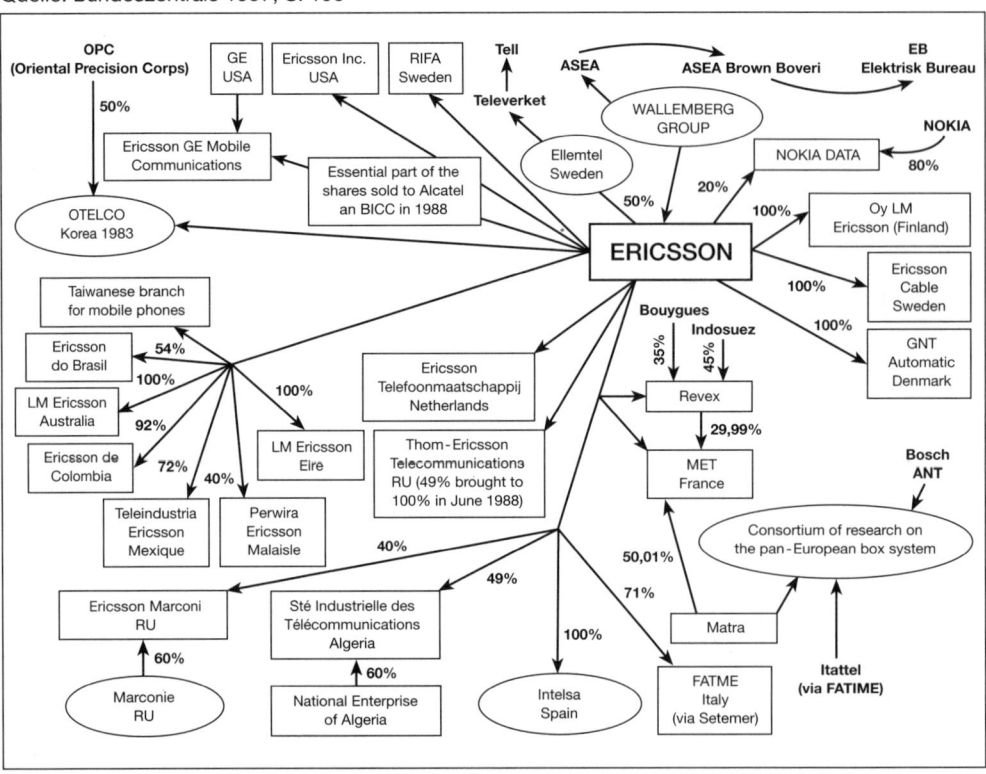

Honda gilt mit seiner „flexifactory"-Strategie als das Unternehmen, das als erstes diese Möglichkeit nutzte. Honda ist so das erste Unternehmen geworden, das seit 1988 aus den USA Fahrzeuge nach Japan exportiert. Die Konsequenz ist eine variable Arbeitsteilung innerhalb des Transnationalen Unternehmens.

2.4.3 Globalisierung von neuen Produktionsmethoden

Die dritte Ebene des Globalisierungsprozesses betrifft die Ausbreitung innovativer Organisations- und Produktionsprozesse, der sog. flexiblen Produktionskonzepte und der lean production. Die japanischen Unternehmen konnten u.a. die Rolle eines mächtigen Akteurs im Globalisierungsprozess übernehmen, weil sie über ein leistungsfähigeres Produktionskonzept verfügten. Ziel dieser Produktionskonzepte ist es, schneller, besser und mit geringerem Eigenaufwand zu produzieren. Die neue Produktionsmethode vereinigt alle Funktionen vom einfachen Arbeiter bis zum Top-Management, von der Forschung und Entwicklung, der Beschaffung und der Fertigungsorganisation zu einem einheitlichen Ganzen, das rasch in der Lage ist, flexibel auf Veränderungen am Markt zu reagieren. Toyota als Vorreiter der schlanken Produktion in Japan war bereits zu Beginn der 1960er Jahre in der Lage, nach den neuen Prinzipien Fahrzeuge zu bauen. Andere japanische Hersteller folgten diesem Beispiel, obwohl zwischen den einzelnen Anbietern noch erhebliche Unterschiede bestanden. Durch die Globalisierung in allen betrieblichen Bereichen und die Neuorganisation des Fertigungsverbundes (just-in-time) findet weltweit allmählich ein Übergang zu der von den Japanern praktizierten Produktionsweise statt. Dabei beschränkt sich die Durchsetzung der neuen Produktionskonzepte nicht nur auf global agierende Unternehmen, wie dies z.B. bei den dargestellten globalen Produktionsnetzen der Fall ist, sondern auch multilokale oder lokale Unternehmen führen neue, an ihre jeweiligen Bedürfnisse angepassten, Produktionskonzepte ein.

2.4.4 Global players – Multinationale Konzerne

Ein Drittel des Welthandels vollzieht sich mittlerweile innerhalb von Unternehmensbereichen international tätiger Unternehmen. Zur Zeit existieren rund 39 000 weltweit tätige Unternehmen mit ca. 270 000 ausländischen Tochtergesellschaften. Zwar nicht nach der Betriebsgröße, aber zahlenmäßig steht Deutschland mit etwa 7 300 transnationalen Unternehmen und 11 400 Tochtergesellschaften an der Spitze (FAZ vom 8.7.1997, S. 81). Ihre Zahl hat sich in den vergangenen Jahren nahezu vervierfacht. An der Spitze der Unternehmen, die sich dieser globalen Herausforderung stellen, stehen die global players. Deren Entwicklung begann nach NUHN (1997, S. 136 – 143) schon in den 1960er Jahren, in denen als Folge der Marktabschottung ausländische Tochterunternehmen, die relativ selbstständig handeln konnten und nur lose mit dem Mutterunternehmen verbunden waren, den Marktzugang ermöglichen sollten. In den 1970er Jahren nutzen diese Tochterunternehmen die meist günstigen Produktionsfaktoren (Arbeitskräfte, Rohstoffe), in deren Folge einfache Zulieferbeziehungen zu den Mutterkonzernen entstanden sind. In den 1980er Jahren wurden die Unternehmensverbindungen zunehmend komplexer und neben billigen Produktionsfaktoren traten Strategien für den Zugang zu technischem Wissen, zu internen Märkten, Vertriebsnetzen und Zulieferbetrieben in den Vordergrund. Die Unternehmen betrachten und bewerten die einzelnen Glieder der Wertschöpfungskette getrennt und wählen den jeweils günstigsten Standort aus. In den 1990er Jahren kamen neue und informellere Formen der Zusammenarbeit zwischen den weltweit tätigen Unternehmen hinzu. Zu diesen gehören z.B. projektbezogene Arbeitsgruppen oder gemeinsame Forschungs- und Entwicklungsabteilungen. Es entstehen Unternehmensnetzwerke, die weitgehend unabhängig von nationalen Grenzen sind (Übersicht A 6). Heute betrachten sie die ganze Welt als Absatzmarkt und zunehmend auch als Produktionsstandort. Faktoren ihres Erfolgs sind eine weltumspannende Unternehmens- und Personalpolitik. Global Players entwickeln z.B. globale Marktstrategien. Das umschließt eine globale Marktbearbeitung mit entsprechendem Marketingeinsatz, weitgehend standardisierten Waren und Dienstleistungen und einen globalen Standort der unternehmerischen Aktivitäten. Daimler-Benz, Coca Cola und Levis Strauss sind Firmen, die von THEODORE LEVITT in seinem bereits 1983 erschienenen Beitrag zur Globalisierung der Märkte als typische Beispiele für Anbieter von überall auf der Welt geschätzten, gleichen Produkten genannt werden (LEVITT 1983).

Die Globalisierung ist heute nicht mehr nur auf Großkonzerne und Unternehmen mit industrieller Produktion beschränkt, sondern schließt auch Handelsbetriebe, Medienkonzerne, Banken und Versicherungen und andere Dienstleister mit ein.

- Erschließung und Sicherung neuer Märkte mit dem Ziel der Vereinheitlichung der Nachfrage und der Globalisierung der Produktion

- Erschließung und Sicherung neuer Märkte mit dem Ziel, auf unterschiedliche Kundenpräferenzen und Marktbedingungen reagieren zu können

- Reaktion auf nationalstaatliche Rahmenbedingungen

- Ausnutzung von besonderen Standortvorteilen

- Auf diesen Märkten verbinden sich weltweites Marketing für eine Marke und dezentralisierte Produktion vor Ort.

- Produktion und Marketing zielen auf landestypische Markterfordernisse, auf schnelle Belieferung bei *just-in-time*-Produktion oder auf flexiblen Kundendienst.

- Die Standortwahl orientiert sich z. B. an Steuergesetzgebung, Flexibilität des Arbeitsmarktes, Umweltschutz- oder Wettbewerbsauflagen; aber auch an den Möglichkeiten größerer Märkte durch vertragliche Integration (z. B. EU).

- Dazu gehören z. B. unterschiedlich hohe Arbeitskosten oder die Sicherung des Zugangs zu Rohstoffen, Energie oder neuen Technologien.

Übersicht A 6:
Global Player und
die Motive für den
Aufbau weltweiter
Netze von
Vertriebs-, Service-
und Produktions-
stätten
Quelle:
FUCHS 1998, S. 7

2.5 Beispiel Siemens AG (Siemens AG 1998)

Die Elektrotechnik sollte als innovative Technologie zusammen mit der Chemie und dem Automobilbau die Weltkonjunktur um die Jahrhundertwende beflügeln. Mit dem kontinuierlichen Wachstum erschloss sich die Firma immer neue Arbeitsbereiche. Heute ist Siemens ein breit gefächertes Unternehmen, das im weitesten Sinne auf den elektrischen Strom ausgerichtet ist. Jüngstes Aufgabenfeld ist die Computertechnologie, in der Siemens von der Halbleiterproduktion bis hin zur Computerfertigung engagiert ist (KROSS 1997, S. 32).

Siemens gehört zu den weltweit größten Unternehmen. Mit einem Umsatz von knapp 107 Mrd. DM (1996/97) rangiert es an 15. Stelle. Pro Arbeitstag kommen neue Aufträge in Höhe von 400 Mio. DM herein. 386 000 Mitarbeiter sind für Siemens tätig, davon rund 189 000 im Ausland. Das Unternehmen ist in mehr als 190 Ländern der Welt tätig. Der Auslandsanteil am Umsatz macht inzwischen 60 % aus.

Bereits acht Jahre nach der Gründung im Jahr 1847 wurde die erste Auslandsniederlassung der Firma in Russland eröffnet. Danach expandierte das Unternehmen rasch in weitere Länder. 1857 entstanden erste Geschäftsverbindungen mit Argentinien, 1858 wurde eine Niederlassung in England eröffnet, 1887 ein Büro in Tokyo. Die erste Phase des Auslandsengagements war also gekennzeichnet durch die Gründung von Vertriebsabteilungen, die die in Deutschland produzierten Waren verkauften. In der zweiten Phase wurden nicht nur weitere Vertriebsabteilungen im Ausland aufgebaut, der Schwerpunkt lag vielmehr im Aufbau eigener Produktionsanlagen im Ausland, um zum einen durch Zollmauern und Handelshemmnisse wichtige Märkte nicht zu verlieren und zum anderen, um rund um den Globus bedarfsgerechte Problemlösungen v.a. für Großkunden anbieten zu können. Kurz vor der Jahrhundertwende entstanden erste Zweigwerke in Finnland, der Schweiz und den Niederlanden – also zunächst im europäischen Ausland. Nach dem Zweiten Weltkrieg erfasste die Expansion dann andere Erdteile – allen voran Nordamerika mit den USA. Gegenwärtig gibt es Produktionsstätten in über 50 Ländern (ebenda, S. 32).

Was die regionale Geschäftsentwicklung anbelangt, so kamen im Geschäftsjahr 1997 die Wachstumsimpulse für die Siemens AG aus dem internationalen Geschäft. So stieg der Auftragseingang im Ausland um 23 % auf 77,5 Mrd. DM, was einem Auslandsanteil von 69 % entspricht. Der Auslandsumsatz erhöhte sich um 22 % auf 70,6 Mrd. DM. Vor allem im Asien/Pazifik-Raum gelang es Siemens seine Position weiter auszubauen, wobei die Staaten China, die Philippinen und Thailand besonders hervorzuheben sind. Rückläufig war hingegen das Inlandsgeschäft, was zum einen durch eine schwache Investitionsgüterkonjunktur und zum anderen durch den weitgehenden Abschluss der Netzdigitalisierung der Deutschen Telekom erklärt werden kann.

Längst ist die Globalisierung von Siemens in eine weitere Phase eingetreten: Nun entstehen auch Forschungseinrichtungen im Ausland, um der Konkurrenz in den aufstrebenden Staaten entgegenzutreten. Einerseits entsteht die Notwendigkeit, den dort vorhandenen Ideenreichtum zu nutzen, andererseits besteht die Chance, durch Neuentwicklungen spezifischen Marktbedingungen Rechnung tragen zu können (Abb. A 8).

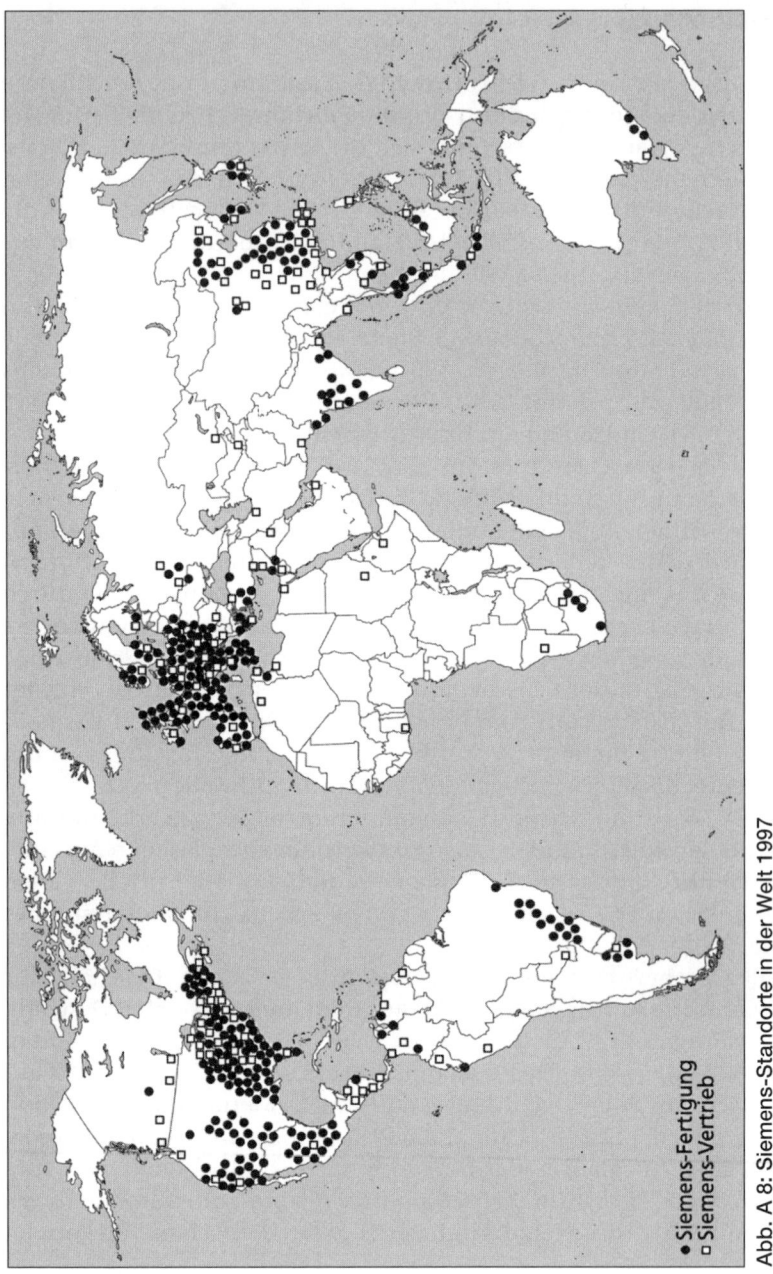

Abb. A 8: Siemens-Standorte in der Welt 1997
Quelle: Siemens AG, nach: Kross 1997, S. 34

● Siemens-Fertigung
□ Siemens-Vertrieb

Die Nutzung von Innovationen und neuen Erfindungen wird immer wichtiger, stellen sie doch die Geschäfte von morgen dar: So hat sich die Zahl der jährlichen Erfindungen seit 1993 auf über 6 000 mehr als verdoppelt. Um den Innovationsprozess im Unternehmen zu unterstützen, wurde von Siemens im Jahre 1997 eine Zentralstelle geschaffen, die die Aufgabe hat, die Standorte in der ganzen Welt mittels multimediafähigen Datenleitungen zu verbinden, um so einen schnellen Zugriff auf die weltweit verteilten Wissensressourcen zu gewährleisten. Zudem erfasst ein „Netzwerk der Kompetenzen" alle Fachleute zu allen Technikproblemen und macht diesen Wissenspool weltweit verfügbar.

3   Strukturwandel und seine räumliche Relevanz

3.1   Strukturwandel: Notwendigkeit einer begrifflichen Abgrenzung

Der Strukturbegriff zählt zu den zentralen Begriffen der Sozial- und Wirtschaftswissenschaften. So ist es unumgänglich diesen Begriff einer näheren Betrachtung
zu unterziehen und eingangs den Strukturbegriff als auch den Begriff des Strukturwandels gegeneinander abzugrenzen (STETTBERGER 1997, S. 15 ff.).

Unter Struktur wird in Anlehnung an THALHEIM (1936, S. 469) „[...] die Art und
Weise, wie die Teile eines Ganzen untereinander und zu diesem Ganzen verbunden
sind", verstanden. Die Teile bzw. Glieder des Ganzen sind somit als Strukturelemente zu charakterisieren.

Der Strukturwandel hat demzufolge eine Veränderung in der Zusammenset-
zung des Ganzen zur Folge, wobei es sich um dauerhafte Veränderungen, die entweder plötzlich oder stetig vor sich gehen und deren Trend stabil ist, handelt. Hieraus folgt, dass wirtschaftliche Struktur- und Konjunkturveränderungen voneinander getrennt betrachtet werden müssen, da es sich bei Konjunkturveränderungen
um kurzfristige Phänomene handelt. In der Realität lassen sich jedoch beide Phänomene nur schwer voneinander trennen, da letztendlich Konjunkturab- und -auf-
schwünge auch Strukturveränderungen bewirken können. Empirisch beobachtbar
ist ausschließlich das Resultat der Überlagerung aller wirtschaftlichen Bewegungs-
erscheinungen in ihrer Interdependenz. Entscheidend ist jedoch, dass Struktur-
wandlungen in langfristiger Perspektive gesehen und primär als irreversibel betrachtet werden müssen, auch wenn wiederum langfristige Reversibilitätsmöglich-
keiten nicht zwangsweise auszuschließen sind. Bezogen auf den wirtschaftlichen
Strukturwandel sollen im Folgenden die Grundgesamtheit sowie die einzelnen
Strukturelemente näher bestimmt werden.

3.2   Sektorenabgrenzung

Im wirtschaftlichen Bereich wird der „Sektorbegriff" unterschiedlich eingesetzt.
Die wohl am häufigsten vorzufindende Unterteilung der Wirtschaft ist die in drei
Sektoren, d.h. in den Primären (Agrar- Bergbausektor), Sekundären (Industrie- und
Gewerbesektor) und Tertiären Sektor (Dienstleistungssektor). Diese Abgrenzung
geht u.a. auf Autoren wie CLARK (1957) und FOURASTIÉ (1954) zurück. Nach CLARK und
FOURASTIÉ ist der wirtschaftliche Entwicklungsprozess durch eine kontinuierliche
Produktions- und Beschäftigungsverschiebung vom Primären über den Sekundären zum Tertiären Sektor charakterisiert, d.h. durch eine wechselnde Abfolge der
Dominanz der einzelnen Sektoren (vgl. Abb. A 1). Als problematisch erweist sich
jedoch bei einer Untergliederung der Wirtschaft in nur drei Sektoren, dass zwangsläufig spezifische Eigenschaften einzelner Wirtschaftszweige stark vernachlässigt
werden müssen, folglich nur grobe Trends des sektoralen Strukturwandels sichtbar
werden. Zum anderen lassen sich die wirtschaftlichen Aktivitäten nur schwer getrennt nach Sektoren erfassen, da sich die Bereitstellung von Dienstleistungen nicht

auf den Tertiären Sektor beschränkt. Vielmehr lässt sich auch innerhalb der Industrie ein hoher Anteil an Dienstleistungstätigkeiten identifizieren (Tertiärisierung der Industrie).

3.2.1 Die Entwicklung der Wirtschaftssektoren im Regierungsbezirk Oberfranken

Oberfranken ist mehr als andere bayerische Teilräume von der Industrie geprägt und kann als klassische Industrieregion bezeichnet werden. Seine Wirtschaft ist durch den Mittelstand geprägt. Mittelständische Betriebe mit 10 bis 100 Beschäftigten beherrschen das Bild, Aktiengesellschaften sind eher die Ausnahme. Die Branchenstruktur ist hauptsächlich auf den Verbrauchsgütersektor ausgerichtet. Traditionsreiche Wirtschaftsbereiche wie das Textilgewerbe und die Porzellanindustrie spielen zwar weiterhin eine wichtige Rolle, es haben sich jedoch weitere Branchen, wie das Baugewerbe, die Elektrotechnik und der Maschinenbau angesiedelt, so dass die ehemalige Monostrukturierung der Wirtschaft durchbrochen wurde.

Der Anteil der Erwerbstätigen im Tertiären Sektor lag in Oberfranken sowohl 1970 als auch 1987 unter dem bayrischen und bundesdeutschen Durchschnitt. Wenngleich der Tertiäre Sektor zwischen 1970 und 1987 fast 36% mehr Erwerbstätige gewonnen hat, so lag dieser Anteil 1987 mit 43,7% unter dem bayerischen Wert von rund 51% und dem bundesdeutschen Wert von 57,4%. 1987 waren 52% aller Erwerbstätigen im Produzierenden Gewerbe und 43,7% im Dienstleistungssektor beschäftigt. Nur 4,3% waren in der Landwirtschaft tätig.

Im Vergleich zu den Werten aus dem Jahre 1970 zeichnet sich ein tiefgreifender Strukturwandel ab. 1970 waren 55,3% aller Beschäftigten im Produzierenden Gewerbe und 32,2% im Dienstleistungssektor tätig. In der Landwirtschaft arbeiteten noch 12,5%. Dies macht deutlich, dass sich in weniger als zwanzig Jahren der Anteil der Erwerbstätigen in der Landwirtschaft um fast zwei Drittel reduziert hat. Zuwächse konnten dagegen, dem allgemeinen Trend folgend, der Dienstleistungssektor verzeichnen, der im gleichen Zeitraum um ein Viertel expandierte. Anzumerken bleibt, dass der Strukturwandel von der Industrie- zur Dienstleistungsgesellschaft in Oberfranken aber weit weniger ausgeprägt ist als in anderen Regionen.

3.3 Ausgewählte Erklärungsansätze sektoraler Aufstiegs- und Niedergangsprozesse

Der wirtschaftliche Strukturwandel hat einen permanenten Bedeutungswandel einzelner Wirtschaftszweige zur Folge. Sektorale Aufstiegs- und Niedergangsprozesse lassen sich mit verschiedenen theoretischen Ansätzen erklären, so etwa bei SCHUMPETER (1961), bei HEUSS (1965) oder bei MENSCH (1975). Im Vordergrund aller Ansätze steht die technische Innovation als maßgebliche Determinante der wirtschaftlichen Entwicklung. Jede Basisinnovation, die Ausgangspunkt eines neuen Wirtschaftszweiges in einer Volkswirtschaft ist, zieht im zeitlichen Ablauf eine Reihe von Verbesserungsinnovationen nach sich, wodurch sich die in einem Wirtschaftszweig produzierten Güter immer mehr differenzieren. Das Verhältnis der

Wirtschaftszweige zueinander, also auch die Stellung der einzelnen Wirtschaftszweige im Wirtschaftssystem, verändert sich demnach fortwährend. Verlieren einzelne Wirtschaftszweige relativ oder absolut an Bedeutung, so hängt diese Entwicklung u.a. mit den schwindenden Möglichkeiten zusammen, technologische Durchbrüche zu erzielen.

Folglich zeigen die Ansätze zur Erklärung sektoraler Aufstiegs- und Niedergangsprozesse nicht nur die Wirtschaftszweige in ihrer Interdependenz, sondern eine
mehr oder weniger regelmäßigen Entwicklungsverlauf der einzelnen Produkte
bzw. in stark verallgemeinerter Form, wenn auch mit gewissen Einschränkungen,
für Wirtschaftszweige auf.

Zusammengestellt sind vor allem folgende Maßnahmen als qualitative Kenn-
zeichen des Strukturwandels zu nennen:
- Organisatorische Veränderungen der Betriebe ab 100 Beschäftigte zur Erreichung
  schnellerer innerbetrieblicher Informations- und Entscheidungskreisläufe
  (Abbau der Verwaltung, der Hierarchiestufen: lean management),
- Abbau des Personals im Bereich der Produktion (sog. lean production) bei gleich-
  zeitiger Anhebung des Qualifikationsniveaus (Verknüpfung von Fertigungs- und
  Steuerungs-Know-How),
- Zunahme der planenden und informationsverarbeitenden Tätigkeiten in den
  Betrieben,
- Konzentration der Produktion auf hochwertige Qualitätsprodukte (im Rahmen
  des Qualitätswettbewerbs),
- Einsatz neuester Technologien,
- Abnahme der Fertigungstiefe (im Sinne der Spezialisierung),
- Abnahme der Losgrößen (zunehmende Bedeutung der Einmal-, Einzel- und Klein-
  serienfertigung) in Verbindung mit der Ausrichtung auf kundenspezifische
  Einzelfalllösungen,
- verstärkter Ausbau der Serviceleistungen (etwa schnellere Lieferzeiten),
- stärkere Berücksichtigung ökologischer Aspekte im Rahmen der Produktneu- und
  -weiterentwicklung sowie der Produktions- bzw. Fertigungsstrukturen.
Kennzeichen des sektoralen und z.T. auch des funktionalen Strukturwandels sind
demzufolge eine zunehmende Flexibilisierung und Entstandardisierung der Produktion und Organisation. Massenproduktion, beruhend auf tayloristischen Prinzipien der Rationalisierung, ist gekennzeichnet von einer zunehmenden Tendenz der
Auslagerung in das außereuropäische Ausland.

Mit dieser Entwicklung wird deutlich, dass die traditionelle Vorstellung von
einem Lebenszyklus einer Branche, die in eine zunehmende Standardisierung und
Massenproduktion mündet, in dieser Kausalität für eine ganze Reihe von Branchen
bzw. Teilbranchen nicht aufrechterhalten werden kann. Im weiteren Verlauf werden
v.a. verschiedene Faktoren der betrieblichen Strukturanpassung, aber auch der
dabei entstehenden Engpässe analysiert, wobei als wesentliche Faktoren auf die
Branchenzugehörigkeit, auf den organisatorischen Status und auf die Betriebsgröße
eingegangen wird. In einem zweiten Schritt der Darstellungen wird sodann die Veränderung industrieller Arbeitsplätze im innerbetrieblichen Sinne behandelt. Dies ist
allein schon deshalb notwendig, weil die überwiegende Mehrzahl der Betrachtungen zum wirtschaftlichen Strukturwandel sektoral angelegt sind, und zwar entgegen

der inzwischen vorliegenden Erkenntnis, dass der Zuwachs tertiärer Beschäftigter nicht in einem kausalen Verhältnis zum Zuwachs der tertiären Endnachfrage steht.

Bezieht man dagegen den funktionalen Strukturwandel in die Betrachtung ein, so wird der gesamtwirtschaftliche Anteil derjenigen Beschäftigten, die tertiäre Tätigkeiten nachgehen, je nach Untersuchungsansatz in Deutschland zwar unterschiedlich, jedoch einhellig auf mehr als zwei Drittel der jeweiligen Gesamtbeschäftigten geschätzt. Die Folge ist eine Umstrukturierung der industriellen Arbeitsplätze, was wiederum erhebliche räumliche Wirkungen nach sich zieht (STETTBERGER 1997).

3.3.1 Das Modell von SCHUMPETER

SCHUMPETER (1961), der Innovationen als wesentlichen Motor wirtschaftlicher Entwicklung versteht, beschäftigt sich in erster Linie mit den Durchsetzungsbedingungen dieser Innovationen (z.B. Finanzierung der Neuerungen oder Beschaffung der dazu nötigen Produktionsfaktoren). Strukturwandel ist für ihn ein Merkmal der wirtschaftlichen Entwicklung.

Bestimmungsgründe, die den stationären Gleichgewichtszustand aufheben können, definiert er als äußere, d.h. „von außerhalb der wirtschaftlichen Sphäre wirksam(e)", und innere Faktoren. Auf äußere Faktoren (z.B. politische Ereignisse), denen er eine maßgebliche und sogar häufig dominante Rolle zumisst, geht er jedoch nicht weiter in seinem Ansatz ein.

Dagegen vertritt er die Meinung, dass von den äußeren Faktoren abstrahiert werden muss, da sie einen eher unregelmäßigen Charakter aufweisen, „wenn wir eine Erklärung der Verursachung wirtschaftlicher Schwankungen im eigentlichen Sinne des Wortes erarbeiten, d.h. derjenigen wirtschaftlichen Veränderungen, die dem Funktionieren des wirtschaftlichen Organismus inhärent sind" (S. 79). Zu den inneren Bestimmungsgründen zählen nach SCHUMPETER (1961, S. 79) „Veränderungen im Geschmack, Veränderungen in der Menge (oder Qualität) der Produktionsfaktoren, Veränderungen in den Methoden der Güterversorgung", wobei vor allem Veränderungen in den Methoden der Güterversorgung zu wirtschaftlicher Entwicklung führen.

Die Veränderungen im wirtschaftlichen Prozess, die durch Innovationen hervorgerufen werden, zusammen mit allen ihren Wirkungen und der Reaktion des ökonomischen Systems auf diese Veränderungen, bezeichnet er mit dem Ausdruck wirtschaftliche Entwicklung (ebenda, S. 94). Für ihn ist Wettbewerb somit ein Innovationswettlauf. Die wirtschaftliche Entwicklung verläuft demnach nicht harmonisch, sondern disharmonisch und diskontinuierlich. „Zu jedem gegebenen Zeitpunkt bewegen sich einige Industrien vorwärts, andere bleiben zurück; und die sich hieraus ergebenden Diskrepanzen sind ein wesentliches Element in den sich entwickelnden Lagen. Der Fortschritt – im industriellen ebenso wie in allen anderen Sektoren des sozialen und kulturellen Lebens – geht nicht nur ruck- und stoßweise vor sich, sondern auch in einseitigen Stößen, die ganz andere Folgen nach sich ziehen, als sie bei koordinierten Stößen eintreten würden. In jeder Spanne der historischen Zeit kann man leicht den Ort der Auslegung des Prozesses lokalisieren und mit bestimmten Industrien und innerhalb dieser Industrien wieder mit bestimmten Unternehmungen verbinden, von denen sich die Störungen über das gesamte System verbreiten" (ebenda, S. 109 f.). Die Wirtschaftsstrukturen unterliegen aus sich selbst heraus ständigen Veränderungen, indem alte Kombinationen durch produktivere neue Kombinationen ersetzt werden. Der Aufschwung ist zudem nie allgemein, sondern er hat „in einer Branche oder in einigen wenigen Branchen seinen Herd" (SCHUMPETER, 1952, S. 344), so dass sich hieraus Ansätze für einen Produkt- bzw. Branchenlebenszyklus finden lassen.

Im Mittelpunkt des Ansatzes von SCHUMPETER steht der Unternehmer als Durchsetzer des Neuen. Ihm steht der Produktionsleiter im Kreislauf gegenüber, der mit dem Strom – und nicht wie der Unternehmer dagegen – schwimmt. Für SCHUMPETER ist der Unternehmer ein Mensch mit einem großen Überschuss an Kraft über die Erfordernisse des Alltags hinaus. Seine Aufgabe besteht demzufolge darin, neue Möglichkeiten, die häufig schon bekannt sind, durchzusetzen. Er ist der Auslöser von Entwicklungsschüben, d.h. als eigentlicher Promoter der wirtschaftlichen Entwicklung zu charakterisieren, wobei SCHUMPETER vor allem Großunternehmer als Träger des technischen Fortschritts versteht.

3.3.2 Das Modell von HEUSS

Das Modell der Marktentwicklungsphasen von HEUSS ist eine interessante Weiterentwicklung der von SCHUMPETER aufgestellten Theorie der wirtschaftlichen Entwicklung. Im Gegensatz zu SCHUMPETER ist für HEUSS eine weitere Differenzierung der Unternehmertypen notwendig.

Somit wird der Sammelbegriff „Nichtpionierunternehmertum" in drei weitere Unternehmertypen untergliedert. Der spontan imitierende Unternehmer zeichnet sich ebenfalls wie der Pionierunternehmer durch Initiative und Spontanität aus, so dass sich nach HEUSS (1965, S. 9 f.) hier die Bezeichnung initiativer Unternehmer als Oberbegriff für den Pionierunternehmer und den spontan imitierenden Unternehmer anbietet. Der konservative Unternehmer zeichnet sich hingegen durch geringe Spontanität aus. Auch hier muss jedoch noch zwischen Unternehmern unterschieden werden, die auf Druck reagieren (z.B. durch eine veränderte Konkurrenzsituation) und den immobilen Unternehmern, die selbst zu diesen Reaktionen nicht mehr fähig sind. Der immobile Unternehmer könnte so nur in einer stationären Wirtschaft überleben, in der er versucht „mit allen Mitteln das Alte und Bisherige zu konservieren" (ebenda, S. 10).

HEUSS gibt jedoch bei dem Ansatz von SCHUMPETER zu bedenken, dass eine Unternehmertypologie allein nicht ausreicht, um der Komplexität der wirtschaftlichen

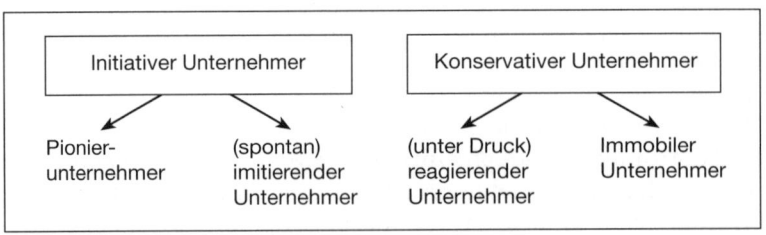

Abb. A 9:
Unternehmer-
typologien nach
HEUSS
Quelle:
HEUSS 1965, S. 10

Entwicklung gerecht zu werden, sondern vielmehr der Markt in die Betrachtungen miteinbezogen werden muss. Grundvoraussetzung für den Einbezug der Unternehmertypologie ist ein Bezugssystem, in dem die Aktionen dieses Unternehmers eingefangen werden können. Mit der Unternehmertypologie ist nach Heuss die Markttypologie bereits vorgezeichnet, „stellt doch der Markt im üblichen Sinne ebenso nur das Ebenbild eines bestimmten Unternehmertypus dar. [...]. Aus dem inneren Beziehungszusammenhang zwischen Unternehmer- und Markttypus ergibt sich, daß man nur den Spuren der betreffenden Unternehmertypen zu folgen braucht, um auf die entsprechenden Markttypen zu stoßen" (ebenda, S. 15). Hierfür ist es nach Heuss jedoch notwendig, die Volkswirtschaft nach Wirtschaftszweigen zu untergliedern und in diesen Wirtschaftszweigen den evolutionären Prozess in seinen Grundelementen zu verfolgen. Er geht davon aus, dass alle Industrien bzw. die dazugehörigen Märkte im Laufe ihrer Entwicklung die gleichen Phasen durchlaufen und sich somit ein allgemeiner Entwicklungsprozess ableiten lässt. Er unterscheidet grundsätzlich zwischen der Experimentier-, Expansions-, Ausreifungs- sowie der Stagnations- und Rückbildungsphase. Vergleichbar zu den Aussagen von Schumpeter sind auch bei Heuss Aufstieg und Stagnation bzw. Rückbildung zwangsläufig miteinander verbunden. Die Zuordnung der Unternehmer zu bestimmten Märkten erfolgt über die Preisinterdependenz, d.h. es wird in diesem Modell die Annahme getroffen, dass ein Markt sich dadurch auszeichnet, dass sich Preisänderungen von einer Unternehmung zur anderen fortsetzen. Eine weitere Annahme des Modells liegt in der Übereinstimmung von Produktions- und Absatzraum.

Der Experimentierphase, in der das Produkt geschaffen und bis zur erforderlichen Markreife entwickelt wird, sind vor allem die Pionierunternehmer zuzuordnen. Dem Pionierprodukt steht nur eine kleine Gruppe von Pionierkonsumenten gegenüber. In dieser Phase sind die Produktionsweisen noch wenig standardisiert und die Güterpreise zumeist relativ hoch.

In der Expansionsphase, hier herrscht vor allem der spontan imitierende Unternehmer vor, gehen deutliche Produktionsausweitungen mit kontinuierlichen Preissenkungen einher, die wiederum eine Erhöhung der Nachfrage bewirken.

In der Ausreifungsphase rückt der unter Druck imitierende Unternehmer in den Vordergrund. Produktionstechnisch ist diese Phase durch eine hohe Standardisierung und eine rationelle, kapitalintensive Massenfertigung gekennzeichnet. Spielräume für qualitative Verbesserungen sowie für Produktionsfortschritte sind eher gering, und die Zuwachsrate der Konsumnachfrage ist durch Sättigungserscheinungen rückläufig.

In der Stagnations- und Rückbildungsphase, in der immobile Unternehmer unter wachsenden Fixkostendruck geraten, ist die Konsumnachfrage durch neue, verbesserte Produkte stagnierend oder aber rückläufig. Minimale Produktionsfortschritte können nur durch eine Vertiefung der Massenproduktion marginal ausgeschöpft werden.

Auch wenn Heuss der Großunternehmung ihre ökonomische Funktion nicht abspricht, so ist diese bei ihm jedoch im Gegensatz zu Schumpeter nicht der Hauptträger von technischem Fortschritt. Im Erklärungsansatz von Heuss steht vielmehr eine gesunde Mischung von großen, mittleren und kleinen Unternehmen im Vordergrund.

3.3.3 Das Modell von MENSCH

Im Rahmen der struktur- und markttheoretischen Ansätze wurde bereits aufgezeigt, dass im Zuge des Wachstumsprozesses strukturelle Veränderungen bei Produktion und Nachfrage auftreten. Dieses auch empirisch beobachtbare Phänomen „führte einerseits zur Ausarbeitung von sektorspezifisch geprägten Stufen, Stadien oder Etappen der wirtschaftlichen Entwicklung und andererseits zur These von den mehr oder weniger regelmäßig langen Wellen der wirtschaftlichen Aktivität" (WIENERT 1990, S. 370). Eine Auseinandersetzung mit den langen Wellen im Sinne Kondratieffs (1926, S. 573 – 609), der Konjunktur- sowie mit den Sektorzyklen ist insbesondere in den 1930er Jahren angesichts der labilen Wirtschaftsentwicklung erfolgt. Seit Mitte der 1970er Jahre gewinnen die langen Wellen der Konjunktur wiederum u.a. in der Bundesrepublik Deutschland aufgrund der Wachstumsschwäche an Bedeutung.

Die Behauptung, dass sich die wirtschaftliche Entwicklung in langen Wellen vollzieht, wurde u.a. von KONDRATIEFF aufgestellt. Die langen Wellen der Konjunktur werden durch Basisinnovationen getragen (Abb. A 10). Beispiele für derartige Basisinnovationen sind die Dampfmaschine, die Eisenbahn, die Elektrifizierung oder das Automobil, die eine lange Periode der Prosperität ausgelöst und zu einer weitreichenden Umorganisation der Gesellschaft geführt haben.

Interessant für die Erklärung industrieller Lebenszyklen ist an dieser Stelle vor allem der Ansatz von G. MENSCH, in dem er das deterministische KONDRATIEFF-Modell von Wellenbewegungen durch sein Metamorphose-Modell in Form von S-förmigen Zyklen des Strukturwandels ersetzte (Abb. A 11). Er gab die Vorstellung, dass sich die Wirtschaft in langen Wellen entwickelt, zugunsten der Vorstellung auf, dass sie sich schubweise entwickelt. „Das Metamorphose-Modell differenziert die evolutorischen Kraft des Werdens und Vergehens, die im Wellenmodell mehr oder weniger verwischt werden" (MENSCH 1973, S. 85). MENSCH führt die Stagnation als originäre Kräfte des Metamorphose-Modells an: „Das gesamte evolutorische Geschehen im sozialwirtschaftlichen Ganzen wird in einen Regelkreis eingebunden: Stagnation in Systemteilen und im gesamten System fördert Einzelinnovationen an strukturell geeigneten Stellen, und die Innovation lässt manch altbewährtes

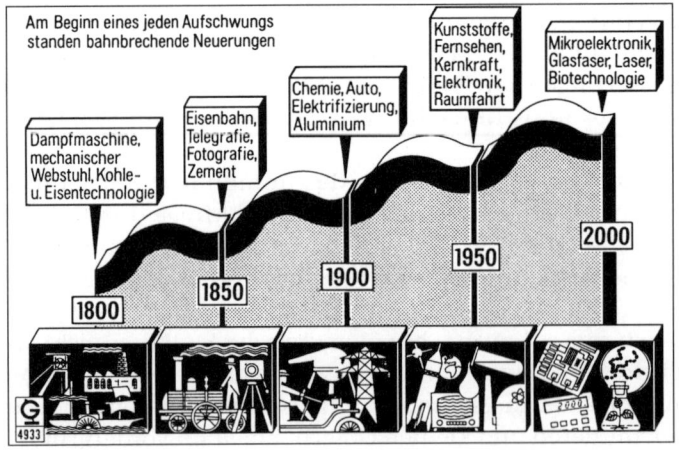

Abb. A 10:
Die langen Wellen der
Weltkonjunktur
Quelle:
Globus Intergrafik

Abb. A 11:
Das Metamor-
phose-Modell
nach Mensch
Quelle:
Mensch 1975,
S. 84

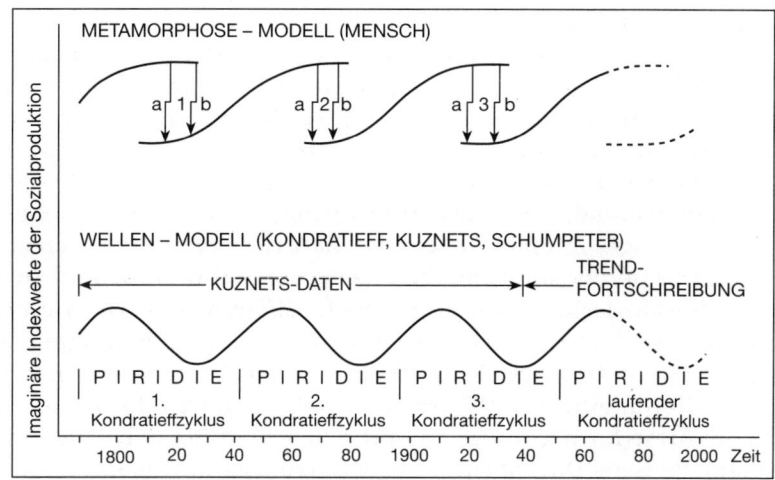

Teil als altes Eisen erscheinen. Innovation und Stagnation induzieren einander" (Mensch, S. 85).

Unter Basisinnovationen versteht Mensch die Eröffnung neuer technologischer Entwicklungslinien, d.h. eine richtungsändernde Abweichung von der bisher üblichen Praxis. Durch Basisinnovationen werden neue Gewerbe- und Industriezweige geschaffen, d.h. der neue Innovations- bzw. Wachstumsschub erfolgt vor allem außerhalb der alten Strukturen (Produkte/Industriezweige). Demgegenüber stellt er die Verbesserungsinnovationen, die das Verbleiben der Zweige (Gewerbe-/Industriezweige) am Markt verlängern. Basisinnovationen schaffen neue Gewerbe- und Industriezweige, wie z.B. die Mikroelektronik, durchdringen und ändern traditionelle Produktionslinien (z.B. Uhrenindustrie) und Herstellungsprozesse (z.B. Robotorisierung und rechnergestützte Entwurfs- und Fertigungsprozesse, CAD und CAM). Verbesserungsinnovationen betreffen u.a. qualitative Veränderungen von Produkten und Prozessinnovationen, d.h. neue Herstellungsverfahren, die es erlauben, Produkte billiger, in größeren Mengen oder hochwertiger herzustellen.

Das Metamorphose-Modell erlaubt damit eine Differenzierung von etablierten Branchen, in denen sich nachlassende Verbesserungsinnovationen und zunehmende Stagnation vollziehen, und neue Branchen, die durch Basisinnovationen entstehen. Die zeitliche Anhäufung von Innovationen bzw. die „Innovationsschübe" sind nach Mensch (1973, S. 86 ff.) durch Wirtschaftskrisen zu erklären, die sich aufgrund ausgereifter, alter und unflexibel gewordener Produktionsstrukturen zwangsläufig ergeben.

3.3.4   Vergleichende Betrachtung

Die zur Erklärung des sektoralen Strukturwandels angeführten Theorien und Modelle, unabhängig vom Datum der Erstellung, erfassen immer nur einzelne Elemente des äußerst komplexen Phänomens. So vernachlässigt u.a. Schumpeter in seinem Ansatz die Nachfrageseite vollständig. Es lassen sich demnach vielerlei Ansatzpunkte finden, die die Aussagefähigkeit der zitierten Modelle in bezug auf den sektoralen Strukturwandel relativieren. Eine Theorie, die alle Bereiche der

Fragestellung zu beantworten vermag, ist bislang noch nicht entwickelt worden und wird aller Voraussicht nach auch in Zukunft nicht erstellbar sein. So lassen sich die „Auslöser" sektoraler Aufstiegs- und Niedergangsprozesse mit den angeführten Ansätzen nur weitgehend theoretisch erfassen. Im Vordergrund aller Ansätze stehen die Innovation und die Verbreitung neuer technologischer Erkenntnisse als maßgebliche Determinanten der wirtschaftlichen Entwicklung (technikinduzierter Strukturwandel). Jede Basisinnovation, die Ausgangspunkt eines neuen Wirtschaftszweiges in einer Volkswirtschaft ist, zieht im zeitlichen Ablauf eine Reihe von Verbesserungsinnovationen nach sich, wodurch sich die in einem Wirtschaftszweig produzierten Güter immer mehr differenzieren (HAMPE 1988, S. 195). Das Verhältnis der Wirtschaftszweige zueinander sowie die Stellung der einzelnen Wirtschaftszweige im Wirtschaftssystem verändert sich demnach fortwährend.

Verlieren einzelne Wirtschaftszweige relativ oder absolut an Bedeutung, so hängt diese Entwicklung u.a. mit den schwindenden Möglichkeiten zusammen, technologische Durchbrüche zu erzielen. Damit zeigen die Ansätze nicht nur die Wirtschaftszweige in ihrer Interdependenz, sondern einen mehr oder weniger

Abb. A 12: Phasen des Produktzyklusses
Quelle: SCHÄTZL 1998, S. 195

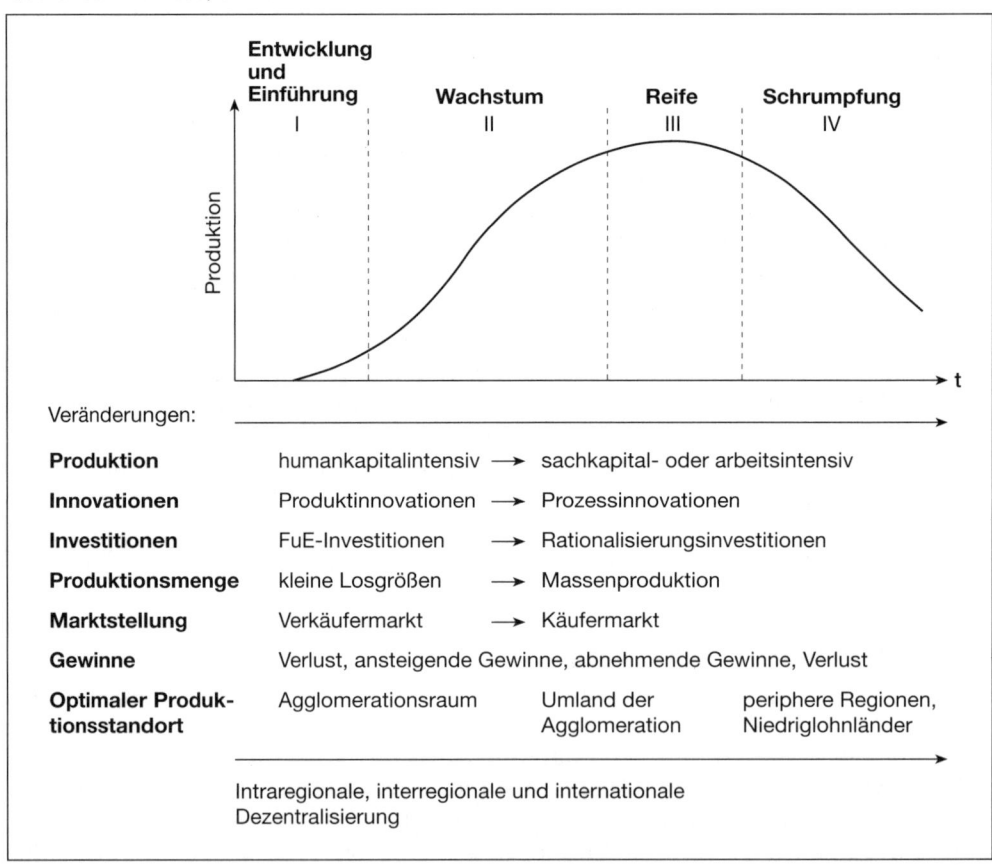

Abb. A 13:
Unterschiede im
Verlauf des
Produktzyklus
Quelle:
SCHÄTZL 1998,
nach DUIJN 1984

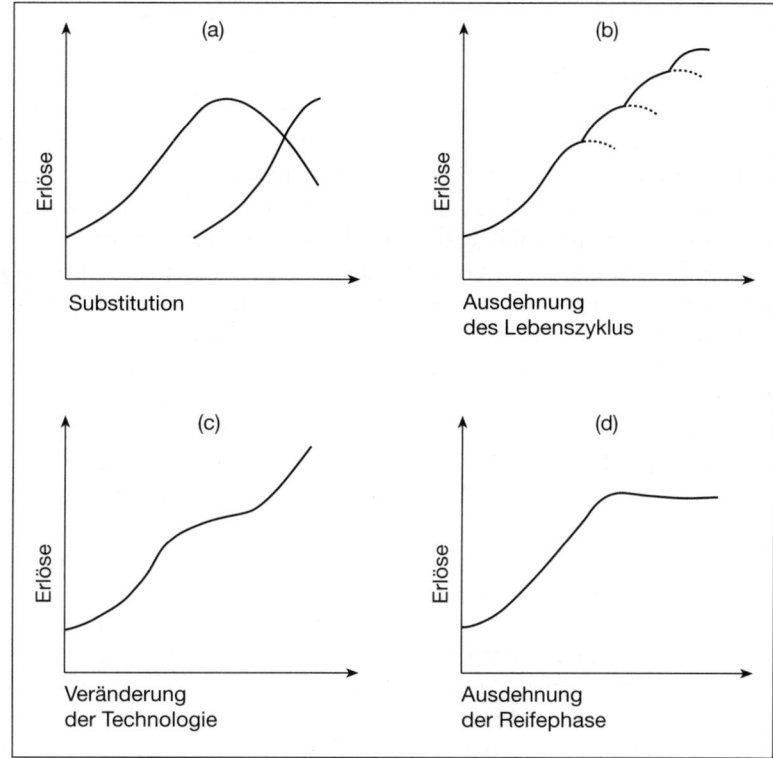

regelmäßigen Entwicklungsverlauf (Lebenszyklus) der einzelnen Produkte bzw. in stark verallgemeinerter Form für Wirtschaftszweige auf. Eine Übertragung der Produktlebenszyklus-Hypothese auf Branchen bzw. gar Wirtschaftszweige erscheint nicht unproblematisch. Zum einen zeigt sich die Abgrenzung der einzelnen Phasen der Entwicklung bei einer Aggregation auf Branchen aufgrund der zumeist bestehenden Heterogenität innerhalb der Branchen bei weitem deutlicher. Zum anderen unterliegt nicht jede Branche bzw. jeder Industriezweig einem erkennbaren Lebenszyklus (dauerhafte Konsumgüter, bestimmte Investitionsgüter).

Weiter haben Betriebe und Unternehmen auch in späteren Phasen im Sinne des Lebenszyklus-Konzepts u.a. durch neue bzw. veränderte Produkte und Verfahren Möglichkeiten einer erfolgreichen (Neu-) Positionierung am Markt, so dass der Eintritt in die Reifephase hinausgezögert werden kann (Abb. A 13). Neben der Substitution, d.h. dem Beginn eines neuen Produktlebenszyklus im gleichen Wirtschaftssektor (Produktinnovation), oder aber der Produktmodifikation bieten sich weitere Möglichkeiten, so die Suche nach neuen Einsatzmöglichkeiten oder aber nach neuen Verfahrenstechniken usw. an (Verjüngung der Produkte und Produktionsverfahren).

Die bisherigen Betrachtungen des sektoralen Strukturwandels haben den Raumbezug eher vernachlässigt, d.h., die Diskussion erfolgte vornehmlich für Punktwirtschaften. Mit der Produktlebenszyklus-Hypothese lässt sich in Verbindung mit dem idealtypischen Entwicklungsverlauf (Einführungs-, Wachstums- und Reifephase, Sättigungs- und Verfallsphase) von Produkten und Branchen ebenfalls eine räumliche

Komponente feststellen. VERNON hat sich 1966 (S. 190 – 207) erstmals mit der räumlichen Dimension des Lebenszyklus von Produkten bzw. Branchen beschäftigt; dies in Bezug auf den internationalen Handel. Hat ein Wirtschaftszweig erst eine Reifephase erreicht, so kommt er unter einen zunehmenden (internationalen) Anpassungsdruck. VERNON betont insbesondere die wachsende Bedeutung der Arbeitskosten im Zuge der Standardisierung der Produkte und Produktionsverfahren, so dass sich die Herstellung der Produkte in Abhängigkeit vom Produktlebenszyklus von den hochentwickelten Ländern zu den niedriger entwickelten Ländern verlagert.

Aber nicht nur im internationalen Kontext, sondern auch bezogen auf einzelne Industriewirtschaften wurden räumliche Differenzierungen herausgearbeitet. In der Literatur herrscht weitgehend Einigkeit darüber, dass sich im Laufe der Zeit die Standortvoraussetzungen für ein Produkt – und im übertragenen Sinne auch für Branchen – verändern. So werden in den ersten Phasen des Lebenszyklus vor allem Marktkenntnis, technisches Know-how, Managementfähigkeiten und qualifizierte Arbeitskräfte benötigt. Weiter sind, da das Produkt noch wenig ausgereift ist, gute Marktkontakte, ein guter Marktzugang und eine größere Dichte von Lieferverflechtungen notwendig. In den späteren Phasen des Lebenszyklus werden insbesondere billige Arbeitskräfte sowie Kapital benötigt, um die im Einzelfall effizientesten Produktionsverfahren einzusetzen.

Bedeutenden Einfluss auf die räumliche Struktur und Prozesse industrieller Unternehmen hat das raumbezogene Entscheidungsverhalten des jeweiligen Unternehmers selbst. Nach WEBER (1980/81) setzt sich sein Entscheidungsfeld aus einem Bereich zusammen, der direkt von ihm beeinflussbar ist, und einem Teilbereich, der nur schwer kontrollierbar ist und mit dem Begriff „Umwelt" bezeichnet werden kann. Dieses beinhaltet die aus der Gesamtgesellschaft ableitbaren Tatbestände des ökonomischen, sozialen, technischen, kulturellen und politischen Bereichs (Abb. A 14). Die Aktivitäten der Unternehmer finden zwischen staatlichen Organisationen sowie Arbeitnehmern statt und beeinflussen sich gegenseitig. Im Rahmen unternehmerischer Zielfunktionen wird der betriebliche Entscheidungsträger in den Funktionsbereichen der Produktion, des Absatzes, aber auch im Sozialsystem aktiv, wobei bei der Beurteilung der Umweltsituation und seiner eigenen Verhaltensweisen ökonomische Prinzipien eine Rolle spielen. Innerhalb des Aktivitätsraumes versucht der Entscheidungsträger entsprechend seinen Wertvorstellungen und seinen Informationen über Alternativen und Konsequenzen eine möglichst günstige Entscheidung zu treffen. Diese Entscheidungen lassen sich untergliedern in konstitutive Entscheidungen, die langfristig die gesamte Struktur des Betriebes bestimmen (zu ihnen zählen Entscheidungen über die Rechtsform, den Standort und die betriebliche Organsiation), und in situationsbedingten Entscheidungen, die laufend getroffen werden müssen und beispielsweise Produktionsentscheidungen, Beschaffungs- und Absatzentscheidungen, Kapitalentscheidungen aber auch Entscheidungen im sozialen Bereich umfassen.

Die Produkte werden entsprechend den spezifischen Standortvoraussetzungen insbesondere in den Verdichtungsräumen eingeführt und dann sukzessive in die strukturschwachen peripheren Regionen weitergegeben. Hieraus lässt sich – stark verallgemeinert – ebenfalls ein spezifisches Innovationsmuster folgern: Produktionsinnovationen in den hochrangigen Agglomerationen sowie gegebenenfalls

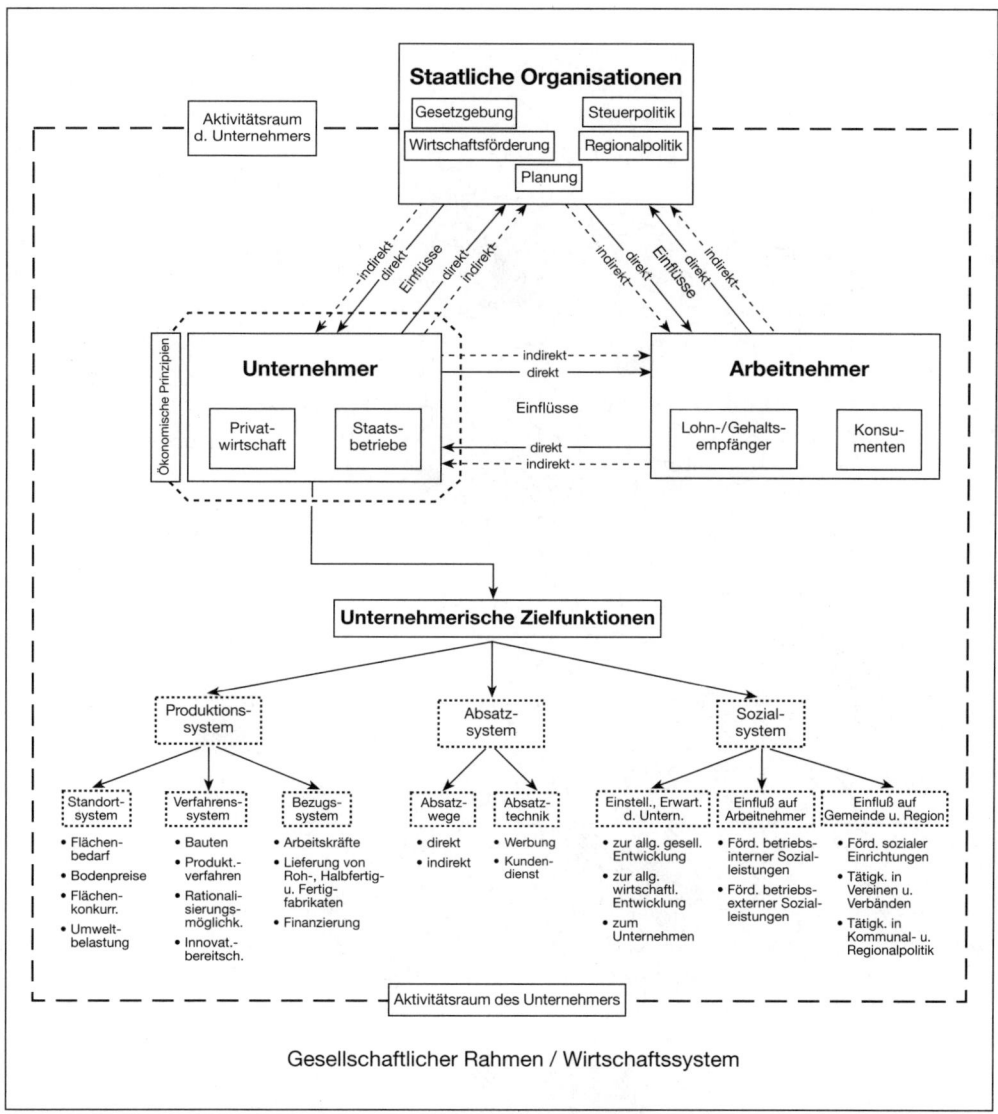

Abb. A 14: Einflusskräfte räumlicher Struktur- und Prozessmuster für industriegeographische Fragestellungen
Quelle: WEBER 1980/81, S. 78

nur sehr geringe Innovationsaktivitäten in den peripheren Regionen. Dementsprechend lässt sich für strukturschwache periphere Räume in Industrieländern ein hoher Anteil von Produkten bzw. Branchen der Reifephase feststellen.

Bestätigt wird dies durch Studien von GIESE u.a. (1997), die für Deutschland eine enge Standortkorrelation von Forschungs- und Erfindungsaktivitäten bzw. Patentanmeldungen feststellten (Abb. A 15 u. A 16), mit einer Dominanz des Stuttgarter und Münchner Raumes sowie des Rhein-Main-Gebietes.

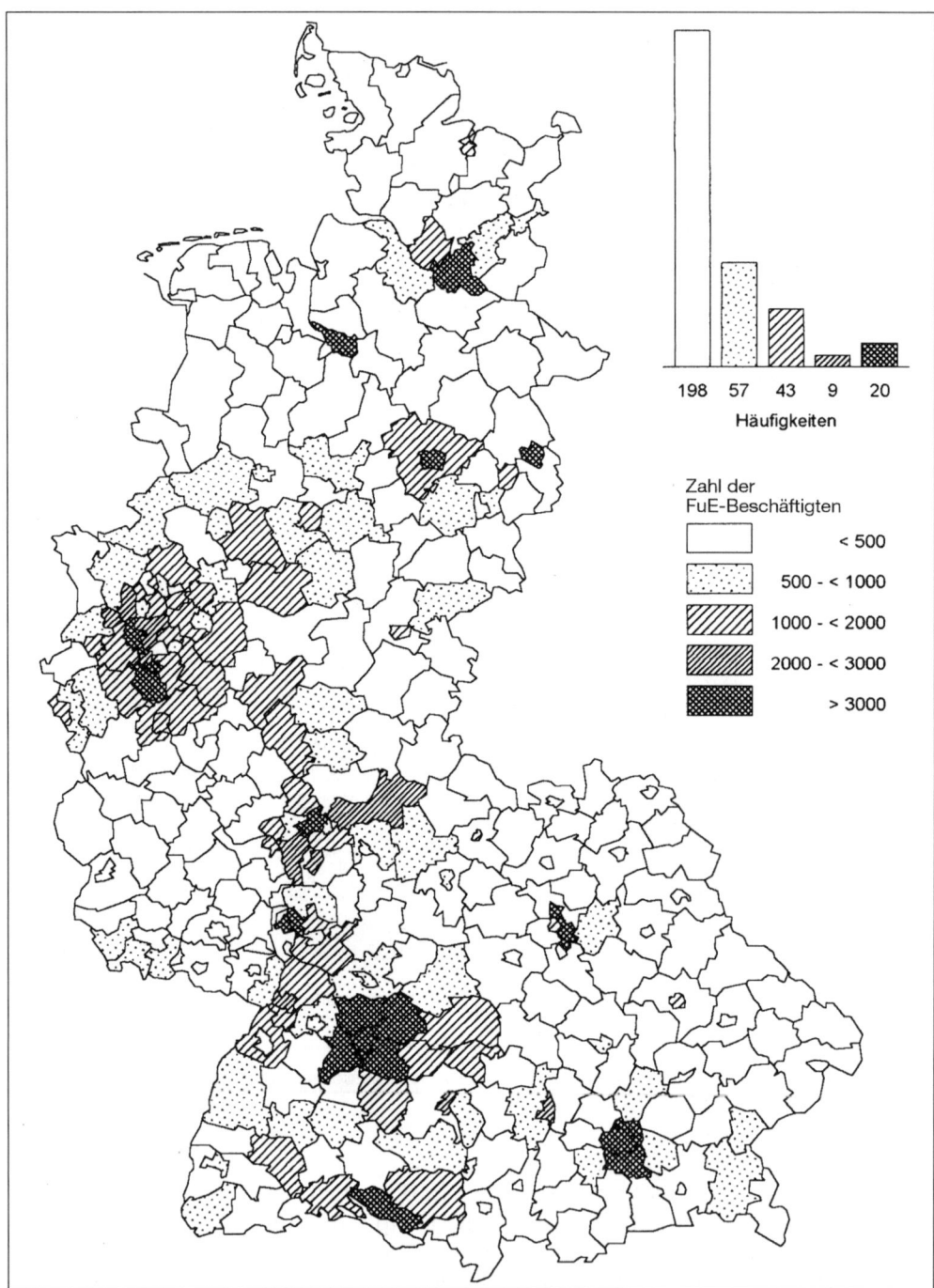

Abb. A 15: Zahl der Beschäftigten in Forschung und Entwicklung der Alten Bundesländer der BRD
im Verarbeitenden Gewerbe 1991
Quelle: E. Giese/R.v. Stoutz u.a. 1997, Datengrundlage: Beschäftigtenstatistik, F.-J. Bade

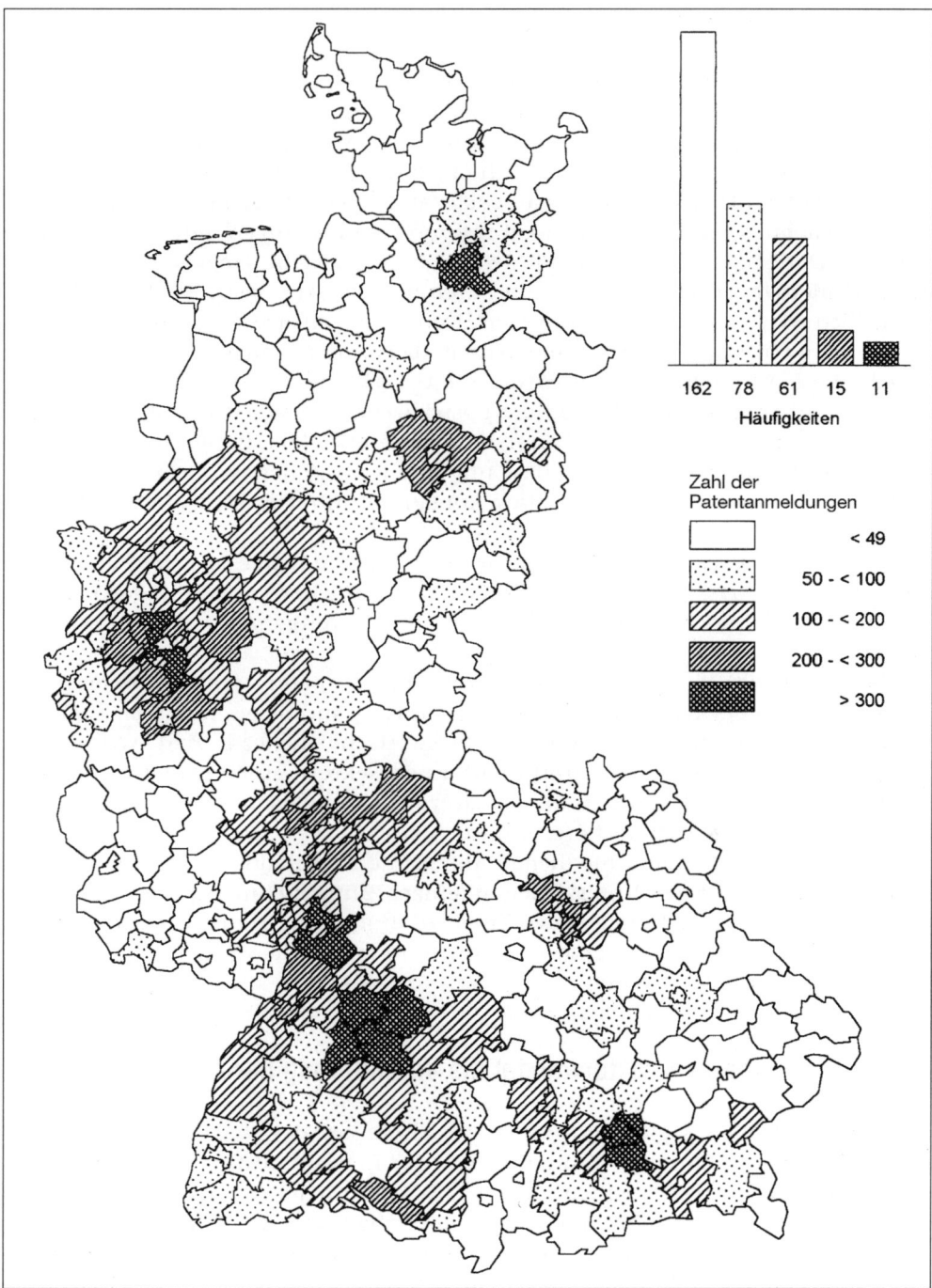

Abb. A 16: Zahl der Patentanmeldungen inländischer Herkunft beim Deutschen Patentamt nach dem Erfindersitz (Forschungsstätte) in den Alten Bundesländern der BRD 1992

Quelle: E. GIESE/R.V. STOUTZ u.a. 1997, Datengrundlage: Deutsches Patentamt, S. GREIF

3.4   Funktionaler Strukturwandel

Seit Mitte der 1980er Jahre betrachtet man den wirtschaftlichen Strukturwandel zunehmend aus funktionaler Sicht. Veränderungen im Arbeitseinsatz, soweit sie die
Tätigkeit der Beschäftigten betreffen, rücken in den Mittelpunkt der Betrachtungen.
Die Untersuchungen konzentrieren sich einerseits auf den Bereich der (unternehmensbezogenen) Dienstleistungen als sektorales Wachstumsfeld, andererseits und
in wachsendem Maße jedoch auch auf interne Veränderungen industrieller Unternehmen. Der bisher vorherrschende sektorale Ansatz steht dabei im Gegensatz zu
der allgemeinen Erkenntnis, dass die Zunahme tertiärer Beschäftigter nicht ausschließlich durch einen Zuwachs der tertiären Endnachfrage begründet ist.

Sah etwa FOURASTIÉ (1969, S. 36) in einem überproportionalen, zum Einkommen
zunehmenden Dienstleistungskonsum die Ursache der Tertiärisierung, so führt
z.B. die „Hypothese der Selbstbedienungswirtschaft" (STAUDACHER 1992, S. 62) die
fortschreitende Ausstattung privater Haushalte mit elektrischen und elektroni-
schen Geräten als Indiz dafür an, dass mit dem technischen Fortschritt und wachsendem Einkommen eine Substitution konsumorientierter Dienstleistungen einhergeht.

Die Dominanz sektoraler Betrachtungen veranlasste HENKEL u. a. bereits 1986 zu
der Feststellung, dass – soweit es die Erklärung räumlicher Entwicklungen betrifft –
die „neuen Technologien in der Produktion [...] weitgehend unberücksichtigt
bleiben".

GRUHLER (1990, S. 15 f.) beklagt wenige Jahre später „jenes Mißverhältnis
zwischen faktischer Relevanz der Dienstleistungen und ihrer empirischen Durch-
dringung" und wertet dies als ein „betriebswirtschaftliches Defizit". Wählt man
hingegen einen funktionalen und nicht einen sektoralen oder institutionellen
Ansatz, so zeigt sich, dass der Anteil tertiärer Arbeit ungleich stärker zugenommen
hat als die Nachfrage nach tertiären Gütern.

Die international unterschiedlichen Anteile dienstleistender Arbeitnehmer werden – bei allen sonstigen Unterschieden je nach Untersuchungsansatz – einhellig
auf Werte bei zwei Drittel der jeweiligen Gesamtbeschäftigten und darüber geschätzt, wobei Dienstleistungen hier als nicht im materiellen Sinne produzierende
Tätigkeiten verstanden werden.

3.5   Funktionaler Strukturwandel als Veränderung der Arbeit

JEAN FOURASTIÉ (1969) sagte den Industriegesellschaften des 20. Jahrhunderts einen
grundsätzlichen sektoralen Wandel voraus, der in einer postindustriellen Gesellschaft münden würde. Dabei nannte er das Wachstum der Arbeitsproduktivität als
Ursache dafür, dass primäre und sekundäre Arbeit nahezu überflüssig würden,
während der damit einhergehende Einkommenszuwachs eine Nachfrageverschie-
bung von sekundären hin zu tertiären Gütern bewirke. Angesichts des Beschäftig-
tenwachstums bei Banken und Versicherungen, Erziehungsdiensten, Gesundheits-
diensten und sozialpflegerischen Diensten erscheint die Argumentation FOURASTIÉ
zunächst plausibel.

Dieser Eindruck relativiert sich allerdings, wenn man berücksichtigt, dass diese Branchen an der Gesamtzahl der Beschäftigten nur einen Anteil von etwa 12 % haben und die Beschäftigtenzahlen z.B. in den Bereichen Handel und Verkehr stagnieren oder etwa im Verarbeitenden Gewerbe rückläufig sind. Der Trend der Tertiärisierung verliert an sektoraler Dynamik, wenngleich Wirtschaftszweige wie der Bergbau, die Energie- und Wasserversorgung, die Grundstoffverarbeitung und die Investitionsgüterindustrie weiterhin an Beschäftigten verlieren und z.B. das Hotel- und Beherbergungsgewerbe – jedoch in vergleichsweise geringem Umfang – an Beschäftigten gewinnt. Demgegenüber ist bereits seit den 1970er Jahren zu beobachten, dass der Anteil der Dienstleistungsberufe höher ist als der Anteil der Beschäftigten im Dienstleistungsgewerbe und dass ein relativ hoher industrieller Sockel verbleibt. So wächst der Anteil der unternehmensbezogenen Dienstleistungen an der Bruttowertschöpfung in Deutschland sowohl unternehmensintern als auch -extern.

Allerdings stellt SCHAMP (1995, S. 156) fest: „tertiärisation of manufactoring activities remainded hidden behind sectoral classifications". Insofern „sind wir Zeugen einer (...) Umwälzung, die nur sehr unzureichend als der Übergang von der modernen Industrie- in die postmoderne Dienstleistungsgesellschaft beschrieben wird" (MENZEL 1995, S. 100). Vielmehr wird sich eine vernetzte Dienstleistungsindustrie weiterentwickeln, bei der Dienstleistungen aller Art, von Engineering bis zur Beratung des Kunden, die eigentliche Güterproduktion begleiten.

Die vom Institut für Arbeitsmarkt- und Berufsforschung aufbereiteten Daten des Mikrozensus lassen – als Fortsetzung eines bereits vor dem Zweiten Weltkrieg einsetzenden Prozesses (Abb. A 17) – für die Alten Bundesländer eine „Ablösung der Ökonomie von ihrer stofflichen Substanz" erkennen (ebenda). Bereits 1980 dominierte mit einem Anteil von 32,8 % aller Erwerbstätigen der Tätigkeitsbereich Vertrieb/Verwaltung/Planung mit Schwerpunkten im Management, in kaufmännischen Bereichen, in der Produktentwicklung und Produktionsplanung sowie in der Verwaltung. Sein Anteil ist bis 1993 kontinuierlich auf 40,3 % gestiegen. Demgegenüber haben die Produktionstätigkeiten – verstanden als jene Funktionen, die im materiellen Sinne der Gewinnung oder Herstellung von Rohstoffen oder (Halbfertig-) Produkten dienen – einen deutlichen Anteilsverlust hinnehmen müssen. Entfielen noch 1980 25,5 % der Tätigkeiten aller Erwerbstätigen auf diesen Bereich, so waren es 1991 nur noch 17,9 %. Stagnierend bzw. nur leicht wachsend entwickelt sich der Bereich der sog. Infrastrukturtätigkeiten. Hierzu zählen u.a. das Bedienen und das Warten von Maschinen. Dieser Anteilswert lag 1993 bei 25,1 %. Mit leichten Schwankungen zwischen 14 % und 15 % stagniert auch der Dienstleistungsbereich (z.B. Sicherheitsdienste, Ausbildung, Beratung und Pflege). Zwischen 1991 und 1993 ist hier ein leichter Anstieg auf 16,4 % zu verzeichnen.

Die geschilderte Entwicklung zeigt ein differenziertes Bild der gesamtwirtschaftlichen Veränderung der Arbeit. Deutlich ist zu erkennen, dass der Anteil der Produktionstätigkeiten sinkt, und das Wachstum der produktionsorientierten Dienstleistungen weitgehend die gesamtwirtschaftlich zu beobachtende funktionale Tertiärisierung trägt. Eine Betrachtung der Veränderungen bei den Tätigkeitsschwerpunkten (Abb. A 17 bis A 19) bestätigt die hier skizzierte Entwicklung. Besonders deutlich ist der Zuwachs der Bürotätigkeiten. Lag dieser Wert 1980 noch bei 14,6 %, konnte dieser Tätig-

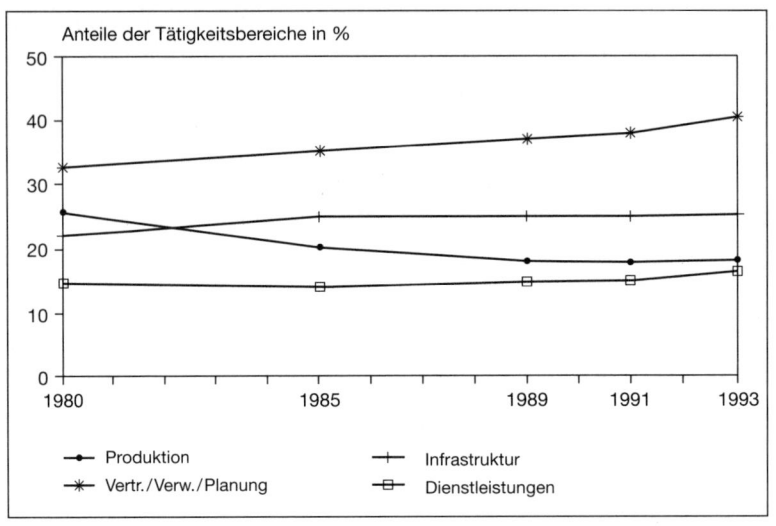

Abb. A 17:
Wandel der Tätig-
keitsbereiche aller
Erwerbstätigen in
den Alten Bundes-
ländern der BRD
1980 – 1993
Quelle:
STETTBERGER 1997

keitsschwerpunkt 1993 bereits einen Anteil von 18,1 % erreichen. Dabei handelt es sich
– und dies gilt ebenso für den Bereich der kaufmännischen Tätigkeiten – keineswegs
um eine sektoral auf Handels- und Dienstleistungsbranchen beschränkte Entwicklung.
Eine Gegenüberstellung der Verwaltungs- und Büroberufe zeigt, dass z.B. der Stahl-,
Maschinen- und Fahrzeugbau entsprechende Qualifikationen in wachsendem Maße
nachfragt und 1991 7,5 % aller in dieser Berufsgruppe tätigen Arbeitskräfte auf sich konzentrierte. Ein entsprechender Anteil entfällt – ebenfalls mit steigender Tendenz – auf
die Branchen Elektrotechnik / Feinmechanik / Optik / Uhren. Die Entwicklungsdynamik dieser Berufsgruppe entfaltet sich somit nicht nur in klassischen Dienstleistungsbranchen, sondern vielmehr auch im Bereich des Produzierenden Gewerbes.

    Konzentriert man die Betrachtung des funktionalen Strukturwandels auf die
Veränderung der industriellen Arbeit, dann bestätigt sich erneut, dass ein großer

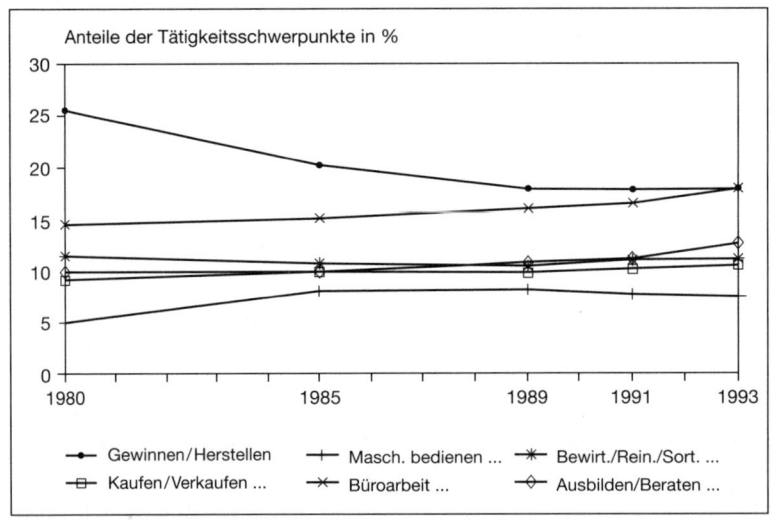

Abb. A 18:
Wandel der Tätig-
keitsschwerpunkte
aller Erwerbstäti-
gen in den Alten
Bundesländern der
BRD 1980 – 1993
Quelle:
STETTBERGER 1997

Teil des gesamtwirtschaftlichen Zuwachses der unternehmensinternen Dienstleistungen durch das Verarbeitende Gewerbe getragen wird. Hierbei handelt es sich nicht um Dienstleistungstätigkeiten im Sinne der Terminologie des Instituts für Arbeitsmarkt- und Berufsforschung, sondern um inputorientierte firmeninterne Dienstleistungen, die man in der Terminologie der Bundesstatistik als „Hilfstätigkeiten der Sachgüterproduktion" bezeichnet.

GRUHLER (1990, S. 245) stellt für den Zeitraum von 1961 bis 1987 einen Rückgang der Fertigungsberufe innerhalb des Verarbeitenden Gewerbes von 67,1% auf 57,6% fest, während der Anteil der „Dienstleistungsberufe" von 30,6% auf 40,0% stieg. Der stärkste Zuwachs entfällt auf die wissensorientierten Berufe im Sinne technischer Dienstleistungen, Forschung und Entwicklung, Datenverarbeitung, das Erstellen von Software, technische Beratungs-, Planungs- und Servicetätigkeiten zählen zu den Tätigkeitsschwerpunkten dieser Berufe. Wachstumsintensive Bereiche sind darüber hinaus Vertrieb, Werbung, Management und Verwaltung. Besonders im kaufmännischen Bereich entstehen neue Arbeitsfelder bei der Beratung von und in der Zusammenarbeit mit Kunden. Marketing entwickelt sich zum Vermittler zwischen Produktentwicklung und Kunden und nimmt damit an personellem Aufwand zu. Dementsprechend werden kaufmännische Funktionen in wachsendem Maße in die Bereiche Produktentwicklung und Qualitätsmanagement einbezogen.

Der Anteil der Beschäftigten, die tertiären Tätigkeiten nachgehen, wird in Deutschland auf mehr als zwei Drittel der jeweiligen Gesamtbeschäftigten geschätzt. Die Folge ist eine Umstrukturierung der industriellen Arbeitsplätze, was wiederum erhebliche räumliche Wirkungen nach sich zieht. So bringt es ein solcher Wandel der Qualität industrieller Standorte mit sich, dass sich sowohl die Standortansprüche wie auch die Standortwirkungen industrieller Unternehmen verändern. Rückläufige Flächengrößen und die zunehmend geforderte Flexibilität der Gebäude sowie nicht zuletzt eine dem hochqualifizierten, dienstleistenden white collarworker angemessene Attraktivität seines Arbeitsplatzes lassen bislang angewandte Kriterien der Standortplanung ebenso überprüfungsbedürftig erscheinen wie die

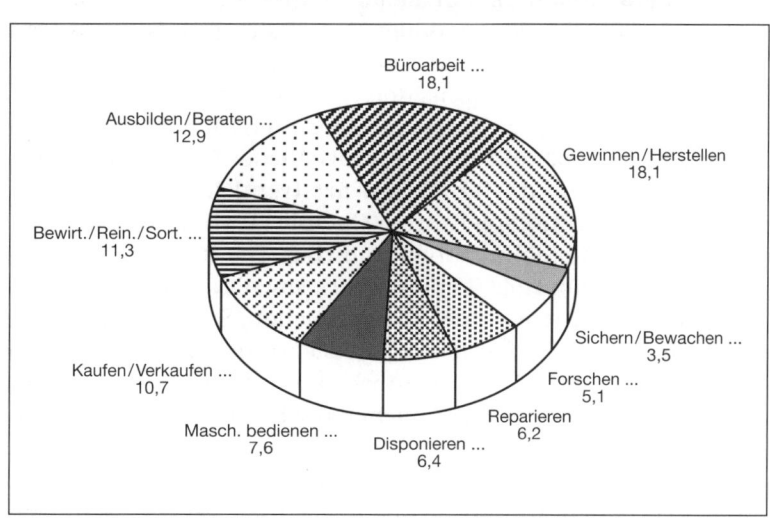

Abb. A 19:
Tätigkeitsschwerpunkte aller Erwerbstätigen (Anteile in %) in den Alten Bundesländern der BRD 1993
Quelle:
STETTBERGER 1997

wachsende Zahl emissionsarmer Standorte und die auch wieder zunehmende Innenstadtverträglichkeit der Arbeit. Damit werden neue Standortmuster ermöglicht. Die Geographie – die angewandte Wirtschaftsgeographie im besonderen – hat sich damit zukünftig, weit mehr als bisher, mit folgenden Fragestellungen und Problemen zu beschäftigen und Lösungsvorschläge für die Wirtschaft zu erarbeiten:

- Wie verändert sich die Gestalt industrieller Arbeitsplätze im Zuge der Tertiärisierung, wie verändern sich Tätigkeits- und Personalstrukturen?
- Wie verändern sich infolgedessen die räumlichen Strukturen industrieller Mikrostandorte, welche Konsequenzen ergeben sich für die Standortansprüche der Unternehmen und Betriebe und inwieweit werden objektiv bestehende Möglichkeiten der Veränderung industrieller Mikrostandorte auch als solche wahrgenommen und umgesetzt?
- Inwieweit ergibt sich daraus Modifikationsbedarf für Raumordnung und Standortplanung, sind inhaltliche Änderungen von Orts-, Regional- und Landesplanung notwendig, und brauchen wir neue Planungsinstrumente?

Diese Aspekte und den Fragenkreis neuer Unternehmens- und Produktionskonzepte sowie deren räumliche Wirkungen gilt es im nächsten Kapitel näher zu beleuchten. Dabei soll im Bereich der neuen Unternehmensformen etwa die von WARNECKE (1989) definierte Organistationsform des fraktalen Unternehmens oder der fraktalen Fabrik und ihre Bedeutung für Innovation und Wettbewerbsfähigkeit im Vordergrund der Betrachtungen stehen. Zuvor soll aber noch auf den Fragenkreis der Notwendigkeit und Einflussfaktoren der betrieblichen Innovationen eingegangen werden.

3.6 Zwei städtische und ein regionales Beispiel für den räumlichen Strukturwandel

3.6.1 Das Fallbeispiel Aachen – Aus der Stadt der Nadeln und Printen zum modernen Dienstleistungszentrum (vgl. BÜHLER 1996)

Nur auf den Bereich der sektoralen Erwerbstätigkeit bezogen, fand in der Stadt und im Kreis Aachen eine erhebliche Arbeitsplatzumverteilung zwischen Bergbau und Verarbeitendem Gewerbe einerseits und dem Dienstleistungsbereich andererseits statt.

Bewirkt wurde dies durch einen sprunghaften Abbau an Arbeitsplätzen im Bergbau vor allem 1983 und 1984 im Kreis Aachen. Ansonsten zeigt sich seit Anfang der 1970er Jahre ein konstanter Abwärtstrend in den Bereichen EBM-Waren (u.a. Nadelindustrie) und Spielwaren, Chemie, Textil und Bekleidung, Eisen- und Stahlerzeugung sowie Steine/Erden und Glas. Die Bereiche Elektrotechnik, Maschinen- und Fahrzeugbau, Holz/Papier/Druck sowie Nahrungs- und Genussmittel konnten dagegen Beschäftigungsgewinne verbuchen. Starke Beschäftigungseinbußen nahm die Stadt Aachen in den Bereichen Elektrotechnik, EBM-Waren, Textil und Bekleidung und Kunststoff hin. Dennoch sind weiterhin die beschäftigungsintensivsten Branchen in Kreis und Stadt Aachen die Elektrotechnik, der Maschinenbau und das Baugewerbe.

Um dem Konkurrenzdruck standhalten zu können, waren viele Unternehmen zu "lean production" und "lean management", sowie zu teilweisen Produktionsverlagerungen ins Ausland gezwungen (MALANGRÉ 1996, S. 3). Dem Stellenabbau im Verarbeitenden Gewerbe standen aber im tertiären Sektor nicht entsprechende Zunahmen gegenüber. Auch konnte der Trend zur Rationalisierung und Auslagerung der Produktion in lohnintensiven Bereichen von wachsenden kapitalintensiven Bereichen, wie etwa dem Maschinenbau, nicht kompensiert werden. Gerade im Maschinenbau herrscht große Unsicherheit, so wurde in den letzten Jahren auf Kurzarbeit umgestellt, um Entlassungen abzuwenden und auf eine bessere Auftragslage zu warten.

Im Gegensatz zu anderen Regionen mit Trend zur Tertiärisierung baut die Zunahme des Dienstleistungssektors in der Aachener Region auf deren industrielle Basis auf (MAHNKE 1989, S. 26). Der Dienstleistungssektor in der Stadt Aachen ist stark geprägt durch Beschäftigung in Gebietskörperschaften, im Handel, an Hochschulen und im Gesundheitswesen. Seit dem Jahr 1993 ist der Handel, v.a. der Einzelhandel der Stadt Aachen unter Druck geraten. Seit 1993 gingen hier 1 000 Arbeitsplätze verloren. Höchste Zuwachsraten weisen – auch im Kreis – der Bereich der Rechts- und Wirtschaftsberatung und der Bereich der sonstigen Dienstleitungen, wie etwa Architektur- und Ingenieurbüros (die einen wesentlichen Träger des Hightech-Sektors darstellen) auf. Der starke Ausbau des Bereiches der Rechts- und Wirtschaftsberatung ist darauf zurückzuführen, dass sowohl Fertigungs- als auch Dienstleistungsunternehmen einen wachsenden Bedarf an Beratungsleistungen haben, was zum Teil auch auf den steigenden Konkurrenzdruck im Strukturwandel zurückgeführt werden kann. Dennoch spielt der Bereich der sonstigen Dienstleistungen unter dem Aspekt der Beschäftigung eine geringe Rolle. Im Kreis Aachen ist

Abb. A 20: Entwicklung der Anteile der sozialversicherungspflichtig Beschäftigten in verschiedenen Wirtschaftsbereichen des Kreises Aachen

Quelle: BÜHLER 1996, nach: Kreis Aachen, Eigenstatistik, versch. Jahrgänge

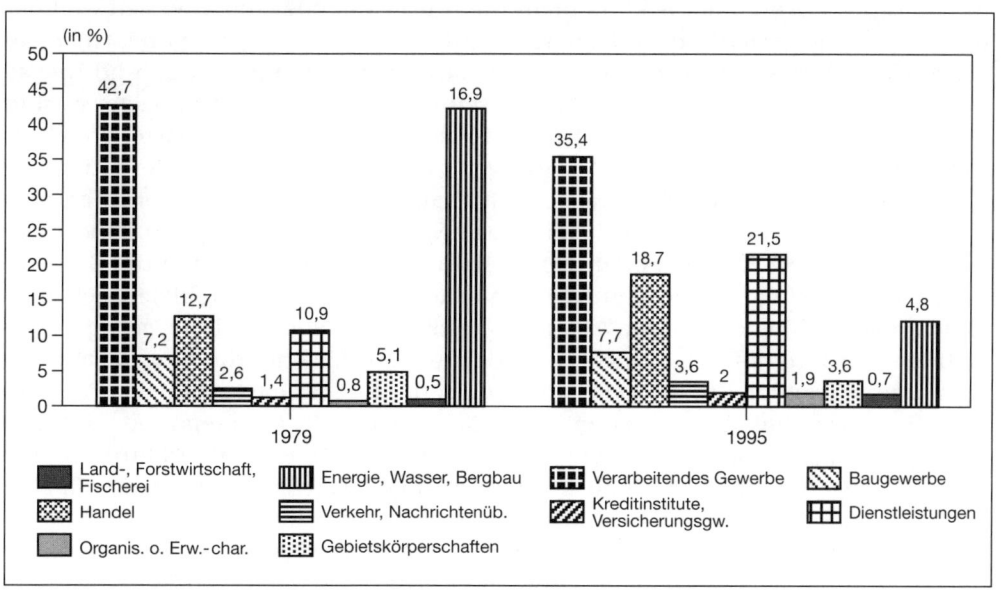

der tertiäre Sektor geprägt durch den Handel als beschäftigungsintensivsten Bereich und durch das Gesundheitswesen. Wie andernorts auch, zeigt sich besonders im Dienstleistungsbereich ein steigender Trend zur Teilzeitbeschäftigung, eine deutlich höhere Zahl befristeter Beschäftigungsverhältnisse als im produzierenden Gewerbe, und in vielen Bereichen des Sektors ist der Frauenanteil unter den Beschäftigten überdurchschnittlich hoch.

3.6.2 Das Fallbeispiel Potsdam – Eine Stadt „ohne" Verarbeitendes Gewerbe
(Deutsches Institut für Wirtschaftsforschung, Städte ohne Produktion.
Das Beispiel Potsdam, in: Difw-Berichte 1997, H. 2, S. 18 f.)

Der Anteil der Beschäftigten im Verarbeitenden Gewerbe ist in allen deutschen Städten rückläufig. Aber kaum eine andere Stadt hat mit nur sechs Prozent der Arbeitnehmer in der Industrie einen so niedrigen Stand erreicht wie Potsdam. Komplementär dazu wird Potsdam wie keine andere deutsche Großstadt durch den Dienstleistungssektor beeinflusst. In dieser Situation ist es in Potsdam wenig sinnvoll, auf die mögliche Ansiedlung großer Produktionsbetriebe zu setzen und die Flächenpolitik an diesem Bedarf auszurichten, ist doch die Wahrscheinlichkeit für entsprechende Unternehmensansiedlungen äußerst gering. Gründe dafür sind neben den hohen Flächenpreisen und dem großen Flächenangebot im Umland der Stadt zu günstigen Preisen das geringe Ansiedlungsinteresse von größeren Produktionsunternehmen im gesamten Berliner Raum, die geringen spezifischen industriellen Vorprägungen und endogenen Potentiale im industriellen Bereich.

In einer Phase generell rückläufiger Bedeutung der Industrie in den Städten bedeutet eine Reindustrialisierungspolitik ein wenig Erfolg versprechendes „Schwimmen gegen den Strom".

Eine mögliche Sorge, dass die wirtschaftliche Basis der Stadt durch die Schrumpfung des produzierenden Sektors nicht mehr gegeben oder unsicher sei, weil der wertschöpfungsarme Dienstleistungssektor dies nicht auffangen könne, ist wenig begründet. Zwar ist ein ausgewogenes Verhältnis zwischen Produktion und Dienstleistung wünschenswert (positive wechselseitige Entwicklungseffekte) aber es sind auch Städte vorstellbar, die fast ausschließlich vom Dienstleistungsbereich leben, wenn sich ihre funktionale Spezialisierung mit überregionalen oder internationalen Einzugsbereichen entsprechend ausgeprägt hat. Voraussetzung ist allerdings, dass im Dienstleistungsbereich eine diversifizierte Struktur vorhanden ist und nicht nur einige wenige Bereiche (z.B. öffentliche Verwaltung) dominieren. Für die Entwicklung als Standort von unternehmensorientierten Dienstleistungen bieten sich auch ohne größere Industriebetriebe Anknüpfungspunkte. Standardisierte, geringer spezialisierte produktionsorientierte Dienstleistungen, die eher die räumliche Nähe zum produzierenden Gewerbe suchen, finden allerdings in einer Stadt wie Potsdam nur eingeschränkte Möglichkeiten zur unmittelbaren Zusammenarbeit. Dagegen haben hochspezialisierte Dienstleistungen in der Regel Kundenbeziehungen weit über den engeren Standort hinaus. Gut ausgeprägte weiche Standortfaktoren können die Standortattraktivität für solche Tätigkeiten deutlich erhöhen.

Die vorhandenen weichen Standortqualitäten, die bei Potsdam eine wesentliche Rolle spielen, müssen deshalb erhalten bleiben und, wo nötig, verbessert werden.

Gefährdungen des Dienstleistungsstandorts durch imagebelastende Standort-
entwicklungen sind zu vermeiden, hängen doch davon in nicht unerheblichen Ausmaß die Entwicklungschancen als Unternehmensstandort, vor allem im Dienstleistungsbereich und in tertiären Tätigkeitsfeldern des Produktionssektors, ab. Das besondere Augenmerk hat sich dabei auf die Standortfaktoren Wohnen und Wohn-
umfeld, das wirtschaftspolitische Klima vor Ort, die Attraktivität und das Image der
Stadt insgesamt sowie ihrer Mikrostandorte zu richten.

3.6.3 Der wirtschaftliche Wandel im Ruhrgebiet – von der Industrie- zur Dienstleistungsregion

Spricht man vom Strukturwandel an der Ruhr, so wird damit oft jene Krise in der
Montanindustrie assoziiert, die 1957 mit dem Zechensterben begann und 1974 auch
das zweite Standbein der Ruhrwirtschaft, die Stahlindustrie, erfasste. Diese Auffassung bedarf der Richtigstellung. Strukturwandel im Ruhrgebiet ist kein einmaliges
Ereignis in den zurückliegenden 35 Jahren, sondern ein Prozess, den es seit Beginn
der Industrialisierung im Ruhrgebiet gegeben hat (DEGE/KERKEMEYER 1993, S. 503 f.;
Universität Bayreuth...1994). Neben den wirtschaftlichen Problemen hatte das
Ruhrgebiet zusätzlich unter seinem Negativimage zu leiden: Rußgeschwärzt, un-
freundlich, trist, schmutzig, und aus der Ecke schreit dem Besucher die soziale Not
einer Region entgegen, die abgewirtschaftet hat – so das weitverbreitete Image
außerhalb der Region (Europäische Zeitung 1997, S. 9).

Wirtschaftlicher Strukturwandel ist geradezu ein Charakteristikum in der Entwicklung dieser Region. Er bedeutet im Ruhrgebiet nicht allein Abbau bestehender
Strukturen, so wie dies in altindustrialisierten Wirtschaftsräumen weltweit zu
beobachten ist. Wirtschaftlicher Strukturwandel im Ruhrgebiet bedeutet vielmehr
das Zurückdrängen der ehemals dominierenden Montanindustrie und der gleich-
zeitige Aufbau neuer Strukturen im Dienstleistungs- und Hightech-Bereich, im
Ruhrgebiet unmittelbar verknüpft mit dem Aufbau einer Forschungs- und Trans-
ferinfrastruktur. Strukturwandel im Ruhrgebiet bedeutet aber nicht zuletzt auch
die Veränderung mentaler Strukturen. Wurden bis in die Mitte der 1980er Jahre die
wirtschaftlichen Veränderungen von der Klage über die Krise in der Montanindustrie beherrscht, wird der Strukturwandel heute vielmehr als Chance zum wirtschaftlichen Umbau und zur Erneuerung der gesamten Region verstanden. Der
Ersatz des lokalen, kurzfristigen Denkens durch eine langfristige regionale Perspektive in Verbindung mit der Nutzung von Synergieeffekten anstelle eines kleinräumigen Gegeneinanders der einzelnen Städte und Gemeinden eröffnete der Region
neue Zukunftspotentiale.

In erster Linie aber spiegelt sich der Strukturwandel im Ruhrgebiet in der Verlagerung der Beschäftigten vom Sekundären auf den Tertiären Sektor wider. Zwar
ist das Ruhrgebiet nach wie vor das Zentrum der Montanindustrie innerhalb Europas, jedoch ist die Ruhrwirtschaft nicht mehr einseitig auf die Montansektoren ausgerichtet. Diese erwirtschaften gegenwärtig nur noch 16 % der Wertschöpfung der
Region und beschäftigen ca. 33 % aller industriellen Arbeitskräfte. Neben dem
Beschäftigtenrückgang im Montansektor war die Entwicklung geprägt durch Kapa-
zitätsanpassungen, die Modernisierung der Produktionstechniken, die Verkleine-

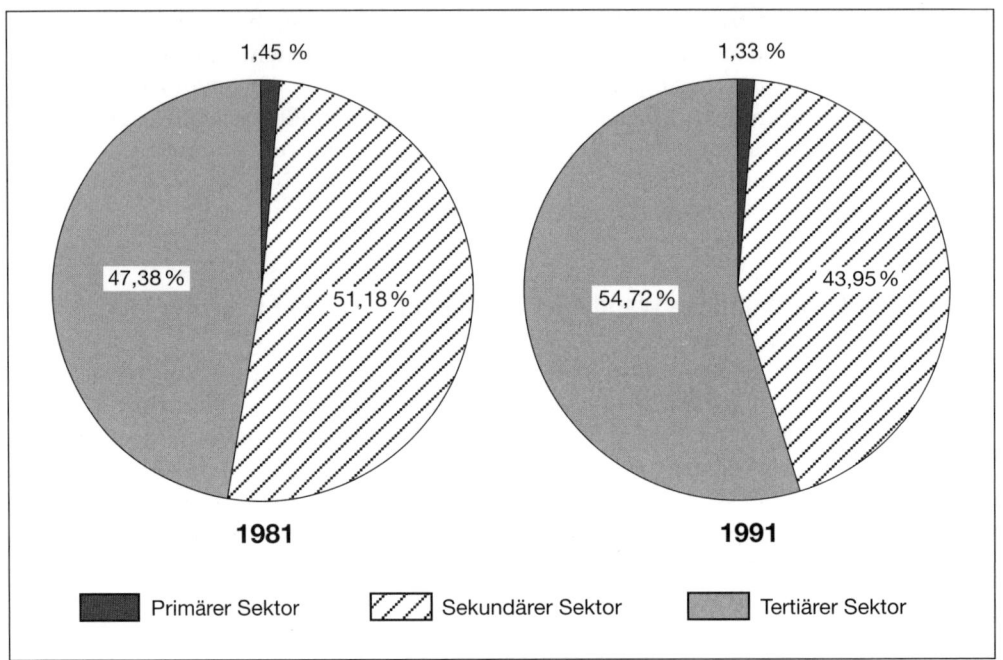

1,45 %   1,33 %

47,38 %   54,72 %
              51,18 %   43,95 %

1981   **1991**

Primärer Sektor   Sekundärer Sektor   Tertiärer Sektor

Abb. A 21: Erwerbstätige im Ruhrgebiet nach Wirtschaftssektoren
Quelle: Landesamt für Datenverarbeitung und Statistik NRW, Ergebnisse des Mikrozensus 1991

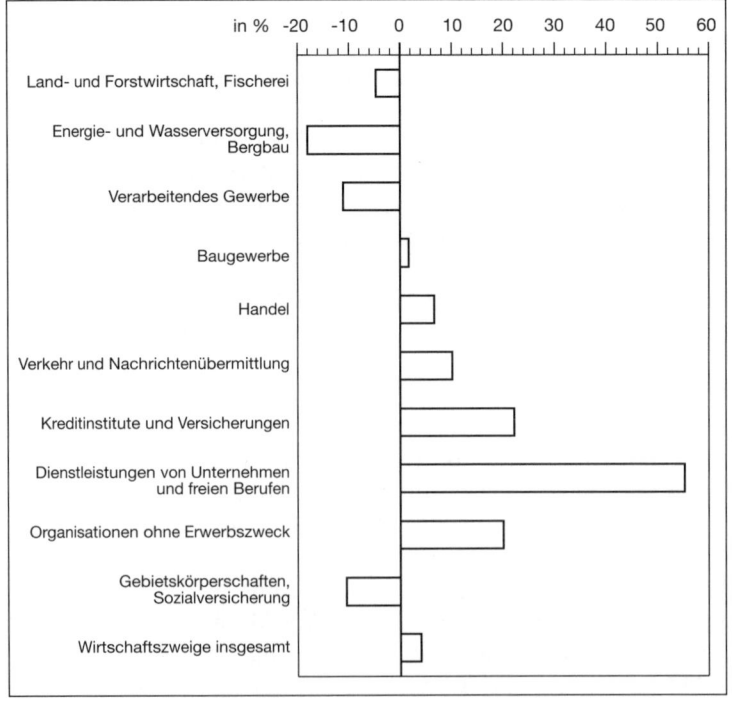

in % -20 -10   0   10   20   30   40   50   60

Land- und Forstwirtschaft, Fischerei

Energie- und Wasserversorgung,
Bergbau

Verarbeitendes Gewerbe

Baugewerbe

Handel

Verkehr und Nachrichtenübermittlung

Kreditinstitute und Versicherungen

Dienstleistungen von Unternehmen
und freien Berufen

Organisationen ohne Erwerbszweck

Gebietskörperschaften,
Sozialversicherung

Wirtschaftszweige insgesamt

Abb. A 23: Standorte
der Technologie- und
Innovations-
Infrastruktur in Nord-
rhein-Westfalen
Quelle:
Universität
Bayreuth...1994
➤

Abb. A 22:
Veränderung der
Zahl der Erwerbstä-
tigen im Ruhrgebiet
1981 – 1991
Quelle:
DEGE/KERKEMEYER,
1993, S. 508

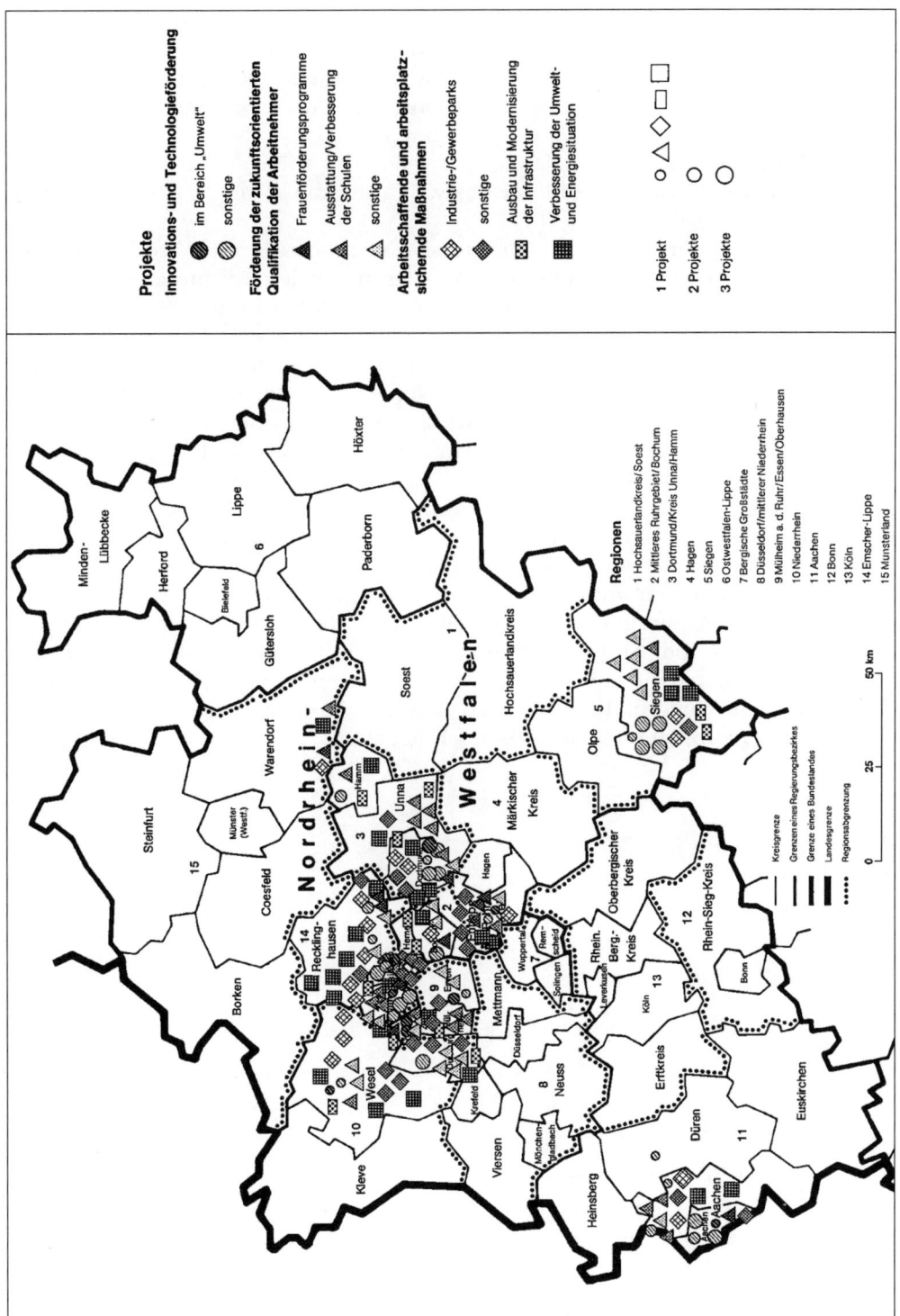

rung der Fertigungseinheiten sowie die hohe Technisierung der Bergbau-Zuliefer-industrie. In den 1980er Jahren hat sich die Verschiebung der Erwerbstätigen-anteile zwischen den Wirtschaftssektoren schrittweise fortgesetzt. Waren 1981 mit rd. 1,1 Mio. Personen noch 51% aller Erwerbstätigen im Produzierenden Gewerbe tätig, sind es zehn Jahre später nur noch rund 950 000 bzw. 44%. Umgekehrt stiegen Zahl und Anteil der im Dienstleistungsbereich Erwerbstätigen im selben Zeitraum von 980 000 bzw. 47% auf etwa 1,0 Mio. bzw. 55% an (Abb. A 21 u. A 22) (DEGE/KERKE-MEYER 1993, S. 504).

Damit verbunden ist die fortschreitende Diversifikation des Produzierenden Gewerbes, die sich besonders deutlich in den modernen Technologiefeldern, in denen das Ruhrgebiet ein neues Profil herauszubilden beginnt, zeigt. Kennzeich-nend für diesen industriestrukturellen Wandel im Ruhrgebiet ist, dass die Entwick-lung neuer Technologiefelder vielfach auf dem Know-how der traditionellen Produkte aufbaut und die spezifischen Erfordernisse der Region widerspiegelt. Treffendes Beispiel ist die Umwelttechnik, die sich aus der Notwendigkeit ent-wickelt hat, die regionalen Umweltprobleme zu lösen worin das Ruhrgebiet mittler-weile in Deutschland eine der führenden Regionen ist. Unternehmen der Umwelt-technologie, der Mikroelektronik, der Sensorik und der Biotechnologie siedelten sich an. Dabei profitieren diese Unternehmen vom wissenschaftlichen Potential der Region: Sechs Universitäten, Wissenschaftsinstitute und Labors liefern Wissen und Ideen, aus denen in den Unternehmen neue Produkte werden.

Neben der Ansiedlung neuer Hightech-orientierter Unternehmen und der Ver-besserung der weichen Standortfaktoren unternimmt die Region im Rahmen einer regionalisierten Strukturpolitik große Anstrengungen in den Bereichen der beruf-lichen Aus- und Weiterbildung in deren Mittelpunkt die Förderung von zukunfts-orientierten Qualifikationen der Arbeitnehmer steht.

4 Innovationsbegriff und Innovationsprozess

4.1 Begriff und Prozess

Der Begriff der Innovation wird in den Wirtschaftswissenschaften zur Kennzeichnung neuer, erfolgreicher Unternehmensaktivitäten am Markt verwendet. Sie sind sowohl das Ergebnis des technischen Fortschritts als auch Träger der wirtschaftlichen Entwicklung und des sozialen Wandels (Abb. A 24).

Sowohl in der Theorie als auch in der Praxis wird der Begriff der Innovation jedoch unterschiedlich weit gefasst. Innovationen werden zumeist mit technischen Neuerungen gleichgesetzt. So definieren NELSON / WINTER (1977, S. 48) Innovation als eine „nicht-triviale Veränderung bei Produkten und Prozessen, bei denen es keine Erfahrung gibt". Der technologische Wandel ist mit der Veränderung älterer Produkte und Verfahren durch neue Kombinationen verbunden, die bislang in einer sozialen und regionalen Gemeinschaft (Unternehmen, Region) noch nicht hergestellt oder eingesetzt wurden. Innovationen wären demnach Nichtroutine-Aktivitäten, für die keine Standardlösungen und Standardanalysetechniken zur Verfügung stehen und folglich in hohem Maße mit Such- und Lernprozessen sowie mit Unsicherheiten (wirtschaftlicher und technischer Art) verbunden sind.

SCHUMPETER (1964, S. 100 f.) fasst hingegen den Begriff der Innovation wesentlich weiter. Seine Abgrenzung schließt auch nicht-technische Neuerungen (u. a. organisatorische Veränderungen) mit ein. Dieser Auffassung ist insofern zuzustimmen, als auch nicht-technische Neuerungen zu tiefgreifenden wirtschaftlichen Veränderungen führen können. Genauso wie Produkt- und Prozessinnovationen zumeist eine Interdependenz aufweisen, sind für die Herstellung neuer Produkte oder aber für den Einsatz neuer bzw. veränderter Verfahrenstechniken entsprechende organisatorische und qualifikatorische Veränderungen zwingend geboten. So haben sich organisatorische Strukturen oder auch die Anforderungen an die Mitarbeiter erheblich verändert. Interdisziplinärer Personaleinsatz, Flexibilität, Systemwissen, tiefe und breite Qualifikation usw. sind nur einige Kennzeichen, die diese Problematik verdeutlichen.

Weiter interessieren nicht ausschließlich die innerbetriebliche Organisation sowie die Qualifikationsstrukturen, sondern zunehmend stehen strategische Allianzen d. h. regionale, nationale und internationale Kooperationen von Betrieben einer Branche bzw. von Wirtschaftszweigen, die miteinander verflochten sind, zur möglichst schnellen Anpassung an die sich ständig verändernden Marktstrukturen im Vordergrund des Interesses.

Unter dem Terminus Innovationsprozess werden in Anlehnung an KOGLER (1991, S. 9) „sämtliche Aktivitäten von der Erfindung über die eigentliche Innovationstätigkeit, die mit der Präsentation marktreifer Produkte oder anwendungsreifer Produktionsverfahren endet, die zur Innovationsverbreitung führen", verstanden. Der Innovationsprozess umfasst demnach die Inventions-, Innovations- und Diffusionsphase. In der Realität sind jedoch die einzelnen Prozessstufen aufgrund von ständigen Rückkopplungen zwischen den einzelnen Phasen nur sehr schwer voneinander abgrenzbar.

Der Begriff der Invention kann ganz allgemein als Erfindung oder aber Entdeckung verstanden werden. Es steht somit die Findung von Neuem oder die Neukombination von bereits Bekanntem im Vordergrund. Spezifische Merkmale der Forschungs- und Entwicklungsaktivitäten sind die zu Beginn des Arbeitsprozesses unvollständigen Informationen und damit ein ständiger Informationsgewinn während des Arbeitsprozesses und eine Risikobehaftung, da die Umsetzbarkeit bzw. ökonomische Inwertsetzung der Forschungsergebnisse nicht von vornherein abzuschätzen ist.

Gerade für kleine und mittlere Unternehmen scheidet die Grundlagenforschung schon aus finanziellen Gründen mehr oder weniger aus, so dass vor allem große Unternehmen und insbesondere Forschungseinrichtungen, die aus öffentlichen Mitteln finanziert werden, hier die Entwicklungsarbeit leisten. Eine weitaus größere Rolle, dies auch bei kleinen und mittleren Unternehmen, spielt die angewandte Forschung und Entwicklung, da sich hieraus kalkulierbare Wettbewerbsvorteile ergeben können. Eine generelle Aussage – wie auch von SCHUMPETER (1964) vertreten –, dass vor allem größere Unternehmen den technischen Fortschritt vorantreiben, ist in dieser Form nicht haltbar. So sind kleinere Unternehmen oft flexibler und risikofreudiger bei der Entdeckung und Entwicklung neuer Technologien, wobei ihre Vorteile vor allem im Aufspüren und Ausnutzen von Marktnischen bestehen (KROMHARDT / TESCHNER 1986, S. 239; WEBER 1993).

Unter Innovation wird im Allgemeinen die erfolgreiche Einführung einer Invention auf dem Markt verstanden, während die Diffusionsphase allgemein als die Phase der Verbreitung bereits existierender bzw. grundsätzlich verfügbarer Neuerungen umschrieben werden kann, im Zuge derer andere Akteure (Betriebe/Unternehmen/Haushalte) diese Neuerung übernehmen (Adaption).

Untersuchungen für die Niederlande, Großbritannien, die Bundesrepublik Deutschland, die Schweiz, Österreich sowie Italien haben aufgezeigt, dass zwischen den verdichteten und ländlichen Räumen der einzelnen Industrieländer Innova-

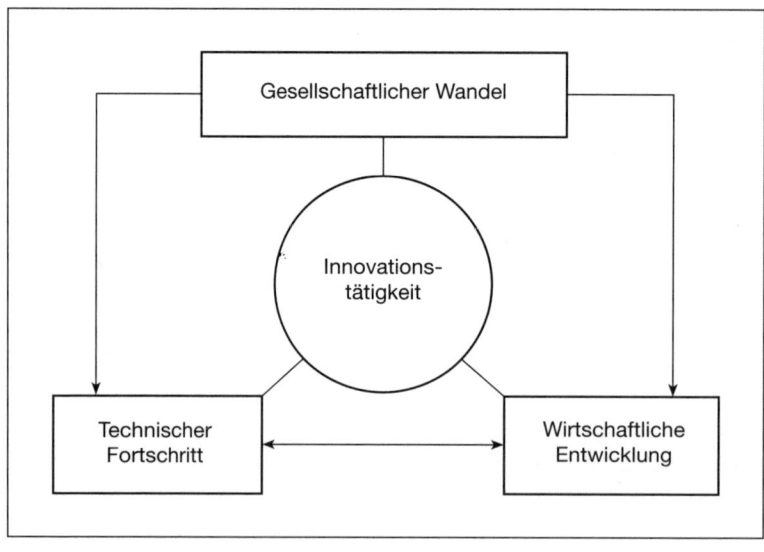

Abb. A 24:
Kräftefeld der
Innovations-
tätigkeit
Quelle:
ZAHN 1986, S. 14

tionsunterschiede festzustellen sind. Diese Unterschiede lassen sich in Anlehnung an den Innovationsprozess sowohl bei Forschungs- und Entwicklungstätigkeiten, der Hervorbringung von Produktinnovationen als auch bei der Adaption von Prozessinnovationen feststellen (TÖDTLING 1990). Diese Aussagen bieten jedoch keine Anhaltspunkte dafür, welche Erklärungsfaktoren für die unterschiedlichen „räumlichen" Innovationsaktivitäten verantwortlich sind. In vielen Studien werden räumliche Innovationsunterschiede erfasst und diese dann unreflektiert auf Standortfaktoren zurückgeführt. Räumlich unterschiedliche Innovationsaktivitäten der betrieblichen Akteure sind jedoch nicht ausschließlich mit Standortfaktoren, sondern ergänzend mit Strukturfaktoren (Betriebsgröße, organisatorischer Status) zu erklären (ELLWEIN/BRUDER 1982; ABT u.a. 1981).

Nachfolgend sollen eine Reihe von Determinanten der betrieblichen Innovationstätigkeit im Einzelnen aufgezeigt werden. Zu unterscheiden ist in Anlehnung an den schon dargestellten Innovationsprozess, ob Betriebe Innovationen hervorbringen und damit der eigentliche Träger der Innovationen sind, oder aber grundsätzlich bestehende Technologien übernehmen (Adaption).

Zu den wichtigsten Standortfaktoren für die Hervorbringung von Innovationen zählen hochqualifizierte Arbeitskräfte, der Zugang zu technischen und wirtschaftlichen Informationen sowie die Möglichkeit für Kooperationen und die Inanspruchnahme von externen Beratungsleistungen und unternehmensbezogenen Diensten (z.B. wirtschaftliche und technische Beratung), die Nähe von Betrieben derselben Branche (Lokalisationsvorteile) und auch anderer Branchen (Urbanisationsvorteile in Verdichtungsräumen), ein guter Marktzugang, der Zugang zu Kapital (insbes. Risikokapital) sowie die Verkehrs- und Telekommunikationsinfrastruktur.

Weiter stellt der Zugang zu öffentlichen Technologie-, Beratungs- und Transfereinrichtungen eine wichtige Voraussetzung dar. Hierbei stellen weniger die Informationen über Techniken und deren Einsatzmöglichkeiten selbst die Engpassfaktoren dar, sondern vielmehr Informationen über die sinnvolle betriebliche Implementation dieser Technologien.

Dennoch haben sich die angeführten Standortfaktoren in empirischen Analysen nicht immer als signifikant herausgestellt. Mögliche Gründe können u.a. darin liegen, dass diese Faktoren zwar Voraussetzungen, nicht jedoch hinreichende Bedingungen für die Hervorbringung von Innovationen bzw. die Übernahme von Technologien darstellen.

Zum einen ist das Engagement der betrieblichen Entscheidungsträger für die sinnvolle Nutzung einzelner Standortfaktoren notwendig (aktives Informationsverhalten und Kooperationsverhalten usw.). Zum anderen sind nicht die einzelnen Faktoren an sich für die Hervorbringung von Innovationen bzw. die Übernahme von Technologien entscheidend, vielmehr ist erst ihr Zusammenwirken von besonderer Bedeutung. So sind Betriebe und Unternehmen nicht als isolierte Einheiten, sondern als Elemente eines regionalen Systems zu verstehen. Das innovative Milieu versorgt die Unternehmen, die ihm angehören, mit dynamischen Impulsen, und umgekehrt wird das Milieu durch die Interaktion der Unternehmen reproduziert. Unternehmerischen Netzwerken oder Netzwerken zwischen betrieblichen Akteuren und regionalen Institutionen wird eine immer höhere Bedeutung bei Anpassungs- und Innovationsprozessen zugemessen (MAIER/ROESCH 1996; PRUSCHWITZ 1995).

So können durch den Informationsaustausch und durch Kooperation mit anderen betrieblichen Entscheidungträgern und Institutionen (Private-Public-Partnership) in einer regionalen Gemeinschaft Synergie- und Milieu-Effekte in Bezug auf Innovationsaktivitäten genutzt werden. Infolge der zunehmenden Internationalisierung der Wirtschaft und des damit einhergehenden globalen Anpassungsdrucks lassen sich immer rascher auftretende Innovationsakte feststellen. Sowohl bei der Entwicklung neuer Produkte wie bei der Anwendung neuer Technologien sind die Unternehmen auf zuverlässige Quellen für einen permanenten Lernprozess angewiesen („lernende Unternehmen"). Sie müssen also in ein Netzwerk eingebunden sein, wenn sie durch beständige Innovation ihre Wettbewerbsfähigkeit bewahren und erhöhen wollen.

Neben den Standortbedingungen bzw. dem regionalen Engagement der wirtschaftlichen Akteure (externe Faktoren) bezüglich der Nutzung vorhandener Potentiale gilt es die betrieblichen Einflussfaktoren (interne Faktoren) für die Hervorbringung von Innovationen bzw. die Adaption von Prozessinnovationen aufzuzeigen. Relevante Faktoren für betriebliche Innovationsaktivitäten sind insbesondere folgende betriebsinterne Faktoren: Branchenzugehörigkeit, Betriebsgröße sowie organisatorischer Status und innovationsrelevante Funktionen des Betriebes.

Die Branchenzugehörigkeit hat sich insofern als betrieblicher innovationsrelevanter Faktor herauskristallisiert, als sich Branchen durch ihre technologischen Möglichkeiten unterscheiden. Branchen, die über relativ hohe technologische Potentiale verfügen, zeichnen sich durch die Vorherrschaft relativ junger technologischer Paradigmen (z.B. im Bereich der Mikroelektronik) aus. Typische Kennzeichen dieser Branchen sind sowohl eine hohe Vielfalt an möglichen Neuerungen als auch die Chance, noch relativ leicht technologische Fortschritte erzielen zu können. Anders zeigt sich die Situation in Branchen, die sich nur noch durch geringe technologische Entwicklungsmöglichkeiten auszeichnen.

Einen weiteren betriebsinternen Faktor stellt die Betriebsgröße dar. So verfügen Großbetriebe in der Regel über mehr Risikokapital und damit zumeist über eine größere Risikobereitschaft bei Innovationsprojekten. Die Vorteile kleiner und mittlerer Betriebe, die in ländlichen und vor allem in peripheren strukturschwachen Räumen vergleichsweise überrepräsentiert sind, liegen eher bei einer höheren Flexibilität, weniger bürokratischen Strukturen sowie den direkteren Kundenkontakten. Weiter können auch staatliche Politiken (Technologie-, Struktur- sowie Regionalpolitik) auf die betrieblichen Innovationsaktivitäten Einfluss nehmen.

4.2   Zwei Fallbeispiele von Innovationsabläufen in Aachener Unternehmen

4.2.1   Klassisches Ernährungsgewerbe: Aachener Printen- und Schokoladenfabrik Henry Lambertz GmbH & Co KG (aus BÜHLER 1996, S. 81 – 83)

Die Süßwarenherstellung zählt zu den traditionsreichsten Branchen der Aachener Region. Schokolade, Konfitüren und Printen werden hier seit Jahrhunderten hergestellt und stellen nicht nur einen bedeutenden Imagefaktor für den Raum Aachen dar, sondern auch einen wichtigen Wirtschaftfaktor. So zählen zu den sieben beschäftigungsreichsten Gewerbeunternehmen der Stadt Aachen drei Hersteller von Süßwaren. Insgesamt beschäftigt das Ernährungsgewerbe in Stadt und Kreis Aachen derzeit 6 700 Arbeitnehmer, davon zwei Drittel in der Stadt Aachen. Zudem ist das Ernährungsgewerbe der Stadt Aachen auch die bei weitem umsatzstärkste Branche. Die Aachener Printen- und Schokoladenfabrik Henry Lambertz GmbH & Co KG ist dabei nicht nur der älteste Süßwarenhersteller der Stadt, er ist auch der größte Printen- und Lebkuchenhersteller in Deutschland.

Im Jahre 1820 kreierte Henry Lambertz die Kräuterprinte, die sich leichter verpacken und versenden ließ als die bis dahin hergestellte Bildprinte. So wurde die Marke „Lambertz" langsam zur Handelsware. Um 1860 wurde eine Schokoladenproduktion an den Betrieb angegliedert, zusätzlich konnte die maschinelle Fabrikation die steigende Nachfrage nach den Produkten befriedigen. Im Jahre 1872 wurde die Schokoladenprinte als erstes schokoladenbezogenes Gebäck in Deutschland kreiert, so dass der Bekanntheitsgrad der Printen stieg. Es folgten bis 1900 die Errichtung von vier Filialen in Aachen sowie der Fabrik am Bergdriesch/Aachen, die im Zweiten Weltkrieg größtenteils zerstört wurde.

Bis zur Mitte der 1970er Jahre war die Marke „Lambertz" nur im Fachhandel zu kaufen, dann wurde sie verstärkt, v.a. am Anfang der 1980er Jahre, im gesamten Lebensmittel-Einzelhandel angeboten. Bei den bis dahin angebotenen Produkten handelte es sich um Herbst- und Weihnachtsgebäcke, dementsprechend war und ist Lambertz der größte Hersteller von Saisongebäcken in Deutschland. 1984 startete man mit einem neuen Ganzjahresgebäckprogramm, wobei das Ziel des Unternehmens seither in der Erhöhung des Umsatzanteils der Jahresgebäcke liegt. Daher wurde intensiv daran gearbeitet, mehr Jahresartikel und antizyklische Produkte, wie etwa Gebäckmischungen, zu entwickeln.

Eine weitere Expansion durch Anbau an die Fabrikanlagen war nicht möglich, daher begann Lambertz im Jahre 1989 Firmenaufkäufe zu tätigen. So übernahm das Unternehmen die Heemann Lebkuchen- und Süßwaren Spezialitäten GmbH

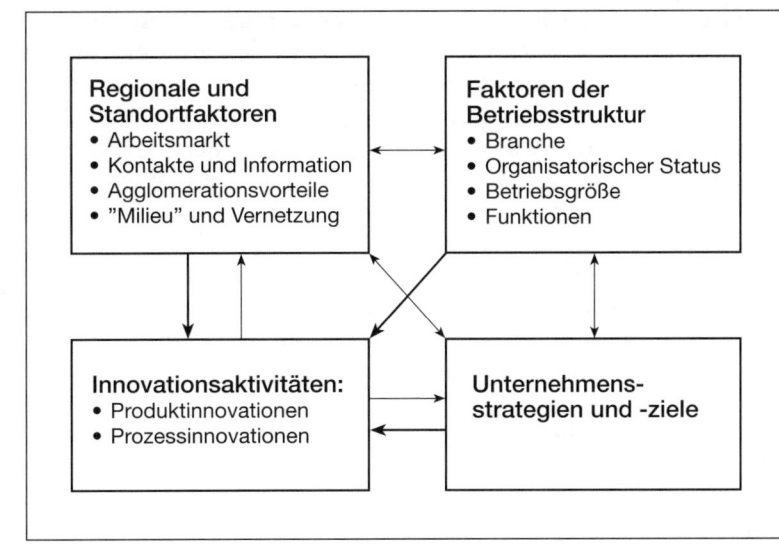

Abb. A 25: Standortbedingungen, Betriebsstruktur und Innovationstätigkeit
Quelle: in Anlehnung an TÖDTLING 1990, S. 46

bei Münster, die überwiegend Pfeffernüsse und Ganzjahresgebäcke herstellt und 440 Mitarbeiter beschäftigt. Im gleichen Jahr erwarb Lambertz eine Firmenbeteiligung von 50 Prozent an der Feinbäckerei Otten GmbH in Erkelenz, die mit 100 Mitarbeitern vorwiegend Florentiner und Ganzjahresgebäcke produziert. Schließlich erfolgte 1994 eine Übernahme der Firmengruppe Weiss mit 320 Beschäftigten, die aus der Lebkuchenfabrik Weiss GmbH in Neu-Ulm, der Ferdinant Wolff GmbH & Co KG in Nürnberg (Lebkuchen) und der Türmer GmbH in Nürnberg (Vertrieb) besteht. Mit der Übernahme der Weiss-Gruppe konnte das spezialisierte Markensortiment abgerundet und neue Märkte erschlossen werden. So wurde das Unternehmen Lambertz zur Lambertz-Gruppe. In Aachen werden weiterhin überwiegend Printen, Gebäckmischungen und Dominosteine produziert, wobei die letztgenannten Ende der 1970er Jahre in kleinen Mengen in das Sortiment aufgenommen wurden und sich mit der Zeit zum „Verkaufsrenner" entwickelten, so dass 8 000 Tonnen im Jahre 1994 abgesetzt wurden.

Inzwischen konnte der Anteil der Jahresgebäcke am Gesamtumsatz auf 30 % gesteigert werden, ein weiterer Ausbau des Bereichs ist vorgesehen. Innerhalb der letzten 15 Jahre zeigte sich ein dynamisches Umsatzwachstum von etwa 15 – 17 Mio. DM/Jahr während der 1970er und zu Beginn der 1980er Jahre, 1995 konnte ein Umsatz von 341 Mio. DM erzielt werden (davon entfielen auf das Aachener Stammhaus 186,5 Mio. DM). Seit Beginn der 1980er Jahre zeigt sich ein kontinuierlich steigender Aufwärtstrend, der zum einen auf eine veränderte Produktpolitik und andererseits auf neue Absatzwege zurückzuführen ist. Das Betriebsergebnis ist jedoch nicht im gleichen Umfang gewachsen. Vor einem Jahr wurde eine Exportabteilung eingerichtet, in der Hoffnung auf eine deutliche Steigerung im Auslandsgeschäft, der Exportanteil stieg in den letzten Jahren auf 5 %.

4.2.2   Anlagen, Büromaschinen: Vobis Microcomputer AG

(aus BÜHLER 1996, S. 94 – 96)

Im Gegensatz dazu ist die Vobis Microcomputer AG ein recht junges Unternehmen in der Region, das auch vergleichsweise junge Produkte herstellt und vertreibt: Es ist Europas umsatzstärkster PC-Anbieter.

Im Jahr 1975 gründeten Theo Lieven und Rainer Frieling die Vero GmbH in Aachen, nachdem sie zwei Jahre vorher während ihrer Studentenzeit damit angefangen hatten, an der RWTH Aachen Taschenrechner zu verkaufen. Hier fanden sie heraus, wie wichtig wettbewerbsfähige Preise sind. In der ersten Niederlassung des jungen Unternehmens setzten sie den Verkauf von Taschenrechnern in Aachen fort. Im Jahr 1981 wurde der Firmenname in Vobis (lat.: für Euch) geändert. Die angebotene Produktpalette hatte sich auf Computer und das entsprechende Zubehör erweitert. Eine aggressive Preispolitik und die ständige Analyse der Kundenbedürfnisse waren das Grundrezept des Erfolgs und des rasanten Wachstums von Vobis.

Der vorweihnachtliche Verkauf im Jahr 1987 verursachte bei Vobis Lieferengpässe, da die etablierten Hersteller damals nicht in der Lage waren, den deutschen Markt ausreichend mit Computern und Bauteilen zu bedienen. Vobis ergriff die Initiative, beschaffte sich die PC-Komponenten direkt vom Hersteller und baute daraus in einem eigenen Werk einen neuen Volks-PC. So wurde die Marke Highscreen geboren, die schnell in den Mittelpunkt der Firma rückte. Die Strategie der Firma, die sich bis heute nicht geändert hat, liegt im Kauf von PC-Bauteilen in hohen Stückzahlen. Diese werden im Unternehmen „zusammengeschraubt" und die dadurch entstandenen Einsparungen werden an den Kunden weitergegeben. Ferner verfügt das Unternehmen über ein effizientes Distributions-, Fertigungs- und Warenwirtschaftssystem. Das Filialnetz wurde, von der im Jahre 1975 eröffneten Filiale in Aachen einmal abgesehen, ab 1982 systematisch aufgebaut. Heute existieren 703 Vobis-Filialen/Franchiser in 11 Ländern, wobei man 1989 den Aufbau der Auslandsfilialen startete.

50 Prozent der Firmenanteile gingen 1989 an die Kaufhof Holding AG. Zwei Jahre später wurde die Vobis GmbH in eine Aktiengesellschaft umgewandelt, wobei jeder der Partner 17,5 Prozent und die Kaufhof Holding AG 65 Prozent der Aktienanteile halten. 1996 erwarb Siemens Nixdorf 10 Prozent der Anteile. Im Jahre 1993 wurde in Würselen (Kreis Aachen) ein großes Vobis-Werk gebaut, der alte Standort in Aachen genügte den Anforderungen nicht mehr und wurde aufgegeben.

Heute umfasst die Marke Highscreen neben Desktop- und Tower-PCs auch Notebooks und Peripheriegeräte, wie Monitore und Mäuse. Zielgruppen für die Produkte sind private Verbraucher, wie selbstständige Kunden, Schüler, Studenten und private Haushalte, wobei die Umsatzentwicklung beeindruckend ist, von 1989 321 Mio. DM auf 3,05 Mrd. DM im Jahre 1995.

5   Neue Unternehmens- und Fabrikkonzepte und ihre Bedeutung für Innovation und Wettbewerbsfähigkeit: Just-in-Time-Konzepte, fraktales Unternehmen und modular sourcing

5.1   Industrielle Neuorganisation

Tiefgreifende Veränderungen auf den Weltmärkten zwingen Unternehmen dazu, herkömmliche Produktionsmethoden anzupassen und strategische Unternehmensziele zu überdenken. Flexibilität steht an erster Stelle der Bemühungen der Industrie. Wer sich heute mit industrieller Entwicklung beschäftigt, wird nicht umhinkommen, sich mit dem Fragenkreis neuer Unternehmens- und Produktionskonzepte und deren räumlicher Wirkungen auseinanderzusetzen. Dabei geht es im Bereich der neuen Unternehmensformen etwa um das von WARNECKE (1993) so entwickelte Konzept der „Fraktalen Fabrik": Das Unternehmen wird als „lebender Organismus" aufgefasst, der eingebettet in ein sozio-technisches Umfeld, nach den Prinzipien der Selbstorganisation, der Selbstähnlichkeit und der Selbstoptimierung funktioniert.

Der Kern der Idee ist, dass dezentrale Einheiten (Gruppen, Teams, Fabriken in der Fabrik), also die Fraktale, sich selbst regeln und sich den ständig wechselnden Bedingungen flexibel anpassen. Zur Abstimmung der einzelnen Fraktale untereinander dient ein übergeordnetes Informations- und Kommunikationssystem. Anstelle starrer hierarchischer Strukturen entsteht ein Geflecht aus dezentralen, selbstverantwortlichen Einheiten. Diese Einheiten dürfen nicht als Fertigungsinseln bzw. Segmente, sondern vielmehr als Systeme, die durch ständiges Herausfinden und Nutzen von Erfolgsfaktoren auf die jeweiligen Umgebungseinflüsse reagieren. Die These ist, dass solche „lebenden Gebilde" flexibler und dynamischer auf die Turbulenzen des sich immer schneller ändernden Marktes reagieren als herkömmliche Unternehmen und dass es nur so möglich ist, dass ein so kompliziertes System wie das einer industriellen Produktion in einer sich ständig wandelnden Umwelt überleben kann (Abb. A 26).

Seit neue Managementkonzepte eine Revolution der Unternehmenskultur eingeläutet haben, stellt sich die Frage: Wie wirkt sich der radikale Wandel auf die Gestaltung der Fabrikgebäude aus? Wie müsste ein Fabrikgebäude aussehen, das optimale Rahmenbedingungen für diese Konzepte schafft?

Es soll Kommunikationsstrukturen abbilden und nicht Machtpositionen wie früher. Wesentliche Elemente sind Wandlungsfähigkeit und Offenheit für Kommunikation. Büros wie Werkstätten sollen flexibel und leicht veränderbar sein: Wenn sich die Produktion verändert, sollen Maschinen problemlos in andere Fertigungsabläufe einbezogen werden können. Auch das Gebäude muss dem Bedürfnis nach mehr Transparenz, Kommunikation und Teamarbeit entgegenkommen. Die Auswirkungen der neuen Konzepte auf das Fabrikgebäude sind vielfältig: Da im fraktalen Unternehmen in der Regel auf Kundenanfrage produziert wird, kann die Fabrik der Zukunft auf große Lagerräume verzichten. Statt dessen müssen Auftragsannah-

Abb. A 26:

Vergleich zwischen

Segmenten und

Fraktalen

Quelle:

WARNECKE

1993, S. 169

Segmente/Fabriken in der Fabrik	Fraktale
• produzieren	• leisten (im weitesten Sinne) Dienste
• werden einmalig, zeitpunkt-bezogen strukturiert (Antrieb von außen)	• unterliegen einem ständigen Wandlungsprozess (dynamische Strukturierung)
• sind geeignet für stabile Umwelt	• sind geeignet für turbulente Umwelt
• arbeiten mit Zielvorgaben	• sind in den Zielfindungsprozess integriert
• sind selbstverantwortlich	• organisieren und verwalten sich selbst
• werden ergebnisbezogen bewertet	• navigieren

me, Produktion und Logistik exakt aufeinander abgestimmt sein. Für diese Abstimmung brauchen die Teamsprecher Raum, und zwar nahe an der Produktion. Alle Räume werden nach den wichtigen Kommunikationsbeziehungen angeordnet. Die Büros der Werkstattleiter rücken wieder dahin, wo sie sinnvollerweise hingehören, mitten in die Produktionshallen – nicht in ein entferntes Verwaltungsgebäude. Starre Gebäude lassen keine wandlungsfähige Fabrik zu. Es reicht künftig nicht mehr aus, nur die Produktionsstraßen zu überwachen, schon in der Planung müssen mögliche Veränderungen berücksichtigt werden.

Dieser Ansatz umfasst sehr viele bekannte und bereits praktizierte Ideen, von den qualities circles über die japanische Innovationsphilosophie Kaizen oder Just-in-Time-Konzepte bis hin zur Lean-Production. In diesem Zusammenhang weist WARNECKE (1989) auf einen Kritikpunkt hin, der gewiss eine besondere Schwachstelle darstellt, nämlich den Menschen innerhalb dieses Produktionsprozesses. Nach den vielen Jahren, ja Jahrzehnten der Automatisierung und damit der Vereinheitlichung menschlicher Arbeit im Produktionsprozess wird nun das Gegenstück dieser Tradition des Fordismus empfohlen, nämlich Individualismus, Kreativität und Verantwortungsbewusstsein.

Dies hängt alles in starkem Maße mit neuen Rationalisierungsstrategien insbesondere der Einführung der Mikroelektronik zusammen. Nachdem nun auch eine Verbindung zwischen Automation und Flexibilität gegeben ist, sind diese Formen auch für kleine und mittlere Unternehmen von großem Interesse, so dass sicherlich von einer breiten Bewegung gesprochen werden kann.

Anlass und Voraussetzungen für neue Fabrikkonzepte sind durch das Zusammentreffen dreier Faktoren gegeben (MIELKE 1991, S. 5 f.):
• Die Marktverhältnisse haben sich in den letzten Jahren grundlegend geändert. Flexibilität, Produktvielfalt – und damit sinkende Losgrößen –, kürzere Lieferzeiten, hohe gleichbleibende Produktqualität und Termintreue sind zu wichtigen Wettbewerbsfaktoren geworden.
• Die überkommene Rationalisierungsstrategie, die auf Effektivierung einzelner Arbeitsschritte abstellt, stößt an Grenzen. Dass nach Untersuchungen nur 11% der nutzbaren Maschinenzeit tatsächlich genutzt wird, macht die Notwendigkeit einer ganzheitlichen Betrachtung des Produktionsprozesses deutlich (Abb. A 27).

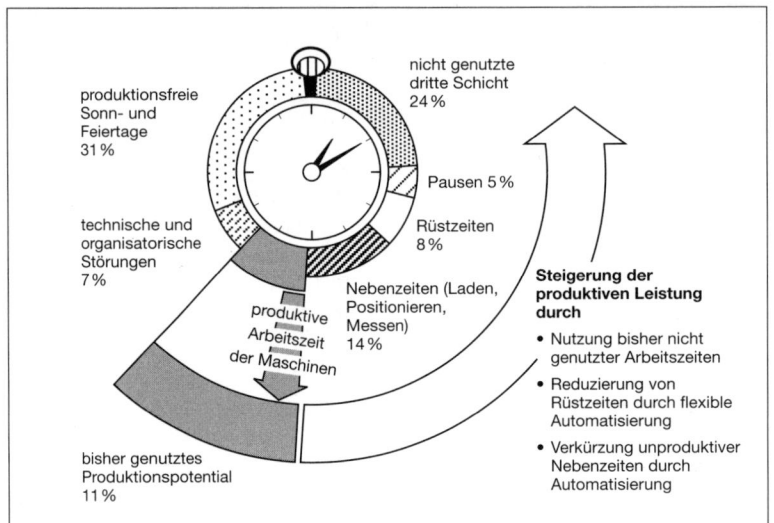

Abb. A 27:
Wirtschaftliche Zielsetzung flexibel automatisierter Produktionseinheiten
Quelle: WECK 1983

produktionsfreie Sonn- und Feiertage 31 %

nicht genutzte dritte Schicht 24 %

Pausen 5 %

technische und organisatorische Störungen 7 %

Rüstzeiten 8 %

produktive Arbeitszeit der Maschinen

Nebenzeiten (Laden, Positionieren, Messen) 14 %

bisher genutztes Produktionspotential 11 %

Steigerung der produktiven Leistung durch

• Nutzung bisher nicht genutzter Arbeitszeiten
• Reduzierung von Rüstzeiten durch flexible Automatisierung
• Verkürzung unproduktiver Nebenzeiten durch Automatisierung

• Die Perfektionierung und Verbilligung der Mikroelektronik hat schließlich mit ihrer vielseitigen Verwendbarkeit für Planung, Steuerung und Regelung die Voraussetzungen dafür geschaffen, dass die genannten Anforderungen erreicht werden können.

Betrachtet man die Kernpunkte neuer Fabrikkonzepte, so können folgende angeführt werden (Abb. A 28 u. A 29) (MIELKE 1991, S. 5):

• Bei CNC-Maschinen (CNC = Computer Numerical Control) ersetzt die Programmierung auf einem Computer die manuelle Steuerung. Die Programme können i.d.R. gespeichert und wieder abgerufen werden, was die Rüstzeiten stark verkürzt.

• Von DNC (Direct Numerical Control) spricht man, wenn mehrere Maschinen von einem übergeordneten Rechner gesteuert werden.

Abb. A 28:
Einsatzbereiche verschiedener Fertigungskonzepte
Quelle: PAPROCKI 1978

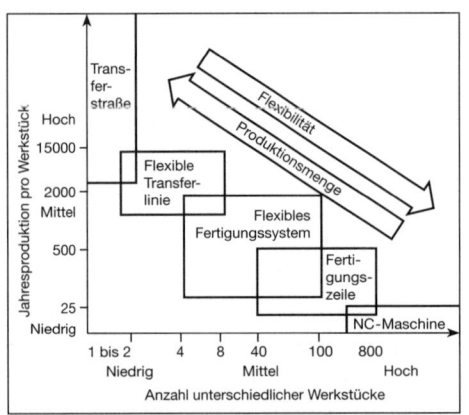

• Industrieroboter sind individuell einsetzbare Bewegungsautomaten, die in der Fertigung sowie in der Montage einsetzbar sind.

• FFZ (Flexible Fertigungszellen) sind komplexe CNC-Maschinen, bei denen Industrieroboter die Aufgaben des Werkzeug- und Werkstückwechsels sowie Kontrollfunktionen übernehmen und die häufig multifunktional sind, also mehrere Bearbeitungsvorgänge (Drehen, Bohren, Fräsen) an einem Werkstück übernehmen können.

• Fertigungsinseln sind räumliche und organisatorische Zusammenfassungen von Betriebsmitteln, die Endprodukte

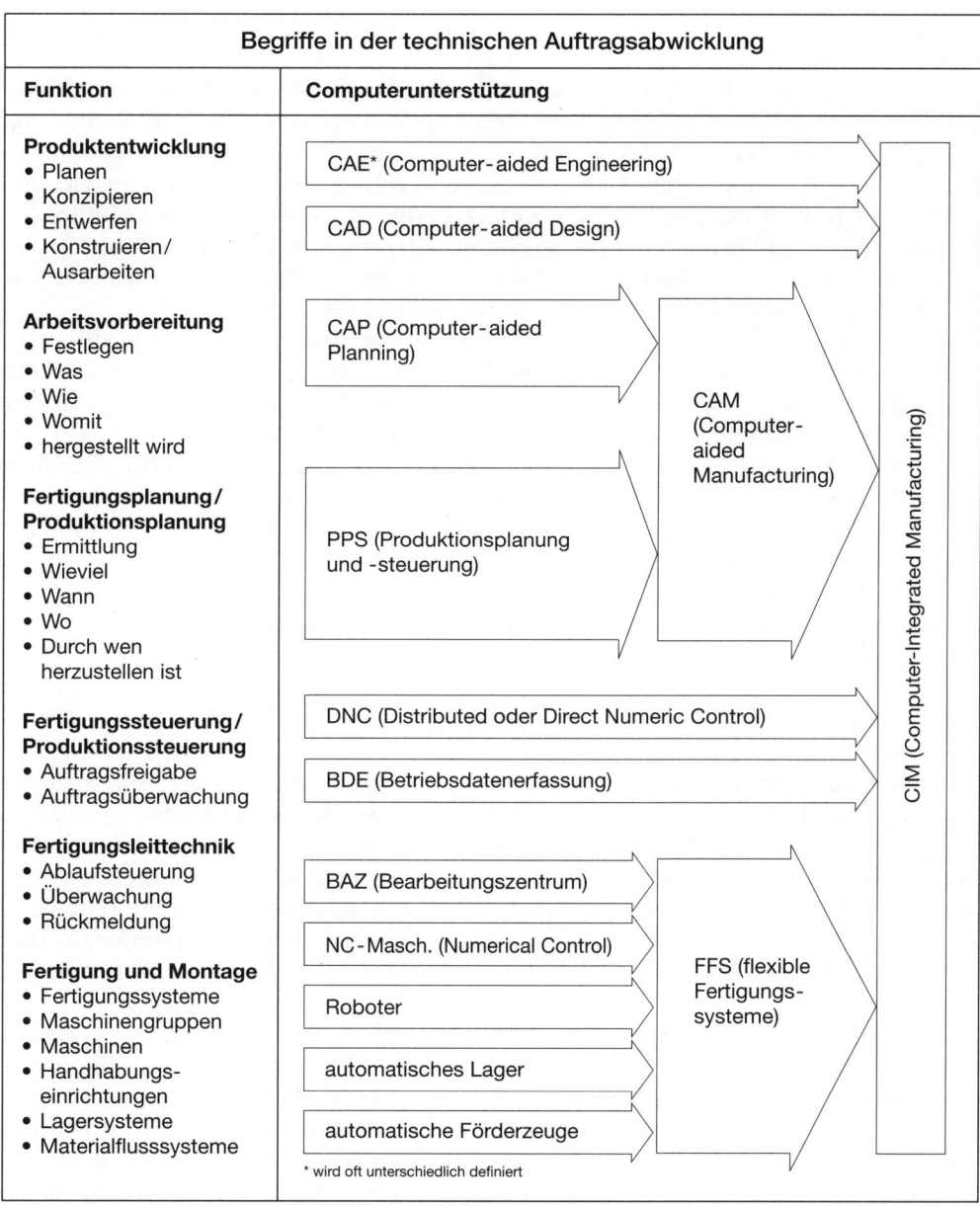

Abb. A 29: Computerunterstützung in der Produktion
Quelle: HENCKEL 1984, S. 3

oder Produktteile möglichst vollständig und selbstständig fertigen sollen. Die dort beschäftigte Gruppe erhält deshalb innerhalb vorgegebener Rahmenbedingungen Planungs-, Entscheidungs- und Kontrollfunktionen.
• Bei FFS (Flexible Fertigungssysteme) werden mehrere FFZ oder CNC- Maschinen gekoppelt und gemeinsam gesteuert, so dass verschiedenartige Bearbeitungsvor-

gänge automatisch nacheinander ablaufen können. FFS sind quasi automatisierte Fertigungsinseln.

- Auch in der Lager- und Transporttechnik setzt sich die Rechnersteuerung durch. Beispiele sind Hochregallager mit automatischer Identifikation und Bedienung sowie fahrerlose Transportsysteme.
- Mit CAD (Computer Aided Design)-Systemen sollen Entwurf und Konstruktion vereinfacht und rationalisiert werden (z. B. durch Übernahme technischer Berechnungen, Änderung ohne Neuzeichnen, Nutzung von Standardteilen).
- CAM (Computer Aided Manufactoring)-Systeme unterstützen Funktionen des Produktionsprozesses, wie die Maschinen- und Anlagensteuerung.
- JiT (Just-in-Time) bedeutet produktionssynchron beschaffen, montagesynchron fertigen, absatzsynchron montieren. Durch eine bessere zeitliche Abstimmung von innerbetrieblichen Produktionsabläufen sowie Beschaffung, Produktion und Absatz sollen die Durchlaufzeiten verkürzt und überflüssige Lager vermieden werden.

Sicherlich ist jedoch zu erwarten, dass es neben den neuen Fabrikkonzepten auch Veränderungen in den Unternehmensstrategien geben wird, die z. T. weitere räumliche Auswirkungen haben könnten. Vor allem zwei Strategien erscheinen dabei interessant und sollen deshalb hier diskutiert werden:

- Verringerung der Fertigungstiefe, und
- Rückverlagerung von in Billiglohnländer ausgelagerten Fertigungen.

5.1.1 Verringerung der Fertigungstiefe

Die lange Zeit aus Sicherheitsgründen verfolgte Strategie, möglichst viele Vorprodukte selber herzustellen, ist inzwischen vielfach aufgegeben worden. Als neue Strategie gilt, dass man seine Stellung im härter werdenden Wettbewerb halten könne, wenn man sich auf die Kernbereiche des Unternehmens konzentriert. Dies bedeutet, dass vermehrt Vorprodukte eingekauft und Unternehmensbereiche, die nicht zum Kernbereich des Unternehmens zählen, abgestoßen werden (Fokussierung auf das Kerngeschäft). So werden Randbereiche wie der Stoffeingangs- und der Stoffausgangsbereich ausgelagert und an Speditionen abgegeben (Outsourcing). Die Spedition übernimmt dabei nicht nur den Transport, sondern auch andere logistische Leistungen, wie die Abwicklung von Kundenbestellungen, die Lagerhaltung und die Qualitätskontrolle des Stoffeingangsbereiches. Neben abstrakten strategischen Überlegungen sprechen häufig ökonomische Fakten für eine Verringerung der Fertigungstiefe. So sind Löhne und Lohnnebenkosten bei den Zulieferern und Speditionen oft niedriger, die Beschäftigten sind weniger organisiert und „flexibler". Auch das unternehmerische Risiko wird verringert, da Verträge meist leichter gekündigt als eigene Kapazitäten abgebaut werden können.

Der Bau komplexer Funktionseinheiten führt in Deutschland dazu, dass immer weniger Bauteile eines Automobils vom Hersteller selbst gefertigt werden. Die klassische Entscheidung der Eigenfertigung oder des Fremdbezuges (make or buy-Entscheidung) wird von den Herstellern zunehmend zugunsten des Fremdbezugs entschieden. Zwar sind deutsche Produzenten noch weit von japanischen Verhältnissen entfernt, der Trend zur Reduzierung der Fertigungstiefe ist jedoch unverkennbar (Abb. A 30). Wie groß der Handlungsbedarf auf Seiten der Hersteller ist,

Abb. A 30: Entwicklung der Fertigungstiefe in
der Automobilindustrie Deutschlands
Quelle: BERTRAM / SCHAMP 1989, S. 288,
nach Handelsblatt, Nr. 75 vom 19.04.1988

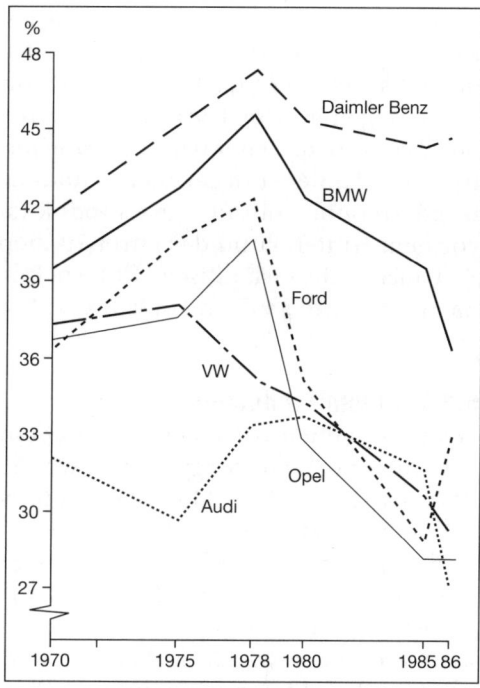

zeigt der Vergleich der Zulieferer je
Montagewerk. In Japan beliefern etwa
170 Zulieferunternehmen eine Produk-
tionsstätte, japanische Werke in den
USA werden im Schnitt von 238 und
amerikanische Hersteller im eigenen
Land von 509 Lieferanten versorgt. Mit
442 Ausrüstern ergeben sich in Europa
noch erhebliche Einsparungspotentiale
(ENDERLE 1993, S. 23; ORTH 1994).

Das nachfolgende Schema zeigt
die räumlichen Wirkungen der neuen
Technologien und Produktionskonzepte
infolge einer Veränderung der Gewichte
der Standortfaktoren. So sinkt die Bedeutung der Lohnnebenkosten, während die Marktnähe, die schnelle und
zuverlässige Lieferfähigkeit, die Qualität der Produkte, die Nähe von Serviceeinrichtungen und die Qualifikation der Arbeitskräfte wichtiger werden. So muss
schnell auf die Marktänderungen reagiert und zum vereinbarten Zeitpunkt in

Abb. A 31:
Die räumlichen
Wirkungen neuer
Produktionskon-
zepte im Automo-
bilbau
Quelle:
BERTRAM / SCHAMP
1989, S. 285

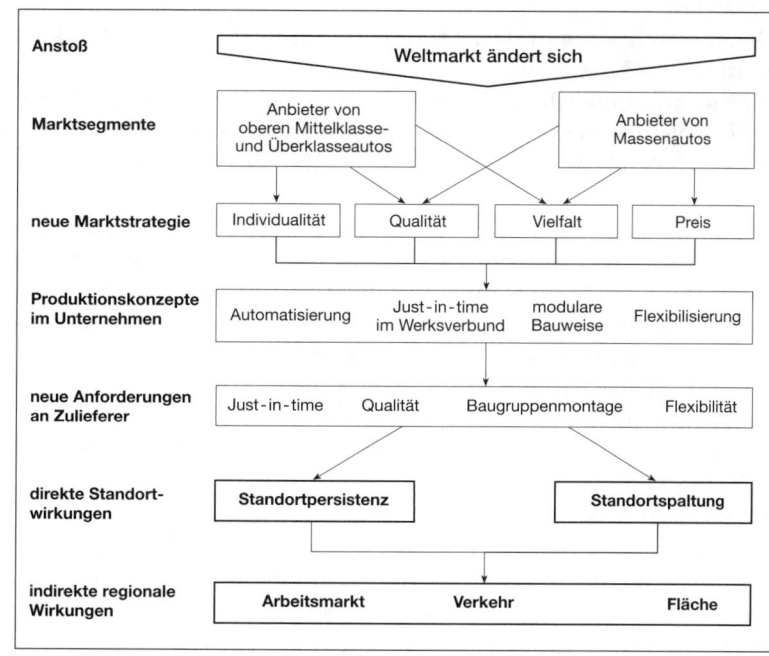

gleichbleibender Qualität zuverlässig geliefert werden, zum anderen haben sich die Kosten von Fehlbedienungen und Stillstandszeiten angesichts der hohen Investitionen drastisch erhöht; letzteres erhöht die Anforderungen sowohl an die Qualifikation der eigenen Arbeitskräfte wie auch an den Service für die komplexer gewordenen Maschinen. Daher wird in Branchenberichten schon von einer Rückkehr von in Billiglohnländer verlagerten Produktionen ins Inland gesprochen. Sicherlich ist die Bundesrepublik ein für viele Produktionen gut geeigneter Standort. Insbesondere vor dem Hintergrund des europäischen Binnenmarktes haben sich in der letzten Zeit auch viele ausländische Unternehmen hier niedergelassen. Ebenso gibt es aber nach wie vor in großem Maße Investitionen deutscher Unternehmen im Ausland.

5.1.2   Lean Production

Lean Production ist spätestens seit dem Erscheinen der Studie des Massachusetts Institute of Technology „Die zweite Revolution in der Automobilindustrie" (WOMACK/JONES/ROOS 1991), das Zauberwort der 1990er Jahre (vgl. ORTH 1994, S. 54). Schlanke Produktion steht als Synonym für die Herausforderung fernöstlicher Anbieter, hohe Produktivität bei großer Variantenvielfalt und weltweit höchste Qualität zu erzielen. Schlanke Produktion geht jedoch über die eigentliche Herstellung des Produkts hinaus, vielmehr umschließt sie alle Unternehmensbereiche, wie Einkauf, Produktentwicklung, Vertrieb und die Beziehung zu anderen Unternehmern, vornehmlich Lieferanten, mit ein. Die neue Produktionsmethode vereinigt alle Funktionen vom einfachen Arbeiter bis zum Top-Management, von der Forschung und Entwicklung bis zur Beschaffung und Fertigungsorganisation zu einem einheitlichen Ganzen, das rasch in der Lage ist, auf Änderungswünsche am Markt zu reagieren.

Gegenwärtig prägen drei Trends die Entwicklung des Marktes (KLEBE/ROTH 1991, S. 180):

- Eine zunehmende Globalisierung in allen betrieblichen Bereichen,
- eine Neuorganisation des Fertigungsverbundes; Umstrukturierung nicht nur innerbetrieblicher, sondern auch zwischenbetrieblicher Natur, die sich u.a. in Just-in-Time-Produktion äußern,
- ein Verdrängungswettbewerb durch den Aufbau von Überkapazitäten.

Mit der Neuordnung der Zulieferbeziehungen, neuen Formen der Arbeitsorganisation und des Managements findet allmählich ein Übergang zu der von den Japanern praktizierten Wirtschaftsweise statt. In Stichworten bedeutet Lean Production:

- Mehr Verantwortung für alle Arbeitnehmer und die unteren Stufen des Managements durch Abflachung der Hierarchien,
- Einführung der Gruppenarbeit,
- ein auf die Ursachen von Fehlern begründetes Qualitätsmanagement,
- Just-in-Time Lieferung,
- Verkürzung der Entwicklungszeiten sowie
- Verringerung der Fertigungstiefe und die damit verbundene Übertragung von Entwicklungsaufgaben und der Qualitätssicherung an die Zulieferunternehmen.

Gegenüber der Massenproduktion verfügt die Lean Production als Produktionsweise des Informationszeitalters über zwei entscheidende Vorteile:

- Zum einen die Übertragung eines Maximums an Verantwortung und an Aufgaben auf jene Arbeitnehmer, die tatsächlich Wertschöpfung bspw. am Auto erbringen, bei um die Hälfte reduziertem Bestand an Arbeitskräften und Fabrikfläche und bei um den Faktor zehn geringerem Lagerbestand.
- Zum anderen die Flexibilität der Lean Production, welche die Fertigung kleiner Serien ermöglicht.

Als Hindernisse für die Schlanke Produktion erweisen sich die riesigen Produktionsanlagen der bisherigen Massenproduktion. Tradierte Vorstellungen von economies of scale-Effekten, die von einer Senkung der Stückkosten bei zunehmender Produktionsmenge ausgehen, fehlende Bereitschaft, die auf Macht gründende Position gegenüber Zulieferern aufzugeben und nicht zuletzt die Angst vor Massenentlassungen durch die Beseitigung von „Armeen von Arbeitern der Massenproduktion, die entsprechend der Natur dieses Systems keine besondere Ausbildung haben und für die es keine Verwendung gibt" (WOMACK/JONES/ROOS 1992, S. 246), verhindern den notwendigen schnellen Umstrukturierungsprozess. Kritiker mögen dagegenhalten, Lean Production sein eine rein japanische Produktionsform, die nur dann funktioniere, wenn kulturelle und historische Voraussetzungen wie in Japan gegeben seien.

Für das Mercedes-Werk Rastatt, das vorgibt, nach Prinzipien der schlanken Produktion zu arbeiten, wurde bereits eine andere Richtung eingeschlagen. Neue

Abb. A 32: Wirkungsbeziehungen in einem schlanken Unternehmen
Quelle: ENDERLE 1992, S. 19

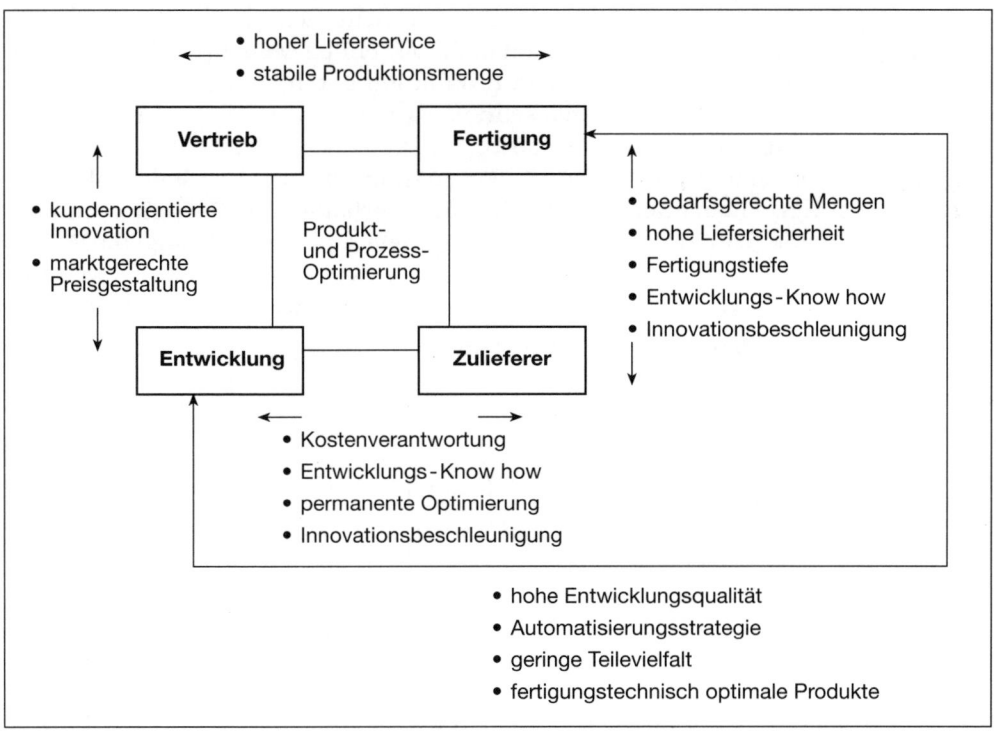

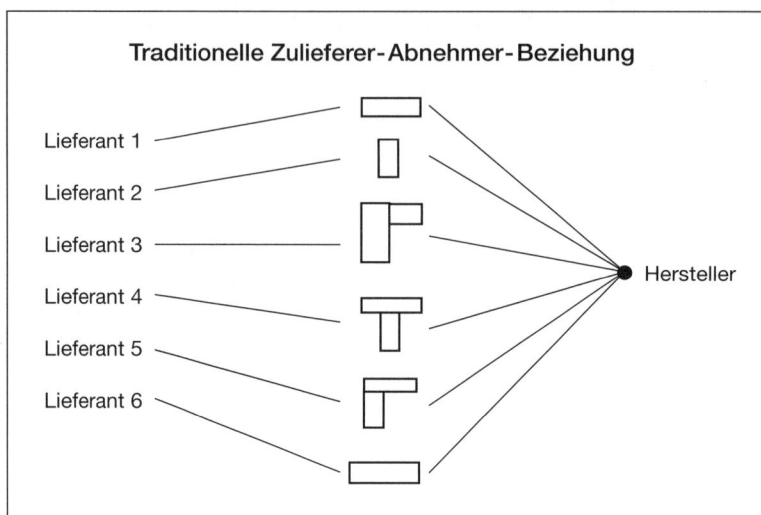

Abb. A 33:
Traditionelle Form
der Beschaffung
in der Automobil-
industrie
Quelle:
EICKE/FERMELING
1991, S. 31

Mitarbeiter traten erst nach einer umfangreichen sechswöchigen Schulung in die eigentliche Produktion ein. Die Zahl der Verbesserungsvorschläge verfünffachte sich, der Krankenstand sank auf drei Prozent, und die Produktivität lag ungefähr 20 % über der des Sindelfinger Stammwerkes. Trotzdem fertigen 6 000 Mitarbeiter 90 000 Autos im Jahr, während Nissan im englischen Sunderland mit 3 000 Beschäftigten 120 000 Primera-Modelle auf die Räder stellt.

Diese Zahlen sind nicht allein Ausdruck einer nicht mehr zeitgemäßen Produktionsmethode, sondern auch das Resultat einer verfehlten Modellpolitik und nicht-angewandten Elementen der schlanken Produktion bereits in der Konstruktionsphase, kann doch ein Nissan dreimal schneller gefertigt werden als ein Mercedes (MELFI/WIELAND/STERNDEUTER 1992, S. 135 f.).

Auf die Hauptelemente der Schlanken Produktion soll an dieser Stelle näher eingegangen werden. Änderungen im Beschaffungsverhalten der Hersteller und die damit verbundene Reduzierung der Fertigungstiefe durch den Bezug von Modulbauteilen bei nur wenigen Lieferanten, weltweite Beschaffung und ein weiterer

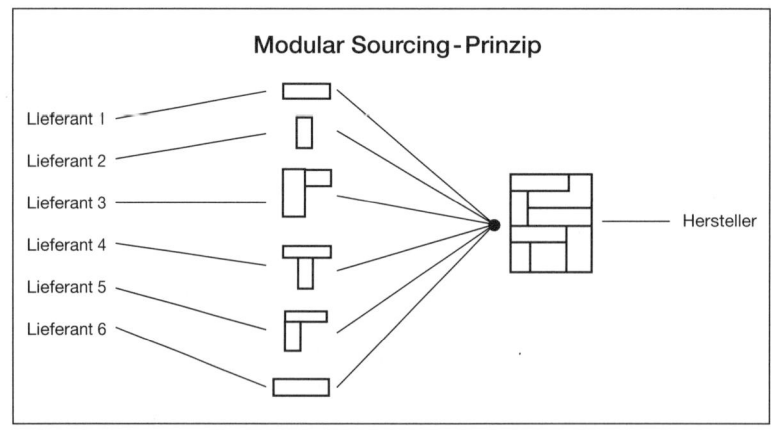

Abb. A 34:
Modular Sourcing
als neue Form der
Lieferbeziehung in
der Autoindustrie
Quelle:
EICKE/FERMELING
1991, S. 33

Ausbau der Just-in-Time-Lieferungen seien an dieser Stelle nur beispielhaft genannt. Ein entscheidendes Merkmal des Strukturwandels im Bereich der Automobilherstellung bildet die Reduzierung der Fertigungstiefe. Ziel dieser Maßnahme ist das Erreichen von Kosteneinsparungen, Reduzierung der Kapitalbindung und die Erhöhung der Flexibilität.

Bisher existierten verschiedene Gruppen von Rohstoff-, Teile- und Komponentenlieferanten zur Versorgung der Hersteller parallel nebeneinander. Die Vielzahl von Informations- und Koordinierungsvorgängen führte systembedingt zur Ausdehnung bürokratischer Strukturen und benötigte eine hohe Zahl „indirekter Arbeiter", die genau entgegengesetzt dem Prinzip der Schlanken Produktion keine Wertschöpfung am Fahrzeug erbrachten. Um die Endmontage zu entlasten, wurden nunmehr bei praktisch allen Herstellern Vorfertigungszonen eingerichtet, in denen Montagekräfte Funktionseinheiten wie Türen und Sitze zusammenfügten. Ein wichtiges Mittel der Rationalisierung im Bereich der Produktionslogistik ist die Durchsetzung der modularen Fertigung, die es erlaubt, ein Endprodukt in hoher Variantenzahl aus einer begrenzten Zahl von möglichst standardisierten Modulen oder Teilen zu montieren (Abb. A 33 u. A 34).

Daraus ergeben sich folgende Tendenzen (SCHAMP/BERTRAM 1998, S. 284 ff.):

- Erstens entsteht ein neuer Produktionsschritt in der logistischen Kette, die Montage von Modulen und Systemen. Diese wird zunehmend an Zulieferer ausgelagert, die nach zeitlicher und artmäßiger Vorgabe des Autoherstellers flexibel liefern müssen. Die Autohersteller reduzieren damit ihre Lagerhaltung einschließlich der damit zusammenhängenden Kapitalbindung. Die Einführung von Logistik-Konzepten wie Just-in-Time wird möglich, was manchmal einen relativ nahen Montagestandort des Moduls erforderlich macht.
  Die Übernahme der Pflicht zur zeitgerechten Lieferung zwingt den Zulieferer zu eigenen Anstrengungen in der Produktions- und Transportlogistik.
- Zweitens kann die Entwicklungskompetenz von Modulen vom Autohersteller auf den Zulieferer verlagert werden. Auf Zulieferer der Module kommen daher neben der Logistik neue Aufgaben zu, wie wachsender Forschungs- und Entwicklungsaufwand und steigende Qualitätsanforderungen, die beide eine stärkere Kapitalbindung bedeuten.
- Drittens ermöglicht die modulare Fertigung den Einsatz weitgehend standardisierter Teile, was Kostenersparnisse möglich macht.

Der Übergang der Autohersteller zum Einkauf von Modulen oder ganzen Systemen erfordert vom Zulieferer ein umfangreiches Leistungspaket und damit Kapitalkraft. Um die zahlenmäßig wenigen Erstzulieferer (single oder double sourcing) entbrennt ein Verdrängungswettbewerb. Beim Einquellenbezug oder Single sourcing wird die Zahl der Modullieferanten konsequent auf einen, den leistungsfähigsten Partner, begrenzt. Der Anteil von Bauelementen, die bei nur einem Hersteller gefertigt werden, differiert je nach Hersteller sehr stark. Während die Porsche AG fast alle Teile aus einer Quelle bezieht, wird dies bei der Daimler Benz AG nur in weniger als einem Viertel aller Fälle so praktiziert.

Ohne Zweifel beinhaltet die genannte Entwicklung für die mittelständische Automobilzulieferindustrie Unwägbarkeiten, da zukünftig nur größere Unternehmen über die Fertigungskapazitäten verfügen werden, um die von den Volumenherstellern geforderten Stückzahlen erreichen zu können. Zugleich entwickelt sich daraus ein völlig neues Standortsystem der Zulieferer. Die Autohersteller erwarten, dass die Erstzulieferer ihre Standorte ändern. Bestimmte Teile und Module sollen entweder im Automobilwerk selbst (wie bei Opel) oder vor den Toren (wie bei BMW, VW) montiert werden; VW fordert z.B. für die System-Montage um das Werk Mosel bei Zwickau eine maximale Reichweite von sechs Kilometern. Andere Teile müssen in Zwischenlagern von Zulieferern oder Spediteuren und im Zentrallager des Autoherstellers abrufbereit gelagert werden. Die bei den Autoherstellern eingesparte Lagerhaltung wird so (teilweise) auf die Zulieferer abgewälzt. Damit zieht der Autohersteller räumlich diejenigen Leistungsbereiche des Zulieferer an sich, die die Leistungsbereitschaft ausmachen. Die mechanische Fertigung selbst kann entweder am alten Standort verbleiben, sofern dort noch kostengünstig produziert werden kann, oder wird aber an Niedriglohn- Standorte verlagert.

Eines der fortgeschrittenen Beispiele für die Modullieferung ist die Tür, ergibt sich für den Autohersteller doch pro Auto ein Kostenvorteil von 150 DM gegenüber der traditionellen Fertigung. So bezieht VW im schon genannten Werk Mosel neben 15 anderen kompletten Modulen (z.B. Armaturenbretter, Frontteile, Räder) von externen Lieferanten eben auch die Türen als fertige Module. Diese enthalten beispielsweise bereits Fensterheber, Schloss, Zentralverriegelung, Kabelbaum, Elektronik und Lautsprecher – alles zusammen etwa 80 Einzelteile. Geliefert werden so von einem Modulhersteller etwa 200 verschiedene Türmodule für die in Mosel gebauten Modelle Passat und Golf. Das modulare Fertigungssystem hat zur Folge, dass die vielen kleineren Teile-Lieferanten immer weniger direkt an die Autohersteller liefern können und vermehrt an die Erstzulieferer liefern müssen (Abb. A 35). Teilelieferanten sind daher wachsenden Preisforderungen ausgesetzt. Wenn man im ersten Segment der Erstzulieferer vom zunehmenden single sourcing der Autohersteller spricht, dann ist hier das Feld des sog. global sourcing gemeint. Daneben erlaubt die Öffnung Osteuropas, so z.B. die Tschechische Republik, mit hoher tech-

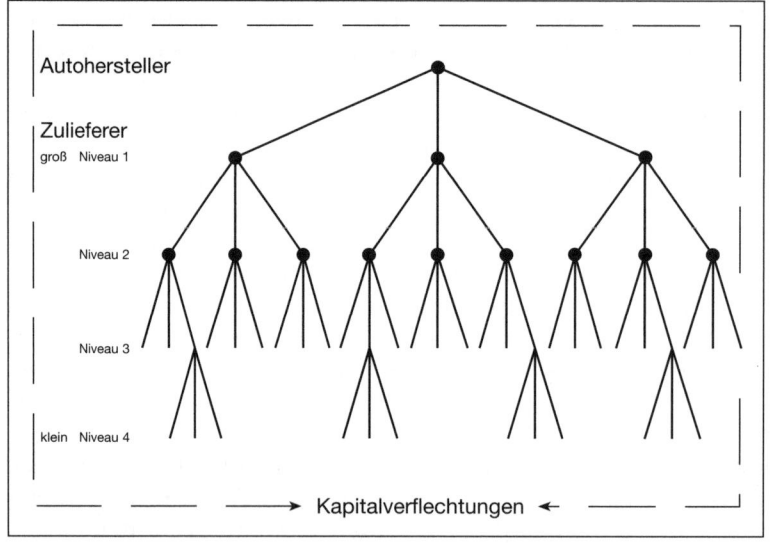

Abb. A 35:
Japanische
Zuliefer-Pyramide
in der
Autoindustrie
Quelle:
SCHAMP 1993, S. 8

nischer Kompetenz und vergleichsweise niedrigen Löhnen eine billige Fertigung von Modulen.

5.1.3 Flexibilisierungstendenzen in der deutschen Wirtschaft

Zahlreiche Untersuchungen geben Anlass zu der Vermutung, dass flexible Strukturen bei der Entstehung eines nachfordistischen Entwicklungszusammenhangs eine wichtige Rolle spielen werden. SCHOENBERGER (1988) und HARVEY (1990) erwarten einen Übergang zu einem Regime der flexiblen Akkumulation, das durch flexible Technologien, flexible Arbeits- und Produktionsprozesse sowie individualisierte Konsumnormen und ungewisse Nachfrageverhältnisse geprägt sein wird. Es wird davon ausgegangen, dass, falls durch Flexibilisierungsprozesse räumliche Investitionsentscheidungen und Verflechtungsbeziehungen beeinflusst werden, eine Veränderung der räumlichen Arbeitsteilung stattfinden wird, die entweder zu grundlegenden Veränderungen, zu Modifizierungen oder zu einer Verfestigung bestehender Standortstrukturen führen kann (BATHELT 1995).

Fasst man den durch die Fordismuskrise ausgelösten industriellen Wandel zusammen, so hat dieser dazu geführt, dass flexible Formen der Technologie- und Arbeitskraftnutzung an Bedeutung gewonnen haben. Flexibel einsetzbare Maschinen, Anlagen und Gebäude sowie flexible Arbeits- und Organisationsformen haben sich in vielen Teilbereichen der Industrie etabliert und sind zu einem festen Bestandteil der industriellen Produktion geworden. Die neuen Technologien verschaffen Unternehmen die Möglichkeit, ihre Produkte und damit ihre Produktionsprogramme kontinuierlich an die sich verändernden Nachfragestrukturen anzupassen. Dabei stellt der Einsatz flexibler Produktionssysteme aus Unternehmersicht aber nicht die einzige Möglichkeit dar, auf veränderte Rahmenbedingungen zu reagieren. Auch garantieren diese keine nachhaltige Wettbewerbsfähigkeit bei einem Übergang von den konventionellen auf die neuen Unternehmenskonzepte. Die Einführung flexibler Technologien ist vor allem dann erfolgreich, wenn parallel dazu auch die Arbeitsorganisation in Richtung einer funktionalen Flexibilisierung erfolgt (ders. 1992, S. 195 – 213).

Wenn man flexible Formen der Nutzung von Technologien und Arbeitskräften miteinander kombiniert, gelangt man zu unterschiedlichen Szenarios der Flexibilisierung:

- Szenario der flexiblen Spezialisierung –auf breiter Ebene entwickeln sich Unternehmensnetzwerke aus flexibel spezialisierten kleinen und mittleren Unternehmen,
- Szenario der dynamischen Flexibilität –hier erfahren großbetriebliche Organisationsformen mit flexibler Massenproduktion eine Stärkung.

Beide Szenarios sind an das Vorhandensein bestimmter Nachfragestrukturen gebunden und können komplementär zueinander in verschiedenen Marktsegmenten eintreten. Trotz aller Unterschiede ist es denkbar, dass die räumliche Nähe bei Standortentscheidungen und in Verflechtungsbeziehungen insgesamt einen Bedeutungszuwachs erfährt und es somit zu einer Verstärkung räumlicher Ballungsprozesse kommt. Die räumliche Implikation dieser beiden Szenarios ist aber neben deren begrenzter Anwendbarkeit aufgrund der zugrundegelegten Annahmen umstritten. Es ist anzunehmen, dass in absehbarer Zeit weder die handwerklichen Organisationsstrukturen noch die fordistische Massenproduktion durch Formen der flexiblen Spezialisierung oder durch Formen der dynamischen Flexibilität vollständig aufgrund von veränderten Rahmenbedingungen deterministisch ersetzt werden.

5.2   Auswirkungen auf Standortanforderungen

Neue Fabrikkonzepte sind für die Landes-, Regional- und Stadtplanung und damit für die Stadt- und Regionalforschung von grundsätzlichem Interesse. Die Relevanz resultiert aus den sich selbst beschleunigenden Umsetzungsprozessen dieser Produktionsformen, da:

- das Handlungswissen größtenteils vorhanden ist, wenn auch noch viele offene Fragen vorhanden sind,
- die Abschreibungszeiten einschlägiger Investitionen zum Teil sehr kurz sind (durchschnittlich zwei Jahre),
- der Wettbewerb seit der Einführung des Europäischen Binnenmarkts intensiver geworden ist und
- die bessere Vereinbarkeit von Flexibilität und Automation auch für die kleinen und mittleren Unternehmen interessant ist (WEBER 1991, S. 36 – 50).

In Produktionsgebäuden kommt der Flexibilität der Gebäudenutzung als Konsequenz verkürzter Produktlebenszyklen eine besondere Bedeutung zu. Dies führt z. B. zum Bau von Hallen mit großen Spannweiten. Demgegenüber zeigen Beispiele der modernen Automobilproduktion und der Chipherstellung, dass hier das Gebäude selbst einer Maschine vergleichbar wird, deren Nutzungsflexibilität jedoch weniger durch die Gebäudegestaltung als vielmehr durch die in den Gebäuden installierte Technik geschaffen wird. So entstanden hochautomatisierte Montagehallen, in denen der Montageprozess über mehrere Ebenen organisiert ist, ohne dass Stockwerke im eigentlichen Sinne zu erkennen sind. „Eine solche Fabrikstruktur mit Einheiten, die jeweils so flexibel sind, dass sie mit ihren Produkten wachsen oder schrumpfen können, benötigt jedoch sehr viel mehr Raum, vor allem in Form von frei verfügbaren Flächen, als die eher statische traditionelle Fabrik" (FISCHER/OLMANN 1991, S. 27).

Andererseits stehen einer raschen Umsetzung auch Barrieren gegenüber:

- eine umfassende Umstellung erfordert große Investitionen,
- eine systematische Planung und weittragende betriebliche Umorganisation sind risikoreich,
- nur für einen Teil der Investitionen ist ein Wirtschaftlichkeitsnachweis nach traditionellen Methoden zu erbringen, andere Effekte, wie vermehrte Flexibilität, sind nur schwer quantifizierbar,
- die für große Umstellungen erforderliche Planungskapazität ist insbesondere bei kleinen und mittleren Unternehmen z.T. nicht gegeben.

Ein Beispiel zur Veranschaulichung einer verringerten Flexibilität von Flächennutzungen ist der Einsatz fahrerloser Transportsysteme. Aufwendige, im Boden installierte Steuerungsanlagen und – in Rücksicht auf einen störungsfreien

Transport – monofunktionale Verkehrsflächen erzeugen gegenüber herkömmlichen Transportsystemen einen deutlich gesteigerten Flächenbedarf.

Als Fazit kann festgestellt werden, dass wohl mit erheblichen Umstellungen bei den Fabrikkonzepten zu rechnen ist. Betroffen sind vor allem Unternehmen, die hochwertige Produkte in kleinen Serien produzieren und in Marktsegmenten arbeiten, in denen die Flexibilität eine hohe Bedeutung hat. Demgegenüber weniger betroffen sind aus technologischen Gründen Fließfertigungen, wie in der chemischen Industrie, der Eisenindustrie und Stahlerzeugung, der Papiererzeugung oder der Getränkeherstellung (STETTBERGER 1997).

Quellen zum Teil A

ABT, R., u. a.: Entwicklungsengpässe und Innovationsverhalten bestehender Betriebe im Berggebiet, Nationales Forschungsprogramm „Regionalprobleme in der Schweiz", Bern 1981

AIGNER, B./MIOSGA, M.: Stadtregionale Kooperationsstrategien – Neue Herausforderungen und Initiativen deutscher Großstadtregionen, Münchner Geographische Hefte, Nr. 71, Regensburg 1994

BADE, F.-J.: Dienstleistungen. In: Akademie für Raumforschung und Landesplanung (Hrsg.): Handwörterbuch der Raumordnung, Hannover 1994, S. 173–184

BATHELT, H.: Erklärungsansätze industrieller Standortentscheidungen. Kritische Bestandsaufnahme und empirische Überprüfung am Beispiel von Schlüsseltechnologie-Industrien. In: Geographische Zeitschrift, H. 1/1992, S. 195–213

ders.: Flexibilisierungstendenzen in der deutschen Chemischen Industrie. In: Erdkunde, H. 2/1995, S. 176–196

BERTRAM, H. / SCHAMP, E. W.: Räumliche Wirkungen neuer Produktionskonzepte in der Automobilindustrie. In: Geographische Rundschau, H. 5/1989, S. 284

BRANDT, G.: Das Ende der Massenproduktion – wirklich? In: ERD, R. / JACOBI, O. / SCHUMM, W. (Hrsg.): Strukturwandel in der Industriegesellschaft, Studienreihe des Instituts für Sozialforschung, Frankfurt am Main 1986

BÜHLER, H.: Analyse struktureller Veränderungsprozesse auf der Grundlage des Regulationsansatzes am Beispiel Aachen, unveröff. Dipl.-Arbeit am Lehrstuhl Wirtschaftsgeographie und Regionalplanung der Univ. Bayreuth, Bayreuth 1996

Bundeszentrale für Politische Bildung (Hrsg.): Die Gruppe von Lissabon, Grenzen des Wettbewerbs. Die Globalisierung der Wirtschaft und die Zukunft der Menschheit, Bonn 1997

CLARK, C.: The conditions of economic progress, 3. Auflage, London 1957

DANIELZYK, R. / OSSENBRÜGGE, J.: Lokale Handlungsspielräume zur Gestaltung internationaler Wirtschaftsräume. In: Geographische Zeitschrift, H. 1–2/1996

DEGE, W. / KERKEMEYER, S.: Der wirtschaftliche Wandel im Ruhrgebiet in den 80er Jahren. In: Geographische Rundschau, H. 9/1993, S. 503–509

DICKEN, P.: Global Shift. The Internationalization of economic activity, London 1992

DUIJN, J. J.: Long Waves in the World, London 1984

ELLWEIN, TH. / BRUDER: Innovationsorientierte Regionalpolitik, Opladen 1982

ENDERLE, P.: Das innovative System „Schlanke Produktion". In: Lean Production. Idee – Konzept – Erfahrungen in Deutschland, Band 27 der Schriftenreihe des Instituts für angewandte Arbeitswissenschaft e. V., Köln 1992

Europäische Zeitung: Vom Hochofen zur Hochtechnologie, Nov. / Dez. 1997, Brüssel

FELS, G.: Brauchen wir eine neue Industriepolitik? In: Institut der deutschen Wirtschaft (Hrsg.): iwd, Nr. 1 vom 02/01/1987, Köln

FISCHER, S. / OLLMANN, R.: Auswirkungen neuer Produktionstechnologien auf den einzelbetrieblichen Flächenbedarf – Ergebnisse einer Befragung von Unternehmen aus Nordrhein-Westfalen. In: Institut für Landes- und Stadtentwicklungsforschung (Hrsg.): Neue Fabrikkonzepte und gewerblicher Flächenbedarf, ILS-Schriften, H. 58, Dortmund 1991

FOURASTIÉ, J.: Die große Hoffnung des zwanzigsten Jahrhunderts, Köln 1969

FREEMAN, C. G. / HAGEDORN: Globalization of Technology, Report for the FAST Program, Brüssel 1992

FUCHS, G.: Globalisierung – (mehr als) Wirtschaft ohne Grenzen. In: Praxis Geographie, H. 7 – 8 / 1998, S. 4 – 12

GIDDENS, A.: Konsequenzen der Moderne, Frankfurt am Main 1990

GIESE, E. / GREIF, S. / STOUTZ, R.: Die räumliche Struktur der Erfindungstätigkeit in Westdeutschland 1992. In: Geographische Zeitschrift, H. 2 – 3 / 1997, S. 113 – 128

GRABHER, G.: De-Industrialisierung oder Neo-Industrialisierung? Innovationsprozesse und Innovationspolitik in traditionellen Industrieregionen, Berlin 1988

GRABOW, B.: Neue Produktionstechnologien und Raumentwicklung. In: SCHÖNN, K. P. (Hrsg.): Stadtentwicklung und technologische Innovation, Bielefeld 1988

GRUHLER, W.: Dienstleistungsbestimmter Strukturwandel in deutschen Industrieunternehmen, Köln 1990

HAMPE, J.: Langfristiger Strukturwandel und regionale Arbeitsmärkte. In: Akademie für Raumforschung und Landesplanung (Hrsg.): Analysen regionaler Arbeitsmarktprobleme, Forschungs- und Sitzungsberichte, Bd. 168, Hannover 1988

Harms Handbuch der Geographie: Bd. 3, Sozial- und Wirtschaftsgeographie, München 1984

HARVEY, D.: The Condition of Postmodernity: An Enquiri Into the Origins of Cultural Change, Blackwell / Cambridge / Oxford 1990

HAYES, R. H. / PISANO, G. O.: Beyond World Class: The New Manufacturing Strategy. In: Harvard Buisness Review, H. 17, 1994, S. 78

HENCKEL, D., u. a.: Diebold Management Report, Nr. 8 / 1984

HENCKEL, D., u. a.: Produktionstechnologien und Raumentwicklung, H. 76 der Schriftenreihe des Deutschen Instituts für Urbanistik, Berlin / Köln / Mainz 1986

HEUSS, H.: Allgemeine Markttheorie, Tübingen / Zürich 1965

Industrie- und Handelskammer für Oberfranken Bayreuth (Hrsg.): Wirtschaftsraum Oberfranken – Daten und Trends, Bayreuth 1991

KLEBE, T. / ROTH, S.: Autonome Zulieferer oder Diktat der Marktmacht? In: MENDIUS, H.-G. (Hrsg.): Zulieferer im Netz – Zwischen Abhängigkeit und Partnerschaft, Köln 1991

KOGLER, A.: Investitionen in Produkt- und Prozeßinnovationen, Frankfurt am Main 1991

KOLB, H.: Aufgaben und System der Industriegeographie. In: Festschrift Obst zum 65. Geburtstag, Remagen 1951

KONDRATIEFF, N. D.: Die langen Wellen der Konjunktur, Archiv für Sozialwissenschaften, Bd. 56, 1926

KRÄTKE, S.: Globalisierung und Regionalisierung. In: Geographische Zeitschrift, H. 1/1995, S. 207 – 221

KRÄTKE, S.: Regulationstheoretische Perspektiven in der Wirtschaftsgeographie. In: Zeitschrift für Wirtschaftsgeographie, H. 1 – 2/1996, S. 6 – 19

KRÄTKE, S.: Strukturwandel der Städte – Städtesystem und Grundstücksmarkt in der „postfordistischen" Ära, Frankfurt am Main 1991

Kreis Aachen, Eigenstatistik, versch. Jg.

KROMHARDT, J. / TESCHNER, M.: Neuere Entwicklung der Innovationstheorie. In: Deutsches Institut für Wirtschaftsforschung – Vierteljahreshefte zur Wirtschaftsforschung, H. 4/1986

KROSS, E.: Siemens als „global Player". Ein transnationales Unternehmen. In: Geographie heute, 155/1997, S. 32 – 36

Landesamt für Datenverarbeitung und Statistik NRW: Ergebnisse des Mikrozensus, 1991

LEONARD-BARTON, D.: The factory as a learning laboratory. In: Sloan Management Review, H. 1/1992, S. 23 – 38

LEVITT, TH.: The globalisation of Markets, Cambridge/Ma 1983

MAHNKE, L.: Das produzierende Gewerbe. In: IHK zu Aachen (Hrsg.): Die Wirtschaftsregion Aachen – Ein Grenzraum im Wandel, Aachen 1989

MAIER, J., RÖSCH, A.: Chancen und Möglichkeiten eines krativen Milieus für die Stadt- und Regionalentwicklung, Gutachterliche Stellungnahme im Auftrag des Bayrischen Staatsministerium für Landesentwicklung und Umweltfragen, Bayreuth 1996

MALANGRÉ, H.: Arbeit und Beschäftigung für die Wirtschaftsregion Aachen, Jahresbericht des Präsidenten der Industrie und Handelskammer zu Aachen. In: Industrie und Handelskammer zu Aachen (Hrsg.): Wirtschaftliche Nachrichten, H. 4/1996

MELFI, T. / WIELAND, B. / STERNDEUTER: Produktionsmethode und Modellpolitik in der Automobilindustrie. In: Auto, Motor und Sport, H. 18/1992, S. 135 f.

MENSCH, G.: Das technologische Patt, Innovationen überwinden die Depression, Frankfurt am Main 1973

MENZEL, U.: Die postindustrielle Revolution, Tertiärisierung und Entstofflichung der postmodernen Ökonomie: In: Entwicklung und Zusammenarbeit, H. 4/1995, S. 100

MESSNER, D. / NUSCHELER, F.: Weltkonferenzen und Weltberichte, Bonn 1996

MIELKE, B.: Veränderungen des gewerblichen Flächenbedarfs durch neue Fabrikkonzepte ? In: Institut für Landes- und Stadtentwicklungsforschung des Landes Nordrhein-Westfalen (ILS) (Hrsg.): ILS-Schriften, Nr. 58, Dortmund 1991, S. 5 – 21

MÜHLECK, P.: Krise und Anpassung der deutschen Textil- und Bekleidungsindustrie im Lichte der Fordismus-Diskussion. Europäische Hochschulschriften, Bd. 1 299 der Reihe V – Volks- und Betriebswirtschaft, Frankfurt am Main u. a. 1992

N. N.: Städte ohne Produktion. Das Fallbeispiel Potsdam. In: Difu-Berichte 2/1997, S. 18 f.

NELSON, R. R. / WINTER, S. G.: In search of useful theory of innovation.
In: Research Policy, H. 6, 1977, S. 48

ORTH, R.: Auswirkungen neuer Produktionsmethoden in der Automobilindustrie auf Zulieferbetriebe in peripheren Regionen – Das Beispiel Oberfranken, H. 136 der Arbeitsmaterialien zur Raumordnung und Raumplanung, Bayreuth 1994
OTREMBA, E.: Allgemeine Agrar- und Industriegeographie, Stuttgart 1960

PRUSCHWITZ, S.: Die Textilregion Münchberg / Helmbrechts – ein Industrial District? Strategiekonzepte für einen von der Textil- und Bekleidungsindustrie geprägten Raum, H. 146 der Arbeitsmaterialien zur Raumordnung und Raumplanung, Bayreuth 1995

REGINI, M.: Das neue Lexikon industrieller Beziehungen: Flexibilität, Mikroorporatismus, Dualismus – Herausforderungen und Perspektiven für die westeuropäischen Gewerkschaften. In: ERD, R. / JACOBI, O. / SCHUMM, W. (Hrsg.): Strukturwandel in der Industriegesellschaft, Studienreihe des Instituts für Sozialforschung, Frankfurt am Main
RITTER, W.: Umbruch und Beharrung im Welthandel. In: Praxis Geographie, H. 9 / 1996, S. 4 – 9
RUIGROK, W. / TULDER, R. VAN: The ideology of Interdependence, Amsterdam 1993

SCHAMP, E. W.: Zulieferer im Standortstress, Kronach 1993
SCHAMP, E. W.: The Geography of APS in a Goods Exporting Economy: The Case of West-Germany. In: Progress in Planning, April / June 1995
Schamp, E. W.: Globalisierung von Produktionsnetzen und Standortsystemen. In: Geographische Zeitschrift, H. 3 – 4 / 1996, S. 205 – 219
SCHAMP, E. W.: Industrie im Zeitalter der Globalisierung. In: Geographie heute, H. 155 / 1997, S. 2 – 8 (1997a)
SCHAMP, E. W.: Räumliche Konzentration, Ökonomische Kompetenz und regionale Entwicklung, das Beispiel der oberfränkischen Autozulieferindustrie. In: Erdkunde, Bd. 51 / 1997, S. 230 – 243 (1997b)
SCHAMP, E. W. / BERTRAM, H.: Räumliche Wirkungen neuer Produktionskonzepte in der Automobilindustrie. In: Geographische Rundschau, H. 5 / 1989, S. 284 – 290
SCHÄTZL, L.: Wirtschaftsgeographie 1, Theorie, 7. Aufl., Paderborn u. a. 1998
SCHUMPETER, J.: Theorie der wirtschaftlichen Entwicklung, Berlin 1911
SCHUMPETER, J.: Konjunkturzyklen – Eine theoretische, historische und statistische Analyse des kapitalisitischen Prozesses, Bd. 1, Göttingen 1961
Siemens AG: Geschäftsbericht `97 der Siemens AG, München 1998
SMITH, D. M.: Industrial location. An economic geographical analysis, New York 1966
STAUDACHER, CH.: Wirtschaftsdienste – Zur räumlichen Organisation der intermediären Dienstleistungsproduktion und ihre Bedeutung im Zentren-Regionen System Österreichs, Bd. 62 / 63 der Wiener Geographischen Schriften, Wien 1992
STETTBERGER, M.: Funktionaler Strukturwandel und Konsequenzen für die Flächennutzung – Eine Untersuchung am Beispiel der Textil- und Bekleidungsindustrie in ausgewählten Standorten Bayerns, H. 164 der Arbeitsmaterialien zur Raumordnung und Raumplanung, Bayreuth 1997

THALHEIM, K. C.: Aufriss einer volkswirtschaftlichen Strukturlehre. In: Zeitschrift für die gesamte Staatswissenschaft, Bd. 99, 1936

THÜNEN, J. H.: Der isolierte Staat in Beziehung auf Landwirtschaft und National-ökonomie, Berlin 1875

TÖDTLING, F.: Räumliche Differenzierung betrieblicher Innovation, Berlin 1990

UHLIG, H.: Organisationsplan und System der Geographie. In: Geoforum, H. 1/1970, S. 19 – 52

Universität Bayreuth, Lehrstuhl Wirtschaftsgeographie und Regionalplanung: Unveröff. Exkursionsbericht, Neue regional- und kommunalpolitische Initiativen in der Bundesrepublik Deutschland, in Belgien, Luxemburg und Frankreich, Bayreuth 1994

VERNON, R.: International Investment and International Trade in the Product Cycle. In: Quarterly Journal of Economics, Vol. 80/1966, S. 190 – 207

WALKER, R. A.: The geographical organization of production-systems. In: Environment and planning, Vol. 6/1988, H. 4, S. 377 – 408

WARNECKE, H.-J.: Das fraktale Unternehmen, Stuttgart 1989

WARNECKE, H.-J.: Revolution der Unternehmenskultur – Das fraktale Unternehmen, Berlin 1993

WEBER, J.: Der Unternehmer als Entscheidungsträger regionaler Arbeitsmärkte, Bd. 2 der Bayreuther Geowissenschaftlichen Arbeiten, Bayreuth 1980/81

WEBER, R.: Qualitative Standortanforderungen neuer Produktionstechniken. In: Institut für Landes- und Stadtentwicklungsforschung des Landes Nordrhein-Westfalen (Hrsg.), H. 58 der ILS-Schriften, Dortmund 1991, S. 36 – 50

WEBER, W.: Chancen und Risiken durch den Europäischen Binnenmarkt für aus-gewählte Wirtschaftsbranchen in den Regionen Oberfranken-Ost sowie Ober-pfalz-Nord – das Beispiel aus der Sicht der Bekleidungsindustrie und der Glas-industrie, H. 85 der Arbeitsmaterialien zur Raumordnung und Raumplanung, Bayreuth 1989

WEBER, W.: Die Relevanz kleiner und mittlerer Betriebe für die Struktur und Ent-wicklung ländlicher Räume in der Bundesrepublik Deutschland sowie regional-politische Konsequenzen, H. 125 der Arbeitsmaterialien zur Raumordnung und Raumplanung, Bayreuth 1993

WECK, M.: Planung und Aufbau automatisierter flexibler Produktionseinrichtungen, o. O. 1983

WIENERT, H.: Was macht Industrieregionen alt? In: Mitteilungen des Rheinisch-Westfälischen Wirtschaftsinstituts, Jg. 41 / 1990

WOMACK, J. P. / JONES, D. T. / ROOS, D.: Die Zweite Revolution in der Automobil-industrie, Massachusetts Institute of Technology, Frankfurt am Main 1991

ZAHN, E.: Technologie- und Innovationsmanagement, Berlin 1986

Die Zeit: 14.11.1997, Hamburg

Teil B:
Standortfaktoren und -erklärungen im Wandel

Ein wesentliches Kennzeichen der klassischen Industriegeographie war die Herausarbeitung von betrieblichen Standortfaktoren und der unternehmerischen Standortsuche, d.h. der Einflussfaktoren auf die Entscheidung über einen optimalen Betriebsstandort. Die Raumforschung lehnte sich in weiten Bereichen an die vorhandene betriebswirtschaftliche Standortlehre sowie die aus der Volkswirtschaftslehre kommende Standorttheorie an. Bis zu Beginn der 1970er Jahre stand diese Betrachtungsweise im Mittelpunkt geographischer Analysen. Da die angesprochenen Fragestellungen der Standortfaktoren und ihre zeitlich unterschiedliche Bewertung ebenso wie das Problem der unternehmerischen Standortwahl heute in der Raumforschung wie auch in der Raumplanung ein große Rolle einnehmen, ist es notwendig, auf diese auch heute noch aktuellen Grundfragen einzugehen.

1   Industriegeographische Standorterklärungen

Es lassen sich zwei Forschungsrichtungen unterscheiden: normativ-deduktive Modelle und verhaltenswissenschaftliche Modelle. Erstere reduzieren die Standortwahl auf wenige Variablen. Trotz des geringen Erklärungswertes sind sie noch die wichtigste Grundlage der industriellen Standorttheorie. Sie suchen nach dem optimalen Produktionsort. Merkmale der Modelle sind Definitionen des Unternehmerverhaltens und der räumlichen, politischen, wirtschaftlichen und sozialen Handlungsbedingungen. Sie unterstellen Produktionsbetriebe oder Einbetriebsunternehmen in einer Wirtschaftsordnung mit Privateigentum an den Produktionsmitteln, die nur durch Materialverflechtungen mit anderen Standorten verbunden sind. Den ersten ausgearbeiteten Entwurf legte WEBER (1909) vor. Er ist beispielhaft für normativ-deduktive Modelle.

1.1   Die Industriestandorttheorie von ALFRED WEBER

Die von WEBER im Jahre 1909 erschienene Abhandlung „Über den Standort der Industrien" ist die erste systematische Darstellung, die der Frage nach dem optimalen Standort eines industriellen Einzelunternehmens nachgeht. Diese Theorie der unternehmerischen Standortwahl setzt folgende, die Realität vereinfachende Annahmen voraus und bestimmt dann auf deduktivem Weg den optimalen Produktionsstandort für ein Industrieunternehmen. Die für die Theorie maßgeblichen Annahmen lauten wie folgt:
- Die Fundorte der Rohmaterialien sind bekannt.
- Ebenso sind die Konsumorte bekannt, wobei unterstellt wird, dass das hergestellte Gut jeweils nur an einem Absatzort nachgefragt wird und dem Unternehmen auch die nachgefragte Menge des Gutes bekannt ist.
- Die auftretenden Transportkosten werden aufgrund des Gewichts der Rohmaterialien bzw. des hergestellten Erzeugnisses und der Entfernung vom Fund- bzw. Produktionsort berechnet.

Da aufgrund der genannten Prämissen keine regionalen Unterschiede in den Produktionskosten zu berücksichtigen sind, muss ein Industrieunternehmen für seinen optimalen Standort den Punkt wählen, an dem die Transportkosten der eingesetzten Materialien zum industriellen Fertigungsbetrieb und des Fertigungserzeugnisses zum Konsumort minimal sind. Die Transportkosten werden, da sie nur von dem Gewicht der Rohmaterialien bzw. des Fertigerzeugnisses und der Entfernung, über welche diese befördert werden, abhängig sind, in Tonnenkilometern berechnet. Damit ist die Frage nach dem optimalen Standort eines Industrieunternehmens dann als gelöst anzusehen, wenn der tonnenkilometrische Minimalpunkt bestimmt ist, d.h. der Standort mit der niedrigsten Transportkostenbelastung.

Für die Ermittlung des Transportkostenminimalpunktes ist die Art der im Produktionsprozess eingesetzten Materialien von großer Bedeutung. WEBER (ebenda) klassifizierte diese in:
- Lokalisierte Materialien, die nur an bestimmten Fundorten vorkommen, z.B. Kohle, Eisenerz, und

• ubiquitäre Materialien, die überall zur Verfügung stehen, z.B. Wasser, Luft.

Bei den lokalisierten Materialien werden wiederum zwei Gruppen unterschieden, die für die Wahl des optimalen Produktionsstandortes eines industriellen Einzelunternehmens von entscheidendem Einfluss sind. Eine dieser beiden Gruppen sind die Reingewichtsmaterialien, die mit ihrem ganzen Gewicht in das Fertigerzeugnis eingehen. Die zweite Gruppe machen die Gewichtsverlustmaterialien aus, die im Fertigungsprozess an Gewicht verlieren und folglich nur noch zu einem Teil ihres Gewichtes im Fertigungsprozess enthalten sind.

Der Standort eines industriellen Produktionsbetriebes kann sich nun grundsätzlich an drei Orten befinden, nämlich:
• am Fundort des benötigten Rohmaterials,
• am Konsumort
  oder
• an einem Punkt, der zwischen den Materialfundorten und dem Konsumort liegt.

Entscheidend für die Ermittlung des optimalen Produktionsstandortes eines Unternehmens ist nun das Verhältnis zwischen dem Gewicht der lokalisierten Materialien und dem Gewicht des hergestellten Gutes. Diesen Quotienten bezeichnet WEBER als Materialindex. Werden im Produktionsprozess nur Reingewichtsmaterialien eingesetzt, so ergibt sich für den Materialindex der Wert 1; werden Gewichtsverlustmaterialien verwendet, so wird für den Materialindex ein Wert von größer 1 berechnet.

Um die Bestimmung des optimalen Standortes für ein Unternehmen zu verdeutlichen, sei folgender einfacher Fall betrachtet:

Ein Unternehmen benötigt nur ein Rohmaterial M1 und verkaufe das Fertigprodukt nur an dem Konsumort K. Die Lage des optimalen Produktionsstandortes für ein Industrieunternehmen ist in diesem Fall nur davon abhängig, welche Eigenschaft der benötigte Ausgangsstoff aufweist. Handelt es sich um ein Gewichtsverlustmaterial, so ist der günstigste Standort für den Produktionsbetrieb am Materialfundort. Nur an diesem Ort treten keine Transportkosten für den im Produktionsprozess verlorengegangenen Anteil am Materialgewicht auf. Handelt es sich dagegen um ein Reingewichtsmaterial, so kann die Verarbeitung am Fundort, am Konsumort oder an jedem Punkt zwischen diesen beiden Standorten stattfinden. Wird im Produktionsprozess schließlich ein ubiquitäres Material eingesetzt, so ist der optimale Produktionsstandort am Konsumort, da nur dort keine Transportkosten entstehen.

WEBER (ebenda) erweiterte das Grundmodell – wie wir es schon von THÜNEN (1875) kennen –, das allein die Transportkosten berücksichtigte, durch zwei weitere, die industrielle Standortwahl beeinflussende Variablen. Dabei handelt es sich um den Einfluss von Arbeitskosten und Agglomerationsfaktoren, die beide eine Abweichung des industriellen Standorts vom tonnenkilometrischen Minimalpunkt hervorrufen können. WEBER unterstellte in der ersten Modellvariante unterschiedliche Arbeitskosten (Lohnhöhen), Konzentration der Arbeitskräfte auf wenige Standorte (hier jedoch unbegrenztes Angebot und völlige Immobilität der Arbeitskräfte). Der Produktionsstandort weicht dann vom Transportkostenminimalpunkt ab, wenn die Arbeitskostenersparnisse größer sind als die Zunahme der Transportkosten zum Ort der niedrigen Arbeitskosten. Weiterhin kann der Produktionsort nach WEBER auch dadurch vom Transportkostenminimalpunkt abweichen, dass Vorteile aus der räumlichen Konzentration von Industriebetrieben größer sind als die zusätzlichen Transportkosten.

Die kritische Auseinandersetzung mit der von WEBER entwickelten Industriestandorttheorie bezieht sich vor allem auf die restriktiven Annahmen, unter denen der Einfluss der drei Standortfaktoren (Transportkosten, Arbeitskosten, Agglomerationsvorteile) auf die industrielle Standortwahl untersucht wird. So sind die Transportkosten nicht ausschließlich durch das Gewicht und ihre Entfernung bestimmt, über welche die benötigten Rohstoffe und die produzierten Fertigprodukte transportiert werden. Auch die Annahme, dass bei einer gegebenen Lohnhöhe Arbeitskräfte unbegrenzt zur Verfügung stehen, trifft in der Wirklichkeit nicht zu. Gegenwärtig zeichnet sich vielmehr eine steigende Bedeutung des Standortfaktors Arbeitskräfte ab. So sind z.B. in Schwellenländern das große Potential an Arbeitskräften und niedrige Arbeitskosten ein attraktiver Standortfaktor, der andere Standortfaktoren weitgehend kompensiert. In den Industrieländern dagegen wirkt sich die Qualifikation der Arbeitskräfte in zunehmendem Maße bestimmend auf unternehmerische Standortentscheidungen aus.

Da WEBER zu den externen Ersparnissen lediglich die Vorteile zählt, die sich durch das Vorhandensein mehrerer Unternehmen derselben Branche am selben Ort ergeben, und die Verstädterungsvorteile vernachlässigt, wird die konzentrationsfördernde Wirkung der Agglomerationsvorteile unterschätzt. Kritik wird auch an den Annahmen geübt, die WEBER zum Unternehmerverhalten macht. Dem Unternehmer ist in der Realität weder die nachgefragte Menge des in seinem Unternehmen hergestellten Gutes noch die räumliche Verteilung der Nachfrage nach diesem Gut vollständig bekannt. In der Regel wird er auch mehr als ein Gut produzieren, so dass die zu Abnehmern bestehende Beziehungen weitaus vielfältiger sind als das Modell annimmt.

Wie aus den empirischen Untersuchungen von SMITH (1966) und KENNELLY (1954) hervorgeht, ist der theoretische Ansatz von WEBER (ebenda) durchaus geeignet, die Standortwahl materialorientierter und damit transportkostenintensiver Industriezweige zu erklären. Die restriktiven Annahmen dieser Theorie verhindern jedoch die Anwendung auf komplexere Standortprobleme. So haben z.B. Transportkostenvorteile kaum Einfluss auf die Standortentscheidungen der sogenannten footloose industries, die eine Vielzahl von Materialien, Halbfertigerzeugnissen und Zulieferteilen beziehen und ihre Produkte auf dem gesamten nationalen und internationalen Markt absetzen.

Weiterentwicklungen dieses statischen, normativ-deduktiven Modells hatten zum Ziel, die Anwendbarkeit des von WEBER 1909 erstmals aufgezeigten theoretischen Ansatzes für die Lösung des Problems der unternehmerischen Standortwahl zu verbessern. Zu den wichtigsten Weiterentwicklungen zählen die Arbeiten von PREDÖHL (1952) und ISARD (1956).

Der Erklärungsgehalt der normativ-deduktiven Modelle ist aufgrund der fehlenden verhaltenswissenschaftlichen Basis gering und steigt auch nicht, wenn weitere Variablen einbezogen werden. Ihnen wird hauptsächlich heuristische und didaktische Bedeutung beigemessen. Die folgende Zusammenstellung enthält einige Einwände gegen diesen Modelltyp:

- Die Modelle simulieren unter stark vereinfachten Annahmen die Wirkungen einzelner Standortfaktoren die Standortwahl. Dabei wird eine Standortentscheidung nach rein ökonomischen Kriterien bei vollkommener Rationalität und Information des Unternehmers unterstellt.
- Industriebetriebe werden als homogene Produktionseinheiten angesehen, ohne Beziehungen zur Umwelt. Tatsächlich bestehen jedoch große Unterschiede in den betrieblichen und tätigkeitsspezifischen Standortanforderungen, in Größe, Organisation, Art und Intensität der Raumbeziehungen.
- Die Modelle geben Verhaltensnormen vor und formalisieren menschliches Verhalten in einem ahistorischen Raum ohne jeden Bezug zu den tatsächlichen Entwicklungen. Die Annahme, der Unternehmer könnte einen optimalen, kostenminimalen oder gewinnmaximalen Standort wählen oder sich völlig rational verhalten, ist eine Fiktion. Die Entscheidungsfindung der Unternehmen folgt nicht den Gesetzen der formalen Logik.
- Nur einige betriebsexterne Variablen werden in den Modellvarianten berücksichtigt, u.a. Transportkosten, Arbeitskosten und Agglomerationsvorteile aber nicht z.B. der Monopolisierungsgrad und die Kapitalkonzentration. Variablen, wie z.B. Organisationsform, Betriebsfunktion, persönliche Verhaltenseigenschaften der Unternehmer, bleiben unbeachtet.
- Die Modelle sind statisch-deterministisch, sie zeigen nicht die Rückwirkungen technologischer und ökonomischer Veränderungen auf die Standortverteilung.

1.2   Das Modell von Lösch

In seiner 1944 erschienen Theorie der Marktnetze versucht Lösch die räumliche Verteilung der Produktionsstandorte und die räumliche Produktspezialisierung zu erklären. Die von Lösch entwickelte Theorie zeigt Parallelen zu dem von Christaller entwickelten System der Zentralen Orte auf und ist als „industrieller Gegenfall zu Von Thünen's isoliertem Staat" (Lösch 1944, S. 90) konzipiert. Dem Modell Lösch's (1933), bei dem ökonomischen Rationalitäten die Standortstruktur bestimmen, liegen folgende vereinfachende Annahmen zugrunde:
- Die Produktions- und Nachfragefunktionen sind für alle Punkte der Fläche gleich, d.h. Produktionsfaktoren und Bevölkerung sind gleichmäßig verteilt, es besteht überall die gleiche Kaufkraft,
- jeder Anbieter produziert nur ein Gut,
- die Transportcharakeristika sind überall gleich, und
- das System befindet sich in einem gesamtwirtschaftlichen räumlichen Gleichgewicht, d.h. die Standortwahl erfolgt nach dem Prinzip der Gewinn- bzw. Nutzenmaximierung, die Gesamtfläche ist mit Gütern zu versorgen, die Preise der Güter sollen den Kosten entsprechen, die Größe der Wirtschaftsgebiete ist zu minimieren und jeder Konsument kauft am nächstliegenden Wohnort.

Grundlage der Theorie sind regelmäßig über die Fläche verteilte kleinste Siedlungen. Lösch nimmt an, dass die Bewohner der homogenen Fläche über den Eigenbedarf hinaus Güter unterschiedlicher Zentralität produzieren. Es besteht also für

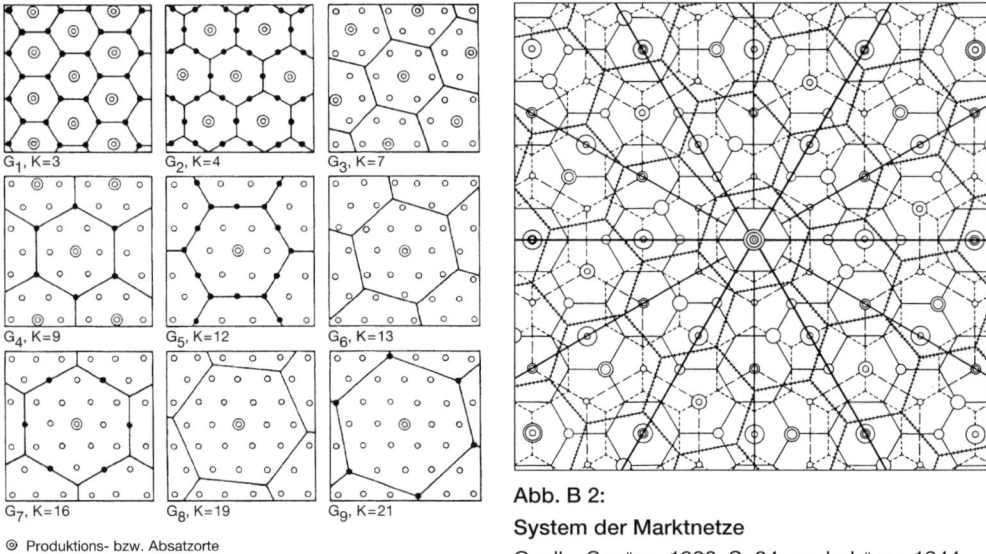

@ Produktions- bzw. Absatzorte
o Zugeordnete Siedlungen im Marktgebiet
• Zugeordnete Siedlungen an der Marktgebietsgrenze

Abb. B 1:
Hexagonale Marktgebiete unterschiedlicher
Größe und Siedlungszuordnung
Quelle:
SCHÄTZL 1998, S. 83, nach: LÖSCH 1944

Abb. B 2:
System der Marktnetze
Quelle: SCHÄTZL 1998, S. 84, nach: LÖSCH 1944

jedes Gut eine dem Produkt entsprechende Größe des Marktgebiets, wobei die Marktgebiete die Form gleichseitiger Sechsecke haben (Abb. B 1).

Da aufgrund der Ausgangsprämissen sich die Marktgebiete aller Güter über die Gesamtfläche erstrecken, entsteht pro Gut ein Netz von Marktgebieten mit einer charakteristischen Maschengröße. Zum „Idealbild einer Wirtschaftslandschaft" gelangt LÖSCH (ebenda, S. 9), indem er die unterschiedlichen Marktnetze so überein-

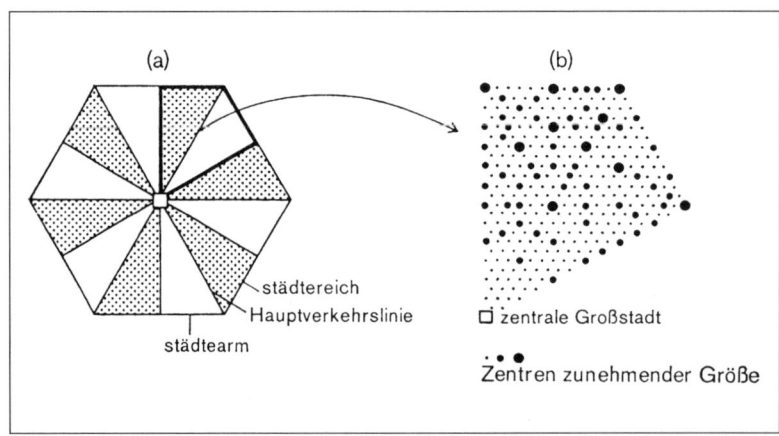

Abb. B 3:
Städtereiche
und städtearme
Sektoren
Quelle:
SCHÄTZL 1998,
S. 85,
nach: LÖSCH 1944

anderlegt, dass sie erstens einen gemeinsamen Mittelpunkt bilden, und dann so lange um diesen Mittelpunkt dreht, bis sich die größtmögliche Zahl von Produktionsstandorten überlagert. Es entstehen jeweils sechs Sektoren mit hoher bzw. niedriger Standortdichte (Abb. B 2 u. B 3).

LÖSCH nimmt an, dass sich solche Systeme netzförmig über die Erde verteilen. Er gibt aber zu bedenken, dass sich das Idealbild einer Wirtschaftslandschaft durch Annäherungen an die Wirklichkeit, z.B. durch die Berücksichtigung von räumlichen Preis- und Produktdifferenzierungen, verändert. Primäres Ziel LÖSCHS war, die Wirklichkeit im Modell zu verbessern und nicht, sie zu erklären. Dabei sollte sein System der Marktnetze als Orientierungshilfe für regionalpolitische Entscheidungen dienen. Trotzdem darf nicht vergessen werden, dass LÖSCH entscheidende Determinanten (Ersparnisse, Faktorwanderungen, Güterbewegungen) der räumlichen Wirtschaftsentwicklung nicht bzw. nur unzureichend berücksichtigt.

2   Zyklisch-dynamische Erklärungsansätze

Da sich traditionelle Forschungsansätze zur Erklärung der Dynamik industrieller Standortverteilungen nur bedingt eignen, werden seit den 1970er Jahren verstärkt zyklisch-dynamische Erklärungsansätze in den Vordergrund industrieller Standortuntersuchungen gerückt. Dabei stehen die Theorie der Langen Wellen und die Produktlebenszyklustheorie im Mittelpunkt des Forschungsinteresses.

2.1   Die Theorie der Langen Wellen

In der Theorie der Langen Wellen wird versucht, die auf lange Sicht ungleichmäßig verlaufende wirtschaftliche Entwicklung mit Hilfe zeitlich zusammenfallender Innovationsprozesse zu modellieren. SCHUMPETER (1911, S. 318 – 369) erklärte das Entstehen sog. langer Wellen als einen „Prozess der schöpferischen Zerstörung durch das scharenweise Auftreten neuer Unternehmer". Die wirtschaftliche Entwicklung gerät genau dann in eine Abschwungphase, wenn neue Basisinnovationen auf die Produktionsbedingungen der alten Kombinationen (etablierte Produkte) wirken und ihnen im Wettbewerb zunehmend Produktionsfaktoren entziehen. Ein Aufschwung tritt dann ein, wenn aufgrund von Nachahmungseffekten weitere Innovationen folgen. Durch positive Rückkopplungswirkungen in vor- und nachgelagerten Industriesektoren werden Multiplikatoreffekte auf die gesamte Volkswirtschaft übertragen, die den Wachstumsprozess beschleunigen.

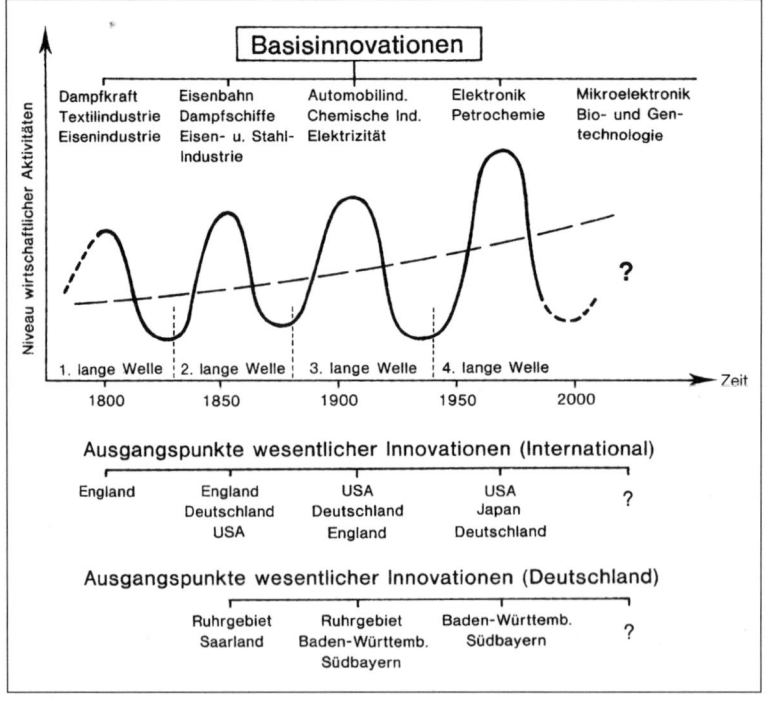

Abb. B 4:
Modell der
wirtschaftlichen
Entwicklung in
„Langen Wellen"
Quelle:
SCHÄTZL
1998, S. 203,
nach: DICKEN 1986

Die langfristige Entwicklung seit dem 18. Jahrhundert lässt sich nach SCHUMPETER (1911) und KONDRATIEFF (1926) in vier Lange Wellen mit einer Dauer von jeweils 50 bis 60 Jahren einteilen: Die erste Lange Welle (1790 – 1840) wurde durch Basisinnovationen in der Textil- und Eisenindustrie getragen und konzentriert sich auf die Innovationszentren in England. Die zweite Lange Welle (1840 – 1890) beruhte auf Basisinnovationen in der Eisen- und Stahlindustrie und umfasste die Innovationszentren England, Deutschland und die USA. Die dritte Lange Welle (1890 – 1940) war begründet auf Basisinnovationen in der Automobil-, Elektro- und Chemieindustrie und konzentrierte sich auf Deutschland und die USA. Die vierte Lange Welle (seit 1940) wurde durch die Elektroindustrie, die Petrochemie und die Verarbeitung synthetischer Materialien getragen, wobei sich neben den USA auch Japan als Innovationszentrum herauskristallisierte.

Mit dem Ablauf von Langen Wellen lassen sich auch innerhalb von entwickelten Volkswirtschaften regionale Verlagerungen der Standortschwerpunkte führender Industriesektoren feststellen. Innerhalb der USA konzentrierte sich so zum Beispiel die Textilindustrie während der ersten Langen Welle in Neuengland, die Stahlindustrie während der zweiten Langen Welle in Pittsburgh, die Automobilindustrie während der dritten Langen Welle in Detroit sowie die Elektroindustrie während der vierten Langen Welle im Silicon-Valley bzw. in der Route-128-Region. Diese Agglomerationen waren nicht nur durch starke Persistenzeffekte, sondern auch durch zunehmende Konzentrationstendenzen der jeweilig vorherrschenden Industriebranche geprägt. Als Ergebnis der räumlichen Ballungsprozesse entstanden so hochspezialisierte monostrukturierte Regionalwirtschaften mit einem komplexen inneren Netzwerk.

Die Theorie der Langen Wellen ist allerdings in ihrer Bedeutung umstritten und besitzt zahlreiche Schwachstellen. Hauptkritikpunkte sind die vorhandenen technologischen Determinismen und die Monofunktionalität mit welcher wirtschaftliche Entwicklungsprozesse erklärt werden. Weiterhin ist die Theorie der Langen Wellen ein theoretischer Baustein ohne direkten Raumbezug.

2.2 Die Produktlebenszyklustheorie

Während die Theorie der Langen Wellen versucht, langfristige gesamtwirtschaftliche Entwicklungen zu erklären, konzentriert sich die Produktlebenszyklustheorie auf die Produktebene und umfasst einen kurz- bis mittelfristigen Zeithorizont. In der von VERNON (1966, S. 190 – 207) und HIRSCH (1967) entwickelten Produktzyklustheorie wird unterstellt, dass bestimmte Produkte in Analogie zu lebenden Organismen einen „natürlichen" Alterungsprozess durchlaufen. In diesem Prozess weisen wirtschaftliche Kenngrößen (z.B. Umsätze, Kosten und Gewinne) und Standortfaktoren ebenso einen im Zeitverlauf typischen Verlauf auf wie sich das Innovationsverhalten und die Produktionsmenge verändert (Abb. A 12).

Generalisierend lässt sich dieser Prozess in drei Phasen gliedern (BATHELT 1992, S. 195 – 213). In der Entwicklungs- und Einführungsphase ist ein neues Produkt nicht homogen. Verschiedene technologische Optionen und eine gewisse Unsicherheitssituation bei den Käuferpräferenzen bedingen eine große Zahl von Innovationen im Bereich der Produktentwicklung. Die Produktion erfordert erhebliche Forschungs- und Entwicklungsinvestitionen, Produktionsverfahren variieren ständig und Investitionen unterliegen einem hohen Risiko. Wesentliche Standortfaktoren in der Entwicklungs- und Einführungsphase eines neuen Produktes sind die Verfügbarkeit von qualifizierten wissenschaftlich-technischen Arbeitskräften, Risikokapital, externen Zulieferern und Dienste sowie Managementqualitäten. Mit zunehmender Nachfrage setzt sich das Produkt am Markt durch. Ein Prozess der Standardisierung und der Homogenisierung sowohl des Herstellungsverfahrens als auch der Produkte setzt ein. In dieser Wachstumsphase verlagert sich das Schwergewicht der Innovationen auf den Produktionsprozess, gleichzeitig sinkt der Bedarf an Flexibilität in Bezug auf Standortansprüche. Durch die Fixierung des Produktionsprozesses, steigende Sachkapitalintensität, sich verschärfenden Qualitäts- und Preiswettbewerb entsteht eine Tendenz zur Massenproduktion. Unternehmen tendieren zu einer optimalen Standortwahl auf der Basis der Kostenvorteile.

In der Reifephase ermöglichen ausgereifte Produkte und standardisierte Produktionsverfahren Massenproduktion. Den größten Einfluss auf die Standortwahl haben Managementqualitäten zur Entwicklung langfristiger Unternehmensstrategien und zur Organisation der Produktion, die Verfügbarkeit ausreichender Kapitalmengen sowie die Verfügbarkeit und die Kosten von Arbeitskräften.

Der Vorteil von produktzyklustheoretischen Konzepten gegenüber traditionellen Standorttheorien ist in der Tatsache zu suchen, dass der technologische Wandel explizit als unternehmensrelevante Entscheidungskomponente in Standortentscheidungen als dynamisches Element der Analyse einbezogen wird. Unterschiedliche industrielle Standortschwerpunkte lassen sich auf die Lebenszyklusphasen von Produkten zurückführen und Verlagerungen von Standortschwerpunkten von urban-industriellen Zentren in peripher gelegene Standorte können als Folge des Alterungsprozesses erklärt werden. Für SCHÄTZL (1998, S. 196 f.) ist es offensichtlich, „daß Unternehmen, die überwiegend Güter herstellen, die am Beginn des Produkt- und Profitzyklus stehen, ebenso wie Regionen mit einem hohen Anteil von jungen Gütern bzw. Branchen, die günstigsten Entwicklungsperspektiven besitzen. Ungünstig hingegen sind die Zukunftsaussichten von Unternehmen, die vorrangig ältere Güter produzieren, die sich bereits in der Reifephase befinden. Für Regionen, in denen sich ältere Güter bzw. Branchen konzentrieren, besteht die Gefahr, daß sie in ihrer wirtschaftlichen Entwicklung stagnieren und einen relativen Bedeutungsverlust erleiden.“

Die Übertragung der Lebenszyklus-Hypothesen von der individuellen Produktebene auf die Unternehmens-, Industrie- bis hin zur Regionalebene kann jedoch nicht uneingeschränkt vorgenommen werden. So unterliegen nicht alle Güter einem regionalen Produktzyklus. Güter, die im Verlauf des Lebenszyklus keiner Verschiebung des Produktionsstandortes unterliegen, sind:

- Ricardo-Güter: Ihre Produktion ist an die Standorte von Rohstoffen gebunden (Rohstofforientierung) (RICARDO 1817).
- Lösch-Güter: Hierbei handelt es sich um Produkte, die im wesentlichen nur für den lokalen Absatz hergestellt werden (Marktorientierung).
- Thünen-Güter: Zur Herstellung dieser Produkte sind qualifizierte Arbeitskräfte und spezialisierte Dienstleistungen notwendig (high-skill-Orientierung).

Ebensowenig wie die Entwicklung neuer Produkte auf urban-industrielle Zentren beschränkt ist, obwohl sie sich dort aufgrund günstiger Bedingungen für die Entstehung von Innovationen und ihre Durchsetzung konzentrieren, kann davon ausgegangen werden, dass innovative Regionen ausschließlich nur innovative Industrien beherbergen, die sich aus innovativen Unternehmen zusammensetzen, die ihrerseits Produkte der Innovationsphase herstellen. Weitere Ursachen für die Infragestellung des Erklärungsgehalts der räumlichen Relevanz von Produktzyklen liegen in den deterministischen Bedingungen und der Monofunktionalität, denen industrielles Wachstum nach der Produktzyklustheorie unterliegt:

- Entgegen der Annahme der Produktzyklustheorie findet im Zeitablauf nur selten eine Homogenisierung der Produkteigenschaften statt, vielmehr stellt sich die Frage, wie lange ein Produkt in der Realität ein und dasselbe bleibt.
- Für ein Produkt kann letztlich nur im Nachhinein festgestellt werden, ob die Lebenszyklus-Hypothesen zutreffen und zwischen welchen Zeitpunkten das Produkt die einzelnen Phasen durchläuft. Dieser rein deskriptive Nachweis einer dem Modell entsprechenden Entwicklung gibt aber keinen Aufschluss über die zugrunde liegenden Ursachen.
- Die Produktlebenszyklustheorie leitet zwangsläufig aus der Produktentwicklung eine Tendenz zur Massenproduktion ab. Flexible Produktionsmethoden und spezialisierte Einzelfertigung bleiben ausgeschlossen.

Trotz dieser Nachteile bietet die Produktzyklustheorie für bestimmte Industriebetriebe und Produktbereiche, die nach dem Prinzip der Massenproduktion agieren, eine potentielle Erklärung für Standortentscheidungen bzw. -verlagerungen.

3   Dynamisch-evolutionäre Ansätze

Aus den Defiziten der traditionell-statischen und zyklisch-dynamischen Erklärungsansätze der industriellen Standortwahl lässt sich die Forderung nach einer
dynamisch-evolutionären Standortlehre ableiten. Die zuvor behandelten Erklärungsansätze betrachten die Standortwahl industrieller Unternehmen vor dem
Hintergrund vereinfachter Unternehmens- und Raumkonzepte als einen deterministischen Entscheidungsprozess. Im Gegensatz dazu sehen die dynamisch-evolutionären Ansätze industrielle Standortentscheidungen als Ergebnis eines Wachstumsprozesses, in dessen Verlauf für den Unternehmer immer neuen Handlungs-
alternativen bzw. -optionen (z.B. die Wahl der Organisationsform, der Unternehmensstrategie, der Innovationsstrategie) entstehen. Neben der Branchenzugehörigkeit, den Produkteigenschaften und den Lebenszyklusmerkmalen existieren weitere Erklärungsdimensionen, die die Standortwahl beeinflussen und eine differenzierte Betrachtung des jeweiligen Standortes notwendig machen (vgl. BATHELT 1992,
S. 195 – 213):

Bei regionalen Standortanalysen gilt es, unterschiedliche industrielle Entwicklungsprozesse in einer Region zu unterscheiden, da diese von verschiedenen Ein-
flussgrößen abhängen. So stehen bei Unternehmensgründungen die Überlegungen von einer abhängigen zu einer selbstständigen Beschäftigung im Mittelpunkt,
und vorherrschende Standortbedingungen stellen eine notwendige Voraussetzung
für die Unternehmensneugründung dar. Bei Unternehmensansiedlungen (z.B.
Zweigbetriebsansiedlung) beeinflussen dagegen die möglichen Vorteile des poten-
tiell neuen Standortes gegenüber dem alten Standort die Ansiedlungsentschei-
dung. Eine wiederum andere Entscheidungsstruktur liegt den Expansionsaktivi-
täten existierender Unternehmen zugrunde. Hier beeinflussen neben anderen
Faktoren das Nachfragepotential, das Verhalten von Konkurrenten oder die langfristigen Unternehmensziele die Unternehmerentscheidung. Ein weiterer zu
berücksichtigender, das Standortverhalten beeinflussender Faktor ist die Unter-
nehmensform. Am Beispiel von Schlüsseltechnologie-Unternehmen zeigt BATHELT
(ebenda, S. 208), „dass Faktoren, die vor allem für den Schritt der Unternehmensgründung eine große Bedeutung haben (wie die Nähe zum Ausbildungs-/ Wohn-/
Geburtsort, die Nähe zu anderen Fabriken, Kapitalverfügbarkeit), tendenziell am
häufigsten von Hauptwerken als Gründe für Standortentscheidungen bezeichnet
werden." Dagegen nennen Zweigwerke das Steuerniveau, die Nähe zu Forschungseinrichtungen, öffentlich-staatliche Unterstützung und die Bodenpreise als stand-
ortentscheidende Faktoren.

Eine weitere Erklärungsdimension für das industrielle Standortverhalten stellt
die frei wählbare Unternehmensstrategie dar. Unterschiedliche Unternehmensstrategien bedingen verschiedenartige Standortpräferenzen. So ist davon auszugehen,
dass Unternehmen mit einer offensiven Innovationsstrategie forschungs- und
verflechtungsbezogene Standortnachteile (wie z.B. fehlende Universitätskontakte,
Kommunikationsstrukturen, Netzwerke) weitaus stärker wahrnehmen als Unternehmen, die keine Innovationsstrategie verfolgen. Von Bedeutung dürften für diese
Unternehmen vielmehr Kostenvorteile (wie z.B. Bodenpreise, Lohnkosten, Steuerniveau) sein.

Gehen die traditionell-statistischen und zyklisch-dynamischen Erklärungsansätze für industrielle Standortentscheidungen davon aus, dass Regionen mit bestimmten Standortfaktoren fest ausgestattet sind und dadurch in die Lage versetzt werden, bestimmte Branchen oder Industriebetriebe durch Standortvorteile gegenüber anderen Regionen anzuziehen, betonen STORPER/WALKER (1989) in ihrem Modell der industriellen Entwicklungspfade, einen Ansatz in Richtung einer Standortlehre, die dynamisch-evolutionäre Aspekte bzw. das prozessuale Entstehen von Standortvorteilen berücksichtigt. Industrieunternehmen bzw. -branchen schaffen durch positive Rückkopplungseffekte von Verflechtungsbeziehungen ihr eigenes, den Bedürfnissen angepasstes regionales Umfeld. Von zentraler Bedeutung innerhalb dieses Ansatzes sind Agglomerationsvorteile als Netzwerke aus Forschungs-, Technologie-, Kommunikations- und Informationsbeziehungen unter den Unternehmen.

4   Standortfaktoren im Wandel

Im Zeitalter einer schier unbegrenzten Mobilität von Kapital (d.h. Investitionen) und eines offensichtlich enorm gewachsenen Wettbewerbs unter Industrien treten auch immer mehr Regionen bzw. Nationen in den Wettbewerb um deren Standorte ein. Mit dem Angebot an Standortfaktoren versuchen Regionen (und Nationen) neue Investoren zu gewinnen. Es waren in der Vergangenheit in erster Linie eine moderne Infrastruktur, finanzielle Anreize und die Verfügbarkeit von Arbeitskräften, d.h. harte Standortfaktoren, die im Zuge der Ansiedlung von Unternehmen Bedeutung hatten. Diese harten Standortfaktoren verlieren um so mehr an Bedeutung, je mehr Staaten bzw. Regionen sie anbieten. Heute sind in zunehmendem Maße weiche, nicht-ökonomische und stark durch subjektive Einschätzung geprägte Standortqualitäten ausschlaggebend. Andererseits wird die Anziehungskraft weicher Standortfaktoren, wie Image oder Lebensqualität, auf die neuen Industrien oft überschätzt. Der Wettbewerb zwischen den Regionen und damit der Entwicklungspfad einzelner Regionen im Wettbewerb um Investoren, Kapital und technischen Vorsprung wird vielmehr durch das bestimmt, was man institutionelle Standortfaktoren nennen könnte, in Verbindung mit einer Kombination von harten und weichen Standortfaktoren. Neben institutionellen, ökonomischen und ökologischen Aspekten wirkt besonders auch die Lebensqualität der Bevölkerung als bestimmender Faktor.

Regionen werden einerseits als soziopolitische Netzwerke regionaler Interessensgruppen verstanden, die den Wandel beschleunigen oder aber hemmen können, wie es oft dem Ruhrgebiet vorgeworfen wird, oder die nicht stark genug ausgeprägt sind, um den Wandel einer Region in die Wege zu leiten. Übermächtige Netzwerke führen zu Verfestigungen zugunsten bestehender Industriestrukturen, erschweren also den Wandel; anpassungsfähige Netzwerke sind offen genug und daher flexibel – auch für Wandel. Eine gewisse Dichte von Institutionen scheint hilfreich zu sein, wie oft am Beispiel Baden-Württembergs dargelegt wird. Dazu gehören Einrichtungen wie Kammern, Technologietransferstellen, Qualifizierungs- und Forschungseinrichtungen usw., vor allem aber Normen und Grundhaltungen bei den wichtigen Akteuren, die den industriellen Wandel herbeiführen sollen.

Standortfaktoren bezeichnen allgemein die „Gründe für die Standortwahl von Unternehmen" (SCHÖLLER 1995, S. 923). Kennzeichnend ist die Tatsache, dass sie nicht überall im Raum in gleicher Weise vorhanden sind, sondern räumlich differenziert in Erscheinung treten. Standortfaktoren variieren also im Raum hinsichtlich ihrer Qualität und Existenz. Zu unterscheiden sind allgemeine Standortfaktoren, die für jedes Unternehmen eine Rolle spielen, und spezielle Standortfaktoren, die jeweils nur für bestimmte Branchen bzw. Betriebstypen von Bedeutung sind. So wirkt beispielsweise ein kommunaler Steuerhebesatz auf alle Unternehmen gleichermaßen standortbestimmend, während etwa ein Binnenhafen speziell für die Schwerindustrie ein wichtiger Standortfaktor sein kann.

Für die Standortwahl auf internationaler Ebene werden alle Phänomene der Unternehmensaußenwelt zu Standortfaktoren, auch diejenigen, die national einheitlich sind, wie etwa Wirtschaftsgesinnung und -verfassung, politische und wirtschaftliche Stabilität oder Einkommens- und Rechtssystem. Für einzelne Regionen sind die Standortfaktoren z.B. in der wirtschaftsgeographischen Lage zu anderen Regionen, im regionalen Arbeitskräfteangebot oder in der staatlich zur Verfügung gestellten Infrastruktur zu sehen. Auf der Ebene des einzelnen Ortes spielen hingegen Grundstückspreise, kommunale Gebühren, Wirtschaftsförderung, Marktnähe oder Agglomerationsvorteile die entscheidende Rolle. Dies verdeutlicht, dass die Auswahl der als relevant angesehenen Standortfaktoren nicht zuletzt von der räumlichen Ebene abhängt, auf der Standortentscheidungen getroffen werden (vgl. die Standortfaktoren innovativer Unternehmen in Grenzräumen – Abb. B 5 – im Vergleich etwa zu der in der Öffentlichkeit gerne von den Interessenverbänden skizzierten Situation).

Die seit Beginn der 1980er Jahre erfolgte Betonung des Einflusses weicher Standortfaktoren auf Investitionsentscheidungen privater und öffentlicher Unternehmen – und damit verbunden auch von Bestimmungsgrößen der Arbeitsplatz- und Wohnortwahl der Beschäftigten, insbesondere bei höheren und leitenden Qualifikationen – beinhaltet zum einen die Hervorhebung, dass Ausstattungsmerkmale dieser Art in der Lage sind, die Entwicklung von Regionen und Kommunen wesentlich mitzubestimmen bzw. als Attraktivitätsmomente in die Standortwahl von Unternehmen und privaten Haushalten hineinzuwirken. Des Weiteren scheinen diese Faktoren einen Teilbereich der Standortqualität an sich, bezogen z.B. auf das Investitionsverhalten des bereits vorhandenen Betriebsbestandes, zu bilden. Der Begriff weiche Standortfaktoren kann als eine junge Wortschöpfung beurteilt werden, die sich zwar fachsprachlich etabliert hat, jedoch ohne eine abschließende, zufrieden stellende Präzisierung ihres Bedeutungsinhaltes (DILLER 1991, GRABOW 1994).

So wurde in der klassischen Standortlehre diese Art von Einflussgröße meist pauschal unter dem Begriff „persönliche Präferenzen" subsumiert, oder etwa bei WEBER (1909) als Gründe irrationaler Art, also als Faktoren, die sich einer ökonomischen Berechenbarkeit entzögen, keinen scharf abgegrenzten Kostenvorteil bildeten und sich damit außerhalb einer objektiven Rationalität der Standortwahl bewegten. Weiche Standortfaktoren sind durch subjektive Einschätzungen geprägte

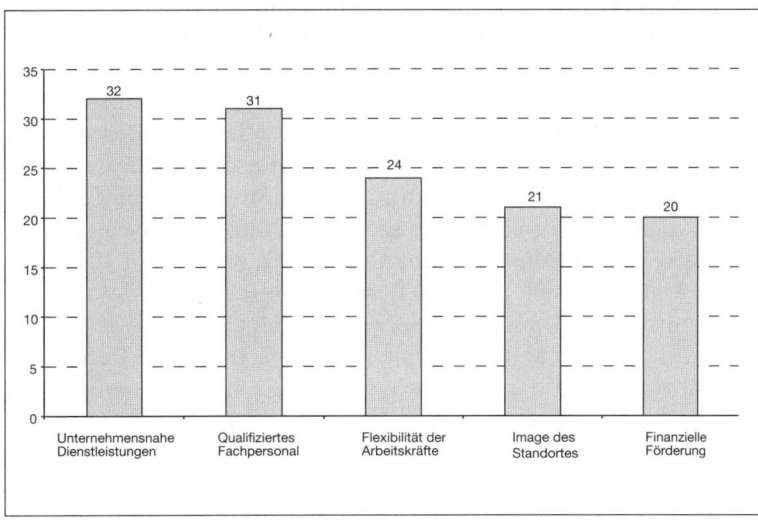

Abb. B 5:
Bedeutende unternehmerische Standortfaktoren von innovativen Unternehmen in Grenzräumen
Quelle:
MAIER/OBERMAIER
1997

Faktoren. Lebensqualität im Allgemeinen bzw. die Wohn- und Umweltsituation, der Freizeitwert eines Raumes oder das kulturelle Angebot im Konkreten sind nur einige Beispiele dafür. Spätestens in der verhaltenswissenschaftlichen Standorttheorie mit ihrer Abkehr vom homo-oeconomicus- hin zum satisficer-Prinzip, also zufriedenstellenden Standorten, wurde eine Abkehr von der Annahme objektiver Rationalität vorgenommen und der Schwerpunkt auf die Herausarbeitung persönlicher Motive aus der Sicht des Unternehmers gelegt.

Zwar sind einige der klassischen Faktoren, wie die Nähe zu den Rohstoff- und Absatzmärkten oder die Transportkosten, heute von einer geringeren Relevanz, doch scheint bei den meisten Standortfaktoren der Bedeutungszuwachs der qualitativen Dimension gegenüber ihrer quantitativen Reichweite den entscheidenden Veränderungsprozess darzustellen. So verschob sich z.B. in den meisten Industriebranchen – auch in altindustrialisierten Wirtschaftszweigen – der harte Standortfaktor Verfügbarkeit einer ausreichenden Zahl von Arbeitskräften hin zur Verfügbarkeit qualifizierter Fachkräfte. Ähnlich verhält es sich z.B. mit dem Faktor Verkehrsanschluss: Es gilt nicht mehr nur Massen von Gütern zu niedrigen Transportkosten zu befördern, sondern entscheidend sind die Flexibilität und die Schnelligkeit des Transports, offenkundig etwa am Beispiel des Just-in-Time-Prinzips. Auch scheinen heute die Flächenkosten – etwa in ländlichen Räumen im Umland der Verdichtungsräume – oft weniger als Standortkriterium entscheidend zu sein als der Faktor Image oder die unproblematische Verfügbarkeit des Ansiedlungsgrundstücks.

Die vermeintliche Dichotomie zwischen harten und weichen Standortfaktoren bezieht sich demnach weniger auf generelle als auf graduelle Unterschiede. Damit besitzen harte Standortfaktoren eine immer noch wichtige Bedeutung, quasi als notwendige Grundausstattung eines potentiellen Investitionsstandortes. Da jedoch viele dieser Faktoren zumindest in der Bundesrepublik Deutschland heute als ubiquitär gelten müssen und keinen eindeutigen, individuellen Standortvorteil mit Abhebung gegenüber der Konkurrenz anderer Kommunen darstellen, wird sich eine Potential- und Stärken-Schwächen-Analyse sowohl aus der Sicht des Unternehmers als auch der Akteure der Gewerbepolitik vor Ort immer mehr auf komparative Unterschiede in den weichen, qualitativen Charakteristika ausrichten.

Grundsätzlich sind weiche und harte Standortfaktoren komplementär und decken zusammen das gesamte Spektrum relevanter Bestimmungsgrößen für Standortentscheidungen ab. Es ist offensichtlich, dass beide Arten von Standortfaktoren eng miteinander verknüpft sind und sich wechselseitig bedingen. So liegen beispielsweise dem positiven Image einer Stadt zumeist harte Standortfaktoren, wie etwa das Vorhandensein einer Universität oder eines ICE-Anschlusses, zugrunde. Die Grenzen zwischen weichen und harten Standortfaktoren sind dabei nicht eindeutig festgelegt (Abb. B 6), vielmehr erfolgt in Abhängigkeit vom jeweiligen Blickwinkel bzw. Unternehmenstyp eine unterschiedliche Definition.

Während etwa das Kulturangebot einer Stadt für viele Unternehmer einen weichen Standortfaktor darstellt, ist das Kulturangebot bei einer Firma, die Bühnenanlagen vermietet, eher den harten Standortfaktoren zuzurechnen. Der Beziehungszusammenhang zwischen harten und weichen Standortfaktoren wird besonders an folgendem Beispiel deutlich: Der harte Faktor „Verfügbarkeit qualifizierter Arbeits-

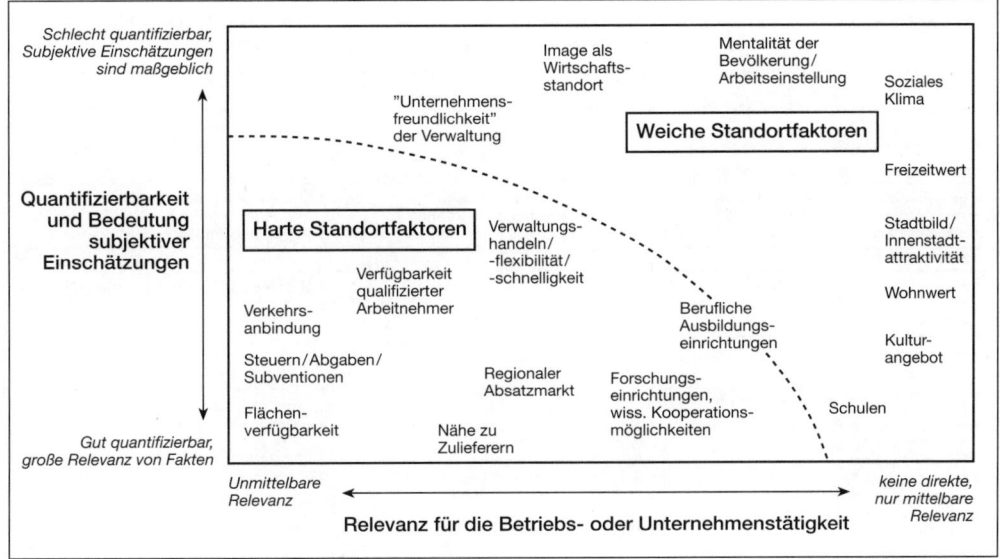

Abb. B 6: Kontinuum der harten und weichen Standortfaktoren
Quelle: GRABOW / HENCKEL / HOLLBACH-GRÖMIG 1995

kräfte" wird im wesentlichen durch weiche Faktoren wie „Wohn- und Arbeitsort-
präferenzen von Arbeitnehmern", „Arbeits- und Karrieremöglichkeiten" oder das
„Image der Region" beeinflusst.

Harte Standortfaktoren sind zumeist leicht messbar und lassen sich durch Kostenvorteile oder Kostennachteile ausdrücken. Wenngleich auch die Messbarkeit weicher Standortfaktoren möglich ist, wie z.B. die Zahl der vorhandenen Grünflächen,
so kann ihr Bedeutungsgewicht nicht quantitativ im unternehmerischen Kalkül
ausgedrückt werden, es ist im wesentlichen durch die subjektive Einschätzung geprägt. Wurden in früheren Untersuchungen weiche Standortfaktoren noch pauschal mit persönlichen Präferenzen umschrieben, lassen sich heute auf der einen
Seite weiche betriebs- bzw. unternehmensbezogene Standortfaktoren und auf der
anderen Seite weiche personen- bzw. beschäftigtenbezogene Faktoren unterscheiden (Übersicht B 1). Dabei umfasst die Gruppe der weichen unternehmensbezogenen Standortfaktoren solche, die sich direkt auf die Tätigkeit und den Handlungsspielraum eines Unternehmens auswirken. Dazu gehören beispielsweise das
Wirtschaftsklima, die Qualität der Forschungseinrichtungen, das Verhalten und die
Unternehmerfreundlichkeit der öffentlichen Verwaltung bzw. der politischen Entscheidungsträger, die Technologie- und Dienstleistungsorientierung oder die Mentalität der Arbeitnehmer ebenso wie die Innovationsfreundlichkeit und die Offenheit einer Region für neue Technologien und Entwicklungen. Weiche personenbe-
zogene Standortfaktoren sind subjektiver Art und wirken sich nur mittelbar auf die
Unternehmenstätigkeit aus. Sie beziehen sich auf die subjektive Beurteilung von
Lebens- und Arbeitsbedingungen durch die Beschäftigten bzw. Unternehmer. Im
Einzelnen gehören zu dieser Gruppe beispielsweise Faktoren wie Freizeit- und
Wohnwert, Bildungs- und Kulturangebot, das Klima oder die Landschaft.

Harte Faktoren	Weiche unternehmens-bezogene Faktoren	Weiche personenbezogene Faktoren
Arbeitsmarkt		
• Verfügbarkeit qualifizierter Arbeitnehmer • Lohn-/Gehaltsniveau • Aus-/Weiterbildungsmöglichkeiten	• Qualität der Arbeitsverwaltung	• Arbeits-/Karrieremöglichkeiten • Aus-/Weiterbildungsmöglichkeiten • Entfernung zum Arbeitsplatz
Unternehmensorientierte Infrastruktur		
• Verfügbarkeit v. Flächen und Büros • Innerörtliche Verkehrssituation • Verkehrsanbindung	• Image und Erscheinungsbild von Gewerbe- und Industriegebieten	• Qualität und Erscheinungsbild der Flächen u. Gebäude • Verkehrsanbindung
Kosten, Einnahmen		
• Preise für Flächen und Gebäude • Kommunale Abgaben/Steuern • Subventionen und Fördermittel • Entsorgung/Umweltschutzauflagen • Energie, Wasser • Löhne und Gehälter		• Regionale Lohn-/Gehaltsunterschiede
Märkte, Wirtschaftsbeziehungen, Netzwerke		
• Nähe zu anderen Betrieben des gleichen Unternehmens, zu Forschungseinrichtungen • Nähe zu Zulieferern, Absatzmärkten • Kontakte zu Unternehmen • Kooperation mit öffentlichen Einrichtungen	• Netzwerke außerhalb d. Unternehmen (Verbände etc.) • Unterstützung durch öffentl. Akteure • Arbeitskontakte d. Mitarbeiter am Ort • Qualität/Ruf der Forschungs-einrichtungen • Konsens d. öffentl. u. wirtsch. Akteure	• Informelle Kontakte am Ort
Räumliche Lage der Stadt		
• Erreichbarkeit wichtiger Wirtschafts-räume	• Geographische Lage (auch die Bilder davon) • Geopolitische Lage	• Erreichbarkeit anderer attraktiver Räume • Geographische Lage
Flexibilität, Mentalität, Aktivitäten		
	• Flexibilität, Aktivität und Kompetenz – der Unternehmen – der öffentl. Verwaltung, der pol. Entscheidungsträger • Mentalität der Arbeitnehmer	• Mentalität der Kollegen u. Mitbürger
Wirtschaftsklima		
	• Konsens der öffentl. und wirtschaftl. Akteure • Wirtschaftsfreundliche Verwaltung • Planungssicherheit • Wirtschaftspol. Klima im Bundesland	
Images, "Bilder", Traditionen		
	• Image d. Mikrostandortes, d. Region • Image als internationaler Standort, "Modernität" • Bedeutung als traditioneller Standort, Ortsbindung	• Image d. Mikrostandortes, d. Region • Städtisches Flair (Metropole vs. Provinz) • Historische (kulturelle) Bedeutung
Kultur		
	• Bedeutung als Kultur- u. Medienstandort • Kultursponsoring	• "Etablierte" Einrichtungen (Theater, Museen etc.) • Unterhaltungskultur (Kneipen, Kinos...) • Breiten- und Stadtteilkultur (z. B. Stadtfeste)
Landschaft/Stadt-/Ortsqualität		
		• Grünanlagen, Historisches Stadt-/Ortsbild • Stadt-/Ortsgestalt, Qualität des Umlandes
Umweltqualität		
• Luftreinheit, Erschütterungsfreiheit (für best. Branchen) • Auflagen (Wasser, Entsorgung, Recycling)		• Klima/Wasser • Luftreinheit, Wasserqualität • Umweltimage
Wohnwert/Wert des Wohnumfeldes		
		• Mieten • Verfügbarkeit v. Wohnungen bzw. Häusern • Schulen, Gesundheitsversorgung • Einkaufsmöglichkeiten, Verkehrsmittel • Naherholungs-, Sportmöglichkeiten • Sicherheit

Der ultraweiche Standortfaktor Image eines Standortes, einer Stadt oder einer Region besitzt eine breitere, übergreifend inhaltliche Vielfalt und kann sowohl den weichen betriebsbezogenen als auch den weichen personenbezogenen Standortfaktoren zugeordnet werden. Es wird einerseits durch das ökonomische und politische Klima andererseits durch den Freizeit- und Wohnwert bestimmt. Aufgrund seiner inhaltlichen Komplexität und der subjektiven Einschätzung ist das Image nur schwer zu quantifizieren. GARBOW unterscheidet zur Typisierung vier verschiedene Bilder, die in der Regel eng miteinander verknüpft sind, sich überschneiden und in meist wechselseitiger Beziehung zueinander stehen (GARBOW / HENCKEL / HOLLBACH-GRÖMIG, 1995, S. 105 ff.).

- Erstens sind dies wirtschaftliche Bilder, die durch die wirtschaftlichen Funktionen einer Stadt oder Region, durch prägende Wirtschaftszweige, innovative Betriebe oder namenhafte Unternehmen entstehen.
- Zweitens sind kulturelle Bilder Bestandteil des Images, wobei hier etwa bedeutende Bauwerke, Veranstaltungen und Events, aber auch die Existenz von Forschungs- und Bildungseinrichtungen sowie die Mentalität der Bevölkerung entscheidenden Einfluss haben.
- Die geschichtlichen Bilder als dritter Bestandteil beziehen sich auf Funktionen des Raumes oder der Stadt in der Vergangenheit.
- Das räumliche Bild schließlich beruht u. a. auf der Beurteilung der groß- und kleinräumigen Lage.

Es ist jedoch nicht ausreichend, das Image in seine einzelnen Komponenten zu zerlegen, im Vordergrund steht vielmehr die Frage, ob diese Bilder positiv oder negativ besetzt sind. Darüber hinaus wird das Image wesentlich durch die Stärke des Bildes sowie die räumliche Bezugsebene beeinflusst (ebenda, S. 111 f.). Die Stärke eines Bildes bestimmt dessen Nachhaltigkeit und ist im wesentlichen davon abhängig, wie weit die Entstehung des Bildes in der Vergangenheit zurückliegt. Der Bezugsraum eines Bildes betrifft einerseits die Größe des Raumes, auf den subjektive Einschätzungen wirken, beispielsweise einen Ortsteil, die gesamte Stadt oder Region. Andererseits verändern sich Bilder bzw. das Image eines Raumes mit zunehmender Entfernung zu diesem Raum. Das Image wirkt in besonderem Maße nach außen, aber auch das Selbstimage, also das Bild und die Vorstellungen, die die Bewohner einer Region von ihrem eigenen Lebensumfeld haben, bestimmen das Gesamtbild eines Raumes.

Im Rahmen eines Pilotprojekts des Bayerischen Staatsministeriums für Landesentwicklung und Umweltfragen wurde für die Region Oberfranken die Einrichtung eines Regionalmarketings beschlossen. In dessen Vorfeld wurde eine Grundlagenuntersuchung zum Selbst- und Fremdimage der Region durchgeführt. An diesem Beispiel wird deutlich, wie sehr sich das Selbstimage einer Region von deren Fremdimage unterscheiden kann (MAIER / WIMMER 1992/93).

Von den Repräsentanten und Unternehmen der Region Oberfranken (Selbstimage) erfährt die Region ein deutlich negatives Urteil. Entscheidende Defizite werden

◄

Übersicht B 1: Standortfaktoren im Überblick
Quelle: GRABOW / HENCKEL / HOLLBACH-GRÖMIG 1995

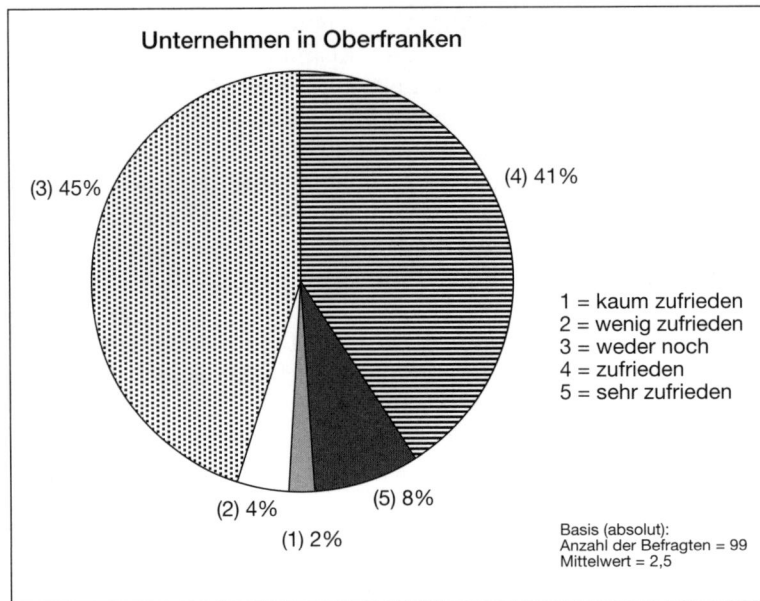

Unternehmen in Oberfranken

(3) 45%

(4) 41%

1 = kaum zufrieden
2 = wenig zufrieden
3 = weder noch
4 = zufrieden
5 = sehr zufrieden

(2) 4%   (5) 8%

(1) 2%

Basis (absolut):
Anzahl der Befragten = 99
Mittelwert = 2,5

Abb. B 7:
Selbstimage Oberfranken – Zufriedenheit oberfränkischer Unternehmen mit den Standortbedingungen ihrer Region
Quelle:
MAIER / WIMMER
1992/93, S. 104

zum einen in der überregionalen Verkehrsanbindung und im Angebot hochqualifizierter Arbeitskräfte mangels entsprechender Aus- und Weiterbildungsangebote gesehen. Insgesamt wird die Region Oberfranken (und ihre Bevölkerung) eher als zurückgeblieben und wenig aufgeschlossen gegenüber neuen Entwicklungen charakterisiert. Die Ergebnisse der Untersuchung zeigten, dass Oberfranken als wenig selbstbewusst und innovativ bei seinen Bewohnern gilt (Abb. B 7 u. B 8).

Mögen innerhalb der Region teilräumliche Differenzierung und ein gewisses Konkurrenzdenken eine Rolle spielen – von außen gesehen, d.h. aus Sicht der befragten bundesdeutschen Unternehmen wird Oberfranken als eine Region wahrgenommen. Neben seiner Randlage und Abgeschiedenheit, dem ländlichen Charakter sowie einer schlechten Verkehrsanbindung bestimmen vor allem das Potential an Arbeitskräften und deren geringe Kosten, die sich neu ergebenden Chancen im Zuge der Grenzöffnung nach Osten sowie die weichen Vorteilswerte der Landschaft, der Umweltsituation und des Wohn- und Freizeitwertes das Fremdimage von Oberfranken. Standortnachteile und Imagedefizite Oberfrankens bestehen also auch in der Außenwahrnehmung. Sie werden dort aber weniger häufig erlebt als von den Unternehmen in der Region selbst (Abb. B 9 u. B 10).

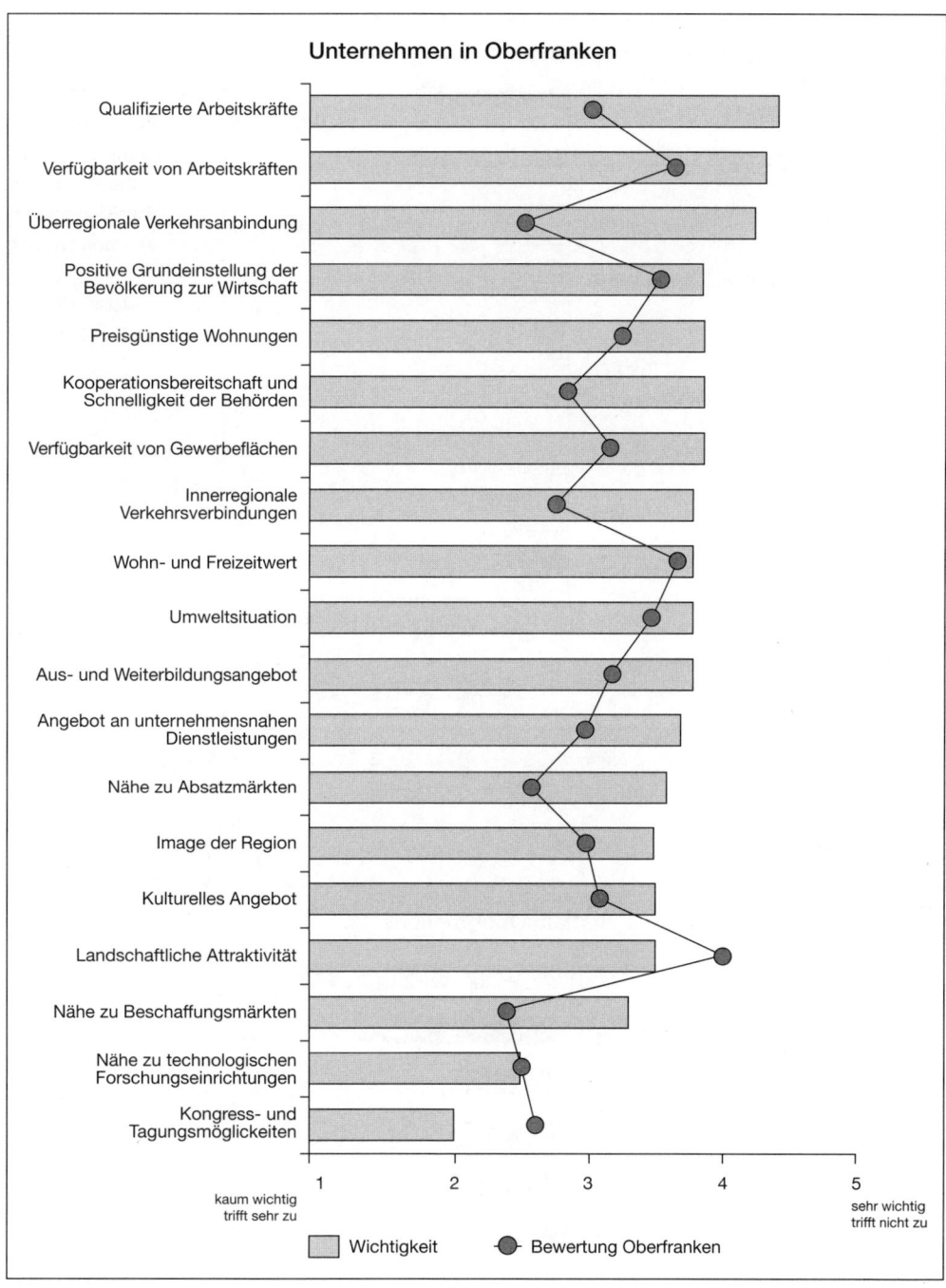

Abb. B 8: Selbstimage Oberfranken – Einschätzung wichtiger Standortfaktoren ihrer Region durch oberfränkische Unternehmen

Quelle: MAIER / WIMMER 1992/93, S. 101

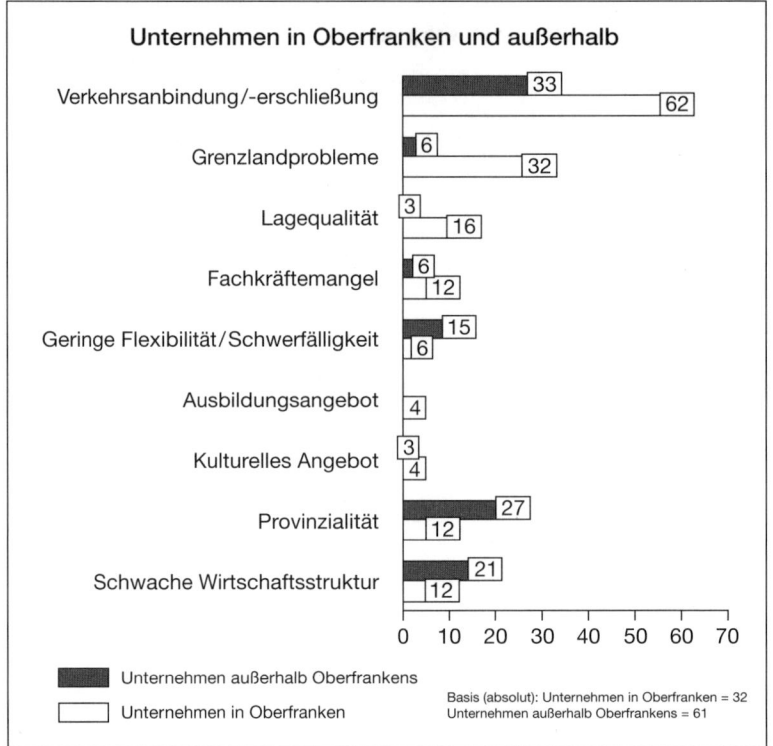

Abb. B 9:
Image
Oberfranken –
Negative Aspekte,
die mit dem Wirt-
schaftsstandort
Oberfranken ver-
bunden werden
Quelle:
MAIER / WIMMER
1992 / 93, S. 117

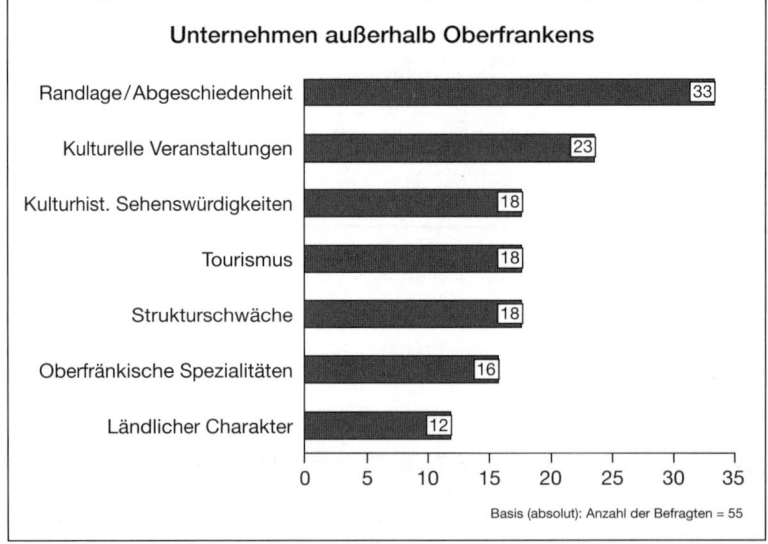

Abb. B 10:
Fremdimage
Oberfranken –
Was verbinden
Unternehmen
außerhalb Ober-
frankens spontan
mit der Region
Quelle:
MAIER / WIMMER
1992 / 93, S. 119

5 Statistische Indikatoren und Analyseverfahren

Da bislang eine Reihe theoretischer Ansätze diskutiert wurde, weniger die Techniken industriegeographischer Analyse, soll nun noch auf diesen Aspekt eingegangen werden. Dabei gibt es keine spezifisch industriegeographischen Analyseverfahren und Darstellungsformen. Zwei in Regionalanalysen jedoch häufig eingesetzte Instrumente, die Shift-Analyse und die Basic-Nonbasic-Analyse, werden nachfolgend kurz erläutert. Eine gebräuchliche Kennziffer der deskriptiven Statistik zur Darstellung und Messung räumlicher Verteilung in regionalwissenschaftlichen und industriegeographischen Studien ist der Standort- oder Lokalisationskoeffizient, gebräuchliche Indizes sind Industriedichte und Industriebesatz.

5.1 Die Shift-Analyse

Bei der Shift-Analyse handelt es sich um ein Beschreibungsmodell, mit dem Unterschiede in der Entwicklung zweier oder mehrerer Räume in einem bestimmten Zeitraum gemessen werden können, z.B. die Entwicklung der Beschäftigung in Baden-Württemberg und Nordbaden 1980 bis 1990 (= komparativ-statistischer Vergleich) (GAEBE/MAIER 1984, S. 127f.).

Der Regionalfaktor drückt den Unterschied in der Entwicklung zwischen Teilraum und Gesamtraum aus. Er ist definiert als Produkt zweier Faktoren, eines sektoralen und eines räumlichen Faktors:

Regionalfaktor = Strukturfaktor • Standortfaktor.

Dabei beschreibt der Strukturfaktor die Entwicklung der Region unter der Annahme, dass Teilraum und Gesamtraum die gleiche Entwicklungsrate haben. Dieser Faktor führt die beobachteten Entwicklungsunterschiede allein auf die regionale Branchenstruktur zurück. Räume mit einem hohen Anteil entwicklungsstarker (spezialisierter, forschungs-, kapitalintensiver) Branchen hätten dann günstigere Chancen als Räume mit einem hohen Anteil entwicklungsschwächerer Branchen.

Der Standortfaktor beschreibt die Entwicklung der Region unter der Annahme, dass Teilraum und Gesamtraum die gleiche Branchenstruktur haben. Durch diesen Faktor werden Entwicklungsunterschiede allein auf regionale Standortbesonderheiten zurückgeführt, z.B. auf unterschiedliche Produktions- und Absatzbedingungen, Wohn- und Freizeitangebot, bedingt durch
- die Raumausstattung (Verkehrslage, abbauwürdige Ressourcen),
- die Infrastruktur (Straßen-, Schienen-, Wasserstraßen- und Luftverkehrsnetz, Ver- und Entsorgung, Bildungs- und kulturelle Einrichtungen, Freizeiteinrichtungen),
- Dienstleistungen für Haushalte und Unternehmen.
Der Strukturfaktor erfasst dabei nur Wirkungen der Branchenstruktur, der Standortfaktor nur Wirkungen des Standortes. Beide Faktoren wirken zusammen. Einflüsse der Branchenstruktur und der Standorteigenheiten können sich gegenseitig verstärken, aber auch ausgleichen. Der Standortfaktor ist die Rest-

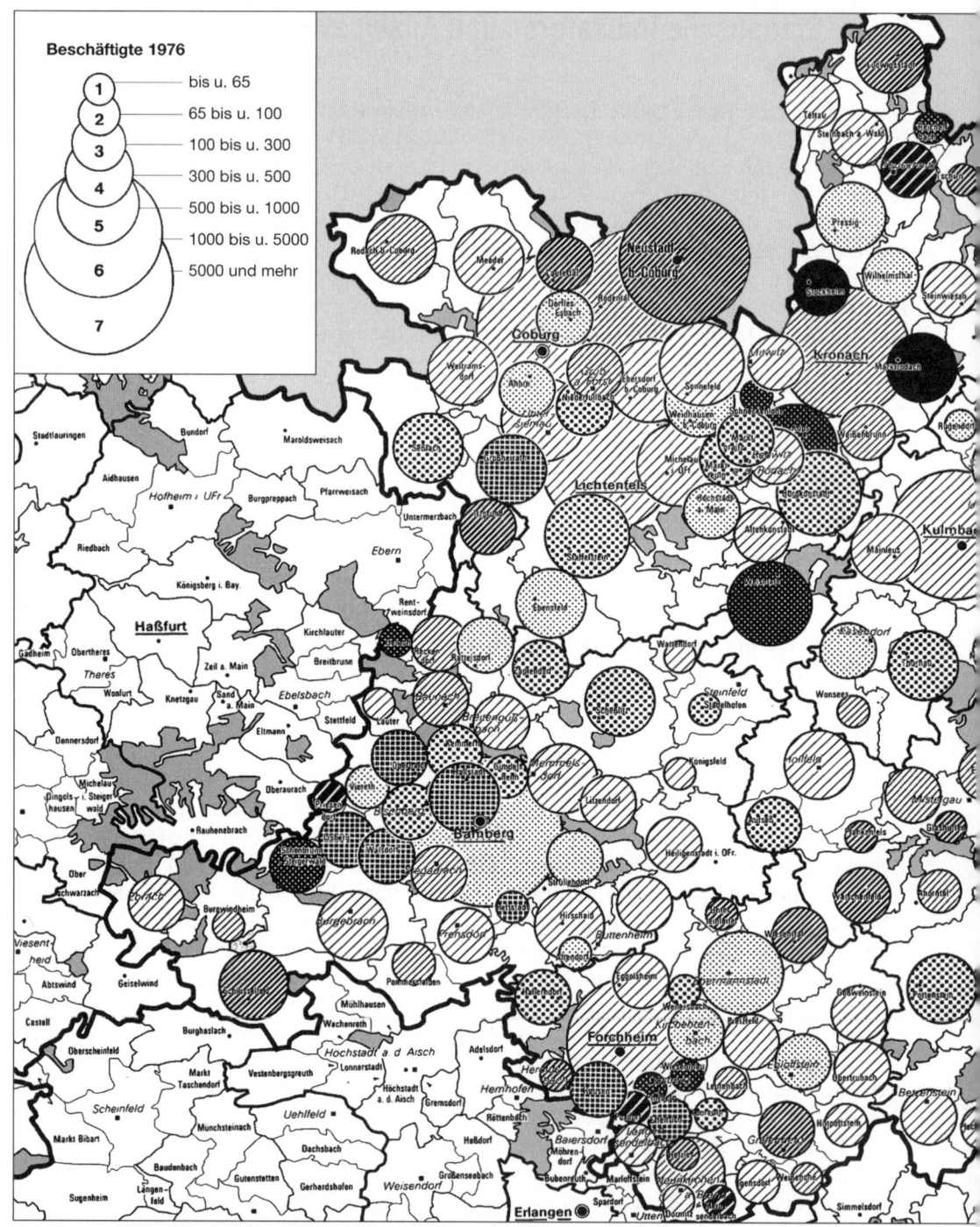

Abb. B 11: Entwicklung der Beschäftigtenzahlen im Handwerk Oberfrankens 1968 – 1976
Quelle: WEBER 1980/81, S. 50

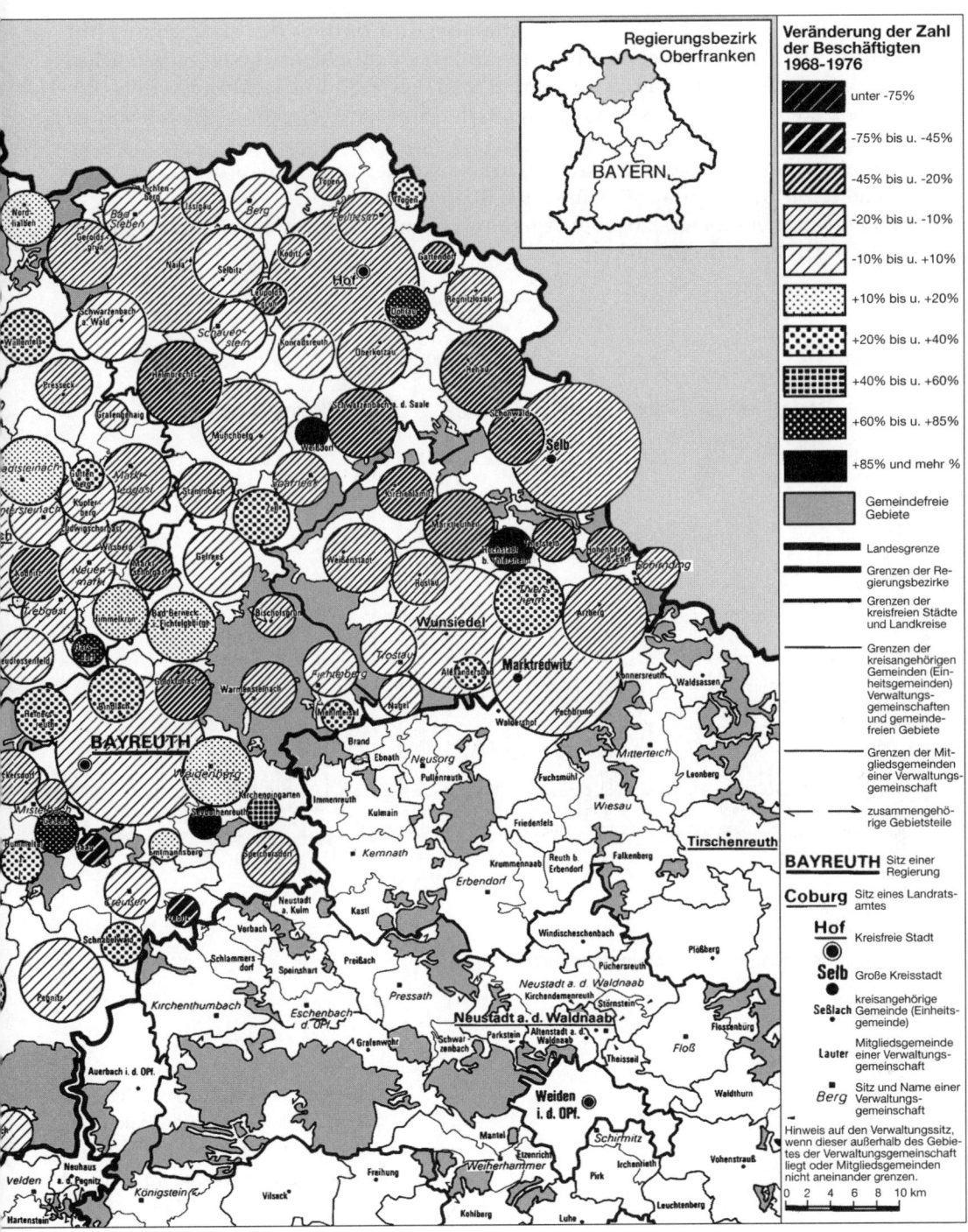

Regierungsbezirk Oberfranken

BAYERN

Veränderung der Zahl der Beschäftigten 1968-1976

	unter -75%
	-75% bis u. -45%
	-45% bis u. -20%
	-20% bis u. -10%
	-10% bis u. +10%
	+10% bis u. +20%
	+20% bis u. +40%
	+40% bis u. +60%
	+60% bis u. +85%
	+85% und mehr %
	Gemeindefreie Gebiete
	Landesgrenze
	Grenzen der Regierungsbezirke
	Grenzen der kreisfreien Städte und Landkreise
	Grenzen der kreisangehörigen Gemeinden (Einheitsgemeinden) Verwaltungsgemeinschaften und gemeindefreien Gebiete
	Grenzen der Mitgliedsgemeinden einer Verwaltungsgemeinschaft
	zusammengehörige Gebietsteile

BAYREUTH Sitz einer Regierung

Coburg Sitz eines Landratsamtes

Hof Kreisfreie Stadt

Selb Große Kreisstadt

Seßlach kreisangehörige Gemeinde (Einheitsgemeinde)

Lauter Mitgliedsgemeinde einer Verwaltungsgemeinschaft

Berg Sitz und Name einer Verwaltungsgemeinschaft

Hinweis auf den Verwaltungssitz, wenn dieser außerhalb des Gebietes der Verwaltungsgemeinschaft liegt oder Mitgliedsgemeinden nicht aneinander grenzen.

0 2 4 6 8 10 km

größe zwischen tatsächlicher (Regionalfaktor) und fiktiver (Strukturfaktor) Entwicklung, da sich die gleichen Branchen unterschiedlich entwickelt haben. Diese Analyse ist damit insbesondere geeignet, Struktur- und Entwicklungsunterschiede herauszuarbeiten. Als Kritikpunkte an der Shift-Analyse können jedoch angeführt werden:

• Je kleiner der Untersuchungsraum, um so stärker bestimmen neben systematischen Einflüssen Zufallseinflüsse den Standortfaktor.

• Je mehr Branchen einbezogen werden, um so mehr nimmt der Standorteinfluss ab und der Struktureinfluss zu.

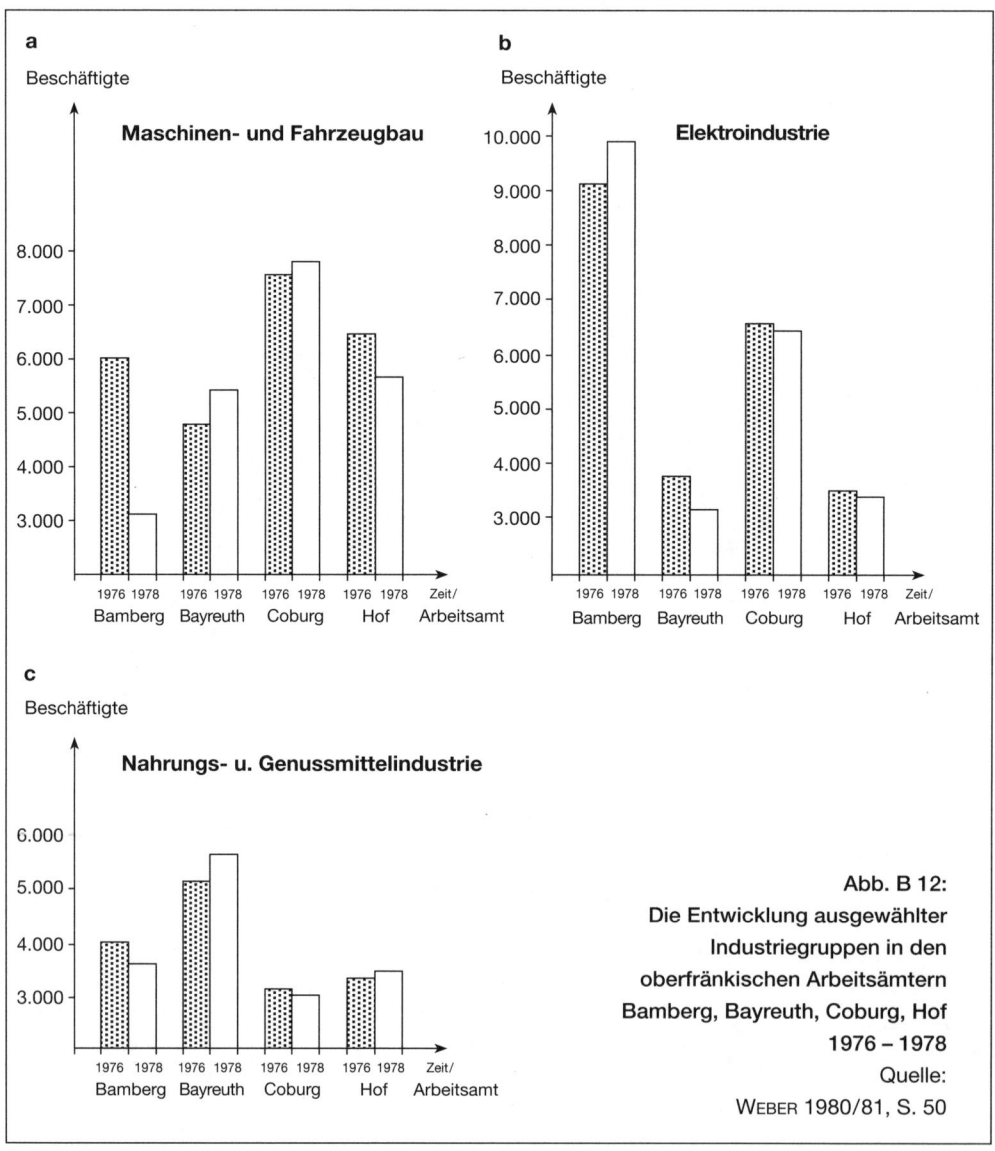

Abb. B 12:
Die Entwicklung ausgewählter
Industriegruppen in den
oberfränkischen Arbeitsämtern
Bamberg, Bayreuth, Coburg, Hof
1976 – 1978
Quelle:
WEBER 1980/81, S. 50

- Der Entwicklungstrend wird durch die Wahl des Basisjahrs sowie durch den Konjunkturverlauf im Untersuchungszeitraum beeinflusst. Je länger der Untersuchungszeitraum, um so mehr verändert sich die Branchenstruktur, während die Shift-Analyse unterstellt, dass Betriebsgrößen, Kapitalintensität und technischer Fortschritt unverändert bleiben. Deshalb ist die Strukturanalyse für prognostische Überlegungen ungeeignet.
- Der Erkenntniswert ist relativ gering. Es handelt sich um ein beschreibendes Verfahren mit analytischen Aspekten. Struktur- und Standortfaktor können nur sehr grob interpretiert werden. Versuche, den Standortfaktor durch Indikatoren der Standortgunst und Wohnqualität zu beschreiben, sind weitgehend fehlgeschlagen.

Für die Beantwortung von regionalen und branchenbezogenen Beschäftigungsveränderungen von 1966 bis 1977 wählte WEBER (1980/81, Bd. 2, S. 47 f.) das Instrument der Shift-Analyse, da sie Beschäftigungsveränderungen sowohl sektoral als auch regional misst. Mit den über die Shift-Analyse gewonnenen Informationen ist es möglich, für den gewählten Untersuchungsraum wachsende und retardierende Industriestandorte und -sektoren herauszuarbeiten.

Aufbauend auf diese Ergebnisse, konnte ermittelt werden, dass die Arbeitskräftenachfrage, und damit das regionale Arbeitsplatzangebot, zwischen 1966 und 1976 einen teilweise sehr bedeutenden sektoralen und regionalen Wandel vollzog. Abbildung B 12 macht deutlich, dass es sich dabei nicht um einen stetigen, kontinuierlichen Prozess, sondern um eine oftmals sprunghafte Erscheinung handelt. Innerhalb der kurzen Zeit von 1976 bis 1978 fanden z.B. teilweise erhebliche Beschäftigungsveränderungen statt.

5.2 Die Basic-Nonbasic-Analyse

Grundlegend für die Basic-Nonbasic-Analyse ist die Annahme, dass die Wirtschaftsentwicklung eines Raumes, gemessen z.B. am Einkommen oder an der Beschäftigung, ausschließlich vom Export abhängt. Die wirtschaftlichen Leistungen werden dabei nach Grundleistungen und Folgeleistungen unterschieden:

- Grundleistungen oder primäre Tätigkeiten entstehen im „basic"-Sektor. Dieser Sektor produziert ausschließlich für den Export und hängt damit alleinig von der externen Nachfrage ab.
- Folgeleistungen, regionsinterne oder sekundäre Tätigkeiten entstehen im „nonbasic"-Sektor. Dieser Sektor produziert ausschließlich für den Binnenmarkt und hängt damit gänzlich von der internen Nachfrage ab.

Zu den Basisleistungen zählen also alle Güter und Dienstleistungen, die in der Region produziert, aber in einem anderen Wirtschaftsraum abgesetzt werden. Die Regionsgrenzen werden hierbei überschritten. Den Nichtbasisaktivitäten werden im Gegensatz dazu alle Leistungen zugerechnet die im gleichen Wirtschaftsraum hergestellt werden, in dem sie auch nachgefragt werden. Das Einkommen aus dem Export wird entweder für Import- oder für Binnengüter ausgegeben. Mit der schwierigen Datenbeschaffung werden in empirischen Analysen die wirtschaftlichen Entwicklungschancen eines Raumes in der Regel nicht auf Basis der Einkommens-, sondern der Beschäftigtenrelation bestimmt. Diese Analyse stellt immer noch den zentralen Bestandteil der klassischen Wirtschaftspolitik und Grundlage der regionalen Wirtschaftspolitik bis heute dar.

Als Kritik am Basic-Nonbasic-Konzept werden insbesondere angesehen:
• Der unterstellte enge Zusammenhang zwischen Grund- und Folgeleistungen lässt sich nicht belegen; das Verhältnis zwischen den beiden Sektoren variiert mit der Wirtschaftsstruktur und der Größe der Region.
• Die Bestimmung von Grund- und Folgeleistungen ist abhängig von der Größe des Untersuchungsraumes; je größer dieser Raum ist, um so kleiner ist der Exportanteil.
• Der Export ist nicht die alleinige Voraussetzung für räumliche Entwicklung, auch die innerregionale Nachfrage kann einen Entwicklungsprozess auslösen.
• Die Beschäftigten lassen sich kaum eindeutig Grund- oder Folgeleistungen zuordnen.
• Die Beschäftigtenzahl verdeckt Produktivitätsunterschiede und führt zur Überbewertung arbeitsintensiver Tätigkeiten.

5.3 Der Lokalisationskoeffizient und die Lokalisationskurve

Ein weiteres Analyseninstrument der Industriegeographie ist der Lokalisations- bzw. Standortquotient. Durch ihn kann z.B. die räumliche Verteilung der Beschäftigung in einem Industriezweig i mit der Verteilung aller Industriebeschäftigten der Industrie verglichen werden. Mit dem Standortquotienten wird die Konzentration zweier ausgewählter Industriezweige, z.B. i und j gemessen. Dabei berechnet man zunächst den Anteil der in dem Industriezweig i Beschäftigten eines Teilraumes (z.B. Regierungsbezirk) an den Gesamtbeschäftigten des Industriezweigs i im Gesamtraum (z.B. Bundesland), dann den Anteil der in dem Industriezweig j Beschäftigten des Teilraumes an den Gesamtbeschäftigten des Industriezweigs j im Gesamtraum. Der Standortquotient ist der Quotient beider Verhältniszahlen mit Werten von Null bis unendlich. Ein Standortquotient von 1 besagt, dass im Teilraum beide Industriezweige gleich verteilt sind. Ist er größer als 1, dann ist der Industriezweig i im Teilraum stärker vertreten als der Industriezweig j. Bei einem Standortquotienten von kleiner als 1 ist der Industriezweig i im Teilraum weniger konzentriert als der Industriezweig j. Wird der Standortquotient der beiden Industriezweige i und j für alle Teilräume des Gesamtraumes berechnet, so kann man den Werten die Verteilung der beiden Industriezweige im Gesamtraum entnehmen.

Betrachtet man z.B. die personalstarken Industriezweige im Freistaat Bayern auf Regierungsbezirksebene, so zeigen sich in den einzelnen Bereichen zum Teil deutliche Abweichungen zu den landesweiten Durchschnittswerten. Des Weiteren zeigt sich, dass kleinere Branchen zum Teil eine erheblich größere Rolle auf Regierungsbezirksebene spielen als im Freistaat Bayern insgesamt.

Der Standortquotient wird auch durch andere Verhältniszahlen berechnet. So kann z.B. die eine Verhältniszahl den Prozentsatz der in einer Region in einem Industriezweig i Beschäftigten angeben, die andere den Prozentsatz der in der Region insgesamt in der Industrie Beschäftigten. Der Standortquotient lässt dann er-

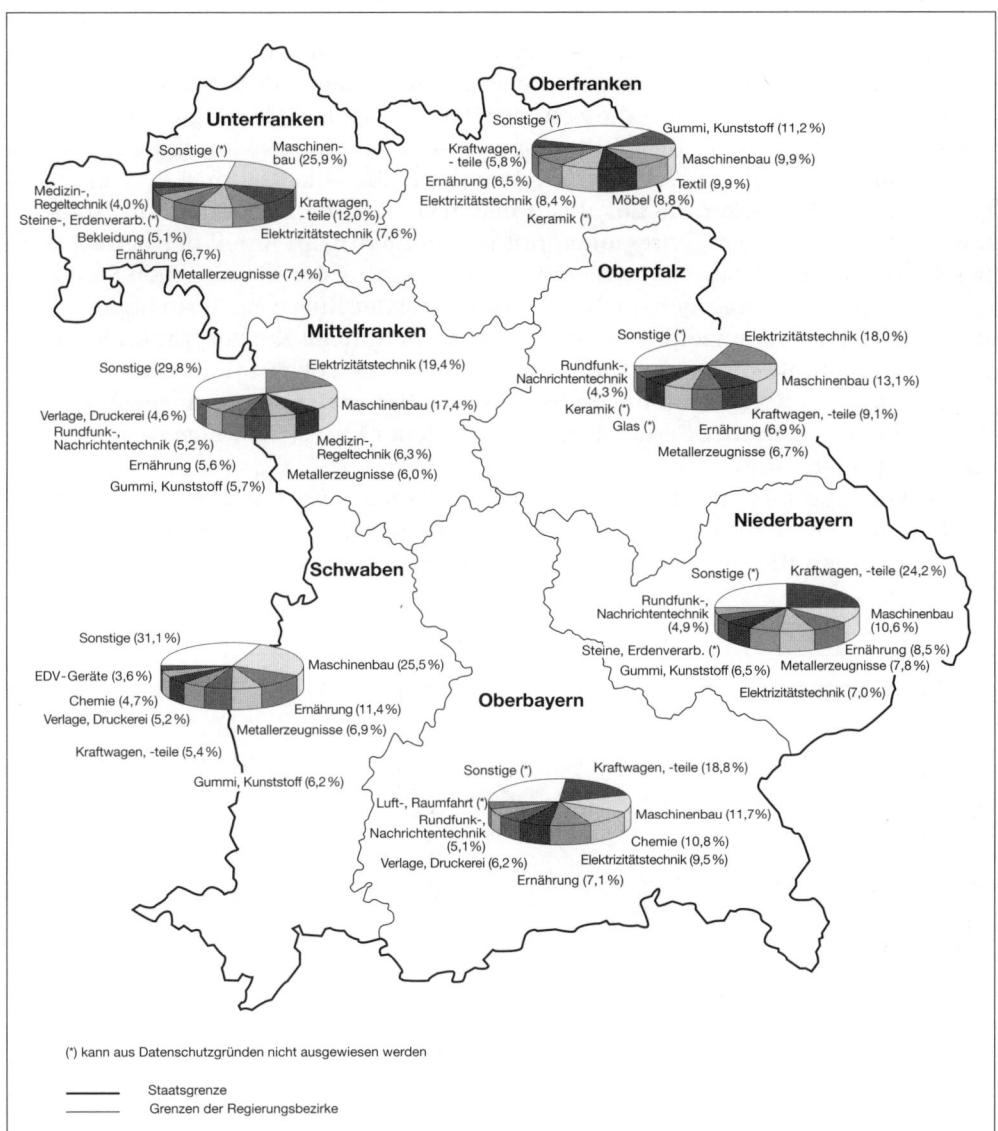

Abb. B 13: Branchenstruktur des Verarbeitenden Gewerbes in den bayrischen Regierungsbezirken 1996

Quelle: Bayerisches Staatsministerium 1996, S. 41

kennen, ob der Industriezweig i in der Region an den wirtschaftlichen Tätigkeiten insgesamt über- oder unterproportional vertreten ist.

HOOVER (1936) verwendete zum ersten Mal Lokalisationskurven zur Darstellung der räumlichen Konzentration einzelner Industriezweige. Lokalisationskurven geben Auskunft darüber, wieviel Prozent eines Merkmals zu einem bestimmten

Prozentsatz des anderen beiträgt. Um beispielsweise Aussagen über die regionale Verteilung von Betriebsgröße und Beschäftigtenzahl machen zu können, wird auf der Abszisse die relative Zahl der Betriebe, geordnet nach der Betriebsgröße, angetragen. Auf die Ordinate wird die Zahl der Beschäftigten in der Region angetragen. Wären die Prozentanteile aller Teilregionen an der Gesamtbevölkerung gleich ihren Prozentanteilen an den Beschäftigten, dann hätte die Lokalisationskurve eine Neigung von 45°. Je stärker die Lokalisationskurve nach rechts gekrümmt ist, desto höher ist der Anteil der Teilregionen mit relativ niedrigem Anteil der betrachteten Beschäftigten – man kann auf eine räumliche Streuung der industriellen Standorte schließen. Je stärker dagegen die Linkskrümmung der Kurve ist, desto höher ist der Beschäftigtenanteil einzelner Regionen – eine räumliche Konzentration kann abgeleitet werden. Besonders geeignet erweisen sich die Lokalisationskurven bei der Betrachtung des Konzentrationsmaßes gleicher Industriezweige zu verschiedenen Zeitpunkten oder bei der Betrachtung verschiedener Industriezweige zu einem gleichen Zeitpunkt.

Die Lokalisationskurven in Abbildung B 14 geben Auskunft über den bevorzugten Standort von Betrieben in Abhängigkeit von der Zahl und Größe der Betriebe. Betrachtet man die fünf Kurvenverläufe, so zeigt sich, dass Kleinbetriebe ihren

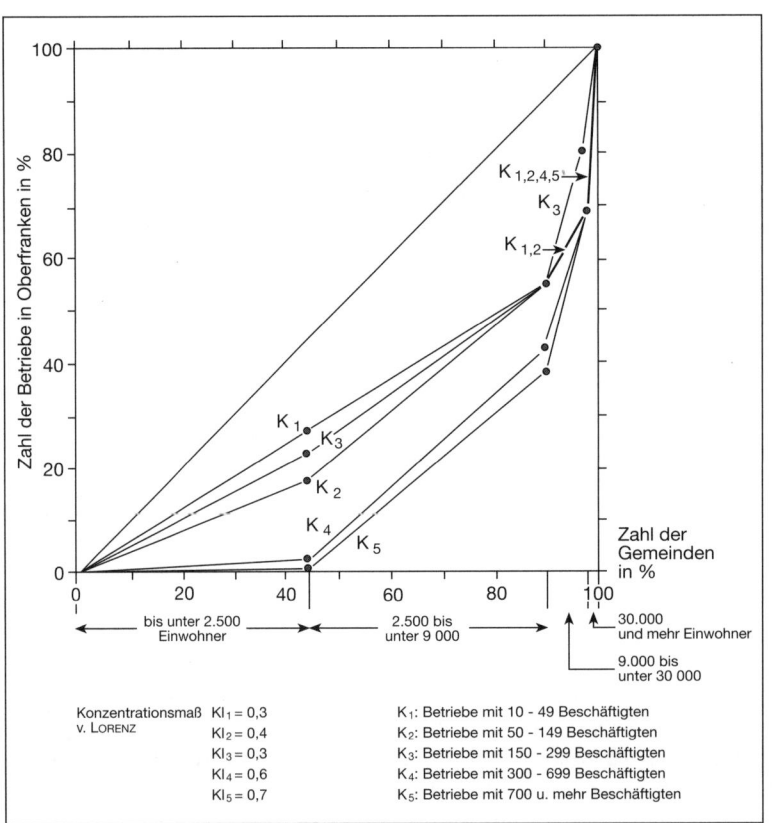

Abb. B 14:
Die regionale Konzentration der Industriebetriebe in Oberfranken 1978
Quelle:
WEBER
1980/81,
S. 51

Standort eher in kleinen Gemeinden wählen. Etwa 26 % aller Betriebe zwischen 10 und 49 Beschäftigten haben ihren Standort in Gemeinden unter 2 500 Einwohner. Dagegen hat keine kleine Gemeinde einen Betrieb mit mehr als 700 Beschäftigten, und nur 38 % der Großbetriebe befinden sich in Gemeinden bis 9 000 Einwohner. Betrachtet man das Konzentrationsmaß von Lorenz, welches die Fläche zwischen der Winkelhalbierenden und der Konzentrationskurve misst, wird ersichtlich, dass die Kurve 5 (Betriebe mit mehr als 700 Beschäftigten) mit 0,7 den größten Wert aufweist, d. h. die Großbetriebe konzentrieren sich am stärksten auf die größeren und großen Gemeinden (WEBER 1980/81, Bd. 2, S. 52).

Quellen zum Teil B

BATHELT, H.: Erklärungsansätze industrieller Standortentscheidungen.
Kritische Bestandsaufnahme und empirische Überprüfung am Beispiel von Schlüsseltechnologie-Industrien.
In: Geographische Zeitschrift, H. 1 / 1992, S. 195 – 213
Bayerisches Staatsministerium für Wirtschaft, Verkehr und Technologie:
Die Bayrische Industrie 1996 mit Darstellung ausgewählter industriefachlicher Themen, München 1997

CHRISTALLER, W.: Die zentralen Orte in Süddeutschland, Jena 1933

DICKEN, P.: Global Shift. Industrial Change in a Turbulent World, London 1986
DILLER, CHR.: Weiche Standortfaktoren. Zur Entwicklung eines kommunalen Handlungsfeldes. Das Beispiel Nürnberg, Berlin 1991

GAEBE, W. / MAIER, J.: Industriegeographie. In: Harms Handbuch der Geographie, Sozial- und Wirtschaftsgeographie, Bd. 3, München 1984
GARBOW, B. / HENCKEL, D. / HOLLBACH-GRÖMIG, B.: Weiche Standortfaktoren, Bd. 89 der Schriften des Deutschen Instituts für Urbanistik, Berlin 1995
GRABOW, B.: Weiche Standortfaktoren. In: DIEKMANN, J. / KÖNIG, E. M. (Hrsg.), Kommunale Wirtschaftsförderung, Köln 1994

HIRSCH, S.: Location of Industry and International Competiveness, Oxford 1967
HOOVER, E. M.: The measurement of industrial localization. In: Review of Economics and Statisics, Vol. XVIIIII, No. 3 / 1936

ISARD, W.: Location and space-economy. A general theory relating to industrial location, market areas, land use, trade and urban structure, Cambridge / Massachusetts 1956

KENNELLY, R. A.: The location of the mexican steel industry.
In: Readings in economic geography, Chicago 1954

LÖSCH, A.: Die räumliche Ordnung der Wirtschaft, Jena 1944

MAIER, J. / DITTMEIER, V. / KOLLER, TH. / WEBER, W.: Existenzgründungen und ihre Relevanz für die regionalwirtschaftliche Entwicklung unter Betonung der Situation in Oberfranken. In: H. 170 der Arbeitsmaterialien zur Raumordnung und Raumplanung, Bayreuth 1998

MAIER, J. / WIMMER, F.: Regionales Marketing. Eine empirische Grundlagenuntersuchung zum Selbst- und Fremdimage der Region Oberfranken, Bayrisches Staatsministerium für Landesentwicklung und Umweltfragen, IHK Oberfranken Bayreuth (Hrsg.), Bamberg / Bayreuth 1992 / 93

PREDÖHL, A.: Das Ende der Weltwirtschaftskrise, Hamburg 1962

RICARDO, D.: Principles of Political Economy and Taxation, London 1817

SCHÄTZL, L.: Wirtschaftsgeographie, Bd. 1, Theorie, 7. Aufl., Paderborn / München / Wien / Zürich 1998

SCHÖLLER, K.: Standorttheorien und Standortfaktoren. In: Akademie für Raumforschung und Landeskunde (Hrsg.), Handwörterbuch der Raumordnung, Hannover 1995, S. 923 – 927

SCHUMPETER, J.: Konjunkturzyklen – Eine theoretische, historische und statistische Analyse des kapitalisitischen Prozesses, Bd. 1, Göttingen 1961

SMITH, D. M.: Industrial location. An economic geographical analysis, New York 1966

STORPER, M., WALKER, R.: The Capitalist Imperative. Territory, Technology and Industrial Growth, New York / Oxford 1989

THÜNEN, J. H. V.: Der isolierte Staat in Beziehung auf Landwirtschaft und Nationalökonomie, Berlin 1875

VERNON, R.: International Investment an International Trade in the Product Cycle, Quarterly Journal of Economics, Vol. 80 / 1966, S. 190 – 207

WEBER, A.: Über den Standort der Industrie, Tübingen 1909

WEBER, J.: Der Unternehmer als Entscheidungsträger regionaler Arbeitsmärkte, Bd. 2 der Bayreuther Geowissenschaftlichen Arbeiten, Bayreuth 1981

Teil C:
Standortstrukturen und ihre räumlichen sowie wirtschaftlichen Auswirkungen

Eine wirtschaftsgeographische Analyse wäre nur eine Teilantwort auf die eingangs gestellten Fragen, würde sie nur allgemeine und keine regionalen Aspekte beachten. Deshalb soll nun im Folgenden eine solche Differenzierung vorgenommen werden, zumindest für die Industrie im Verdichtungsraum und die Industrie im ländlichen Raum.

1 Die Industrie im Verdichtungsraum

1.1 Kennzeichen ihrer Entwicklung und Struktur

Während nach der klassischen Standorttheorie vor allem ökonomische Faktoren (z.B. Transportkosten und Arbeitskosten) die industrielle Standortwahl beeinflussen, zeigen Untersuchungen, dass die Zahl der den Standort eines Unternehmens bestimmenden Faktoren weitaus größer ist. So sind zum Beispiel für footloose-Industrien, also nichtmaterialorientierte Industrien, vielmehr Standortfaktoren, wie sie vorzugsweise in größeren Verdichtungsräumen anzutreffen sind, von großer Bedeutung.

Neben Infrastruktureinrichtungen, wie leistungsfähigen Verkehrsanbindungen, Fachgeschäften oder auch Bildungs- und Forschungseinrichtungen, sind besonders Agglomerationsvorteile für die Standortwahl von Industrieunternehmen in Verdichtungsräumen von Bedeutung. HOOVER (1937) unterscheidet diese in interne und externe Ersparnisse, wobei er letztere noch in Lokalisationsvorteile und Urbanisationsvorteile unterteilt. Dabei ergeben sich Lokalisations- oder Lagevorteile aus dem Vorhandensein mehrerer Unternehmen derselben Branche und Urbanisationsvorteile durch die räumliche Konzentration mehrerer Unternehmen verschiedener Branchen am selben Ort.

Von besonderer Bedeutung sind in Verdichtungsräumen oder größeren städtischen Zentren die vielfältigen Informations- und Kontaktmöglichkeiten, wie zum Beispiel die Verbindungen zu Großbanken, Dienstleistungsunternehmen oder politischen und wirtschaftlichen Entscheidungszentralen. Die sonst nicht zu vernachlässigenden Wirkungen der primären Standortfaktoren verlieren durch die Vorteile großer Zentren stark an Bedeutung. So bieten Verdichtungsräume als Räume mit hohen Arbeitslöhnen viele andere Vorteile aus der Konzentration wirtschaftlicher, kultureller und politischer Tätigkeiten, so dass der Unternehmer trotz der höheren Arbeitslöhne dazu neigt, sich hier niederzulassen.

Fasst man die Wirkungen der Konzentration der Industrie zusammen, so lassen sich in Anlehnung an HOOVER (ebenda) folgende beispielhafte Branchenwirkungen und Verstädterungswirkungen unterscheiden:

• Branchenvorteile oder Lokalisationsvorteile
  – Beschaffungsvorteile durch Lieferanten, die sich auf die Bedürfnisse einer Branche spezialisiert haben (schnelle Lieferung, z.B. bei Ersatzteilen),
  – Produktionsvorteile durch qualifizierte und erfahrene Arbeitskräfte,
  – Absatzvorteile.
• Branchennachteile oder Lokalisationsnachteile
  – hohe Lohn- und Entwicklungskosten aufgrund des hohen Konkurrenzdrucks sowie für die gesamte Standortgemeinde aus der industriellen Monostruktur eine hohe konjunkturelle Anfälligkeit.
• Verstädterungs- bzw. Urbanisationsvorteile
  – niedrige Werbungs-, Vertriebs- und Kundendienstkosten aufgrund der Nachfrage- und Kaufkraftkonzentration,
  – niedrige Transportkosten,

- niedrigere Investitions- und Folgekosten bei Nutzung von Ver- und Entsorgungseinrichtungen,
- niedrigere Dienstleistungskosten bei tatsächlicher Inanspruchnahme sowie bei
  Auslagerungen eigener Leistungen auf Dritte,
- niedrigere Forschungs- und Entwicklungskosten.
• Verstädterungs- bzw. Urbanisationsnachteile
  - höhere Löhne und Gehälter,
  - höhere Kommunalsteuern,
  - höhere Grundstückspreise, Mieten und Pachten.

In Abhängigkeit der Art der benötigten Einsatzstoffe, hergestellten Produkte und des Fertigungsverfahrens hält NORDCLIFFE (1975, S. 19 - 57) einen Standort entweder in städtischen Agglomerationen oder in peripheren Räumen für sinnvoll. Vor allem industrielle Tätigkeiten, die den Zusammenbau, die Bearbeitung und die Verwaltung umfassen werden in Verdichtungsräumen zu finden sein. Diese Unternehmen, sowohl zur Investitions- wie auch Konsumgüterindustrie gehörend, legen z.B. großen Wert auf die Nähe zu Lieferanten und besonders auf die zu Kunden, benötigen zudem zahlreiche und sehr spezielle Dienstleistungen sowohl für Produktions- als auch für Verwaltungsaufgaben und schätzen die dort gegebenen Möglichkeiten zu persönlichen Kontakten und Informationen sehr hoch ein.

Innerhalb des Verdichtungsraumes werden die drei genannten industriellen Tätigkeiten nach NORDCLIFFE (ebenda) aber unterschiedliche Standorte bevorzugen. Die Hauptverwaltungen großer Industrieunternehmen und deren Forschungs- und Entwicklungsabteilungen werden ihren Standort vor allem in den Metropolen der Verdichtungsräume suchen, sind diese doch in besonderem Maße auf die vielfältigen groß- und weltstädtischen Vorzüge dieser Zentren angewiesen. Für Industrieunternehmen, die bearbeitende und zusammenbauende Tätigkeiten verrichten, bieten dagegen auch kleinere Zentren innerhalb bzw. am Rande der Verdichtungsräume günstige Standortvoraussetzungen, benötigen sie doch weniger spezialisierte Dienstleistungen und sind nicht in dem Maße auf persönliche Kontakte und Informationen angewiesen. Neben diesen branchenspezifischen Faktoren der Standortbildung spielen auch eine Reihe von historischen Faktoren eine Rolle, die im Zusammenhang mit den innerstädtischen Prozessabläufen im Laufe der letzten Jahre eine deutliche Umbewertung erfahren haben. Die zunehmende Bedeutung und Ausdehnung des Tertiären Sektors vor allem im City-Bereich bzw. die verschärfte Standortkonkurrenz zwischen Industrie und Dienstleistungsbetrieben ließen die Bodenpreise ansteigen, die benötigten Flächen knapper werden und veranlasste zahlreiche Industriebetriebe (verbunden mit vorhandenen Erweiterungswünschen und dem Druck neuer Umweltschutzgesetze und -verordnungen) zum Verlagern ihrer Betriebe nach außerhalb bzw. an die Ränder der Verdichtungsräume. Zusammengefasst werden diese Prozesse, die damit verbundene Dynamik der Industrie und ihre Auswirkungen auf den Raum unter dem Begriff der Industriesuburbanisierung (RUPERT 1994).

Industriesuburbanisierung beschreibt einen Vorgang, der in jeder Großstadt, aber auch in vielen kleineren Städten beobachtet werden kann. Aus älteren Stadtteilen verlagern sich Industriebetriebe, die oftmals jahrzehntelang dort produziert haben, an den Stadtrand oder noch weiter in den peripheren Raum. Man könnte auch nur von einer innerregionalen Randverlagerung oder Verschiebung der industriellen Tätigkeit von den Kernstädten in den suburbanen Raum sprechen. Der Begriff Suburbanisierung umfasst jedoch mehr als den Saldo der Wanderungen oder Verlagerungen zwischen Kernstadt und Umland. Es handelt sich nach SCHICKHOFF (1988, S. 61f.) um zwei parallele Prozesse, die – wenn auch nicht zwangsläufig – miteinander verbunden sind:

„1. Um die Ausweitung der Flächennutzung und Bebauung der Kernstadt und im Umland, u.a. durch Wohnungen, Büros, Industriebetriebe, Verkehrs- und Grünflächen, im Falle der Industriesuburbanisierung ausgelöst durch Neugründungen, Errichtung von Zweigbetrieben und durch Verlagerungen, und

2. um die Abnahme der Bevölkerung und der Arbeitsplätze in der Kernstadt, d.h. das Aushöhlen von innen heraus, z.B. durch Fortzüge, Stilllegungen und Arbeitsplatzabbau."

Fasst man die zwei genannten Teilprozesse der Industriesuburbanisierung zusammen, kann diese als intraregionaler Dekonzentrationsprozess, bezogen auf die Bevölkerung, die Beschäftigten oder auch auf Flächennutzungskategorien, aufgefasst werden. Der Beschäftigtenanteil im suburbanen Raum nimmt zu, während er in den Kernstädten der Verdichtungsräume abnimmt (ROHR 1975, GAEBE 1981).

Die durch die Industrie verursachte Ausweitung der Flächennutzung und Bebauung im Umland lässt sich beispielhaft und zusammengefasst in folgenden drei Prozessen darstellen:

• die Unternehmensverlagerung an den Stadtrand oder in eine Randgemeinde, beispielsweise auf ein großzügig bemessenes Grundstück in einem Gewerbegebiet;

• die Neugründung eines Unternehmens durch Existenzgründer auf einem kleinen Grundstück mit Erweiterungsmöglichkeiten in einer Umlandgemeinde;

• die Zuwanderung von Produktionsstätten und Industriebetrieben mit der Anforderung an eine gute inner- wie auch überregionale Verkehrsanbindung sowie an ein ausreichend großes und erweiterungsfähiges Grundstück.

Die Industriesuburbanisierung wird meist gleichgesetzt mit der Abwanderung von Industriebetrieben aus den Kernstädten und einer Ansiedlung im suburbanen Raum, so wie dies im ersten Fall dargestellt wird. Trotzdem wird in den anderen beiden Fällen (Neugründung und Zuwanderung) ebenso deutlich, welche räumlichen Auswirkungen (Ausweitung der Flächennutzung und Bebauung) mit der Ansiedlung von Industriebetrieben im suburbanen Raum verbunden sind.

Der zweite Teilprozess der Industriesuburbanisierung bezieht sich auf die zum Teil erheblichen Auswirkungen des Bedeutungsverlustes der Industrie im Kernbereich der Agglomerationen. Beispielhaft seien folgende Auswirkungen dargestellt:

• der Abriss schützenswerter alter Industrieanlagen, die heute durchaus positiv zum Ambiente einer „Industriestadt" beitragen können;

• die Umnutzung alter Fabrikhallen in zum Beispiel Discountmärkte und, damit verbunden, ein starker Rückgang industrieller Arbeitsplätze am alten Standort;

• Teilverlagerungen und Rationalisierungsmaßnahmen, verbunden mit dem Abbau von Arbeitsplätzen an den ursprünglichen Standorten, falls eine (vollständige) Verlagerung an andere Standorte nicht möglich ist (z.B. Anschluss an eine Wasserstraße oder einen Hafen);

• Aufgabe des Unternehmens und der Verkauf des Grundstückes an die Stadt. Damit verbunden ist der Verlust aller industriellen Arbeitsplätze.

Übersicht C 1:
Regionale Aus-
wirkungen unter-
nehmerischer
Standortent-
scheidungen
Quelle: ROHR 1975

Standortentschei-dungen von Industrie-unternehmen	Relevanz für die Kernzone	Relevanz für die Rand-zone
Unternehmen in der Region		
Vollständige Verlagerung	Abwanderung	Zuwanderung
Verlagerung von Unter-nehmensfunktionen	Zurückbleiben von einzelnen Unternehmensfunktionen	Ansiedlung der verlagerten Unternehmensfunktionen
Produktionserweiterung	Verzicht auf Erweiterungen	Durchführung von Erweite-rungen
Produktionsein-schränkungen	Rationalisierung/ Umstrukturierung	(seltener als in der Kern-zone)
Unternehmensgründung	(relativ selten)	Gründung
Betriebsaufgabe	Aufgabe	(seltener als in der Kern-zone)
Unternehmen außerhalb der Region		
Vollständige Verlagerung	(selten)	Zuwanderung
Errichtung von Zweig-betrieben	(selten)	Ansiedlung von Zweig-betrieben
Übernahme von Unter-nehmen	Weiterführung/ Umstrukturierung	(selten)

Insgesamt ist für fast alle Verdichtungsräume der Bundesrepublik Deutschland das beschriebene Ungleichgewicht zwischen wachstumsschwächerer Kernzone und wachstumsstärkerer Randzone nachweisbar. Als Beispiel für die innerstädtischen Wandlungen innerhalb des industriellen Bereichs sei hier auf das Wachstum der Münchener Industrie hingewiesen. Dieses vollzog sich in den Außenbezirken mit ähnlich hohen Raten wie das Wachstum der Bevölkerung, während in den Innen-stadtbereichen weitgehend Stagnation, im Zentrum selbst ein starker Strukturwan-del auftrat. Dabei spielt sich in der City selbst in zunehmendem Maße eine Ent-wicklung ab, die als Standortspaltung, insbesondere bei Großbetrieben, bezeichnet werden kann. Dabei bleibt die City Standort des Verwaltungsbereiches, während etwa die Produktion in Stadtrandlagen ausgelagert wird. Als Folge der innerstäd-tischen Funktionsentflechtung trat bei kleineren und mittleren Betrieben, soweit sie aufgrund ihres Arbeitskräftebestandes oder ihrer Absatzbeziehungen auf Stand-orte innerhalb der Stadt angewiesen waren, das Problem auf einen Standort mit möglichst niedrigem Investitions-/Kapitalbedarf und/oder laufenden Kosten zu fin-den. Als Lösungen bieten sich hier Betriebsverbund- und Standortgemeinschaften an, wie sie am Beispiel der Industrieparks sowie der Handwerkerhöfe später noch ausführlich behandelt werden.

Übersicht C 1 stellt noch einmal die Auswirkungen von Unternehmensentschei-dungen vor dem Hintergrund der Industriesuburbanisierung in Verdichtungsräu-men, bezogen auf die Kernzone und die Randzone, zusammenfassend dar.

1.2   Fallbeispiel: Industriesuburbanisierung im Verarbeitenden Gewerbe am Beispiel der Stadt Nürnberg

Im Zeitraum von 1987 bis 1993 haben sich etwa 190 Betriebe ins Umland von Nürnberg verlagert (RUPERT 1994). Nach der Branchenstruktur gehörten 51 % der Betriebe der Güterproduktion an und 49 % dem Dienstleistungsbereich. Zieht man die Gewerbestrukur der Stadt Nürnberg zum Vergleich heran, zeigt sich, dass das Verarbeitende Gewerbe deutlich überproportional von der Suburbanisierung betroffen ist. Lenkt man die Betrachtung auf die Größe der verlagerten Betriebe, so zeigt sich, dass 50 % bis 9 Beschäftigte, 24 % zwischen 10 und 19 Beschäftigten, 15 % zwischen 20 und 49 Beschäftigten und je 5 % zwischen 50 und 99 bzw. mehr als 100 Beschäftigte haben. Nach der Betriebsart handelt es sich bei 88 % der Unternehmen um einen Einzelbetrieb, bei 5 % um einen rechtlich selbstständigen Teil einer Unternehmensgruppe, bei 6 % um Zweigbetriebe und bei 1 % um das Stammunternehmen.

Bei den Verlagerungsgründen im Verarbeitenden Gewerbe steht der Flächenbedarf mit 90 % der Nennungen an erster Stelle. Weiterhin wurden als Gründe die Produktionsumstrukturierung (65 % der Nennungen) Auflagen bzw. Beschwerden der Anwohner (60 %), ungünstige Verkehrsbedingungen (50 %), Kündigung des Pacht- bzw. Mietvertrages (30 %), der Arbeitskräftemangel (25 %), eine ungünstige Lage zu Kunden bzw. Lieferanten oder die zu hohen Mieten (je 20 %) angeführt. Ergänzend ist anzumerken, dass der Flächenbedarf häufig als einziger Grund genannt wird. Außerdem wurde die Produktionsumstrukturierung stets in Zusammenhang mit Flächenengpässen genannt. Die ungünstigen Verkehrsbedingungen wiederum sind nie alleiniger Verlagerungsgrund. Hinter den zu hohen Mieten, aber oft auch bei der Kündigung des Pacht- bzw. Mietvertrages, sind Verdrängungsprozesse als Ursache zu sehen. Beim Arbeitskräftemangel werden fehlende Fachkräfte sogar häufiger beklagt als das Fehlen von unqualifizierten Arbeitskräften. Die ungünstige Lage zu Kunden bzw. zu Lieferanten ist meist eng verknüpft mit den ungünstigen Verkehrsbedingungen (Abb. C 1).

Als Faktoren für die Standortwahl sind zum einen das Flächenangebot und die Grundstückspreise sowie die Höhe des Gewerbesteuersatzes in der Ansiedlungsgemeinde und zum anderen die günstige Erreichbarkeit und die Nähe zum Verdichtungsraum bedeutend. Dabei ist eine gute Erreichbarkeit für den Frachtverkehr, und hier vor allem für den LKW, ausschlaggebend. Auch die Verfügbarkeit von Arbeitskräften ist ein wichtiger Gesichtspunkt bei der Standortwahl. Zudem werden steuerliche Vorteile und die finanzielle Förderung als Gründe für die Standortwahl genannt. Die gute Erreichbarkeit für den Frachtverkehr und die Verfügbarkeit von Arbeitskräften wiegt für die Industrie schwerer als für den Durchschnitt der befragten Gewerbebetriebe. Ein Zusammenhang mit der Betriebsgröße ist lediglich beim Gewerbesteuersatz und bei den steuerlichen Vorteilen bzw. der finanziellen Förderung zu sehen, Beweggründe, die bei kleineren Unternehmen eine größere Rolle spielen. Von nicht unerheblicher Bedeutung für die Standortwahl haben sich auch die Wohnstandorte der Betriebsleitung bzw. der Belegschaft erwiesen, ein Faktor der von je 40 % der Unternehmen als wichtig angesehen wird, wobei 18 % den Wohnstandort der Betriebsleitung und 7 % den Wohnstandort der Belegschaft sogar als sehr wichtig einschätzen, weswegen sich Unternehmen meist radial nach außen

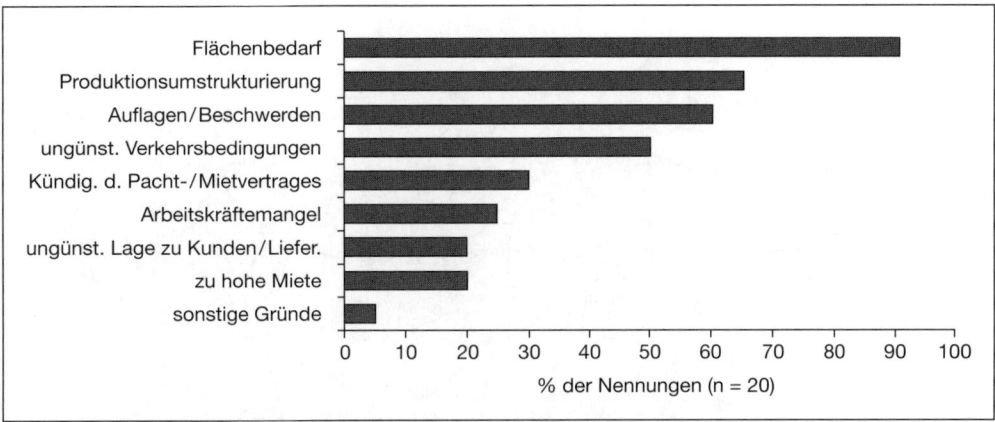

Abb. C 1: Sehr wichtige und wichtige Gründe für die Aufgabe des alten Standorts im Verarbeitenden Gewerbe – Fallbeispiel Nürnberg
Datengrundlage: Betriebsbefragungen 1993; Mehrfachnennungen möglich
Quelle: nach RUPPERT 1994, S. 34

verlagern, d.h. etwa in der gleichen Himmelsrichtung – vom Stadtkern aus gesehen – ihren neuen Standort wählen (Abb. C 2).

Hinsichtlich der räumlichen Verteilung der Betriebe im suburbanen Raum ist festzustellen, dass die meisten Unternehmen nahegelegene Gemeinden bevorzugen. Dabei siedeln sie sich schwerpunktmäßig südlich und nördlich bzw. nordöstlich von Nürnberg an. Einige kleinere Unternehmen (bis 49 Beschäftigte) tendieren

Abb. C 2: Faktoren für die Auswahl des neuen Standortes – Fallbeispiel Nürnberg
Datengrundlage: Betriebsbefragungen 1993; Mehrfachnennungen möglich
Quelle: nach RUPPERT 1994, S. 40

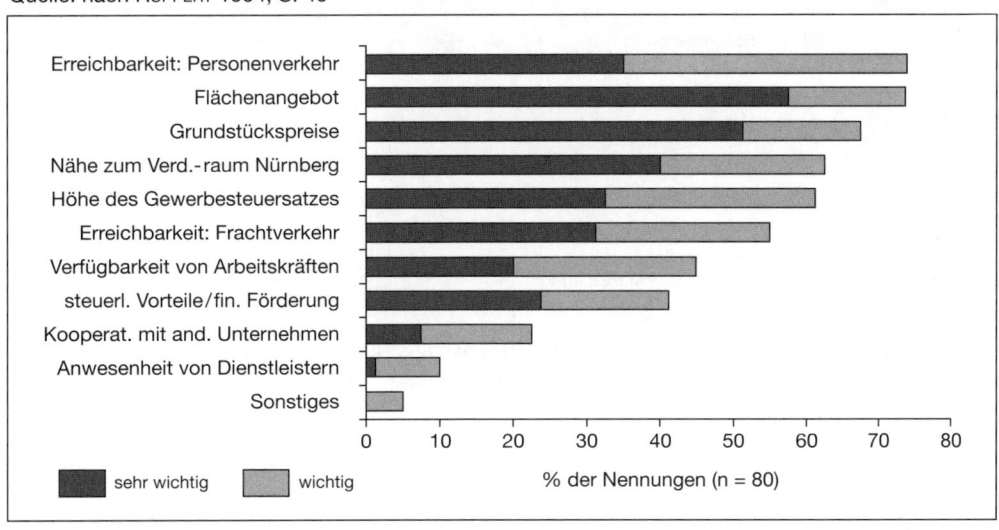

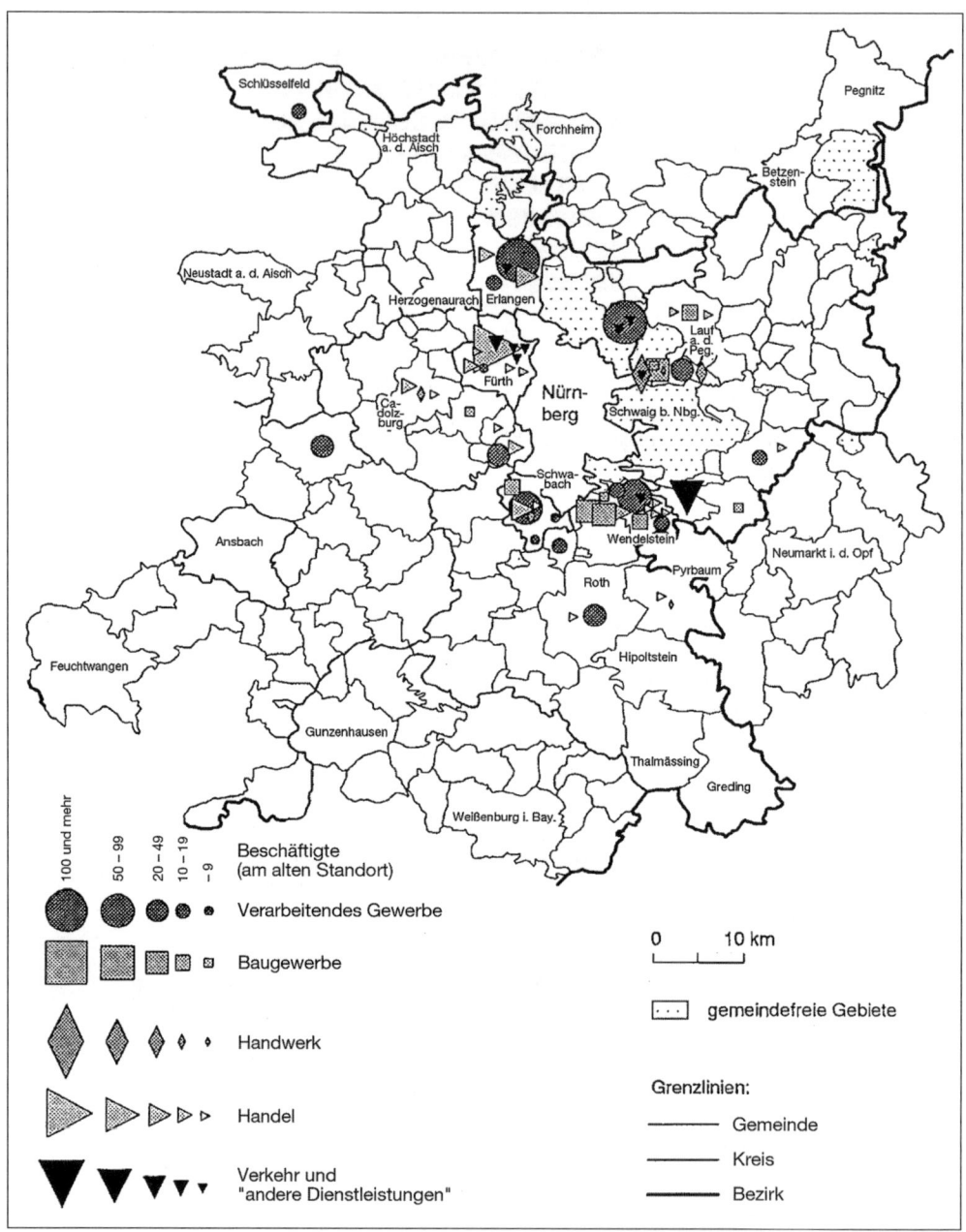

Abb. C 3: Standortverlagerungen von Gewerbebetrieben aus Nürnberg ins Umland (1987 - 1993)
Quelle: Ruppert R., Zur Suburbanisierung von Gewerbebetrieben, Nürnberg 1994, S. 45

jedoch dazu, auch entferntere Standorte aufzusuchen, die mehr als 20 km von der Stadtgrenze entfernt sind. In Bezug auf die Standortzufriedenheit nach der Verlagerung ist ganz überwiegend eine sehr positive Beurteilung gegeben, d.h. 92% der Unternehmen bewerten ihren neuen Standort als „gut" bzw. „sehr gut". Von den Umlandgemeinden schneidet Wendelstein am besten ab, während die Stadt Fürth als schlechtester Standort immerhin noch von 70% der befragten Betriebe mit „gut" bzw. „sehr gut" bewertet wird (Abb. C 3).

Als weitere Aspekte bei einer Betriebsverlagerung sind auch die Entwicklung der Beschäftigtenzahlen, der Gewerbeflächen und der Geschäftsbeziehungen des Unternehmens zu betrachten. Dabei ist die Entwicklung der Beschäftigtenzahlen bei den meisten Betrieben deutlich positiv (bis zum 6-fachen des ursprünglichen Arbeitskräftebestandes). Dies gilt jedoch vor allem für kleinere Betriebe, größere Unternehmen dagegen bauten zum Teil auch Beschäftigte ab, so dass der Arbeitskräftezuwachs bei den untersuchten Betrieben bei durchschnittlich 8% für den Beobachtungszeitraum lag. Hinsichtlich der Flächengröße am neuen Standort ist im Allgemeinen von einer größeren Fläche auszugehen, wobei die meisten Betriebe zwischen 500 m² und 4 000 m² Gewerbefläche benötigen. Während am alten Standort nur 8% der Betriebe Flächenreserven zur Verfügung hatten, waren dies am neuen Standort 74%. Weiterhin hatte sich auch der Eigentumsanteil an den Betriebsflächen von 29% auf 59% erhöht (Univ. Bayreuth, Exkursionsbericht 1998; Univ. Bayreuth, Abschlussbericht 1998).

2   Die Industrie in altindustrialisierten Gebieten

2.1   Kennzeichen altindustrialisierter Gebiete

Die Diskussion um die Industrie im Verdichtungsraum ist auf der einen Seite durch Fragen der Konzentration in betrieblicher und räumlicher Hinsicht geprägt, andererseits bestehen auch dort nicht nur wachsende, sondern auch schrumpfende Branchen. Die altindustrialisierten Gebiete und die dort vorhandenen Gewerbebrachen und Altlastgebiete sind ohne Zweifel besondere Problemlagen der Industrie und somit ebenso Gegenstand der Industriegeographie.

Altindustrialisierte Gebiete sind Räume, in denen die Industrialisierung relativ früh eingesetzt hat und die heute überwiegend von Branchen in späten Phasen des Produktlebenszyklus mit konjunkturellen und strukturellen Problemen gekennzeichnet sind. Typische Branchen waren bisher vor allem die Stahl- und Werftindustrie und sind heute in zunehmendem Maße Konsumgütersektoren, wie die Textil-, Bekleidungs-, Glas- und Porzellanindustrie. Kennzeichen altindustrialisierter Räume sind:

• eine frühe Industrialisierung;
• Branchen am Ende des Produktlebenszyklus bzw. in späten Phasen dieses Zyklusses;
• Monostrukturierung und einseitiger Arbeitsmarkt;
• hoher Besatz durch Großunternehmen mit dominierender Position, z.B. im Arbeitsmarkt, jedoch mit strukturellen und konjunkturellen Problemen;
• Unternehmenskonzentrationen bzw. –fusionen;
• Unterbesatz an unternehmensnahen Dienstleistungen;
• strukturelle Arbeitslosigkeit;
• Abwanderung und soziale Erosion;
• Blockadeindustrien bezüglich der Verhinderung neuer Entwicklungen (z.B. Flächenpolitik);
• Altlast-Probleme, Brachflächen;
• intensiver internationaler Konkurrenzdruck, auch von Seiten der Schwellenländer;
• gesättigte Märkte und
• geringes Potential innovativer, zukunftsorientierter Branchen (ausführlich bei HAMM/WIENERT 1990).

Anpassungsprozesse in altindustrialisierten Räumen sind u.a. aufgrund einseitig ausgerichteter Qualifikationsstrukturen und durch die Verringerung der unternehmerischen Innovationskraft erschwert. Traditionelle altindustrialisierte Räume sind vor allem Textil-, Stahl- und Schiffsbaustandorte, d.h. die Problematik zeigt sich insbesondere hinsichtlich der Dominanz nur eines Wirtschaftszweiges bzw. einiger weniger Wirtschaftszweige (Monostrukturierung). Mit dem Rückgang der Absatzchancen dieses Sektors zeigen sich ebenfalls, wenn auch nicht in zeitlicher Kongruenz, gewisse regionale Auf- und Niedergangsprozesse (regionaler Lebenszyklus) (BUTZIN 1987). Neben absatz- und fertigungsbezogenen Faktoren sind es in altindustrialisierten Räumen vor allem Selbstverstärkungsprozesse, die eine Reorganisation oder eine Umstrukturierung der Wirtschaftsstruktur erheblich erschweren. Besonders die monostrukturierten altindustrialisierten Räume sind oftmals nicht mehr in der Lage, den einmal eingeschlagenen Entwicklungspfad aufgrund der Wirkungen gleichgerichteter ökonomischer, sozialer und politischer Rückkopplung zu verlassen, obwohl abzusehen ist, dass der eingeschlagene Entwicklungspfad infolge veränderter Rahmenbedingungen keine ökonomischen Entwicklungsmöglichkeiten mehr bietet (LÄPPLE 1991, S. 19).

2.2 Fallbeispiel: Der altindustrialisierte Nordosten Englands*

Mit dem beginnenden 19. Jahrhundert kam im Nordosten Englands ein Industrialisierungsprozess in Gang, dessen Basis der schon seit dem Mittelalter abgebaute Rohstoff Kohle war. Der weitgehend agrarisch geprägte Raum um Newcastle verzeichnete zu Beginn des 19. Jahrhunderts bis in die ersten Jahrzehnte des 20. Jahrhunderts als Ergebnis starker Zuwanderung eine deutliche Bevölkerungszunahme. In einem Bereich der Flüsse Tyne, Wear und Tees sowie in dem dazwischenliegenden Küstenstreifen konzentrierte sich die erste industrielle Entwicklung. Durch eine immer weiter steigende Nachfrage bedingt und durch bergtechnische Innovationen ermöglicht, dehnten sich die Kohleabbaufelder weiter aus, bis es schließlich zu Anfang des 20. Jahrhunderts zu einer vollständigen Erschließung des Reviers kam (Abb. C 4).

Bis zum Höhepunkt des Bergbaus zu Beginn des ersten Jahrzehnts des 20. Jahrhunderts steigerte sich die Beschäftigtenzahl im Bergbau in Northumberland auf 54 000 (20 % aller Beschäftigten) und in Durham auf 152 000 (30 % aller Beschäftigten). Die höchste Fördermenge Kohle pro Jahr wurde im Jahre 1911 mit 56 Mio. t erreicht (WOOD 1994, S. 79 ff.). Etwa gleichzeitig setzte der enorme Bedarf an Schienen und Zügen eine enorme Expansion der Eisen-, Stahl-, und Maschinenbauindustrie in Gang. Die erst bescheidene Entwicklung der Eisenschaffenden Industrie in Nordost-England erfuhr mit der Erschließung von Eisenerzvorkommen und der Einführung neuer Produktionstechniken einen beträchtlichen Aufschwung. So gab es 1851 nicht einen einzigen Hochofen, dreißig Jahre später hingegen 27 Hüttenwerke mit insgesamt 99 Hochöfen, die 2 Mio. t Roheisen pro Jahr erzeugten (ebenda, S. 86). Mit dieser Entwicklung erfolgte in der Region ein ungeheures Wachstum von Werften, Walzwerken und Maschinenbauunternehmen. Im Verlaufe dieser Entwicklung kam es zu einer engen Verzahnung von Unternehmen der einzelnen industriellen Sektoren. „Besonders augenfällig war der allmähliche Wandel von nachfrageinduzierter zwischenbetrieblicher Kooperation zur Fusionierung" (ebenda, S. 86).

Das 19. Jahrhundert und der Beginn des 20. Jahrhunderts waren eine Zeit wirtschaftlicher Blüte im Bereich Nordost-Englands, das „Goldene Zeitalter" der Region. Doch diese Phase der wirtschaftlichen Boomjahre verlief nicht ohne Probleme in der Region. Erste strukturbedingte Probleme der Wirtschaft, resultierend aus der branchenspezifischen Spezialisierung, stellten sich mit dem Ersten Weltkrieg ein. Innovationen in den Unternehmen sowie die Diversifikation der Wirtschaft blieben

---

* eine ausführliche Darstellung der Umstrukturierung Nord-Ostenglands findet sich bei: WOOD 1994; vgl. BUTZIN 1987

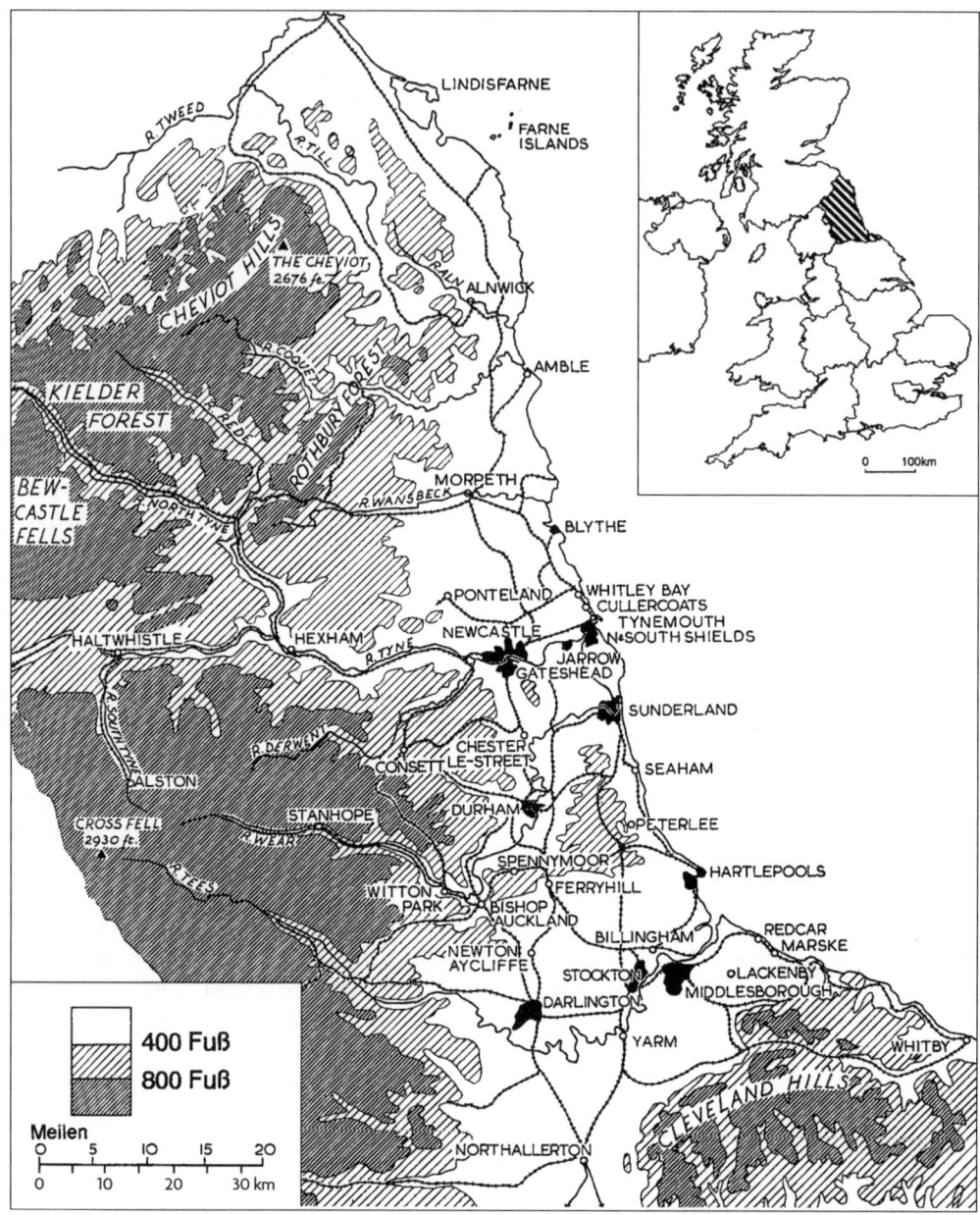

Abb. C 4: Der Nordosten Englands
Quelle: nach WOOD 1994, S. 2 u. 77

aufgrund der Anstrengungen in den Ausbau der Kriegsmaschinerie aus, und alte
Strukturen bzw. veraltete Wirtschaftsweisen begannen sich zu verfestigen. Von
dieser Krise erholte sich die Region, mit Ausnahme des wirtschaftlichen Zweitauf-
schwungs infolge von Rüstungsprogrammen in der zweiten Hälfte der 1930er Jahre,

nie mehr vollständig. Folgende Gründe sind wohl für die Krise der regionalen Wirtschaft in Nordost-England verantwortlich:
• Der Rückgang des internationalen Handels im Zuge der Weltwirtschaftskrise,
• die Zunahme ausländischer Konkurrenz,
• die Erhöhung der Produktivität mit dem Resultat verstärkter Arbeitslosigkeit,
• fehlende Innovationen in den Unternehmen,
• das Ausbleiben der wirtschaftlichen Diversifikation.
War vor und zu Beginn der Krise eine der handlungsleitenden Maximen des liberalen Staates die Abstinenz von Eingriffen in wirtschaftliche Entwicklungsprozesse, erkannte man schnell die Erfolglosigkeit bzw. Aussichtslosigkeit einer regionalen Selbstheilung und entschloss sich daher, das wirtschaftspolitische Laissez-faire-Prinzip zugunsten einer staatlichen Regionalpolitik aufzugeben. Nach Ende des Zweiten Weltkrieges engagierte sich der Staat aktiv in räumlicher und wirtschaftlicher Planung. Ziel war es, durch den Abbau von sozialen und räumlichen Disparitäten das Gesamtwohl des Staates zu fördern. Basis hierfür waren die in dieser Zeit verabschiedeten Gesetze zur räumlichen Planung, in denen die Altindustrieregionen einen bevorzugten Status genossen. Zahlreiche wirtschaftliche Aktivitäten wurden durch den Staat gelenkt und kontrolliert und Schlüsselindustrien (Kohlewirtschaft, Eisenbahn, Eisen- und Stahlindustrie) verstaatlicht, Nordost-England wurde zur state-managed region. Als gesetzliche Grundlagen sind hier das Distribution of Industry Act aus dem Jahre 1945 sowie das Town and Country Planning Act des Jahres 1947 zu nennen, die mit Hilfe von Sondergenehmigungen (Industrial Development Certificates) und Subventionen in Sondergebieten (Development Areas) die wirtschaftliche Entwicklung – staatlich gelenkt – zu fördern versuchten. Was nun die Wirksamkeit dieser staatlichen Regionalpolitik betrifft, lässt sich sagen, dass die erreichte wirtschaftliche Entspannung in den Development Areas nicht nur allein auf die Interventionen des Staates zurückzuführen sind, sondern auch das Ergebnis der nationalen Hochkonjunktur zu Beginn der 1950er Jahre waren (ebenda).

Doch schon gegen Ende der 1950er Jahre setzt landesweit ein wirtschaftlicher Abschwung ein, der besonders in den Problemregionen zu einer erhöhten Arbeitslosigkeit führte. Die Regierung reagierte auf die Krise mit einer Belebung regionalpolitischer Instrumente. Ausgaben für die Regionalpolitik wurden erhöht und die Industrial Development Certificates wieder strikter angewendet. Alle Maßnahmen wurden auf die Ziele Vollbeschäftigung, Modernisierung der Wirtschaft und den Abbau regionaler Disparitäten abgestimmt. Um die wirtschaftlichen Probleme der Region nachhaltig und umfassend anzugehen, sollten insbesondere folgende drei Maßnahmen helfen:
• die Diversifizierung der Wirtschaftsstruktur;
• die qualitative Modernisierung der Wirtschaft, insbesondere der bebauten Umwelt bzw. der Infrastruktur und
• ein innerregional differenziertes Vorgehen, z.B. durch die Ausweisung von Wirtschaftsfördergebieten, in denen die Maßnahmen gebündelt werden sollten (Abb. C 5).
Als Ergebnis dieser Anstrengungen lässt sich als Fazit festhalten, dass, während die Altindustrien weiter schrumpften, die Beschäftigtenzahlen in den Ablegern der multinationalen Konzerne, insbesondere aber im öffentlichen Dienst erheblich expandierten.

Gleichwohl gelang es nicht durch diesen Zugewinn das Problem der Arbeitslosigkeit in der Region zu lösen. Im Gegenteil, die Arbeitslosigkeit stieg bis 1975 kontinuierlich an. Hinzu kommen hohe Nettowanderungsverluste von über 100 000 Personen in den Jahren von 1961 bis 1971. Die wirtschaftlichen Probleme der Region konnten also nicht gelöst werden, sondern erhielten eher eine neue Dimension.

Die Wende der staatlichen Handlungsorientierung wird allgemein mit der Person Margaret Thatchers und den von ihr eingeführten Inhalten und Formen staatlicher Politik (Thatcherismus) in Verbindung gebracht. Im Mittelpunkt dieser Politik standen der ökonomische Liberalismus, d.h. die Zurücknahme des Staates aus der Wirtschaft durch Ausgabenkürzungen, Privatisierungen und Deregulierungsmaßnahmen, der staatliche Autoritarismus, d.h. die Herbeiführung bzw. Aufrechterhaltung einer starken staatlichen Autorität und der politische Populismus, d.h., das politische Reformpaket populär zu machen.

Durch Einsparungen bei den verstaatlichten Industrien, den Zuwendungen an die Kommunen und im Bereich der Regionalpolitik verschlechterte sich die Situation in der Region gegen Ende der 1970er Jahre dramatisch. Insgesamt gingen in der Region zwischen 1978 und 1983 über 185 000 Arbeitsplätze verloren, 17 von 33 Zechen wurden stillgelegt und die Belegschaft um 36 % reduziert. Ebenso unverschont von der wirtschaftlichen Rezession blieben Unternehmen im Produzierenden Gewerbe, „Hochtechnologieunternehmen" und der Dienstleistungsbereich.

Nach diesem tiefen Einschnitt in der regionalen Wirtschaft folgte in der zweiten Hälfte der 1980er Jahre eine Erholungsphase, in der insbesondere der Dienstleistungssektor an Beschäftigten gewann (+9,8 %). Der Anteil der in diesem Sektor Beschäftigten erhöhte sich bis 1989 auf 63,2 %. Desweiteren stieg die Zahl der Selbstständigen zwischen 1978 und 1988 um annähernd 33 %. Auch haben sich fernöstliche Firmen in den 1980er Jahren mit der Errichtung

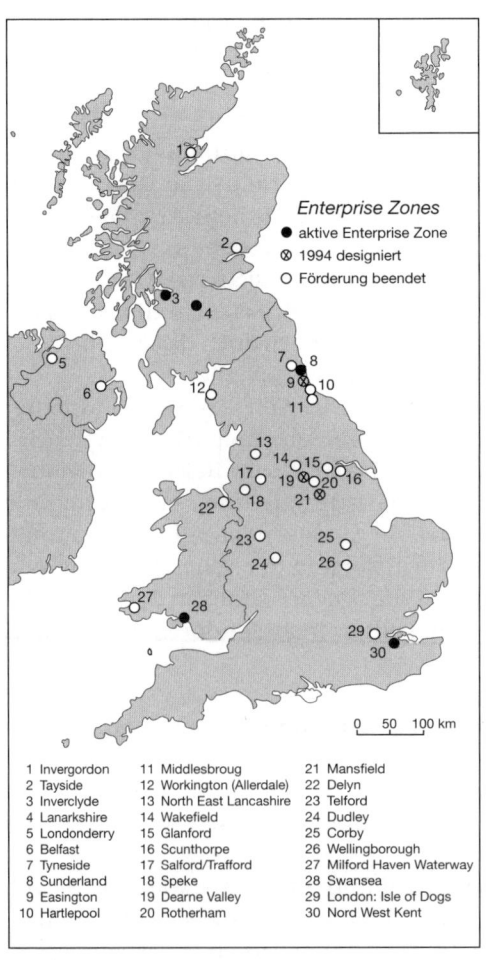

Enterprise Zones
● aktive Enterprise Zone
⊗ 1994 designiert
○ Förderung beendet

0   50   100 km

1 Invergordon	11 Middlesbroug	21 Mansfield
2 Tayside	12 Workington (Allerdale)	22 Delyn
3 Inverclyde	13 North East Lancashire	23 Telford
4 Lanarkshire	14 Wakefield	24 Dudley
5 Londonderry	15 Glanford	25 Corby
6 Belfast	16 Scunthorpe	26 Wellingborough
7 Tyneside	17 Salford/Trafford	27 Milford Haven Waterway
8 Sunderland	18 Speke	28 Swansea
9 Easington	19 Dearne Valley	29 London: Isle of Dogs
10 Hartlepool	20 Rotherham	30 Nord West Kent

Abb. C 5:
Wirtschaftsfördergebiete in Großbritannien,
Stand 1994
Quelle: SPOONER 1995,
AUS HEINEBERG 1997, S. 159
Entwurf: H. HEINEBERG, Kartographie: N. CONEJO

von Produktionsanlagen in der Region infolge der „open-door"-Politik der Regierung ein Standbein geschaffen. Von einer Re-Industrialisierung der Region kann allerdings nicht mehr gesprochen werden, sind die Zukunftsaussichten des Verarbeitenden Gewerbes insgesamt doch wenig ermutigend, vor allem angesichts der hohen Netto-Arbeitsplatzverluste während der letzten Jahre (ebenda, S. 168).

Als Resümee dieses Regionsprofils lässt sich zunächst feststellen, dass sich die wirtschaftliche Lage nach der Krise zu Beginn der 1980er Jahre entspannt hat, die wirtschaftliche Struktur aber immer noch nicht als ausgeglichen bezeichnet werden kann. Die Entspannung im Vergleich zur landesweiten ökonomischen Entwicklung aber eher bescheiden ausfällt. Hinzu kommt, dass die landesweite Rezession, die im Jahre 1990 einsetzte, die kargen Erfolge der Vorjahre aufzuzehren droht (MAIER/BUGESS/KIERA u.a. 1994; BIRK/BOVAIRD u.a. 1991).

Altindustrielle Verdichtungsräume durchlaufen seit Anfang der 1970er Jahre auch in der Bundesrepublik Deutschland eine schwierige Phase der ökonomischen Anpassung. Arbeitsplatzabbau in den ehemals bestimmenden Branchen und Großbetrieben, weiterer Rückgang der Beschäftigten im gesamten Bereich der Industrie sowie eine unterdurchschnittliche Entwicklung im Dienstleistungsbereich kennzeichnen die Situation vieler Kernräume des industriellen Zeitalters. Mit einiger Verzögerung gegenüber den Entwicklungen in den alten Industrielandschaften von Mittelengland, Nordfrankreich und den Vereinigten Staaten haben die wirtschaftlichen Umstrukturierungsprozesse auch bei uns ihre räumlichen Auswirkungen hinterlassen. Allerdings erscheint die Situation in der Bundesrepublik aufgrund massiver politischer Einflussnahme weitaus günstiger als etwa in Großbritannien, wo der Abbau industrieller Tätigkeit zur Verödung von Stadtteilen oder gar ganzen Regionen geführt hat. Wirtschaftlicher Strukturwandel hat immer auch Folgen für die Flächennutzung. So fallen Areale aus der gewerblichen Nutzung heraus, weil Betriebe ihre Fertigung aufgeben bzw. einschränken oder ihren Standort verlagern, um an anderer Stelle neue und konkurrenzfähigere Produktionsstätten zu errichten. Beobachten lässt sich dies insbesondere bei jenen Industrien, die sich in der Reife- bzw. Standardisierungsphase befinden und sich durch Stagnations- und Schrumpfungstendenzen auszeichnen, wie etwa in Bereichen der Stahl-, Textil- oder Elektroindustrie. Industriell genutzte Flächen werden jedoch nicht nur durch Betriebsschließungen freigesetzt. Auf der anderen Seite gibt es Unternehmen, die sich erfolgreich an den Markt anpassen, indem sie beispielsweise ihre Lager reduzieren oder ihre Fertigung auf wenige, aber erfolgreiche Produkte einschränken. Neue Fertigungstechniken bedingen unter Umständen eine andere Flächennutzung, wie z.B. große, eingeschossige Bauten. Lassen sich solche Vorhaben am bestehenden Standort nicht realisieren, so kann dies eine Verlagerung des Betriebs zur Folge haben, die alten Firmenflächen werden frei.

Diese freiwerdenden Industrieflächen und -gebäude können wichtige stadtentwicklungspolitische Ressourcen darstellen. So besteht auf ihnen sowohl die Chance, neue, zukunftsorientierte wirtschaftliche Aktivitäten zu etablieren, als auch ein wertvolles Potential für die Verbesserung der Siedlungsstruktur und der Umweltqualität zu gewinnen. Die Folgenutzung aufgelassener Industrieflächen ist dabei grundsätzlich offen für die gesamte Bandbreite öffentlicher und privater Flächennutzungsansprüche, so dass sich die möglichen Alternativen in folgende Kategorien einteilen lassen (HAGGENMÜLLER 1989, S. 19ff.):

• gewerbliche Wiedernutzung,
• Umnutzung zu Wohnbauflächen,
• Umnutzung zu tertiären Einrichtungen sowie
• Umnutzung zu Grün- und Erholungsflächen.

Eine Kombination dieser Bereiche kann dabei angesichts der örtlichen Gegebenheiten durchaus zweckmäßig sein. Welche der genannten Möglichkeiten jedoch dann im Einzelfall realisiert wird, hängt von einer ganzen Reihe von Faktoren ab. Die Beschaffenheit des privaten Nutzungsinteresses etwa aufgrund bestimmter Lagevorteile kann dabei ebenso eine Rolle spielen wie siedlungsstrukturelle und städtebauliche Voraussetzungen, wie z.B. die Prägung der Umgebung. Aber auch kommunale Zielvorstellungen beeinflussen die Art der neuen Nutzung. So hängt die Intensität der Nutzungsänderung ganz wesentlich von baurechtlichen Festlegungen ab. Diese setzen wiederum zunächst eine Grundsatzentscheidung innerhalb der Verwaltung voraus, ob eine freiwerdende Fläche gewerblich weitergenutzt werden soll oder ob eine Umwidmung städtebaulich angemessen erscheint. Eine Entscheidung über die Neuordnung einer Fläche ist vor allem dort schwierig, wo die Bedarfe für verschiedene Nutzungen vorhanden sind und gleichzeitig unterschiedliche Nutzungen infrage kommen.

Die Folgenutzung freigesetzter Industrieareale, etwa in Form der genannten Alternativen, kann jedoch nicht isoliert von der Altlastenproblematik und des Brachliegens solcher Flächen behandelt werden.

2.3 Brachflächen und Altlastgebiete als spezielle Probleme altindustrialisierter Räume

Das Bundesministerium für Raumordnung, Bauwesen und Städtebau bedauert in seinem Baulandbericht von 1986, dass es bisher für den Begriff „Brachflächen" keine einheitliche Definition gibt. So werden Begriffe wie Industrie- und Gewerbebrache, Brachland, Industrieruinen, untergenutzte oder suboptimal genutzte Flächen häufig für gleiche Sachverhalte gebraucht, auch fehlt bisher eine gesetzliche Definition der Brachfläche. Dabei werden in der Literatur verschiedene Möglichkeiten der Eingrenzung benutzt. So werden diese zum einen als funktionslose Flächen, von denen sich Investoren endgültig oder vorübergehend zurückgezogen haben, bezeichnet. ESTERMANN (1986) hingegen versteht unter Brachflächen Flächen, die aufgrund ihrer Lage, ihres Erscheinungsbildes, ihrer natürlichen Bedingungen oder ihrer vorherigen Nutzung nicht mehr wirtschaftlich genutzt werden können, weil die Kosten ihrer Aufbereitung in keinem Verhältnis zu den zu erwartenden Erträgen stehen. Eine weitere Definitionsmöglichkeit bietet das Maß des öffentlichen Handlungsbedarfs, das aufgewendet werden muss, um eine Wiedernutzung zu erreichen.

Im wesentlichen kann man vier Gruppen aufgegebener Industrie- und Gewerbestandorte mit brachgefallenen Flächen unterscheiden: Die erste Gruppe umfasst Industrie- und Gewerbestandorte, die hauptsächlich nach dem Zweiten Weltkrieg durch Produktionsausweitung und Gründung von Zweigbetrieben in anderen Räumen aufgegeben wurden. Zu den anderen zwei Gruppen gehören Betriebe, die entweder insgesamt ihren Standort verlegt haben, ihre Betriebsflächen aber nicht oder noch nicht verkaufen wollen, oder Betriebe, die Konkurs anmelden mussten und deren Flächen daher stillgelegt wurden. Zur vierten Gruppe zählen schließlich ehemalige Bergbaubetriebe, Zechenanlagen und Hafenanlagen, die teilweise auch mit Zuliefer- und Weiterverarbeitender Industrie besetzt sind.

Gründe für das Brachliegen bzw. -fallen gewerblicher Flächen können z.B. sein: mangelnde Nachfrage oder hohe Bodenpreise, fehlende Baurechte oder restriktive Vorgaben, qualitative Mängel oder mangelnde Erschließung, die fehlende Eignung einer Fläche für bestimmte Nutzungen oder ihr Image, geringe Ertragserwartungen, hohe Sanierungskosten oder Altlasten sowie schließlich Spekulationsabsichten. Im Baulandbericht von 1986 heißt es, dass das Brachfallen von Industrie- und Gewerbeflächen als Folge wirtschaftlichen Strukturwandels oder einzelbetrieblicher Entscheidungen auftritt und in gewissem Umfang eine normale Erscheinung sei, die es seit jeher in der Stadtentwicklung gab. Bis Mitte der 1970er Jahre handelte es sich bei den auftretenden Brachflächen in der Regel um Einzelfälle. Diese Flächen wurden meist relativ kurzfristig von Nachbar- oder Nachfolgebetrieben, von Wohnungsunternehmen oder auch von den Gemeinden zu ihren Zwecken erworben. Doch innerhalb des letzten Jahrzehnts haben sich vor allem Industrie- und Gewerbebrachen zu einer verbreiteten Dauererscheinung entwickelt.

Schon früh wurde die Ansicht vertreten, dass brachgefallene Gewerbeflächen und Fabriken den Anforderungen moderner Betriebe nicht genügten, was z.B. Standort, Gebietsimage, Grundstücksfläche, Konstruktion der Gebäude und technische Ausstattung der Fabrikationsstätten betrifft. Besonders die Wiedernutzung von Spezialanlagen, wie Kokereien oder Raffinerien, aber auch von Flächen an peripheren Standorten gestaltet sich mangels Nachfrage äußerst schwierig. Gegenwärtig sind angesichts des strukturellen Wandels der Wirtschaft folgende Tendenzen zu beobachten:

Nicht nur der Tertiäre Sektor, sondern auch der Anteil tertiärer Beschäftigter in Betrieben des Sekundären Sektors nimmt zu. Damit steigen die Anforderungen an Betriebsstandorte, die vergleichbar sind mit den Anforderungen an Kern- und Mischgebiete. Es bilden sich zudem neue Formen „sekundär-tertiärer Mischnutzungen" heraus, z.B. Kombinationen von Verwaltung, Lager und Service oder Großhandel und Reparatur. Diese Einrichtungen fordern Standorte, ähnlich denen des Tertiären Sektors: „Besser als ein Gewerbegebiet, aber nicht unbedingt so hochwertig wie ein Bürostandort" (KUHNERT 1990, S. 18).

Die betreffenden Gemeinden wie auch die Eigentümer sind jedoch oft aufgrund der immensen Kosten für Abbruch oder Neuerschließung solcher Flächen nicht in der Lage, diese einer Wiedernutzung zuzuführen. Übergeordnete Fördermittel gibt es nur in geringerem Umfang, die Kosten könnten aber zum Teil von Einzelmaßnahmen verschiedener Projekte gedeckt werden, z.B. mittels eines Grundstückfonds oder innerhalb des Städtebauförderungsgesetzes. Dennoch sind Maßnahmen zur Brachflächenreaktivierung bei der derzeitigen kommunalen Haushaltssituation schwer zu finanzieren. Die Folge ist, dass bei neuem Flächenbedarf von den Gemeinden der leichtere Weg der planungsrechtlichen Ausweisung bisher unbesiedelter Flächen meist im Außenbereich bestritten wird. Auch könnten noch weitere Gründe für das Fehlen von Nachnutzungen auf brachliegenden Flächen angeführt werden. Beispielsweise ist ein großer Teil dieser sog. Brachflächen für eine gewerbliche Nutzung nicht verfügbar, weil sie sich entweder nicht im Besitz der Gemeinden befinden oder als betriebliche Reserveflächen vorgehalten werden. Viele dieser Flächen sind kurzfristig nicht aktivierbar, weil die Eigentümer z.B. an einem Verkauf oder einer weiteren Nutzung kein Interesse haben und rein rechtlich auch nicht dazu gezwungen werden können. Zudem können diese Flächen z.T. auch nur mit Einschränkungen wiedergenutzt werden, beispielsweise aufgrund ihres Zuschnitts, ihrer unzureichenden Erschließung, ihrer Lage oder ihrer Bodenbelastungen.

Obwohl es keine genauen flächendeckenden Angaben über Lage und Umfang der Brachflächen in der Bundesrepublik Deutschland gibt und Erhebungen zu un- oder untergenutzten Flächen nur von wenigen Städten durchgeführt worden sind, lässt sich sagen, dass in Deutschland Gewerbebrachen flächendeckende Phänomene sind, die zu Beginn der 1990er Jahre in rund 80% aller Kommunen zu beobachten waren. Mit wachsender Gemeindegröße und steigenden Baulandpreisen nimmt die Zahl der Gewerbebrachen zu, und ihr städtebauliches Konfliktpotential ist insbesondere in altindustrialisierten und hochverdichteten Standorten groß. So lag der Brachflächenanteil in Städten mit 200 000 bis 500 000 Einwohnern Anfang der 1980er Jahre um 200% und in Städten mit mehr als 500 000 Einwohner um 600% über dem Durchschnitt aller Städte; 75% der brachliegenden Flächen entfielen dabei auf altindustrialisierte Standorte, was einem Anteil von 25% aller Einzelfälle entspricht. Insgesamt wird die Summe der Anfang der 1990er Jahre in deutschen Städten brachliegenden Gewerbeflächen auf mehr als 30 000 bis 50 000 ha geschätzt (Dosch 1994, S. 125).

Von Bedeutung für die Brachflächenreaktivierung ist die Führung eines fortschreibungsfähigen Brachflächenkatasters durch die Gemeinden, weil hierdurch ein Überblick über Zahl, Größe und Art der Brachflächen ermöglicht wird. Das Kataster enthält eine Beschreibung des Flächenzustandes und Angaben zur Eigentumsstruktur sowie zur Verwendbarkeit der Flächen unter Berücksichtigung städtebaulicher, ökologischer und strukturpolitischer Ziele. Zur Anlegung eines solchen Brachflächenkatasters sind auf der ersten Stufe möglichst viele Informationen zu sammeln, um danach die Brachflächen in die folgenden Typen einteilen zu können: (vgl. Dietrich 1984, S. 977)

- *Typ 1: Selbstläufer*
  Hier handelt es sich um Flächen guter Verwendbarkeit, für sie besteht kein Handlungsbedarf, da ihre Um- oder Wiedernutzung spätestens nach 3 bis 5 Jahren zu erwarten ist. Die planungsrechtliche Situation nach §§ 30, 34 Bau-GB ist eindeutig geklärt, und damit ist die Situation für die vorgesehene Nutzung günstig.
- *Typ 2: Chance bei Planung*
  Ähnlich verhält es sich mit dem Brachflächentyp II: Hierbei handelt es sich um Flächen mittlerer Verwendbarkeit, für die allerdings erst noch die planungsrechtliche Situation geklärt werden muss. Zu ihnen zählen u.a. Grundstücke in Gemengelagen, innerhalb der zusammenhängend bebauten Ortsteile.

- *Typ 3: Chance bei Förderung*
  Hier ist zwar die planungsrechtliche Situation geklärt, es sind jedoch Ordnungs-
  maßnahmen erforderlich. Aufgrund der anfallenden unrentierlichen Kosten ist
  das Gelände nur bei finanzieller Förderung für eine Neunutzung interessant.
- *Typ 4: Chance bei Planung und Förderung*
  Trotz der grundsätzlichen Eignung der Fläche für eine bauliche Nutzung besteht
  erheblicher Handlungsbedarf, da die planungsrechtliche Situation ungeklärt ist
  und erhebliche unrentierliche Kosten entstehen.
- *Typ 5: Problemflächen*
  Diese sind in der Regel durch eine ungünstige Lage und durch das Auftreten von
  Altlasten gekennzeichnet; auch bei Planung und Förderung stößt eine Weiternut-
  zung der Flächen auf erhebliche Schwierigkeiten.

Wie bereits angedeutet, stellen Brachen für die betroffenen Kommunen nicht nur
ein Problem dar, sondern sind zugleich als wertvolle Potentiale für die von Flächen-
knappheit gekennzeichneten Städte zu sehen. Angesichts des fortschreitenden
Landschaftsverbrauchs und der damit einhergehenden Naturzerstörung wird das
Postulat nach einer verstärkten Innenentwicklung der Städte immer deutlicher. Innenentwicklung bedeutet dabei, den Stadtumbau einem weiteren Ausbau vorzuzie-
hen, was impliziert, dass die Nachfrage von Wohnbau- und Gewerbeflächen nicht
mehr – wie jahrzehntelang selbstverständlich – am Stadtrand durch Bebauung ehemals land- oder forstwirtschaftlicher Flächen realisiert wird, sondern auf gebrauch-
te Standorte im Innenbereich der Städte gelenkt werden muss. Hierbei kann es
sich um brachliegende Gewerbeflächen, Baulücken, Leerstände oder nicht mehr
benötigte Infrastrukturflächen bzw. auch sog. KONVER-Flächen, ehemals mili-
tärisch genutzte Flächen handeln.

Eine brachliegende Fläche kann entweder langfristig ungenutzt bleiben oder
wieder- bzw. umgenutzt werden. Hierbei lassen sich die folgenden Kategorien unterscheiden:

- Die Wiedernutzung „erster Ordnung", d.h.,
  die Fläche wird weiterhin durch Betriebe derselben Art gewerblich genutzt. Diese
  Nutzung entspricht meist den planungsrechtlichen Vorgaben;
- die Wiedernutzung „zweiter Ordnung", d.h.,
  das Gebiet wird zwar weiterhin gewerblich genutzt, aber durch Betriebe anderen
  Typs, wie Einzelhandelsbetriebe, also Tertiärbetriebe, und
- die Umnutzung „erster Ordnung", d.h.,
  der Bereich wird weiterhin gewerblich genutzt, aber in eingeschränkterem Maße
  als vorher.

2.4　Fallbeispiel: Neue Standortprozesse in traditionellen Gewerbearealen – das Beispiel Augsburg

(vgl. HAGGENMÜLLER 1989)

Wie bereits dargestellt, ist die Freisetzung industrieller Flächen vor allem vor dem Hintergrund des wirtschaftlichen Strukturwandels zu sehen. Genannt seien hier nochmals Aspekte wie der Bedeutungsverlust des Sekundären Sektors, die Tertiärisierung der Wirtschaft, die Veränderung der internationalen Arbeitsteilung sowie der verstärkte Einsatz neuer Produktionstechnologien. Diese allgemeinen Entwicklungstrends schlagen sich auch in der stadtökonomischen Struktur Augsburgs nieder und beeinflussen damit die Nutzung von Industriearealen. Ähnlich wie in anderen altindustrialisierten Verdichtungsräumen hat die Zahl der Beschäftigten im gesamten Produzierenden Gewerbe stark abgenommen. Auch in Augsburg vollzieht sich eine zunehmende Umschichtung der wirtschaftlichen Aktivitäten vom Sekundären hin zum Tertiären Sektor. Innerhalb des Sekundären Sektors musste

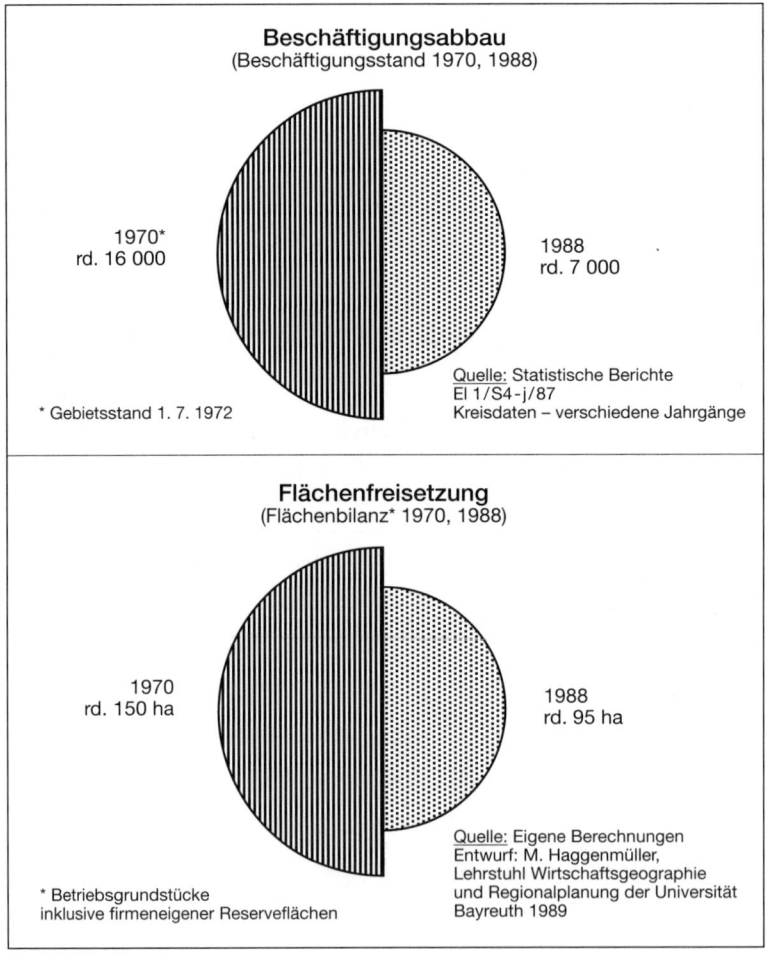

Beschäftigungsabbau
(Beschäftigungsstand 1970, 1988)

1970*
rd. 16 000

1988
rd. 7 000

Quelle: Statistische Berichte
EI 1/S4-j/87
Kreisdaten – verschiedene Jahrgänge

* Gebietsstand 1. 7. 1972

Flächenfreisetzung
(Flächenbilanz* 1970, 1988)

1970
rd. 150 ha

1988
rd. 95 ha

Quelle: Eigene Berechnungen
Entwurf: M. Haggenmüller,
Lehrstuhl Wirtschaftsgeographie
und Regionalplanung der Universität
Bayreuth 1989

* Betriebsgrundstücke
inklusive firmeneigener Reserveflächen

Abb. C 6:
Strukturwandel in
der Textilindustrie
Augsburgs
Quelle:
HAGGENMÜLLER
1989, S. 48

vor allem der Bereich der industriellen Tätigkeit einen starken Rückgang von Betrieben und Beschäftigten hinnehmen, insbesondere in den traditionellen, orts-spezifischen Branchen Textil und Maschinenbau (Abb. C 6).

Was nun die Verortung der genannten Prozesse innerhalb der Stadt Augsburg anbelangt, so waren vom Abbau der industriellen Aktivitäten vor allem traditionel-le Standorte, wie Innenstadt, Oberhausen, Pfersee und Lechhausen, betroffen. Dies gilt insbesondere für das zum Planungsraum Innenstadt zählende Textilviertel am östlichen Rand der Altstadt sowie für das zum Planungsraum Oberhausen zählende MAN-Viertel am nördlichen Altstadtrand (Abb. C 7).

Als Gründe für die Aufgabe industriell genutzter Areale sind vier Fälle zu unter-scheiden, und zwar:
• die Betriebsschließung (44%),
• die Betriebsverlagerung (36%),

Abb. C 7: Veränderungen der Industriebeschäftigtenzahl in Augsburg 1970 – 1987
Quelle: HAGGENMÜLLER 1989, S. 53

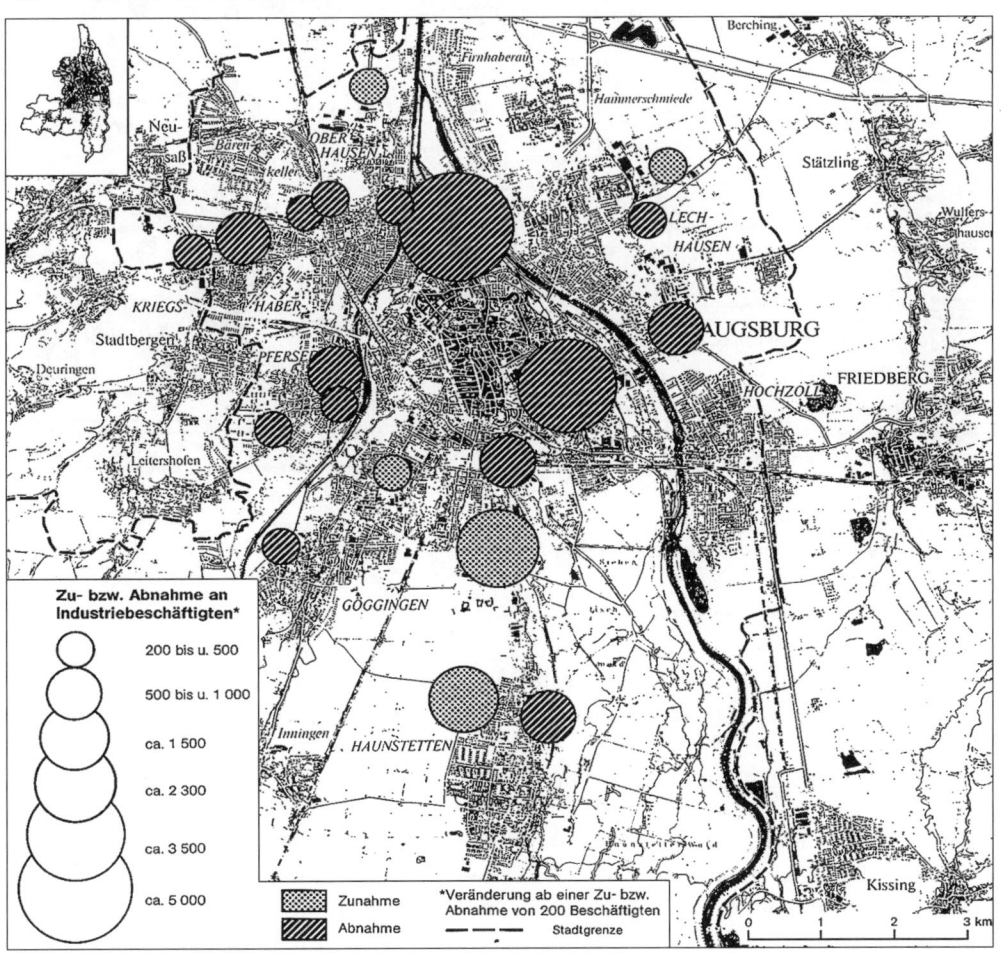

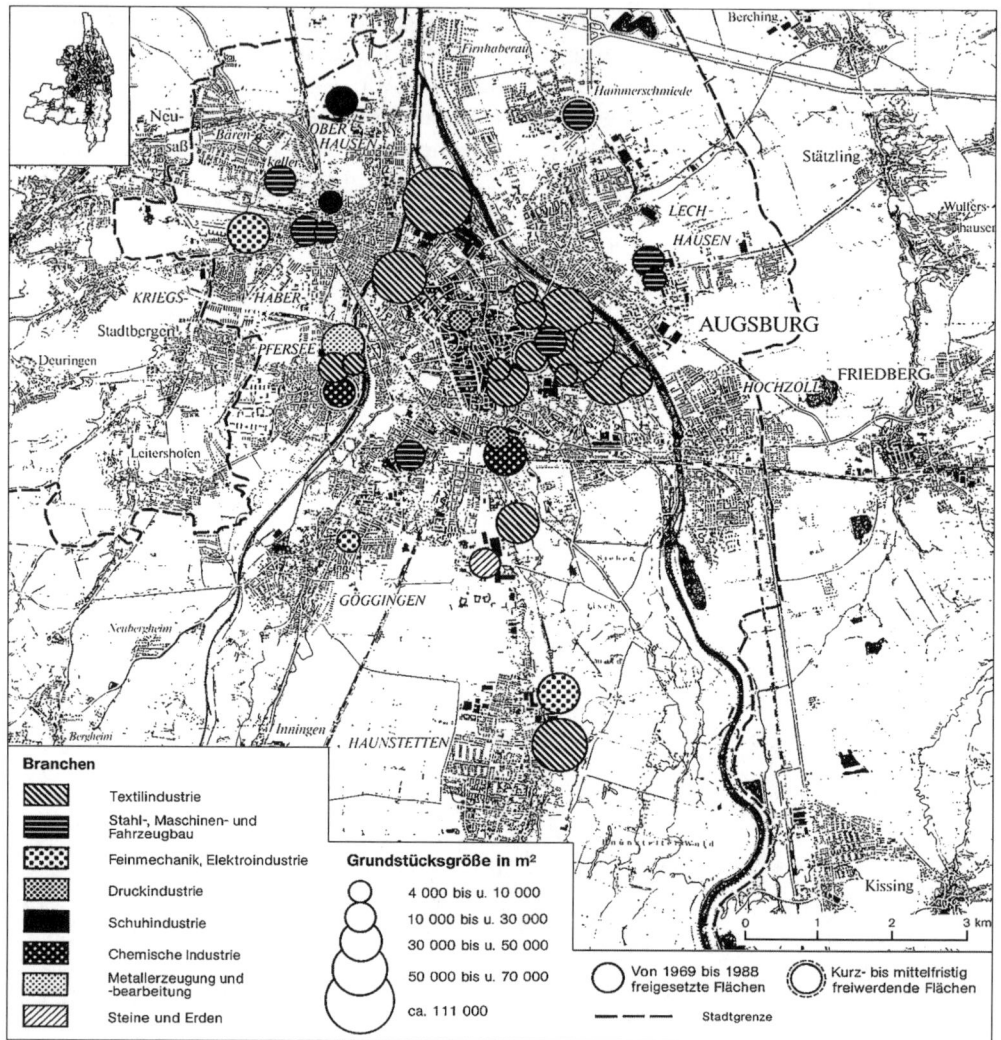

Abb. C 8: Freigesetzte Industrieareale in Augsburg
Quelle: HAGGENMÜLLER 1989, S. 61
Kartengrundlage: Bayerisches Landesvermessungsamt München

- das Abstoßen von nicht mehr benötigten Flächenreserven (14%) und
- die betriebliche Umstrukturierung auf einem kleinen Firmenareal (6%) (HAGGEN-
  MÜLLER 1989, S. 65).

Obgleich vom Rückgang an Betrieben und Beschäftigten in erster Linie die alten
Standorte betroffen waren, zeichnet sich bei der Verteilung der Industrie eine deutliche Stabilität traditioneller Raumstrukturen ab. Insbesondere die alteingeses-
senen, größeren Unternehmen weisen eine starke Standortpersistenz auf. Zu den
Faktoren die hierbei eine Rolle spielen, zählen vorhandene Flächenreserven, die
erheblichen Kosten einer Verlagerung sowie die Wachstumsschwäche, vor allem in

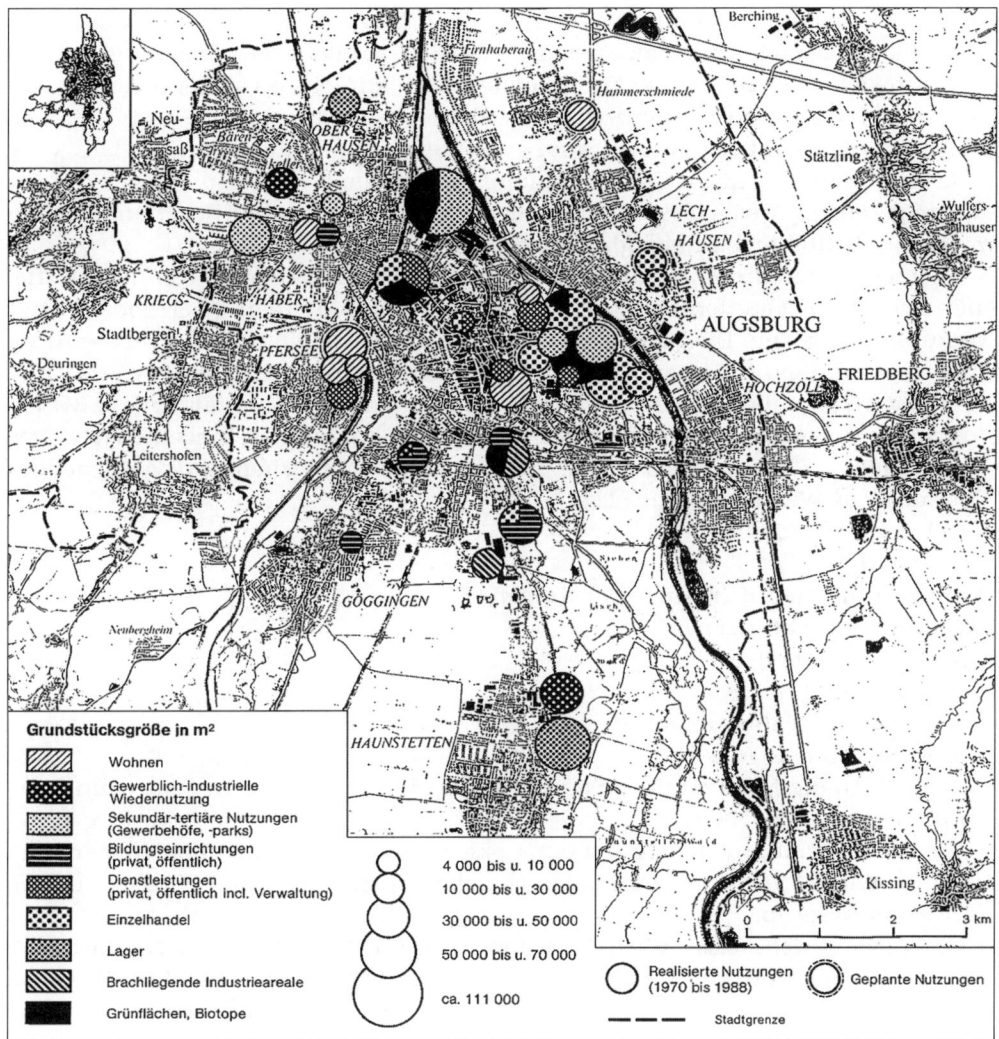

Abb. C 9: Folgenutzung der freigesetzten Industrieareale in Augsburg
Quelle: HAGGENMÜLLER 1989, S. 74
Kartengrundlage: Bayerisches Landesvermessungsamt München

den 1970er und Anfang der 1980er Jahre, die eine räumliche Veränderung aus-
schloss. Des Weiteren gibt es in Augsburg in gewissem Umfang eine Umverteilung
der industriellen Tätigkeit, wobei zwei Teilprozesse unterschieden werden müssen.
Zum einen handelt es sich um eine innerstädtische Stadtrand-Verlagerung in die
Gewerbegebiete am nördlichen, östlichen und südlichen Stadtrand. Zum anderen
verlassen eine Reihe von Betrieben aber auch das Stadtgebiet, um sich im stadt-
nahen Umland wieder anzusiedeln (Industriesuburbanisierung). Motive für diese
räumlichen Anpassungsmaßnahmen sind fehlende Erweiterungsflächen, Nichteig-
nung des jetzigen Standortes für Modernisierung und Produktionsumgestaltung,

ungünstige Verkehrsanbindung sowie behördliche Auflagen, z.B. im Bereich des Umweltschutzes oder der Bauaufsicht. Was die Grundstücksgröße anbelangt, so bewegen sich zwei Drittel der freigesetzten Areale in einer Größenordnung von 4 000 m² bis 30 000 m². Die durchschnittliche Grundstücksgröße liegt bei etwa 29 000 m². Insgesamt ist es für Augsburg aber kennzeichnend, dass sich relativ viele Fälle mit jeweils geringem Flächenumfang bestimmen lassen. Hinsichtlich der Art der freigesetzten Areale lässt sich feststellen, dass es sich in der Regel um Flächen mit darauf befindlichen Gebäuden handelt (Abb. C 8).

Betrachtet man die Folgenutzung, so wird deutlich, dass ehemalige Industrieflächen grundsätzlich offen sind für die ganze Bandbreite öffentlicher und privater Nutzungsansprüche. Die Palette reicht von der industriellen Weiterverwendung über das Wohnen bis hin zu Freizeiteinrichtungen. Innerhalb des gewerblichen Bereichs treten dabei im besonderen Maße sogenannte sekundär-tertiäre Mischnutzungen in Form von Gewerbehöfen in den Vordergrund. Im Einzelnen (HAGGENMÜLLER 1989, S. 73) lassen sich die Folgenutzungen folgendermaßen differenzieren:
• gewerbliche Wiedernutzung (22%),
• Wohnnutzung (22%),
• Einzelhandel (22%),
• private und öffentliche Dienstleistungen (17%),
• Bildungseinrichtungen (14%),
• Grünflächen (14%),
• Lager (6%) und
• brachliegende Fabrikareale (6%).
Insgesamt kann also das Nutzungsspektrum als recht vielseitig angesehen werden, wobei jedoch die Mehrzahl der Standorte für die gewerbliche Inanspruchnahme verloren geht (Abb. C 9).

Betrachtet man, inwieweit bei den verschieden Folgenutzungen vorhandene Gebäude wieder Verwendung finden, so zeichnet sich auch hier eine recht hohe Verwertungsrate ab.

Dabei zeigt sich, dass Industriebauten nicht nur langlebig sind, sondern sich auch an eine Vielzahl von Nutzungen anpassen lassen. So ist es möglich, Fabriken in Skelettbauweise ohne größeren Umbauaufwand nutzungsfreundlich umzugestalten. Das Spektrum der beobachtbaren Wiedernutzungsalternativen in Augsburg reicht dabei vom Gewerbehof über Freizeit- und Einkaufseinrichtungen bis hin zu Schulen und Wohnungen. Wurden lange Zeit die architektonisch wertvollen Fabrikgebäude abgerissen, so setzt sich in neuester Zeit immer mehr die Vorstellung durch, diese Gebäude in lukrative Eigentumswohnungsprojekte, z.B. in Form von Atelierwohnungen, umzunutzen. Die Diskussion um den Erhalt freigesetzter Industriegebäude ist dabei auch vor dem Hintergrund zu sehen, dass neben den harten Standortfaktoren die Attraktivität einer Stadt immer mehr von weichen Faktoren abhängt. Hierzu zählen mehr und mehr Aspekte, die unter den Begriffen Atmosphäre, Flair oder Ambiente gehandelt werden. Der pflegliche Umgang mit Zeugen der Industriegeschichte sollte daher als Chance für das Stadtbild begriffen werden.

Unterzieht man die Aktivitäten der Stadt Augsburg bei der Handhabung freiwerdender Industrieareale einer zusammenfassenden Analyse, dann zeigt sich hier ein stark variierendes Spektrum. Hinsichtlich des Grades kommunalen Engagements lassen sich im Einzelnen folgende Stufen unterscheiden:

- Die Folgenutzung freigesetzter Industrieareale wird dem Markt überlassen (passive Sanierung).
- Die Kommune übernimmt Vermittlungs- und Beratungsfunktionen.
- Es wird zur Verhinderung unerwünschter Umnutzungen ein programmatisches Konzept für bestimmte Stadtzonen entwickelt (Entwicklungskonzept Textilviertel).
- Ausschöpfung des Planungs- und Bauordnungsrechts zur Verhinderung unerwünschter Nachfolgenutzungen.
- Als Maßnahme zur Wirtschaftsförderung oder zur Sicherstellung bestimmter Nutzungen entschließt sich die Kommune zum Zwischenerwerb eines freigesetzten Industrieareals.

Hinsichtlich der Behandlung freigesetzter Industrieareale sei angemerkt, dass nicht von vornherein festgelegt werden kann, die Flächen grundsätzlich nur für den Stadtumbau zu verwenden, eine gewerbliche Wiedernutzung zu etablieren oder eine Freifläche zu schaffen. Eine Entscheidung darüber lässt sich letztlich nur situationsbezogen fällen. Befindet sich beispielsweise ein Betrieb ohnehin in einem Wohngebiet, dann bietet sich die Wohnnutzung nach der Auflassung des Areals von selbst an. Dominiert die gewerbliche Nutzung, so würde durch die Genehmigung einer Wohnbebauung eine Gemengelage geschaffen bzw. gefördert. Generell sollte in jedem Fall geprüft werden, inwieweit die vorhandene Bausubstanz wiederverwendet werden kann, hat es sich doch gezeigt, dass sich mit Phantasie sowohl funktional als auch gestalterisch gute Lösungen bei der erneuten Nutzung von alten Industriegebäuden hervorbringen lassen.

3   Die Industrie im peripheren Raum

Gegenüber der Diskussion von Standortfragen der Industrie im Verdichtungsraum kann bei der Industrie im peripheren Raum keineswegs eine naive analoge Übertragung der Problematik vom Verdichtungsraum auf den peripheren Raum vorgenommen werden. Dazu sind z.B. in Deutschland die Rahmenbedingungen zu verschieden; hier insbesondere unter dem Einfluss des Europäischen Binnenmarktes, der Wiedervereinigung beider deutscher Staaten und der Grenzöffnung zu den östlichen Nachbarstaaten.

3.1   Funktion und Wirkung von Zweigbetrieben

Der periphere Raum, zunächst als ein am Rande gelegenes, distanziell also schwer erreichbares Gebiet definiert und gleichzeitig ein fremdgesteuertes und damit abhängiges Gebiet, ist für die Industrie in den 1960er und 1970er Jahren zunehmend als Träger von Produktionsfunktionen interessant geworden. Durch den wirtschaftlichen Aufschwung und das Erreichen der Vollbeschäftigung Mitte der 1960er Jahre entstand in den bis dahin dominierenden Zentren industrieller Tätigkeit ein Engpass nicht nur in Bezug auf die Flächenausdehnung, sondern vor allem auf die Beschäftigten und – damit zusammenhängend – die Lohnkosten. Die ländlichen Räume boten damals noch geringere Lohnkosten und durch Freisetzung von Arbeitskräften aus der Landwirtschaft bzw. infolge relativ hoher Geburtenquoten bei bescheidener quantitativer Abwanderung ein großes Arbeitskräftepotential. Während Ende der 1950er Jahre die meisten Verlagerungen noch innerhalb der Verdichtungsgebiete stattfanden, wurden in den 1960er Jahren auch Gebiete in die Entscheidungen einbezogen, die als weniger entwickelt galten. In Verbindung mit dem Wirtschaftsaufschwung gewannen dann die ländlichen Gebiete immer mehr an Bedeutung, wobei neben Verlagerungen nun auch Neugründungen von Betrieben vorkamen. Zunehmend wurden die Unternehmensstandorte gespalten in Stätten der Produktion und der Verwaltung, wobei häufig die Produktionsstätten in den ländlichen Raum verlagert wurden. Es kam zu einem regelrechten Filialboom in Form von verlängerten Werkbänken.

Die erfolgten Zweigbetriebsgründungen fertigten in der Regel Konsumgüter; es überwogen daher Massenproduktion und standardisierte Fertigungsverfahren. Gemessen am Produktlebenszyklus produzierten sie folglich in dessen Schlussphasen. Die Bewertung dieser Zweigbetriebe hat sich in den letzten zwanzig Jahren nun grundlegend gewandelt. Während in den 1960er Jahren insbesondere ihre arbeitsplatzschaffende Funktion, etwa gegenüber den aus der Landwirtschaft ausscheidenden Arbeitskräften, positiv gesehen wurde, änderte sich diese Sichtweise seit den 1980er Jahren erheblich, in Form einer differenzierten Bewertung. Da konsumgüterproduzierende, wenig spezialisierte Zweigbetriebe einem verschärften Wettbewerb vor allem aus Schwellenländern, wie z.B. Irland, Portugal, Singapur oder auch osteuropäischen Ländern ausgesetzt sind, ist der Standort peripherer Raum, bedingt durch die Höhe der Personalkosten sowie aufgrund veränderter Aktionsradien der Unternehmen, heute häufig nur noch suboptimal. Dies kommt beispielsweise darin zum Ausdruck, dass Zweigbetriebe im peripheren Raum langsamer wachsen als Stammbetriebe und Arbeitsplätze in Zweigbetrieben konjunkturell und strukturell weniger stabil sind als jene in Stammbetrieben und seit Mitte der 1990er Jahre wieder einen stärkeren Abbau bzw. eine Konzentration auf die Stammbetriebe aufweisen (vgl. MAIER 1995, S. 169 ff.). Außerdem werden zunehmend die qualitativen Arbeitsmarktwirkungen von Zweigbetrieben kritisch bewertet, wie z.B. die eingeschränkten Berufswahlmöglichkeiten für Jugendliche, die geringe Ausbildungstätigkeit der Zweigbetriebe sowie die begrenzten Aufstiegsmöglichkeiten. Aus sozialpolitischen Erwägungen ist darüber hinaus die ausgeprägte Trennung von Stamm- und Randbelegschaft kritisch zu bewerten.

Zweigbetriebe als Teile von Mehrbetriebsunternehmen gab es bereits ab Mitte des letzten Jahrhunderts. Sie waren aber meist in den wirtschaftlichen Zentren konzentriert. Durch den Wirtschaftsaufschwung und die drohende Kriegsgefahr vor (und auch während) des Zweiten Weltkrieges erfuhren sie in Deutschland eine weitere Blütezeit. Doch führte erst – wie bereits angeführt – das Vorhandensein billiger Arbeitskräfte, das günstige Angebot verfügbarer Betriebsflächen sowie die Inanspruchnahme staatlicher Finanzierungshilfen dazu, dass zahlreiche Unternehmen Ende der 1960er Jahre bis Mitte der 1970er Jahre Teile ihrer Produktion in periphere Räume verlagerten. Diese Standortdiversifizierungspolitik, von TIMMERMANN (1973, S. 41 - 49) neben Produktinnovation und Rationalisierung als wichtigstes Instrument zur Sicherung des Unternehmens bei einem immer schneller sich verändernden Umweltsystem angesehen, erwies sich jedoch für periphere Räume aufgrund der zunehmenden Abhängigkeiten von den Verdichtungsgebieten als Problem. Zweigbetriebe erhielten somit in der Raumforschungs- und -planungsliteratur in den 1980er Jahren im Allgemeinen eine negative Bewertung, wurden häufig als das entscheidende Hindernis für den Abbau der regionalen Disparitäten angesehen, ganz gleich, ob man nun vom standorttheoretischen Ansatz, wie etwa PREDÖHL (1962), oder von einer dependenztheoretischen Orientierung, etwa bei GALTUNG (1980, S. 27 - 105), ausgeht.

Damit stellt sich jedoch ebenso die Frage nach den innerbetrieblichen Entscheidungsstrukturen. Für die Bewertung von Zweigbetrieben und ihrer Funktion in peripheren Räumen ist neben dem Investitionsaufwand vor allem ihr Maschinenkapital, für die Zentrum-Peripherie-Abhängigkeit der Grad an Entscheidungsdezentralisierung bzw. an eigenem Entscheidungsspielraum der Zweigbetriebsleitung von Bedeutung. Werden Fertigungsstätten im Produktionsbereich nach betriebswirtschaftlichen Gesichtspunkten weitgehend autonom geführt, führen diese eigene Forschungs- und Entwicklungsabteilungen und sind im Vertriebsbereich unternehmerisch verantwortlich, bedeutet diese Strategie aus der Sicht der Regionalpolitik:

- eine relativ geringe Krisenanfälligkeit der Zweigbetriebe, da sie keine verlängerten Werkbänke oder gar Rucksack-Betriebe sind, die rasch ihren Standort wechseln können;
- qualifizierte Arbeitsplätze stehen zur Verfügung, sowohl im technischen wie auch im kaufmännischen Bereich; die Gefahr einer sozialen Erosion ist dadurch gemindert;
- regionale Wachstumsimpulse (spill-overs) werden induziert, jedoch besteht eine direkte Abhängigkeit in Gestalt einer vertikalen Integration der Zweigbetriebe zu

den Zentren in den Bereichen Produktionsvorgabe, Absatzmarkt und Gewinnver-
wendung.

Nehmen die Zweigbetriebe aber z.B. nur Montagearbeiten vor, wobei die benötigten
Materialien aus dem Stammwerk bezogen und in billig angemieteten Hallen
zwischengelagert und montiert werden, resultiert für die örtliche Wirtschaftsstruktur der peripheren Räume folgende Problematik:

- eine relativ hohe Krisenanfälligkeit, insbesondere für die sog. Randbelegschaft,
- weitgehend unqualifizierte Arbeitsplätze für un- und angelernte Arbeitskräfte
  ohne größere berufliche Aufstiegsmöglichkeiten;
- geringe regionale Wachstumsimpulse und
- eine hochgradige Abhängigkeit von Entscheidungen der Zentrale (vgl. HARMS
  Handbuch..., 1984, S. 210 f.).

Versucht man nun die verschiedenen Wirkungen von Zweigbetrieben zusammenzufassen und einer Bewertung zu unterziehen, so lassen sich – theoretisch –
zwei Bereiche unterscheiden:

- *Wirkungen auf den regionalen Arbeitsmarkt*

Unter dem Aspekt der Arbeitsplatzstabilität werden Zweigbetriebe häufig als eher
negativ bewertet (Pufferfunktion bei konjunkturellen Schwankungen). Auch wenn
dies sicherlich grundsätzlich zutrifft, so muss doch betont werden, dass größere
und kapitalintensivere Betriebsstätten durchaus beschäftigungsstabilisierende
Wirkungen besitzen. Formen der Instabilität treten insoweit auf, als die Zweigbetriebe im Konjunkturverlauf in der Regel größere Beschäftigungsschwankungen
aufweisen als ihre Stammbetriebe in den Wirtschaftszentren. Diese konjunkturelle
Anpassungsstrategie gilt es insbesondere deshalb zu kritisieren, weil davon überwiegend weibliche Arbeitskräfte betroffen sind.

- *Wirkungen auf den sonstigen regionalwirtschaftlichen Kreislauf*

Versucht man, diese Überlegungen im Sinne der Zentrum-Peripherie-Diskussion zu
erweitern, so kann man – etwas generalisierend – folgendes feststellen: Zweigbetriebe mit Stammsitz in den Verdichtungsräumen können sicherlich als Brückenköpfe
im peripheren Raum im Sinne von SENGHAAS (1980) bezeichnet werden. Ihre Gründung erfolgt in der Regel mit der Intention, durch die Abschöpfung günstiger
Arbeitsmarktressourcen in den peripheren Gebieten Ersparnisse zu erzielen. Dadurch entstehen im Allgemeinen auch vertikale Interaktions- oder Abhängigkeits-
beziehungen, wobei die Institutionalisierung der Zweigbetriebe hauptsächlich in
der mehr oder weniger festen Integration in das gesamtunternehmerische Organi-
sationssystem bzw. in festen vertraglichen Bindungen an das Gesamtunternehmen
besteht. Ganz in diesem Sinne waren in den Jahren 1990 – 92 die Zweigbetriebsver-
lagerungen „über die Grenze", etwa nach Westböhmen, aus Sicht bayerischer
Stammbetriebe zu verstehen. Deutliche Differenzierungen gegenüber diesen
grundsätzlichen Aussagen können bei Zweigbetrieben mit einer relativ breiten, fast
eigenständigen Entscheidungsfreiheit auftreten, ferner bei Großbetrieben, insbesondere des Investitionsgüterbereichs mit entsprechendem Aufwand an Gebäude-
und Maschinenkapital.

3.2 Die Rolle kleiner und mittlerer Betriebe für die Standortstruktur der Industrie

Nimmt man das Leitbild der Raumordnung ernst, eine Gleichwertigkeit der Lebensbedingungen in allen Teilräumen zu erreichen, die Außenabhängigkeit der peripheren Regionen bei gleichzeitiger Stärkung der regionalen Entscheidungsmöglichkeiten zu reduzieren und dabei insbesondere die vorhandenen regionalen Potentiale in die Überlegungen einzubeziehen, so lässt sich diese Betonung der Selbstständigkeit auch auf die räumliche Wirtschaftsstruktur übertragen. Dies wird besonders unterstützt durch die in den peripheren Räumen vorherrschenden Klein- und Mittelbetriebe mit einem hohen Anteil an unabhängigen Stammunternehmen. Die Bedeutung kleiner und mittlerer Betriebe für die Entwicklung der ländlichen Räume wurde bis etwa Mitte der 1970er Jahre von Seiten der Regionalforschung und –politik weitgehend negiert. Demgegenüber erfolgte seit Mitte der 1980er Jahre zunehmend der Hinweis auf die Relevanz dieser Betriebsgrößen für periphere Regionen, insbesondere bezogen auf deren quantitative und qualitative Wirkungen auf den Arbeitsmarkt.

Eine formale Abgrenzung zwischen kleinen, mittleren und großen Betrieben ist dabei nach der Markt- und Betriebsgrößenstruktur der Unternehmen ebenso in die Überlegungen aufzunehmen wie die Berücksichtigung branchenspezifischer Merkmale. In der Regel wird als Abgrenzungskriterium die Zahl der Beschäftigten oder die Umsatzhöhe herangezogen. In raumordnungs- und regionalpolitischer Hinsicht ist vor allem dem Arbeitsplatzangebot eine hohe Bedeutung zuzumessen. Vor dem Hintergrund dieser Rahmenbedingungen soll die Festsetzung der konkreten Schwellenwerte für die Abgrenzung der Betriebsgrößen entsprechend Tabelle C 1 vorgenommen werden.

Eine sekundärstatistische Stützung erfuhr die als sog. Kleinbetriebshypothese in der Literatur bezeichnete Vermutung einer hohen Relevanz kleiner und mittlerer Betriebe für die räumliche Entwicklung z.B. durch die Arbeitsstättenzählung 1987 in den Alten Bundesländern. Sie zeigte, dass im Zeitraum der Jahre 1970 bis 1987 bei den Arbeitsstätten insgesamt ein Zuwachs um rd. 2,6 Mio. Arbeitsplätze festzustellen war. Davon wurden rund 71% in Arbeitsstätten mit bis zu 19 Beschäftigten geschaffen, und hier wiederum mit Schwerpunkt in der Größenklasse 5 bis 9 Beschäftigte. 47,7% aller Beschäftigten in der alten Bundesrepublik arbeiteten 1987 in Arbeitsstätten mit weniger als 20 Beschäftigten. Regional differenziert weisen gerade ländliche Regionen in der Regel einen weit überdurchschnittlichen Anteil von Beschäftigten in kleinen und mittleren Betrieben auf. Diese Betriebe bilden damit für die Entwicklung dieser Regionen eine entscheidende wirtschaftliche Basis und

Tab. C 1: Schwellenwerte zur Abgrenzung von Betriebsgrössen verschiedener Wirtschaftszweige
Quelle: eigene Darstellung

Wirtschaftszweig	klein	mittel	gross
Industrie	1 – 49	50 – 199	200 und mehr
Handwerk	1 – 9	10 – 19	20 und mehr
Dienstleistung	1 – 9	10 – 19	20 und mehr

liefern einen wesentlichen Beitrag, um die Position der ländlichen Räume zu stabi-
lisieren und so die Umsetzung des raumordnerischen Ziels der Schaffung gleich-
wertiger Lebensverhältnisse zu unterstützen.

Die Entwicklung kleiner und mittlerer Betriebe trägt dabei besonders in den
strukturschwachen ländlich-peripheren Regionen abseits der Verdichtungsräume
zur wirtschaftlichen und sozialen Stabilisierung und Aufwertung der Teilräume
bei. Daher sollten Betriebe dieser Größe zu einer grundlegenden Zielgruppe der
Raumordnungs- und Regionalpolitik sowie der Raumplanung werden.

Betrachtet man daher die Grundaussagen vorliegender Untersuchungen über
den Beitrag kleiner und mittlerer Betriebe zur räumlichen Entwicklung, so nehmen Autoren wie BIRCH (1979), ARMINGTON/ODLE (1982) oder STORY (1982), im
deutschsprachigen Raum z.B. EWERS/FRITSCH/KLEINE (1984) oder DERENBACH (1990)*
eine deutliche Gegenposition zu der an Großbetrieben orientierten räumlichen
Entwicklungspolitik ein. Versucht man, den wesentlichen Inhalt dieser, die Bedeutung von Klein- und Mittelbetrieben hervorhebenden Studien zusammenzufassen,
so drückt sich dieser in der Kernaussage aus, dass eine günstige Beschäftigungs-
bzw. Wirtschaftsentwicklung in ländlichen Räumen in eine enge Verbindung mit
der dort überwiegenden klein- und mittelbetrieblichen Struktur zu bringen ist. Die
Beschäftigtenentwicklung und die wirtschaftliche Dynamik in diesen Räumen wird
vor allem von den Klein- und Mittelbetrieben getragen, erweitert um einem hohen
Beitrag für innerregionale Wirtschaftskreisläufe und die betriebsexterne Relevanz
für das gesellschaftlich-soziale Leben (WEBER 1993).

Die Bedeutung kleiner und mittlerer Betriebe macht ein Vergleich der Landkreise Neustadt an der Waldnaab als Beispiel für einen strukturschwachen, peripheren
ländlichen Raum auf der einen Seite mit dem Landkreis Forchheim als Beispiel für
einen ländlichen Raum mit hoher Entwicklungsdynamik im Umland des Verdichtungsraumes Nürnberg/Fürth/Erlangen auf der anderen Seite deutlich. WEBER
(ebenda, S. 129) weist darauf hin, dass, neben einer grundlegenden Relevanz der
Klein- und Mittelbetriebe über alle Typen ländlicher Räume hinweg, sich mit zunehmender Entwicklungsdynamik eines ländlichen Raumes der Anteil der kleinen
und mittleren Betriebe am Beschäftigungsangebot kontinuierlich erhöht, während
– vergleicht man die Testgebiete – im Landkreis Neustadt a.d. Waldnaab als struk-
turschwacher, peripherer Raum der Arbeitsplatzanteil der Großbetriebe ab 200
Beschäftigten mit 32% am höchsten ausfällt und diese damit eine durchaus wichtige
Rolle als Arbeitgeber spielen.

In der Arbeitsmarktregion Weiden i.d. Oberpfalz, in die der Landkreis Neustadt
a.d. Waldnaab fällt, kristallisiert sich die zentrale Rolle kleiner und mittlerer Betriebe bis 199 Mitarbeiter gerade in den kleinen Gemeinden heraus (Abb. C 10).

Was den Landkreis Forchheim als Fallbeispiel eines sich dynamisch entwickelnden, verdichtungsnahen ländlichen Raumes betrifft, so tritt außer in der Großen
Kreisstadt Forchheim die Arbeitsstätten-Größenklasse „500 und mehr Beschäftigte"
nur noch in einer Gemeinde auf. Gerade Ende der 1980er Jahre zeigte sich eine Ent-

---

*vgl. neben dem Beitrag von DERENBACH in: Informationen zur Raumentwicklung, H. 1/1990 auch
die weiteren Beiträge in diesem Themenheft „Zur Dynamik der regionalen Arbeitsplatzentwicklung"

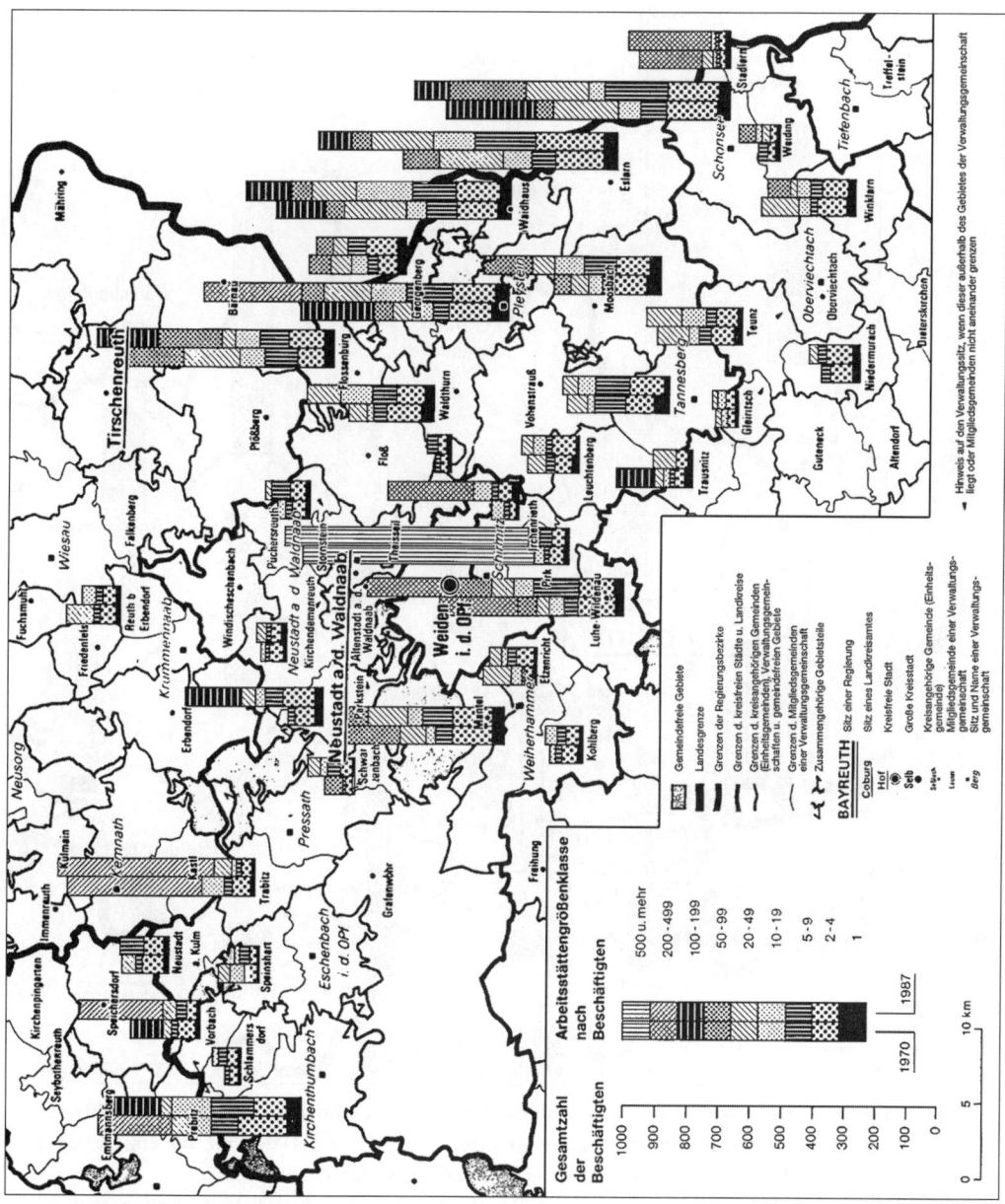

Abb. C 10: Entwicklung der Größenstruktur der Arbeitsstätten in der Arbeitsmarktregion Weiden i.d. Oberpfalz 1970 – 1987

Quelle: WEBER 1993, S. 131; nach: Bayerisches Landesamt f. Statistik u. Datenverarbeitung, Arbeitsstättenzählung 1970 u. 1987 einschl. Sonderauswertung d. Arbeitsstättenzählung 1970

Entwurf: W. WEBER, M. BETTGE; Bearbeitung: K. DEGELMANN, K. KEIL; Lehrstuhl Wirtschaftsgeographie u. Regionalplanung d. Universität Bayreuth 1992

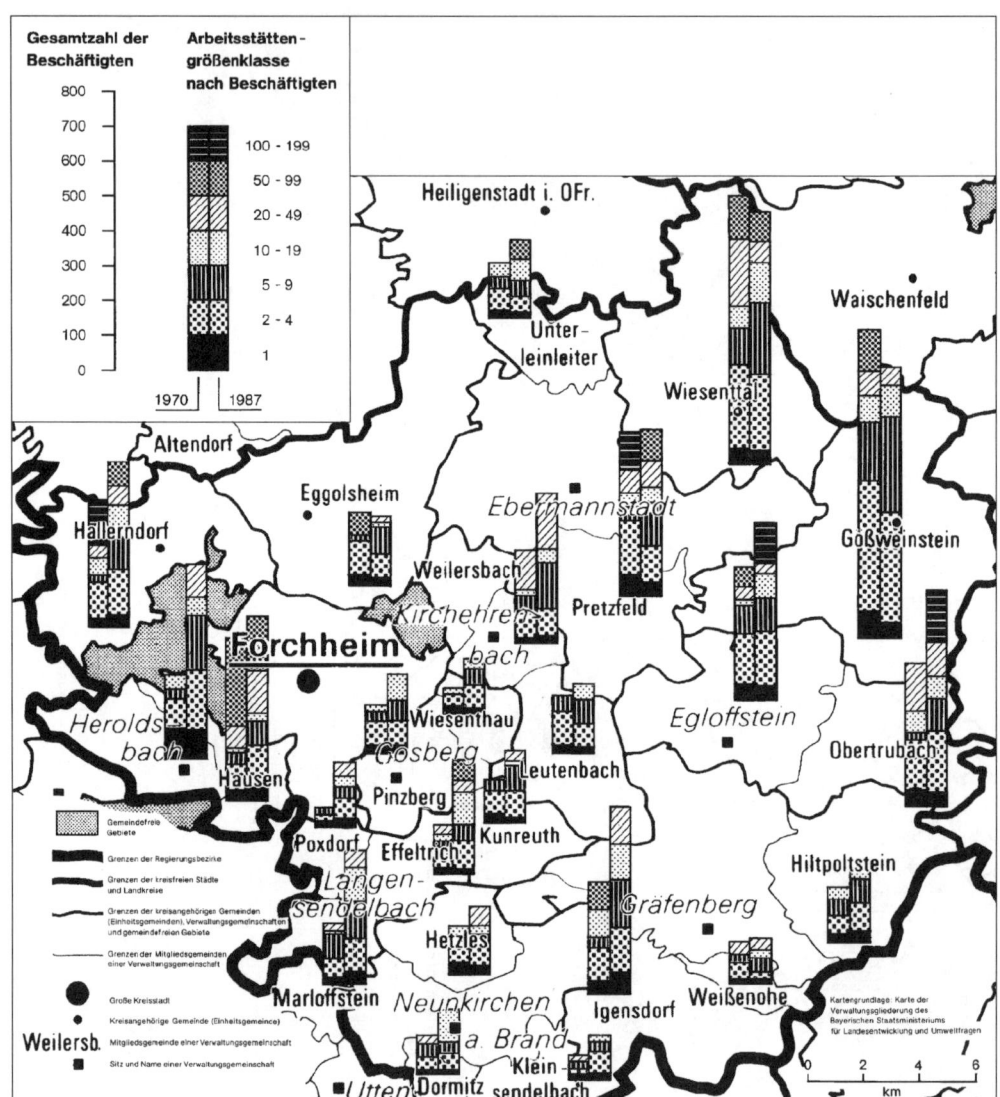

Abb. C 11: Entwicklung der Größenstruktur der Arbeitsstätten im Landkreis Forchheim 1970 – 1987
Quelle: WEBER 1993, S. 131; nach: Bayerisches Landesamt f. Statistik u. Datenverarbeitung, Arbeitsstättenzählung 1970 u. 1987 einschl. Sonderauswertung d. Arbeitsstättenzählung 1970
Entwurf: W. WEBER, M. BETTGE; Bearbeitung: K. DEGELMANN, K. KEIL; Lehrstuhl Wirtschaftsgeographie u. Regionalplanung d. Universität Bayreuth 1992

wicklung der Arbeitnehmerzahl, die ihre positive Richtung den kleinen Betrieben bis 49 Beschäftigte verdankt (Abb. C 11).

Fasst man die Ergebnisse von WEBER (ebenda, S. 195) zusammen, so ergibt sich folgendes Bild:

- Das Arbeitsplatzangebot in ländlichen Räumen wird von Klein- und Mittelbetrieben getragen, insbesondere sind es die Unternehmungen mit 5 – 9 Beschäftigten, die sich als Arbeitsplatz-Generator erweisen.
- Kleine und mittlere Betriebe leisten in ländlichen Räumen einen höheren Beitrag zur Stützung der regionalen Wirtschaftsstruktur als große Unternehmungen.
- Kleine und mittlere Betriebe bilden den wesentlichen Ausgangspunkt für Existenzgründungen aus dem gewerblichen Bereich, wobei vor allem die Industrie und das Handwerk zur Diversifizierung der regionalen Wirtschaftsstruktur beitragen.

Eine kritische Bewertung der vorliegenden diesbezüglichen Untersuchungen zur Entwicklung ländlicher Räume zeigt, dass diese den Schwerpunkt auf den industriellen Sektor unter weitgehender Vernachlässigung der Dienstleistungen und des Handwerks legen und dass die Effekte und Probleme einer gezielten Förderung kleiner und mittlerer Betriebe noch zu wenig bekannt sind (im Gegensatz zum hohen politischen Stellenwert). Die wichtige Rolle kleiner und mittlerer Betriebe für die Entwicklung der ländlichen Räume sollte insgesamt verstärkt in der Förderpolitik berücksichtigt und mit zielgruppengerechten Instrumenten umgesetzt werden. So bezieht z.B. die Europäische Gemeinschaft kleine und mittlere Unternehmen verstärkt seit Mitte der 1980er Jahre in ihre Förderprogramme ein, nachdem bereits seit 1977 mit der Einführung der sog. Global-Kredite diesen Betriebsgrößen eine hohe Beachtung beigemessen wird (vgl. auch das Europäische Jahr der kleinen und mittleren Unternehmen und des Handwerks 1983). Konkret hat die EG-Kommission eine „Task-Force" bzw. Projektgruppe für kleine und mittlere Unternehmen eingerichtet und ein Aktionsprogramm für diese Betriebsgrößen verabschiedet, das drei zentrale Förderbereiche umfasst:

- Sicherstellung günstiger Rahmenbedingungen für die Existenz kleiner und mittlerer Unternehmen (z.B. Anpassung des Gesellschafts- und Wettbewerbsrechts an die Belange dieser Unternehmensgrößen),
- Unterstützung von Einzelprojekten, die die Gründung und Entwicklung kleiner und mittlerer Unternehmen fördern (z.B. EG-Beratungsstellen), und
- Finanzunterstützung beim Bau von multifunktionalen Industriezonen und Gewerbeparks.

Als Problem erweist sich jedoch die für einen Kleinbetrieb nahezu unüberschaubare Vielzahl an Fördersätzen. Zudem erscheint es notwendig, die statistische Basis zur Beurteilung der kleinen und mittleren Betriebe zu verbessern.

3.3   Die Bedeutung kleiner und mittlerer Unternehmen – insbesondere des Handwerks – für die regionale Entwicklung und die wirtschaftliche Stabilität einer Region

Durch seine Vielseitigkeit sowie durch seine kleinbetriebliche und dezentrale Struktur spielt das Handwerk eine besonders große Rolle als Arbeitgeber und trägt maßgeblich zu einer wohnortnahen Versorgung der Bevölkerung und der Wirtschaft bei. In Zeiten des Wandels, in denen besonders die großen Unternehmen aus Gründen der Kosteneinsparung und der Erhaltung der globalen Wettbewerbsfähigkeit immer mehr Arbeitsplätze abbauen, zeigt sich das Handwerk als ein bedeutender regionaler Stabilitätsfaktor.

In der heutigen Zeit erlangt das Handwerk nicht nur Bedeutung durch seine Organisationsform und die damit in Zusammenhang stehenden Verwaltungsapparate, sondern gerade aus raumordnungspolitischer und regionalpolitischer Sicht gesehen, kommt dem Handwerk eine hohe Bedeutung zu, welche sich auch in der Arbeitsplatzsicherung und der in den meisten Fällen vorliegenden (Nah-) Versorgung der Bevölkerung äußert. Die raumordnungs- und regionalpolitische Bedeutung des Handwerks soll deshalb näher betrachtet werden.

3.3.1   Die Bedeutung als Arbeitgeber

Jeder vierte Selbstständige in Deutschland ist im Handwerk tätig. Existenzgründungen von Handwerkern tragen in ganz Deutschland in hohem Maße zur Entwicklung und zum Aufbau wettbewerbsfähiger Wirtschaftsstrukturen bei. Besonders trifft das auch auf Bayern zu, dessen Strukturen besonders mittelständisch geprägt sind. Das bayerische Handwerk erwirtschaftet in ca. 140 000 Handwerksbetrieben mit etwa einer Mio. Beschäftigten ungefähr 12% der Bruttowertschöpfung des Bundeslandes (Bayer. Staatsministerium…, 1993, S. 6 f.).

Für Arbeitnehmer erhöhen sich mit zunehmender Anzahl der Unternehmen die Beschäftigungsalternativen, d.h., ohne den Mittelstand bzw. das Handwerk wäre die Arbeitsplatzwahl, insbesondere in peripheren Regionen, eingeschränkter als sie es unter den derzeitigen wirtschaftlichen Bedingungen ohnehin schon ist. Auch weisen Untersuchungen immer wieder auf ein hohes Maß an Arbeitszufriedenheit der Mitarbeiter in Handwerksbetrieben hin. So eröffnet in der Regel die Tätigkeit in kleineren, überschaubaren Einheiten und Strukturen mehr Spielraum für die Entfaltung von Fähigkeiten und Initiativen. Die im Vergleich zu den Großunternehmen meist geringere Arbeitsteilung ermöglicht dem Einzelnen vielfach eine stärkere Identifikation mit seiner Aufgabe, mit seinem Betrieb und seiner Region.

In einer Zeit, in der der massenhafte Abbau von Arbeitsplätzen durch Verlagerungen ins Ausland oder Rationalisierung zu einem der größten sozialen und volkswirtschaftlichen Probleme ausgewachsen ist, werden immer größere Hoffnungen in die kleinen und mittleren Unternehmen gesetzt. Sie spielen bei Beschäftigungsschwankungen eine dämpfende Rolle. Dies bedeutet vor allem, dass sie während wachstumsschwacher Konjunkturzyklen, die durch eine Unterauslastung des Arbeitsmarktes geprägt sind, überdurchschnittlich beschäftigungsresistent sind und so dem Beschäftigungsmangel tendenziell entgegenwirken. Außerdem fragen sie während Aufschwungphasen nur unterdurchschnittlich weitere Arbeitskräfte nach. Durch dieses antizyklische Verhalten wirken die kleineren Wirtschaftseinheiten als beschäftigungspolitische Stabilisatoren. In peripheren Gebieten ist der Beschäftigtenanteil in Kleinbetrieben wesentlich höher (z.T. doppelt so hoch) als in den Verdichtungsräumen. Gerade in ländlichen Teilräumen, wo der Besatz mit Dienstleistungs- und Industrieunternehmen deutlich niedriger ist, trägt das Handwerk in besonderem Maße zur Stabilisierung des Arbeitsmarktes bei.

3.3.2 Bedeutung als Ausbilder

Kleine und mittlere Betriebe bewältigen den größten Teil der beruflichen Ausbildung des Fachkräftenachwuchses für die deutsche Wirtschaft. Allein auf das Handwerk entfallen von den 1 665 000 Auszubildenden in Gesamtdeutschland 527 000 (1991) oder knapp ein Drittel. 1993 konnte das Handwerk diesen Anteil durch eine Steigerung der Zahl der Ausbildungsverträge um rund ein Drittel auf 40 % ausbauen (GRUHLER 1994, S. 103 f.). Außerdem sorgt das Handwerk durch seine Vielschichtigkeit für ein ausgewogenes Angebot in der Ausbildung. In den sieben verschiedenen Handwerksgruppen können 127 verschiedene Ausbildungsberufe und weitere 40 in handwerksähnlichen Berufen erlernt werden, von denen die bedeutendsten fast immer innerhalb einer Region angeboten werden (Bayer. Staatsministerium ..., 1993, S. 10).

3.3.3 Bedeutung als Anbieter

Auch für die Versorgung der Bevölkerung und der übrigen Wirtschaft sind die kleinen und mittleren Unternehmen von besonderer Bedeutung. Sie sind meist hochqualifizierte Spezialisten, die individuelle Wünsche von Wirtschaft und Bevölkerung erfüllen, ob durch Sonderanfertigungen im Maschinen- und Werkzeugbau, durch hohes technisches Wissen im Bau- und Ausbaugewerbe oder durch verbrauchernahe Versorgung der Bevölkerung mit Gütern und Dienstleistungen. Seit in den Großunternehmen unter dem Stichwort der „Schlanken Produktion" immer mehr arbeitsintensive und fachfremde Funktionen ausgegliedert werden, besteht die Chance für kleine Unternehmen, vermehrt in den Bereich dieser Aufgaben einzusteigen. Häufig handelt es sich dabei um Reparatur- und Wartungsleistungen von großbetrieblich hergestellten Produkten, die z.B. an Handwerksbetriebe in Kundennähe vergeben werden. Durch Ausgliedern von einzelnen Produktionsschritten bzw. Unternehmenseinheiten übernehmen immer mehr kleine und mittlere Betriebe Zuliefer- bzw. Ergänzungsfunktionen (GRUHLER 1994, S. 107).

Angesichts der besonderen Bedeutung, die das Handwerk bei der wirtschaftlichen Entwicklung einer Region einnimmt, gilt es, die Rahmenbedingungen in einer Region so zu gestalten, dass die Voraussetzungen für eine (Weiter-) Entwicklung des Handwerks und des Mittelstandes gegeben sind. Insbesondere muss es das Ziel einer Region sein, ein innovations- und investitionsfreundliches Klima zu schaffen, welches das Vertrauen in die wirtschaftliche Kompetenz einer Region stärkt, den Willen zur Unternehmensgründung und Selbstständigkeit erhöht, die Risikobereitschaft fördert, den unternehmerischen Entscheidungs- und Handlungsspielraum gewährleistet, um schließlich den Unternehmen, möglichst ohne Inanspruchnahme von Subventionen, aus eigener Ertragskraft langfristig ihre Wettbewerbs- und Leistungsfähigkeit zu sichern (ebenda, S. 211). Dies kann nur erreicht werden, wenn die Mittelstandspolitik ein integraler Bestandteil der allgemeinen Wirtschafts-, Sozial-, Einkommens-, Steuer-, Finanz- und Bildungspolitik wird.

3.3.4 Die Bedeutung des Handwerks in der Wirtschaftsgeographie
(vgl. DITTMEIER/DOLLES/MAIER 1999)

Allgemeine Bedeutung

In den meisten Arbeiten zur Wirtschaftsgeographie ist der Bereich des Handwerks nahezu unberücksichtigt. VOPPEL (1970) begründet dies mit der auf individuelle Kundenwünsche ausgerichteten Arbeitsweise des Handwerks, durch die ihm vor allem Nahversorgungsfunktion zufällt, so dass „nur im Rahmen der regionalen Spezialanalyse ... Standort, Größe, Produktionsangebot und Versorgungsfunktion im zugehörigen Wirtschaftsraum zu analysieren und zu werten" seien. Die mangelnde Wahrnehmung des Handwerks innerhalb der Wirtschaftsgeographie zeigt sich schon daran, dass zentrale Problemfelder wie die Standortlehre für diesen Wirtschaftsbereich fast nicht behandelt wurden: "...für das Handwerk [existieren] weder eine eigene Standortlehre noch eine eigene Methode zur Standortwahl." (ebenda, S. 113). Dies muss durch das Heranziehen von industrie- und handelsspezifischen Ansätzen kompensiert werden.

Dabei spielt das Handwerk, gerade bei kleinräumigen bzw. regionalen Studien angesichts seiner großen Bedeutung für den Ausbildungsmarkt, die Schaffung neuer Arbeitsplätze bis hin zu Existenzgründungen eine immense Rolle, häufig wichtiger als die Industrie. Wie dies quantitativ zu Buche schlägt, wird deutlich durch rd. 85% der Ausbildungsleistung, rd. 50% der gesamten Wirtschaftsleistung und rd. 70% aller Arbeitsplätze im Bereich der KMU (HANTSCH 1994, S. 383).

In einer modernen Konzeption von Regionalpolitik, die auf qualitatives Wachstum, Bestandspflege, Innovation und Humankapital abzielt, werden die Handwerksbetriebe als „die wichtigsten Stützpfeiler der regionalen Wirtschaft" zunehmendes Interesse hervorrufen. Dies ist vor allem auf Grund der Stärken des Handwerks zu erwarten, die in der geringeren Krisenanfälligkeit, der Bereitstellung von sicheren und qualifizierten Arbeitsplätzen und seiner räumlichen Dekonzentration zu sehen sind. Insbesondere für den ländlichen Raum stellt das Handwerk „eine geeignete Form der örtlichen Wirtschaft dar", so dass dort eine handwerksorientierte Regionalpolitik gerechtfertigt erscheint (FRIEDL/KOLLER/WÖLFEL 1987).

Das regionale Beispiel des Raumes Bayreuth

Zum 31.12.1997 waren in Stadt und Landkreis Bayreuth 2 122 Handwerksbetriebe registriert (Vollhandwerk und Betriebe des handwerksähnlichen Gewerbes). Davon liegen 1 393 im Gebiet des Landkreises, 729 befinden sich in der Stadt Bayreuth. Im Jahresdurchschnitt 1996 waren in Handwerksbetrieben insgesamt ca. 14 920 Beschäftigte tätig. Der Umsatz inklusive Umsatzsteuer betrug 1996 ca. 2,55 Mrd. DM, wobei die städtischen Betriebe mit 1,31 Mrd. DM etwas mehr erwirtschafteten als die im Landkreis (1,24 Mrd. DM). Auch beim Umsatz je Beschäftigten, einem Maß für die Leistungsfähigkeit, schneidet die Stadt mit 189 500 DM besser ab als der Landkreis mit 154 500 DM. Das ergibt insgesamt einen Umsatz je Beschäftigten von 170 911 DM im Raum Bayreuth, womit man über dem oberfränkischen Schnitt von 163 400 DM liegt. Das Handwerk besitzt im Raum Bayreuth auch eine wichtige Arbeitsplatzfunktion, denn von den 64 502 sozialversicherungspflichtig Beschäftigten (Stand: 30. Juni 1996, Bayer. Landesamt für Statistik und Datenverarbeitung, 1997) sind 14 920 im Handwerk tätig, also 23,1%. Der Wert für ganz Oberfranken liegt bei 25,3%. Innerhalb der Region hat das Handwerk im Landkreis mit 32,8% aller sozialversicherungspflichtig Beschäftigten einen größeren Anteil als in der Stadt mit 17,2%.

Die Betriebszahlen des Handwerks im Raum Bayreuth haben im Zeitraum 1993 bis 1997 um 7,3% zugenommen (Abb. C 12). Das Wachstum verlief dabei kontinuierlich, wenn auch mit unterschiedlicher Geschwindigkeit. Während der Raum Bayreuth in den Jahren 1994 und 1995 nicht mit der Wachstumsrate ganz Oberfrankens mithalten konnte, setzte 1996 ein regelrechter Boom ein, der auch 1997 in abgeschwächter Form anhielt, so dass im Zeitraum 1993 bis 1997 mit 7,3% ein über dem oberfränkischen Durchschnitt (5,9%) zu verzeichnender Anstieg der Betriebszahlen im Raum Bayreuth festzustellen ist. Die steigenden Betriebszahlen in diesem Raum, wie auch in Oberfranken insgesamt, sind besonders vor dem Hintergrund konjunktureller Schwierigkeiten und schlechter Geschäftslage im oberfränkischen Handwerk in den letzten Jahren, mit dem absoluten Tief zur Jahreswende 1996/1997 bemerkenswert.

Genauer betrachtet, konnte vor allem das handwerksähnliche Gewerbe im Raum Bayreuth mit einem Wachstum von 40,3% bei den Betriebszahlen deutlich zulegen. Dies zeigt auch im Handwerk den Trend hin zu mehr dienstleistungsbezo-

Abb. C 12: Entwicklung der Betriebszahlen (1993 = 100%) im Handwerk im Raum Bayreuth 1993–1997
Quelle: eigene Darstellung, nach Daten der Handwerkskammer für Oberfranken, Bayreuth 1998

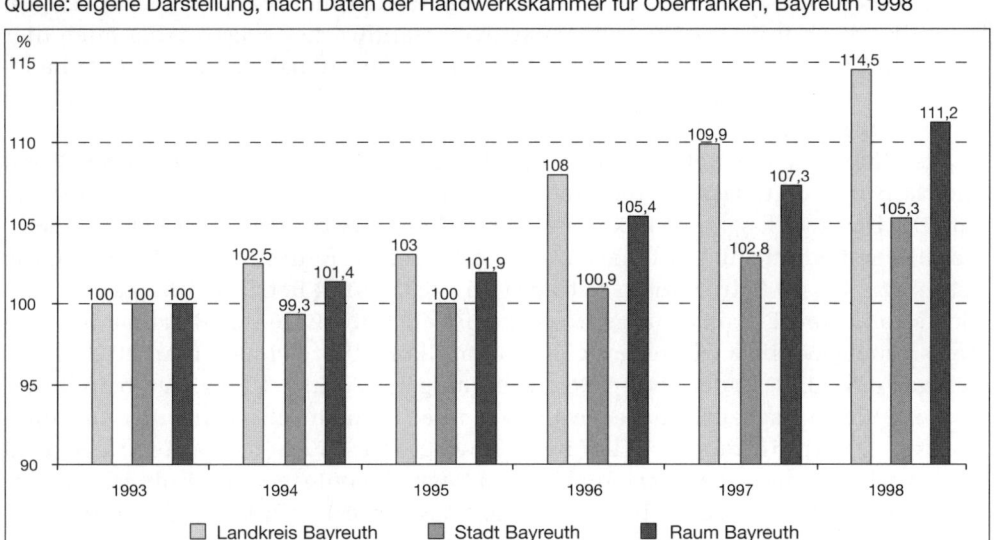

genen Tätigkeiten. Dagegen konnte das Vollhandwerk mit einem Plus von 49 Betrieben (+2,8%) im Raum Bayreuth nur marginal zunehmen. In der Stadt Bayreuth sank sogar die Zahl der Vollhandwerksbetriebe um 11, also um 1,8%. Damit schnitt die Stadt auch insgesamt bei den Betriebszahlen mit +2,8% wesentlich schlechter ab, als der Landkreis Bayreuth mit +9,9%. Der Landkreis lag somit in der Entwicklung der Betriebszahlen über dem oberfränkischen Durchschnitt, während die Stadt Bayreuth darunter lag.

Die Entwicklung der Betriebszahlen in den einzelnen Handwerksgruppen verlief dabei jedoch höchst unterschiedlich (Abb. C 13). Den größten Zuwachs im Raum Bayreuth konnte die Branche Bau/Ausbau mit zusätzlichen 42 Betrieben oder +13,8% verzeichnen. Stadt und Landkreis Bayreuth legten in diesem Bereich ungefähr gleich stark zu. Allein der Raum Bayreuth stellte damit 42 der 96 neuregistrierten Bau- und Ausbaubetrieben im Kammerbezirk Oberfranken (entspricht dem Regierungsbezirk Oberfranken ohne Stadt und Landkreis Coburg). Damit lag der Raum beim Betriebszuwachs in diesem Bereich deutlich über dem Kammerdurchschnitt (5,1%). Auch die Gruppe Metall/Elektro entwickelte sich im Raum Bayreuth besser als der Kammerbezirk insgesamt. Jedoch mit einem Plus von 7,5% nur etwas besser als der Kammerbezirk Oberfranken mit 5,8%. Diese positive Entwicklung im Raum Bayreuth insgesamt täuscht aber darüber hinweg, dass die Entwicklung in der Branche Metall/Elektro in Stadt und Landkreis gegensätzlich verlief. So stiegen die Betriebszahlen im Landkreis in dieser Branche um 14,1%, während sie in der Stadt um 3,4% abnahmen.

Eine unterschiedliche Entwicklung zwischen Stadt und Landkreis Bayreuth in den Betriebszahlen kann man auch in allen anderen Branchen, außer im Bereich Bau/Ausbau beobachten. Während in der Stadt Bayreuth alle übrigen Branchen Rückgänge hinnehmen mussten, stiegen im Landkreis bis auf die Gruppen Bekleidung/Textil und Nahrung in allen anderen Branchen die Betriebszahlen. Neben dem Bau/Ausbau- und Metall/Elektro-Gewerbe gehörte das Holzgewerbe im Zeitraum 1993 – 1997, entgegen der Entwicklung im Kammerbezirk Oberfranken, im Raum Bayreuth mit +6,4% zu den expansiven Handwerkszweigen. Aber auch hier gingen die Zahlen zwischen Stadt und Landkreis auseinander. Während im Landkreis 11 Betriebe hinzukamen, d.h. +9,3%, verminderte sich die Zahl der Betriebe in der Stadt um 2, also um 8,7%.

Der Rückgang der Betriebszahlen in den beiden Branchen Bekleidung/Textil und Nahrung zeigt, dass der sektorale Strukturwandel im Handwerk weiterhin anhält. Die Handwerksgruppe Bekleidung/Textil hat ihre früher sehr erhebliche wirtschaftliche Bedeutung heute fast völlig verloren. Im Raum Bayreuth sanken die Betriebszahlen im Betrachtungszeitraum um 16,9% auf 74 Betriebe. Infolge von Konzentrations- und Filialisierungsprozessen ist auch die Zahl der Betriebe im Nahrungsmittelgewerbe zurückgegangen. Im Landkreis verzeichnete man 29 Betriebe weniger, d.h. 13,7%, in der Stadt 4 Betriebe weniger, also 5,3%. So lag man beim Rückgang im Raum Bayreuth insgesamt etwas über dem Durchschnitt des Kammerbezirks. Die traditionellen Handwerkszweige Gesundheit/Körperpflege und Glas/Papier/Keramik stagnierten im Raum Bayreuth entgegen der Entwicklung im Kammerbezirk. Dort legte nämlich mit 8,0% das Gewerbe für Gesundheit und Körperpflege deutlich zu.

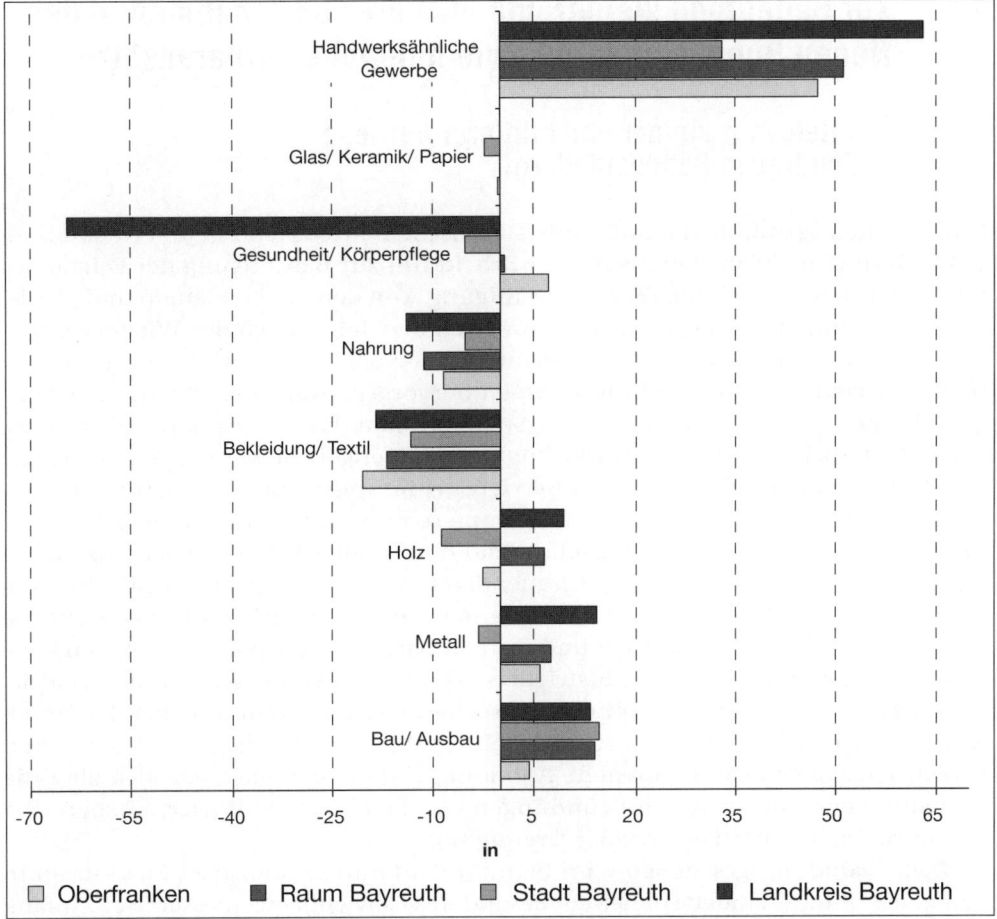

Abb. C 13: Die Entwicklung der Betriebszahlen (1993 = 100%) nach Branchen im Raum Bayreuth (1993 – 1997)

Quelle: Daten der Handwerkskammer für Oberfranken, Bayreuth 1998

4   Zur Bedeutung kleiner und mittlerer Unternehmen in den Neuen Bundesländern sowie mögliche Förderansätze

4.1   Die Relevanz kleiner und mittlerer Betriebe in den Neuen Bundesländern

Unternehmensgründungen und mittelständische Betriebe sind in den Neuen Bundesländern ohne Zweifel ein wichtiger Schritt hin zur Bewältigung der Folgen des Strukturwandels durch die Wiedervereinigung. Von den neuen kleinen und mittleren Unternehmen waren während der ersten drei Jahre nach der Wiedervereinigung 73% originäre Gründungen. Hierunter fallen auch Betriebe, die aus bis dahin treuhänderisch verwalteten Unternehmen hervorgegangen sind. 17% der Existenzgründungen stellten Reprivatisierungsmaßnahmen dar und weitere 10% können unter dem Stichwort der „Herauslösung" zusammengefasst werden (WEBER/MAIER 1997). Hierbei handelt es sich um Betriebsgründungen, die auf Grund von Verselbstständigungen einzelner Firmenkomplexe entstanden sind. Meist sind diese neuen Betriebe in Fragen des Absatzes und der Zulieferung aber noch eng an die Mutterfirma gebunden. Diese übergreifenden Daten müssen jedoch durch differenzierte Branchenbetrachtungen ergänzt werden. So erweist sich der Dienstleistungssektor gleichzeitig als dynamisch und instabil (vielen Neugründungen stehen viele Löschungen gegenüber), im industriellen Sektor kann von einer Deindustrialisierung nach der Wiedervereinigung gesprochen werden, während sich das Handwerk als expandierender und relativ stabiler Wirtschaftszweig mit erheblichen Arbeitsplatzwirkungen herausstellt. Abbildung C 14 gibt einen Überblick über die Verteilung der Unternehmensgründungen auf die einzelnen Wirtschaftsbereiche im Zeitraum kurz nach der Wiedervereinigung.

Dem Gründungsgeschehen wird beim Aufbau mittelständischer Strukturen in den neuen Bundesländern daher ein besonderes Gewicht beigemessen. Seit Anfang 1990 sind hier insgesamt etwa 980 000 neue Gewerbe angemeldet worden. Der Mittelstand bietet dabei – wie in Tabelle C 2 zum Ausdruck kommt – zwei Drittel der Arbeitsplätze an (EICKELPASCH 1996; LEHMANN/ MÖSSINGER 1996).

Neben allgemein auftretenden Problemen bei Kleinbetrieben, wie z.B. die Fremdkapitalbeschaffung oder die Markt- und Fördermittelinformation, kommen in den Neuen Bundesländern

Abb. C 14:
Die Wirtschaftsbereiche der Unternehmensgründungen in den neuen Bundesländern im Zeitraum 1990 – 1992
Quelle:
nach BRANDKAMP 1993

Einzelhandel 13%
Großhandel 8%
Freie Berufe 8%
Handwerk 21%
Verkehr u. Nachrichten 3%
Baugewerbe 20%
Industrie 7%
Gastronomie/ Tourismus 6%
Sonstige Dienstleistungen 14%

Tab. C 2:
Arbeitsplatzbedeu-
tung des
Mittelstandes im
verarbeitenden Ge-
werbe in den neuen
Bundesländern
1991 – 1993
Quelle:
EICKELPASCH A.
1996, S. 3; nach
Statistisches
Bundesamt

Struktur der Beschäftigung[1] im Verarbeitenden Gewerbe in Ostdeutschland nach Beschäftigtengrößenklassen 1991–1993 in %				
Betriebsgröße nach Zahl der Beschäftigten	1991	1992	1993	nachrichtlich: Westdeutschland 1993[2]
1 – 19	0,7	1,3	1,3	0,9
20 – 49	4,5	9,2	13,0	8,6
50 – 99	7,3	12,3	15,2	10,1
100 – 199	11,5 ⎫	36,2	18,1	12,6
200 – 499	18,9 ⎭		18,7	19,2
500 – 999	14,8	15,3 ⎫	33,7	14,0
1.000 und mehr	42,3	25,7 ⎭		34,5
insgesamt:	100,0	100,0	100,0	100,0
nachrichtlich: Beschäftigtenzahl in 1000	1.440,2	805,6	673,6	6.597,3

[1] jeweils Ende September
[2] Verarbeitendes Gewerbe und Bergbau

noch Hemmnisse hinzu, deren Ursprung in den Umstellungsprozessen und dem Strukturwandel durch die Wiedervereinigung liegen. Ein solcher Problembereich ergab sich z.B. durch die oft ungeklärten Eigentumsverhältnisse bei Immobilien, die häufig dazu führten, dass sich Existenzgründungen verzögerten oder durch diese Rechtsunsicherheit gefährdet waren. Diese Situation bedingte nicht selten auch einen Mangel an Gewerberäumen und -grundstücken. Eine Untersuchung des Deutschen Instituts für Wirtschaftsforschung aus dem Jahre 1995 zeigte für die Industrie diese speziellen Probleme deutlich auf (Tab. C 3).

In der Gesamtbetrachtung zeigt sich, dass die Bedeutung kleiner und mittlerer Unternehmen vor allem in den ländlichen Räumen über die Schaffung von Arbeitsplätzen bzw. die Reduzierung der Arbeitslosigkeit hinausgeht. Durch die kleinen und mittleren Betriebe kommt es nicht nur zu Arbeitsmarkteffekten, sondern gleichzeitig werden neben den Städten auch strukturschwache Regionen stabilisiert. Dies erstreckt sich von der Reduzierung der Abwanderung bis hin zum Erhalt kultureller und sozialer Identitäten. Indirekt steigert dies die Attraktivität und Finanzkraft ländlicher Räume und schafft somit Voraussetzungen für weitere Existenzgründungen.

Eine nicht geringe Rolle zur Förderung des Gründungsgeschehens spielen die Unterstützungsangebote für den Mittelstand, für die im Folgenden einige Ausbaumöglichkeiten aufgezeigt werden sollen.

Genannte Probleme	Alle Unternehmen	darunter Mittelständische Unternehmen*	Unternehmen, die einem Unternehmensverbund/Konzern angehören	
			mit weniger als 500 Beschäftigten	mit 500 u. mehr Beschäftigten
Die Zahlungsmoral der Kunden ist schlecht.	62	65	56	19
Das Eigenkapital ist zu gering.	55	62	35	0
Der Konkurrenzdruck nimmt zu.	52	46	65	81
Die Liquiditätslage ist angespannt.	51	56	39	17
Die Löhne und Gehälter steigen zu schnell.	45	44	46	81
Die Finanzierungsmittel für Investitionen fehlen.	45	51	30	8
Die Anbieter vergleichbarer Produkte sind preiswerter.	27	24	35	47
Die kommunale Verwaltung ist schwerfällig.	28	28	26	28
Qualifiziertes Personal ist schwer zu bekommen.	29	30	26	19
Die Produktionsanlagen und -gebäude sind veraltet.	24	25	21	14
Der Vertrieb ist unzureichend.	23	23	22	19
Die Infrastruktur am Standort ist unzureichend.	18	18	18	19
Der innerbetriebliche Arbeitsablauf ist noch nicht optimal.	16	15	18	25
Grundstücks- und Gewerbeflächen sind knapp bzw. teuer.	16	18	12	0
Die Qualifikation vieler Mitarbeiter reicht nicht aus.	9	9	9	8
Der Kundendienst/Service reicht noch nicht aus.	7	7	6	3
Die Qualität der Produkte reicht nicht aus.	2	2	3	0

Tab. C 3: Probleme von Industrieunternehmen in den Neuen Bundesländer 1995 (Angaben in % der jeweiligen Gruppe) Quelle: EICKELPASCH, A., Industrieller Mittelstand in Ostdeutschland, in: Informationen zur Raumentwicklung Heft 1 1996, S. 9; nach Unternehmensbefragungen des DIW vom Frühjahr 1995

* Unternehmen mit weniger als 500 Beschäftigten, die nicht einem Unternehmensverband angehören

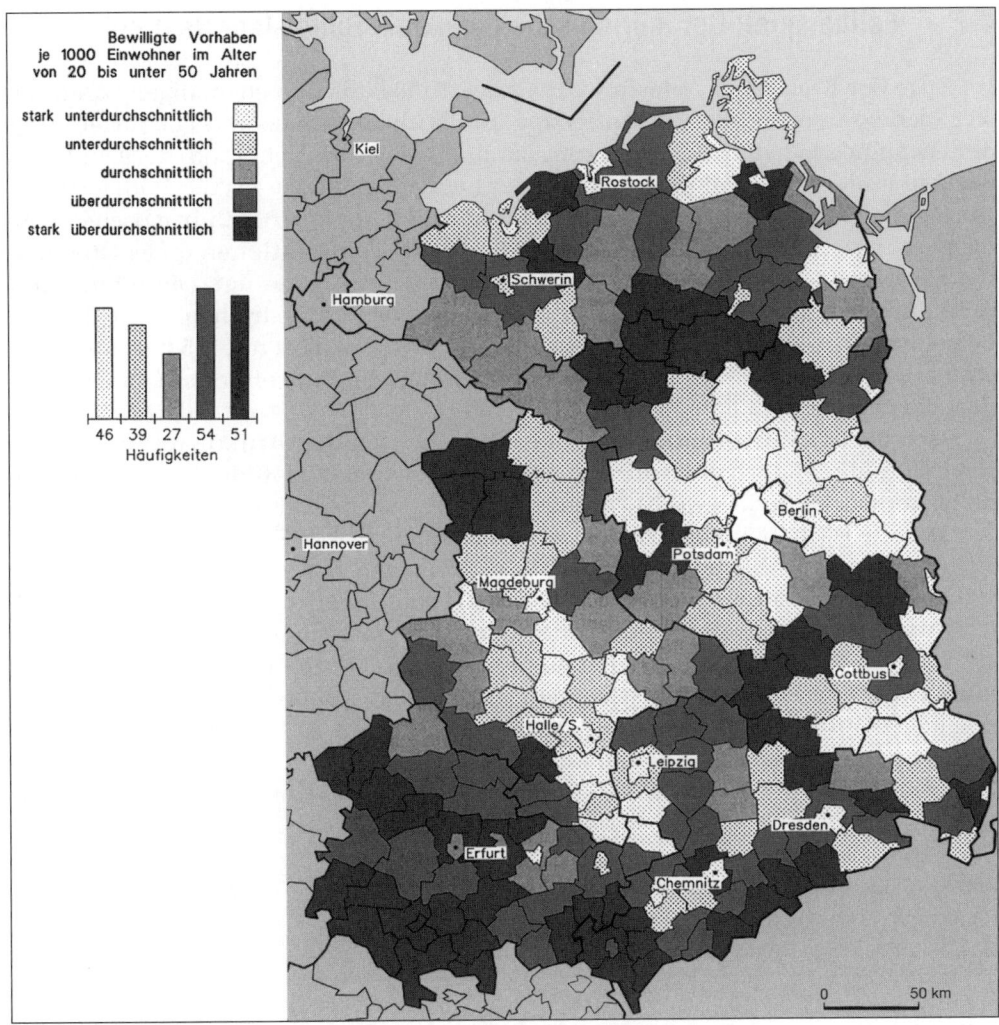

Abb. C 15: Verteilung der Mittel aus dem European Recovery Program (ERP) für Existenzgründungen in den neuen Bundesländer nach der Wiedervereinigung

Quelle: ZARTH, M., Drei Jahre Existenzgründungsförderung in den neuen Bundesländern, in: Informationen zur Raumentwicklung Heft 4 1994, S. 237

4.2   Fallbeispiel: Der thüringische Landkreis Rudolstadt-Saalfeld

Im Zuge der Kreisgebietsreform wurde am 1.7.1994 aus den ehemaligen Landkreisen Saalfeld und Rudolstadt, Teilen der Landkreise Neuhaus und Lobenstein und der Gemeinde Lausnitz (ehemals zum Landkreis Pößneck gehörend) der Landkreis Saalfeld-Rudolstadt gebildet. Kreisstadt des neuen Landkreises ist die Stadt Saalfeld. Die ehemaligen Kreisstädte Saalfeld und Rudolstadt, die von der thüringischen Landesplanung als gemeinsames Mittelzentrum mit Teilfunktionen eines Oberzentrums ausgewiesen werden, stellen die Zentren des Kreises dar. Diese Funktion wird durch die Lage innerhalb des Kreisgebiets noch unterstrichen. Rund 140 000 Personen haben ihren Wohnsitz im Landkreis, d.h. er verfügt mit 135 Ew./km² über eine relativ geringe Einwohnerdichte, zumal sich die Einwohner auf 93 Gemeinden, darunter zehn Städte verteilen.

Nach der Wiedervereinigung setzte ein tiefgreifender Strukturwandel in den Neuen Bundesländern ein, von dem auch der Kreis Saalfeld-Rudolstadt als traditioneller Industrie- und Gewerbestandort betroffen wurde. Der schwierige Übergang zur Marktwirtschaft äußerte sich vor allem in einer starken Zunahme der Arbeitslosigkeit. Bis Ende 1991 blieb die Zahl der abhängigen Erwerbstätigen noch stabil. 1992 folgte dann der erste große Einbruch (-11 000 Erwerbstätige = -13 %), eine weitere Abnahme kennzeichnete die folgenden Jahre, bis sich der Arbeitsmarkt dann 1994/95 bei 62 100 Erwerbstätigen einpendelte. Praktisch entgegengesetzt verlief die Entwicklung der Arbeitslosenzahlen: 1990 waren 4 700 Personen erwerbslos, in den folgenden Jahren stieg die Zahl der Arbeitslosen auf 10 337 (1995) an.

Besonders drastisch waren die Einbrüche im industriellen Sektor. Hier ging die Zahl der Arbeitsplätze von 23 450 (1991) auf 8 300 (1995) zurück! Dies entspricht

Abb. C 16: Entwicklung der Erwerbstätigen- und der Arbeitslosenzahl im Landkreis Saalfeld-Rudolstadt 1990 – 1995
Quelle: Amt für Wirtschaftsförderung Saalfeld-Rudolstadt 1996

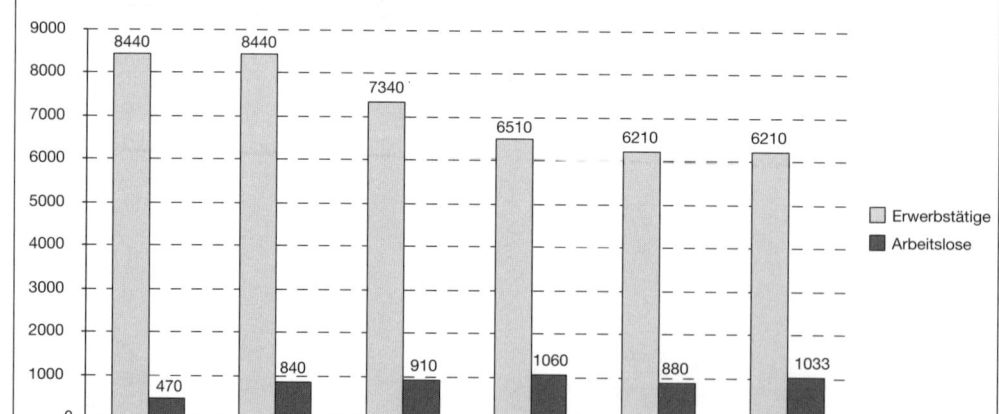

einem Rückgang um rund 65 %. Eine Zunahme von Arbeitsplätzen im Baugewerbe, Handwerk und Dienstleistungsbereich konnte nur einen Teil der abgebauten Arbeitsplätze in den Industriebetrieben des Landkreises kompensieren. Dabei trugen gerade die Klein- und Mittelbetriebe sowie Existenzgründungen zu einer Entlastung bei. Die besondere Dramatik der Entwicklung im Verarbeitenden Gewerbe kommt u.a. darin zum Ausdruck, dass es 1991 noch 15 631 Beschäftigte in der Industrie gab, 1995 waren es jedoch nur noch 5 912, also ein Rückgang um 62 %! (Abb. C 17). Um den negativen Folgewirkungen des Strukturwandels entgegenzuwirken, hat der Kreis Saalfeld-Rudolstadt erhebliche Anstrengungen unternommen. So wurde aus der Maxhütte in Unterwellenborn durch die ARBED ein neues Elektrostahlwerk aufgebaut, das einen großen Teil des in Thüringen anfallenden Schrotts aufbereitet und zu Profilstahl verarbeitet. Durch dieses Pilotprojekt sollen weitere Unternehmen auf dem insgesamt 200 ha großen Industrie- und Gewerbegebiet in Kooperation mit der Landesentwicklungsgesellschaft Thüringen zur Ansiedlung bewogen werden. An den Chemiefaserstandort in Rudolstadt-Schwarza, der zu einem modernen Industriepark erweitert werden soll, werden ähnliche Erwartungen geknüpft. Insgesamt weist der Landkreis Saalfeld-Rudolstadt derzeit 670 ha Industrie- und Gewerbeflächen auf. Von diesen sind bereits 70 % belegt, 14 % stehen kurzfristig zur Ansiedlung bereit und weitere 16 % befinden sich noch im Planungsstadium. 58 % der 670 ha sind sanierte Altstandorte, und 42 % repräsentieren Standorte auf der „Grünen Wiese".

Aufbauend auf Untersuchungen des Lehrstuhls Wirtschaftsgeographie und Regionalplanung der Universität Bayreuth 1991 und 1996 wurde deutlich, dass die Unterstützung von Existenzgründungen durch die Kommunen sowohl in der Startphase und auch bei der betrieblichen Entwicklung nach den ersten Jahren marktwirtschaftlicher Erfahrung in eine entscheidende Phase getreten ist. Die im Jahre 1991 vor allem bei den Dienstleistungen beobachtete Euphorie wich mittler-

Abb. C 17: Beschäftigtenentwicklung im Verarbeitenden Gewerbe des Kreises Saalfeld-Rudolstadt 1991 – 1995
Quelle: IHK Ostthüringen zu Gera, Gera 1996

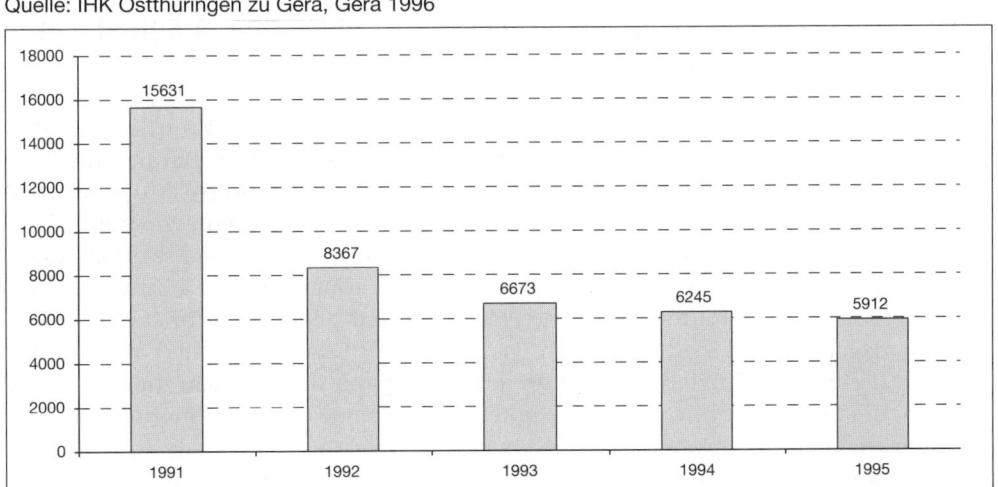

weile einer realistischen Sicht der Dinge, mit einer Angleichung von Branchen- und Betriebsentwicklungen an die Merkmale des Strukturwandels in den Alten Bundesländern. Heute notwendige Unterstützungen beziehen sich damit nicht mehr nur auf tatsächliche Neueröffnungen von Betrieben, sondern auch auf die Hilfestellung bei Problemen der Betriebsentwicklung, etwa was Informations-, Schulungs- und Flächenangebote betrifft. Hierzu könnte die Zusammenarbeit zwischen den verschiedenen Institutionen noch weiter ausgebaut werden. Diese reicht z.B. von den Kammern, deren regionalen Gremien, den Kommunalverwaltungen, dem Landratsamt, dem Arbeitsamt bis hin zu den Kreditinstituten, etwa was Hilfestellungen beim Unternehmensstart und das regionale Marketing, z.B. im Informationsmanagement, betrifft.

Sicherlich sind junge Unternehmen beim Start in die Existenzgründung mit einer Vielfalt von Problemen konfrontiert, die nicht alle von den Gründern allein zu lösen sind. So stehen diese vor der Aufgabe, eine detaillierte Unternehmensplanung durchführen zu müssen, oft ohne dabei auf eigene Erfahrungen zurückgreifen zu können. Probleme ergeben sich nicht selten bereits bei der Wahl der geeigneten Rechtsform und reichen weiter in die Finanzierung und eine oft nicht ausreichende Kenntnis im kaufmännischen Bereich, etwa was das Marketing und die Betriebsorganisation angeht. Hilfestellungen von Seiten der Wirtschaftsförderung könnte hierzu in adäquaten Beratungsangeboten oder deren Vermittlung bestehen. Damit Unternehmensgründungen auf Dauer einen Beitrag zur Arbeitsmarktstabilisierung leisten können, müssen sie langfristig „überleben", was jedoch ein zentrales Problem neuer Betriebe darstellt. Es wurde aber deutlich, dass keine Standardlösungen für die Bewältigung der Probleme von Existenzgründungen vorhanden sind. Entsprechende Überlegungen können aufgrund der Individualität der Gründer nicht pauschal getroffen werde, sondern haben die Einzelsituation in persönlichen Gesprächen zu berücksichtigen. Nur so ist es möglich, Potentiale, aber auch Hemmnisse zu erkennen, um, darauf aufbauend, entsprechende Ziel- und Maßnahmenkataloge zu entwickeln.

4.3   Möglichkeiten der Unterstützung kleiner und mittlerer Betriebe in den Neuen Bundesländern

Fasst man die Möglichkeiten zur Unterstützung von kleinen und mittleren Unternehmen in den Neuen Bundesländern zusammen, so scheint im Bereich der Landesförderpolitik eine noch weiter verbesserte Informationspolitik für neue und bestehende Unternehmen unumgänglich zu sein, da die Vielfalt von Fördermöglichkeiten von einzelnen Inhabern kaum ohne fremde Hilfe durchschaut werden kann. Aufgrund von oft unverschuldeten Zahlungsausfällen bei Kunden könnte der Ausbau von Landesbürgschaften für solche Fälle, die nicht selten auch für stabile Betriebe existenzgefährdend sind, eine wichtige Stütze und Überbrückung darstellen. Begleitend könnte die Einrichtung regionaler Risikokapitalfonds dazu dienen, Gründungen, die nicht die üblichen Sicherheiten aufweisen können, zu motivieren. Dies soll aber nicht zu einer langfristigen Subvention werden, sondern als Starthilfe für risikobehaftete Gründungen in den kritischen ersten drei Jahren dienen.

Auf der Landkreisebene bietet sich zum einen die weitere Forcierung von Gewerbe-flächenkatastern an, worin beispielsweise Angaben über Flächengrößen, das Bau-recht, die Infrastruktur, Eigentumsverhältnisse, Preise, eventuelle Altlasten sowie Förder- und Finanzierungsmöglichkeiten enthalten sind. Eingebettet werden soll-ten diese Tätigkeiten in ein übergreifendes, integriertes Regional- und Standort-marketing. Ein Schritt im Binnenmarketing wäre etwa die Bildung von fest instal-lierten Arbeitskreisen zwischen der Wirtschaft und Verwaltung und/oder Exper-tengruppen, die die durchaus vorhandenen und positiven Aktivitäten der verschie-denen privaten und öffentlichen regionalen Akteure koordinieren und als „Denk-fabriken" auftreten. Ziel könnte dabei die weitere Forcierung der Gründerstim-mung in den Landkreisen, verbunden mit einer Verstärkung der Informationspoli-tik über Investitions- und Fördermöglichkeiten sein. In Stichworten zusammenge-fasst könnten auf der übergeordneten Ebene folgende Ansätze weiter ausgebaut werden (WEBER/MAIER 1997, S. 9):

- Fortführung des Aufbaus von Gewerbegebietskatastern,
- weitere Vereinfachung der Antragswege für Förderprogramme,
- Bündelung der Vielzahl von Fördermöglichkeiten in effiziente Angebote,
- Ausbau der Informationspolitik über Unterstützungsmöglichkeiten,
- Einrichtung regionaler Risikokapitalfonds,
- Aufbau von Kooperationsbörsen für Existenzgründer zur Bildung von Netzwerken,
- weitere Verbesserung der Rahmenbedingungen für Existenzgründungen aus der Arbeitslosigkeit, z.B. durch das Anbieten von kaufmännischen Schulungsmaß-nahmen, und
- weitere Beschleunigung von Planungs- und Genehmigungsverfahren.

Vorschläge an die Kommunalverwaltungen richten sich in einem ersten Punkt an die öffentliche Auftragsvergabe. So haben mittelständische Unternehmen bei einer Auftragsstückelung in kleinere Lose größere Möglichkeiten, zum Zug zu kommen, und wären damit konkurrenzfähiger. Ein besonderes Anliegen der Wirtschaft ist es oft, Genehmigungsverfahren soweit zu straffen, als rechtlich und inhaltlich mög-lich. Für den Austausch zwischen den Entscheidungsträgern bietet sich auch inner-halb der Kommunen die Einrichtung von Arbeitskreisen zwischen Wirtschaft und Verwaltung an, bis hin zu regelmäßigen „Unternehmensstammtischen". Aber auch das Umfeld der Firmen ist für die wirtschaftliche Entwicklung von großer Bedeu-tung. So sollten die Gemeinden die Revitalisierung der Zentren bzw. Innenstädte auch in Zukunft voranbringen, um die gesamte Attraktivität zu erhöhen. Zusam-menfassend könnte auf kommunaler Ebene vor Ort an die Intensivierung etwa folgender Aktivitäten gedacht werden (ebenda, S. 10):

- Aufbau oder Beibehaltung des Kontaktes zu Unternehmen zur Klärung möglicher Konflikte und Probleme im Vorfeld,
- Bildung von Arbeitskreisen,
- Revitalisierung nicht mehr genutzter Gewerbegebäude, um Existenzgründern eine kostengünstige Startmöglichkeit zu bieten,
- Agieren der Verwaltungen als flexible Dienstleistungsunternehmen, und
- Durchführung eines offensiven Standortmarketings.

5 Industrie in Ländern mit besonderen Rahmenbedingungen – die Beispiele Nigeria und VR China[*]

5.1 Industrielle Entwicklung in sog. „Entwicklungsländern" zwischen Tradition und Postmoderne

Die industrielle Entwicklung nahezu aller sog. Entwicklungsländer ist sowohl zeitlich wie auch von den organisatorischen Strukturen her in enger Verbindung zu den kolonialen Verhältnissen des 19. und 20. Jahrhunderts zu sehen. So war die Rolle der Kolonien in der internationalen Arbeitsteilung lange Zeit die der Rohstofflieferanten, die durch ihre Stellung am Anfang des industriellen Wertschöpfungsprozesses am wenigsten von dem insgesamt produzierten Mehrwert profitieren konnten. Als klassische Beispiele hierfür können u.a. die textilen Rohstoffe, wie Baumwolle oder Jute, Lebensmittelrohstoffe, wie Tee, Kaffee, Kakao, oder eine Vielzahl an Metallen, wie Gold, Silber, Platin oder andere wertvolle Rohstoffe aus dem Bergbau, nicht zuletzt Erdöl, genannt werden. Durch diese Güter wurden neben den kolonialpolitischen auch immense wirtschaftliche Interessen, besonders der multinationalen Unternehmen, an den Ländern Südamerikas, Afrikas und Asiens begründet.

Mit der im wesentlichen nach dem Ende des Zweiten Weltkrieges einsetzenden Welle der Loslösung der Kolonien von ihren „Mutterländern", die gegen Ende der 1960er Jahre bis auf wenige Ausnahmen abgeschlossen war, setzten gegenläufige Entwicklungen in der wirtschaftlichen Prozesse vieler junger Staaten ein. Auf der einen Seite existierten massive Bestrebungen, die bisherigen Kapitalabflüsse in die europäischen Mutterländer zu unterbinden und die Industrie und Rohstoffproduktion unter nationale Kontrolle zu bringen. Andererseits blieb die Prägung vieler Staaten durch die Dominanz der Rohstoffproduktion bestehen, was zu einer intensiven politischen wie auch wissenschaftlichen Diskussion über die postkolonialen Abhängigkeiten der Entwicklungsländer und deren Möglichkeiten zu einer effektiven, breit gestreuten Wohlstandssteigerung führte.

Von Seiten der Wirtschaftsgeographie lassen sich eine Vielzahl theoretischer Ansätze anführen, die zur Erklärung und Überwindung des massiven Nord-Süd-Gefälles beitragen wollen. Hierbei sei besonders auf den lange Zeit vorherrschenden Gegensatz zwischen modernisierungs- und dependenztheoretischen Konzepten hingewiesen. Erstgenannte Modelle postulieren auf der Basis der neoklassischen Theorie, den fortschreitenden Industrialisierungsprozess als geeignetes Mittel zum Ausgleich bestehender Disparitäten anzusehen, und gehen dabei von der Prämisse aus, dass der zeitliche Vorsprung der Industrieländer die entscheidende Variable für deren Entwicklungsvorsprung darstellt. Hieraus wird die Konsequenz gezogen, dass die Entwicklungsstrategie der Industrieländer in absehbarer Zeit auch in den sog. Entwicklungsländern ökonomische Erfolge erzielen wird (SCHÄTZLE 1996, S. 130ff.; WAGNER 1994, S. 84f.).

Als Reaktion auf die Modernisierungstheorien entwickelten vor allem MYRDAL und HIRSCHMANN sog. polarisationstheoretische Ansätze, bei denen die Vorstellung

---

[*] Dieser Teilabschnitt wurde unter Mitarbeit von stud. rer. H. FRÖHLICH erarbeitet

eines relativ automatischen Ausgleichsprozesses durch die „Hypothese der zirkulären Verursachung eines kumulativen sozioökonomischen Prozesses" ersetzt wird (SCHÄTZL 1996, S. 154). Dabei werden interdependente Variablen, wie z.b. Nachfrage, Einkommen, Investitionen oder Produktion, als Auslöser eines sich verstärkenden wirtschaftlichen Entwicklungsprozesses gesehen. Im Zusammenhang mit der Entwicklungsländerproblematik ist vor allem die Vorstellung von Bedeutung, dass sich innerhalb eines Landes ebenso wie international die Wirkungen von Entzugs- und Ausbreitungseffekten gegenüber stehen. Die Annahme, dass die „Ausbeutung" von Ressourcen der Entwicklungsländer durch die Industrieländer den Entwicklungsprozess dominiert, lässt so die Forderung nach einer möglichst endogenen und an spezifische Rahmenbedingungen angepassten Wachstumsstrategie verständlich werden.

In jüngster Zeit haben sich die Diskussionen in der Wirtschaftsgeographie über Fragen der wirtschaftlichen Entwicklung der Entwicklungsländer vor allem im Zusammenhang mit dem Vorgang der Globalisierung wieder intensiviert. Unter dem Hinweis auf die Fähigkeit der multi-nationalen Unternehmen zum sog. global sourcing, d.h. zur weltweiten Nutzung der angebotenen Ressourcen, vor allem an Standorten und Arbeitskräften, wird in vielen Branchen der Massengüterproduktion das Phänomen der Verlagerung von Produktionsstätten in kostengünstige Entwicklungsländer beschrieben (KRÄTKE 1995, S. 207 – 221; POON 1996, S. 390 – 404). Dabei ist jedoch anzumerken, dass diese neuesten Entwicklungen als Wiederbelebung kolonialer Verhältnisse aufgefasst werden können und bisher weder in der politischen noch in der wissenschaftlichen Diskussion über den Fragenkreis „Industrie in Entwicklungsländern" ein eindeutiger Fortschritt in Richtung einer praktikablen Strategie zur Verbesserung der Lage in vielen Ländern mit niedrigem Entwicklungsstand erreicht werden konnte.

5.2   Fallbeispiel: Industrie in Nigeria

Als Beispiel für diesen Entwicklungsprozess soll mit dem Staat Nigeria ein Land dargestellt werden, das im Jahre 1960 seine Unabhängigkeit vom Britischen Empire erhielt und das eines der wichtigsten und bevölkerungsreichsten Länder Schwarzafrikas ist. Seine Gesamtgröße beträgt rund 924 000 km², bei einer Einwohnerzahl von ca. 115 Mio. im Jahre 1996 ergibt sich eine Bevölkerungsdichte von 124 Ew./ km², wobei die Agglomeration der Metropole Lagos allein 5 – 10 Mio. Einwohner zählt.

5.2.1   Zur Wirtschafts- und Industriestruktur

Die wirtschaftliche Entwicklung Nigerias in der zweiten Hälfte des 20. Jahrhunderts wurde entscheidend durch den Aufschwung der Ölindustrie seit der ersten systematischen Ölförderung im Jahre 1961 geprägt. Zuvor waren landwirtschaftliche Produkte, wie Kakao, Erdnüsse, Palmöl, Rohgummi und Tropenhölzer, die wichtigsten Einnahmequellen auf dem Weltmarkt. Durch den Ölboom ging der Anteil dieser Produkte am Gesamtexportwert des Landes zwischen 1960 und 1970 von 85 auf 32 % zurück, während der Anteil des Öls von 3 auf 58 % stieg (DÖRRES-Gesellschaft 1993, S. 560). Allein im Zeitraum zwischen 1979 und 1983 exportierte Nigeria Erdöl im

Wert von ca. 44 Mrd. US-$, und noch im Jahre 1990 stand es mit einer Jahresförderung von 86,5 Mio. t an zehnter Stelle der erdölfördernden Nationen. Die enge Verbindung zwischen Ölindustrie und gesamtstaatlicher Entwicklung verdeutlichen das starke Ansteigen des BSP in den Zeiten des Ölbooms bis auf Werte nahe 1000 US-$ pro Einwohner, aber auch der enorme politische Einfluss der Mineralölindustrie. So beträgt seit Mitte der 1970er Jahre der Anteil der landwirtschaftlichen Produktion am Export Nigerias nur noch ca. 3 %, Erdöl ist mit über 90 % die nahezu ausschließliche Einnahmequelle des Landes. Dies hatte zur Folge, dass bei einem gleichzeitigen Bevölkerungsanstieg eine Ausweitung der Lebensmittelimporte um 400 % nötig wurde und selbst Produkte wie Palmöl, die zu den traditionellen Ausfuhrgütern gehört hatten, nun nach Nigeria importiert werden müssen. Die Krise der Nahrungsmittelproduktion war Gegenstand der Regierungsprogramme „Feed the Nation" (1974) und „Green Revolution" (1980), die jedoch ohne größere Wirkung auf die Versorgungsmöglichkeiten des Landes blieben. Auch wenn noch 1996 rund 37 % der Erwerbstätigen in der Landwirtschaft beschäftigt waren, zeigt schon deren Beitrag zum BIP von nur 28 % deutliche Schwächen des Primären Sektors auf, so dass Nigeria vom Ziel der Selbstversorgung weit entfernt ist (ebenda).

Das gravierendste Problem der wirtschaftlichen Entwicklung des Landes stellt jedoch die zu große Abhängigkeit vom Erdöl dar, die sich durch den Preisverfall in den 1980er Jahren und die damit verbundene Reduzierung der Förderquote in einem katastrophalen wirtschaftlichen Niedergang zeigte. So betrug das BSP je Einwohner im Jahre 1996 nur noch rund 240 US-$, die Auslandsverschuldung erreicht im selben Jahr knapp 31,5 Mrd. US-$ (zu den volkswirtschaftlichen Angaben vgl. V. BARATTA 1998, S. 537f.). Auch die Lage auf dem Arbeitsmarkt ist mit Werten von 25 % für 1996 und geschätzten 30 % für das Folgejahr von den dramatischen Rückschritten in der nigerianischen Volkswirtschaft geprägt.

Wesentlich beeinflusst wird diese Situation durch die zeitweise instabile politische Lage, die durch häufige Machtwechsel unter den Militärherrschern und interne Spannungen geprägt ist, wie sie sich jüngst in den Auseinandersetzungen um den Widerstand gegen die Zerstörung des Nigerdeltas durch die Ölindustrie und in den politischen Wirren des Jahres 1998 zeigten. Die dadurch zustande gekommene internationale Isolation des Landes ist ein weiterer Rückschlag für die nationale Entwicklung Nigerias.

Durch diesen Rückschritt in der wirtschaftlichen Entwicklung wurde auch die Strategie der nigerianischen Regierung ad absurdum geführt, die mit den Einnahmen aus dem Ölgeschäft rasch eine leistungsfähige Industrie aufbauen wollte. Hierbei lag der Schwerpunkt zunächst in den Branchen Nahrungs- und Genussmittel, Textil und Schuhe, Pharmazeutika, Seife und Waschmittel, Zement, Metallerzeugnisse sowie Kfz-Zubehör. Die regionalen Schwerpunkte der Industrie in Nigeria stellen zum einen der Süden mit der Metropole Lagos, den nördlich anschließenden Städten (vor allem Ibadan) und das Nigerdelta mit seinen Ölvorkommen dar, zum anderen im Norden die Gebiete um die Städte Kano und Kaduna.

5.2.2 Auslandsinvestitionen versus einheimisches Unternehmertum: Wege zum industriellen Fortschritt?

Einen wesentlichen Faktor bei den Bemühungen um eine fortschrittliche Industriestruktur stellten lange Zeit die Investitionen ausländischer Unternehmen dar, die vor allem in den Bereichen Automobil- und Chemieindustrie sowie im Ölgeschäft erhebliche Bedeutung erlangten. Den Ansiedlungen ausländischer Unternehmen können für einen gewissen Zeitraum bedeutende Arbeitsplatzeffekte zugeschrieben werden, die jedoch eher in Form von indirekten Arbeitsmarkt- und Einkommenseffekten als durch Beschäftigung bei ausländischen Firmen entstanden sind (Dörres-Gesellschaft 1993, S. 560). Dem versuchte man durch die sog. Nigerianisierungsgesetze der Jahre 1972 und 1977 entgegenzuwirken, durch die eine einheimische Kapitalbeteiligung von durchschnittlich 60% festgelegt wurde. Damit wollte man den wirtschaftlichen und politischen Einfluss der ausländischen Kapitalgeber eindämmen, der als schädlich für die Eigenständigkeitsbemühungen des Landes erachtet wurde, und stattdessen den Aufbau einer einheimischen Industrie vorantreiben (Willer/Ulrich 1991, S. 228). Die Ergebnisse dieser Bemühungen bezeichnen Willer/Ulrich jedoch als ernüchternd, da sich nicht in erwünschtem Ausmaß privatwirtschaftliches Engagement seitens der einheimischen Bevölkerung zeigte, auch wenn der Staat durch den Aufbau einiger Schlüsselbetriebe eine Vorreiterrolle übernehmen konnte (ebenda).

Diese Einschätzung muss jedoch dahingehend relativiert werden, dass die Jahre zwischen 1976 und 1982 durchaus als eine Art „Gründerjahre" für die nigerianische Wirtschaft angesehen werden können (Fricke/Willer 1988, S. 3). In der Untersuchung von Fricke und Willer stellen die Unternehmen, die zwischen 1970 und 1984 gegründet wurden, mit 80% das Gros der Fälle, im Zeitraum 1976 – 1982 fanden 48,8% der Existenzgründungen statt. Diese Häufung weist eine Übereinstimmung mit der Entwicklung des BIP Nigerias auf, das nach deutlichem Anstieg ab 1968 in der zweiten Hälfte der 1970er Jahre ein relatives Maximum aufweist. Auch ist auffällig, dass die Herkunft der Unternehmensgründer in dieser Phase auch Personenkreise einschließt, die einer produzierenden Tätigkeit traditionell eher ferner standen, wie z.B. Farmer oder Beamte. Dies kann als Anzeichen für eine größere gesellschaftliche Offenheit gewertet werden (ebenda, S. 7ff.).

Was die regionale Differenzierung der (erfolgreichen) Unternehmensgründungen betrifft, so finden FRICKE und WILLER die Ergebnisse SCHÄTZELS bestätigt, der für den Großraum Lagos trotz der unübersehbaren Agglomerationsnachteile, wie der Überlastung des Verkehrssystems und der hohen Lebenshaltungskosten, deutliche Standortvorteile feststellte (ebenda, S. 85). Diese resultieren aus den günstigen nationalen und internationalen Verkehrsverbindungen, der Nähe zu Absatz- und Beschaffungsmärkten und zu vielen bedeutenden nationalen Institutionen, die in Lagos und nicht in der Hauptstadt Abuja ansässig sind. Hinsichtlich der Größe der neuen Unternehmen, ihres Umsatzes, ihrer Rentabilität und des Wachstums weist Westnigeria einen deutlichen Vorsprung vor dem Norden und Osten des Landes auf. Dies lässt sich zum Großteil aus der regionalen Differenzierung der untersuchten Unternehmensgründungen erklären, die für den Süden und Westen eine Häufung der relativ fortschrittlichen Branchen Elektroindustrie, Chemie, Druck und Papier sowie die moderne Nahrungs- und Getränkeindustrie, für das Hinterland dagegen Schwerpunkte in der Baubranche und in der Holz- und Möbelindustrie aufweist.

Ein weit verbreiteter Ansatz zur Erklärung der relativ schwachen Ausprägung einheimischer kleiner bis mittelgroßer Industrieunternehmen ist die personalistische Vorstellung, dass die nigerianische Bevölkerung eher von einer „Händlermentalität" denn von einer Tradition der Produktion geprägt ist, und deshalb keine wesentlichen Fortschritte im Produzierenden Sektor möglich sind (WILLER / ULRICH 1991, S. 228 f.).

Dieser Annahme widersprechen WILLER / ULRICH mit ihrer Aussage, dass die nigerianischen Händler durchaus ein bedeutendes Potential für eine produktionsorientierte Entwicklungspolitik sind. Zu diesem Fazit kommen sie in Auswertung einer Befragung unter Händlern und Produzenten im Raum Lagos, deren Vorstellungen über die eigene und alternative Beschäftigungen sie untersuchten. Dabei stellten sie fest, dass viele Händler ein positives Bild vom Berufsfeld des Produzenten haben und fast alle schon mit dem Gedanken gespielt hatten, in dieser Branche aktiv zu werden. Viel mehr als die Gruppe der befragten Produzenten wiesen die Händler positive Entsprechungen zwischen persönlichen Interessen und der Rolle des Produzenten aus ihrer Sicht auf, so dass sich die befragten Gruppen nicht aufgrund einer Händlermentalität ähnlich waren, sondern durch eine übereinstimmende Beschreibung als „Produzentenpersönlichkeit" (ebenda, S. 234).

5.3   Industrie in China zwischen Plan und Markt

Wenn als zweites Beispiel für den Fragenkreis „Industrie in Ländern mit besonderen Rahmenbedingungen" an dieser Stelle China aufgegriffen wird, so geschieht das bewusst in Abweichung von der allgemeinen Vorstellung, die China eher als „Restbestand" des kommunistischen „Ostblocks" denn als klassisches Entwicklungsland ansieht. Dies sollte jedoch nicht den Blick darauf verstellen, dass China unter vielen Gesichtspunkten noch einen niedrigen Entwicklungsstand aufweist und somit im weiteren Sinne als ein Land aufgefasst werden muss, das in der Zukunft einen hohen Bedarf an Reformen, Fortschritt und „Entwicklung" hat.[*] Als Indikatoren für diese Einschätzung sei hier nur kurz auf folgende Daten verwiesen: Das chinesische BIP pro Einwohner lag nach Zuwächsen von 12,3 % zwischen 1990 und 1996 bei ca. 750 US-$, wobei schon hier auf die enormen innerchinesischen Disparitäten hingewiesen werden muss. Noch viel deutlicher als im Falle von Nigeria ist in China die Ineffizienz der Landwirtschaft ausgeprägt. Bei einem immens hohen Beschäftigtenanteil von 50,5 % erwirtschaftete der Primäre Sektor 1996 gerade 20 % des BIP. Ein weiteres Problem stellen die schätzungsweise 170 Mio. Unterbeschäftigten und Arbeitslosen dar, die in der offiziellen Arbeitslosenquote von ca. 4 % bzw. ca. 20 % in den Städten nicht enthalten sind. Etwa 29 % der Bevölkerung leben unter der Armutsgrenze, die Analphabetenrate liegt knapp unter 20 % und die offi-

---

[*] Auf eine Diskussion des Begriffs „Entwicklung" soll hier im Bewusstsein der Notwendigkeit einer differenzierten und kritischen Betrachtung verzichtet werden.

zielle Auslandsverschuldung hatte 1996 eine Summe von knapp 120 Mrd. US-$ erreicht (V. BARATTA 1998, S. 135 ff.).*

5.3.1 Die chinesische Wirtschaft im Wandel

Die wirtschaftliche und industrielle Entwicklung in China ist seit der zweiten Hälfte des 20. Jahrhunderts vom Versuch des Aufbaus eines kommunistischen Wirtschaftssystems, durch dessen langwierige Krise und durch seit 1978 sukzessive unternommene Ansätze zur Reform und Öffnung der chinesischen Volkswirtschaft geprägt. Die mit dem ersten Fünfjahresplan (1953 – 1957) eingeleitete Kollektivierung der Landwirtschaft, des Handwerks und Einzelhandels sowie die Verstaatlichung der Industrie führten zwar kurzfristig zu einer raschen Entwicklung der Wirtschaft – besonderes Gewicht hatte dabei auch in China die Schwerindustrie – endete jedoch zu Beginn der 60er Jahre „mit einer wirtschaftlichen und gesellschaftlichen Katastrophe" (GIESE/ZENG 1997, S. 708). Nach Hungersnöten und den Wirren der Kulturrevolution konnte nach dem Tode Mao Zedongs im Jahre 1976 eine Wende in der Wirtschaftspolitik Chinas eingeleitet werden. Dies geschah mit dem Ende 1978 beschlossenen Reformpaket, in dem sowohl innenpolitische Modernisierungen, wie z.B. im Rechtswesen oder beim Militär, als auch eine Neuausrichtung des Wirtschaftssystems enthalten waren. Wesentliche Kernpunkte hierbei waren die Öffnung für den internationalen Handel, für Kooperationen inländischer mit ausländischen Unternehmen sowie für ausländische Direktinvestitionen. So wird seit dem XIV. Parteitag der KP Chinas versucht, unter prinzipieller Beibehaltung der sozialistischen Gesellschaftsordnung eine „Sozialistische Marktwirtschaft" als Mischform aus Markt- und Planwirtschaft zu ermöglichen (ebenda, S. 709 f.). Dieser Versuch stellt weltweit unter den postkommunistischen Transformationsstaaten einen Sonderweg dar, der in Abweichung von der Grundthese der modernen Transformationsforschung eine Nicht-Übereinstimmung von wirtschaftlichen und gesellschaftlichen Reformen aufweist.

Trotz des seither erheblichen volkswirtschaftlichen Wachstums muss doch festgestellt werden, dass ganz entscheidende Schritte der Modernisierung bislang ausgeblieben sind. So steht die Privatisierung der wohl rund 300 000 Staatsbetriebe noch aus, ebenso wie die der 15 000 Betriebe des Militärs. Für eine rasche Privatisierung wären immense finanzielle Mittel nötig, zudem hätte die Freisetzung von ca. 50 Mio. bislang in versteckter Arbeitslosigkeit befindlichen Staatsangestellten die ohnehin rasch steigende Arbeitslosigkeit dramatisch erhöht (BOHNET 1997, S. 14).

Der Aufschwung der Wirtschaft wird dagegen im wesentlichen von den seit Beginn der 1980er Jahre erlaubten Kollektivunternehmen und den seit 1988 zugelassenen Privatunternehmen getragen, durch deren Wachstum der Anteil der staatlichen Unternehmen im industriellen Bereich von 78 % im Jahr 1978 auf rund 34 % 1995 zurückging. Auch die als Joint Venture geführten bzw. die mehrheitlich von ausländischem Kapital dominierten Unternehmen sind mittlerweile mit 17 % der industriellen Produktion ein bedeutender Faktor im sekundären Sektor, ebenso wie

---

* zum Vergleich der Auslandsverschuldung: Russische Föderation: ca. 125 Mrd. US-$ (1996); Indien: ca. 92 Mrd. US-$ (1996/97)

die ländlichen privaten Dorfunternehmen, die vor allem in der Verarbeitung land-wirtschaftlicher Produkte rund 130 Mio. Menschen Beschäftigung bieten (GIESE/ ZENG 1997, S. 710 f.).

Was die regionale Differenzierung der wirtschaftlichen Entwicklung Chinas betrifft, so kann hier von einer staatlich gewollten Verschärfung der regionalen Disparitäten gesprochen werden. Die küstennahen Regionen – und hier wiederum in erster Linie die städtischen Agglomerationen – werden als Motoren der gesamtstaatlichen Dynamik gesehen, von denen durch Verflechtung mit den binnenländischen Provinzen positive Ausstrahlungseffekte das gesamte Staatsterritorium erreichen sollen (Abb. C 18).

Auch wenn zunächst die ländliche Bevölkerung von der Tatsache profitierte, dass die wirtschaftspolitischen Reformen in den ländlichen Gebieten begonnen wurden, so hat sich das Verhältnis mittlerweile umgekehrt. Dies zeigt sich auch an der auf mindestens 130 – 150 Mio. geschätzten Anzahl arbeitsloser Landarbeiter, die aus den west- und zentralchinesischen Provinzen vor allem in die Räume Beijing und Shanghai sowie die Küstenprovinzen Guangdong und Liaoning strömen (ebenda, S. 712). Und auch in vielen binnenländischen Provinzen muss vor allem im Zusammenhang mit Protesten gegen Entlassungen und Betriebsschließungen von einer erheblichen Verschlechterung des sozialen Klimas gesprochen werden

Abb. C 18: Zahlenmäßige Entwicklung der Industrieunternehmen in China 1992 – 1996 nach Provinzen

Quelle: China Statistical Yearbook 1997; Entwurf: Y.-L. CHEN; Bearbeitung: J. FEILNER / J. IMMERZ, Lehrstuhl Wirtschaftsgeographie und Regionalplanung d. Univ. Bayreuth 1999

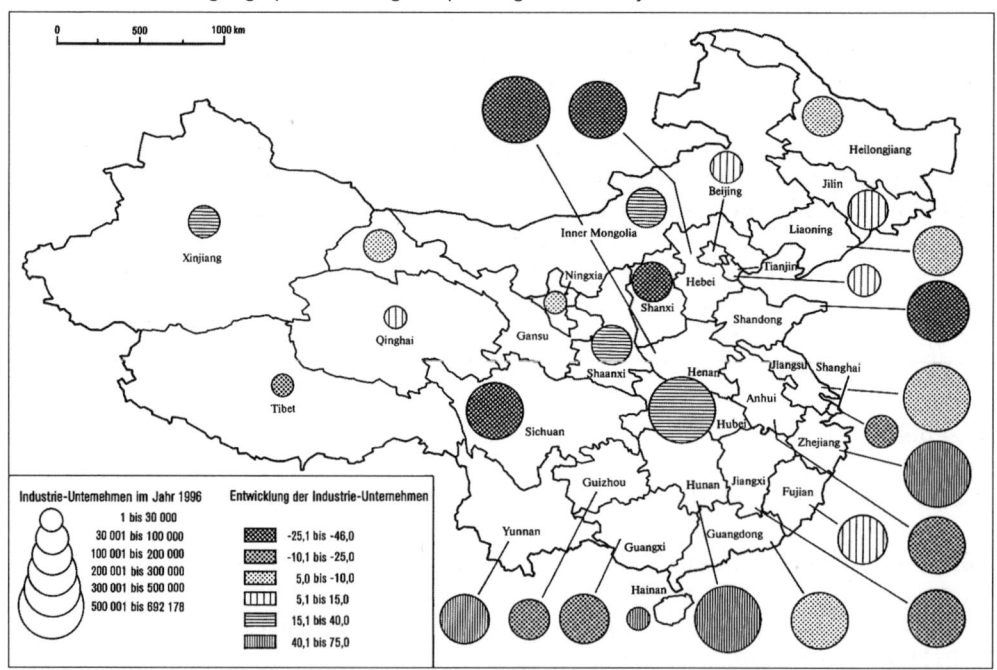

(V. BARATTA 1998, S. 144 f.). Dies zeigt sich auch innerhalb der relativ prosperierenden Küstenregionen, wo sich die sozialen Unterschiede zwischen Selbstständigen und im privaten Sektor Tätigen einerseits und den Angestellten der maroden Staatsbetriebe andererseits massiv verstärkt haben.

5.3.2 Die neuen außenwirtschaftlichen Verflechtungen Chinas

Durch seine in den letzten Jahren beeindruckenden Wachstumsraten und das Marktpotential von rund 1,2 Mrd. Menschen ist China wohl der begehrteste Wachstumsmarkt für ausländische Unternehmen und Kapitalgeber. Dies zeigt sich deutlich an der raschen Steigerung des Außenhandels des Landes, das um 1995 bereits auf Rang 11 und 12 der weltweiten Export- bzw. Importstatistik lag. Bei den wichtigsten Handelspartnern Chinas lag im Jahre 1995 Japan mit 20,5% oder 57,5 Mrd. US-$ an erster Stelle, gefolgt von Hongkong, den USA, Taiwan und Südkorea. Danach rangiert Deutschland mit 4,9% (13,7 Mrd. US-$) an Position 6 der chinesischen Außenhandelsstatistik.

Auch die gewaltigen Summen, die in Form von ausländischen Direktinvestitionen ins Land fließen, demonstrieren das ausländische Interesse am chinesischen Markt. Hier hat China hinter den USA, Großbritannien und Frankreich den vierten Platz unter den Empfängerländern inne; im Zeitraum zwischen 1989 und 1995 flossen knapp 120 Mrd. US-$ nach China, wobei Hongkong und Taiwan mit Anteilen von 60% – 70% die größten Kapitalgeber waren, auch wenn seit 1990 ihre Dominanz zugunsten von Japan, Singapur, Südkorea und den USA sukzessive zurückgeht.

Deutschland belegte unter den Direktinvestoren im Jahre 1996 den 11. Rang, wobei zunächst vor allem die Großunternehmen aktiv waren. Dennoch gibt es nach Schätzungen des Delegiertenbüros der Deutschen Wirtschaft schon rund 200 mittelständische Unternehmen, die in China investierten (Deutscher Industrie- und Handelstag 1997, S. 16). Und auch auf Länder- bzw. Regionenebene stellt China bereits einen wichtigen Partner der deutschen Industrie dar: So lag die VR China 1997 bezogen auf die bayerischen Direktinvestitionen im Ausland bereits an 12. Stelle, noch vor Ungarn und Polen; im Regierungsbezirk Oberfranken konnten z.B. 1998 65 Unternehmen ausfindig gemacht werden, die in Kontakten zu Unternehmen und Organisationen in China standen (Tab. C 4).

Die regionale Verteilung der gesamten Direktinvestitionen entspricht der Differenzierung der allgemeinen wirtschaftlichen Entwicklung und konzentriert sich zu 86% auf die Küstenregionen, hier liegt Guangdong mit 28,1% vor Jiangsu (12,0%) und Fujian (10,9%) (Abb. C 19; GIESE/ZENG 1997, S. 715).

Diese Verteilung folgt dem unter dem Begriff „stufenförmige regionale Entwicklungsstrategie" diskutierten regionalökonomischen Entwicklungsplan, der eine schrittweise Öffnung Chinas von den Küsten aus in das Binnenland vorsieht. Der Anfang hierzu wurde 1980 mit der Einrichtung der ersten vier Sonderwirtschaftszonen Shenzhen, Zhuhai, Shantou und Xiamen gemacht, denen 1984 die sog. 14 offenen Hafenstädte folgten, unter ihnen auch Shanghai und Tanjin. In weiteren Schritten wurden Städte entlang des Changjiang, wie Nanjing und Wuhan, geöffnet, später auch 19 Provinzhauptstädte im Binnenland und 13 Städte an den chinesischen Nordost-, Nordwest- und Südwestgrenzen. Doch auch nach dieser Auswei-

Provinz (Stadt)	Unternehmen	Vertretungsbüro	Insgesamt	Tab. C 4:
Shanghai	178	243	421	Deutsche
Beijing	95	259	354	Unternehmen und
Jiangsu	75	18	93	Vertretungsbüros
Guangdong	41	47	88	in China
Liaoning	24	21	45	Quelle:
Tianjin	31	11	42	Delegiertenbüro der
Shangdong	27	15	42	Deutschen
Zhejiang	21	7	28	Wirtschaft,
Fujian	11	13	24	Shanghai,
Huei	14	5	19	Stand 25.6.1998
Jilin	14	4	18	
Sichuan	9	6	15	
Sonstige	48	12	60	
China insgesamt	**588**	**661**	**1249**	

Abb. C 19: Zahlenmäßige Entwicklung der ausländischen Unternehmen in China 1992 – 1996 sowie ausländische Investitionen 1996 nach Provinzen
Quelle: China Statistical Yearbook 1997; Entwurf: Y.-L. CHEN; Bearbeitung: J. FEILNER / J. IMMERZ, Lehrstuhl Wirtschaftsgeographie und Regionalplanung d. Univ. Bayreuth 1999

tung der Öffnung einzelner Standorte bleiben die Mehrzahl der ausländischen Unternehmen und des Kapitals in den Sonderwirtschaftszonen und anderen Städten der Küstenregionen konzentriert, was sowohl ein weiteres Ansteigen regionaler Ungleichgewichte als auch eine Tendenz zu einem zunehmenden Regionalismus innerhalb Chinas hervorruft (Abb. C 20; vgl. GIESE/ZENG 1997, S. 715 f.).

Dies gilt in besonderer Weise seit dem 1. Juli 1997, an dem die britische Kronkolonie Hongkong an die VR China übergeben wurde. Auch wenn die neue Verwaltung gemäß der Parole „Ein Land, zwei Systeme" nach außen hin relative Freiräume gegenüber Beijing genießt, so zeigte sich doch im ersten Rückgang des BIP seit 1985, im Ansteigen der Arbeitslosigkeit auf den Rekordwert von 4,2 % und vor allem im Börsencrash vom 23. Oktober 1997, in dessen Folge der Hang Seng um ca. 25 % absank, dass auch unabhängig von der Asien-Krise eine ungebrochene Fortsetzung des Honkong-Booms unter neuer Herrschaft wohl nicht im bisherigen Ausmaß stattgefunden hätte (v. BARATTA 1998, S. 147).

Abb. C 20: Wirtschaftliche Sonderzonen und geöffnete Städte in der VR China 1992
Quelle: GIESE/ZENG 1997, S. 715

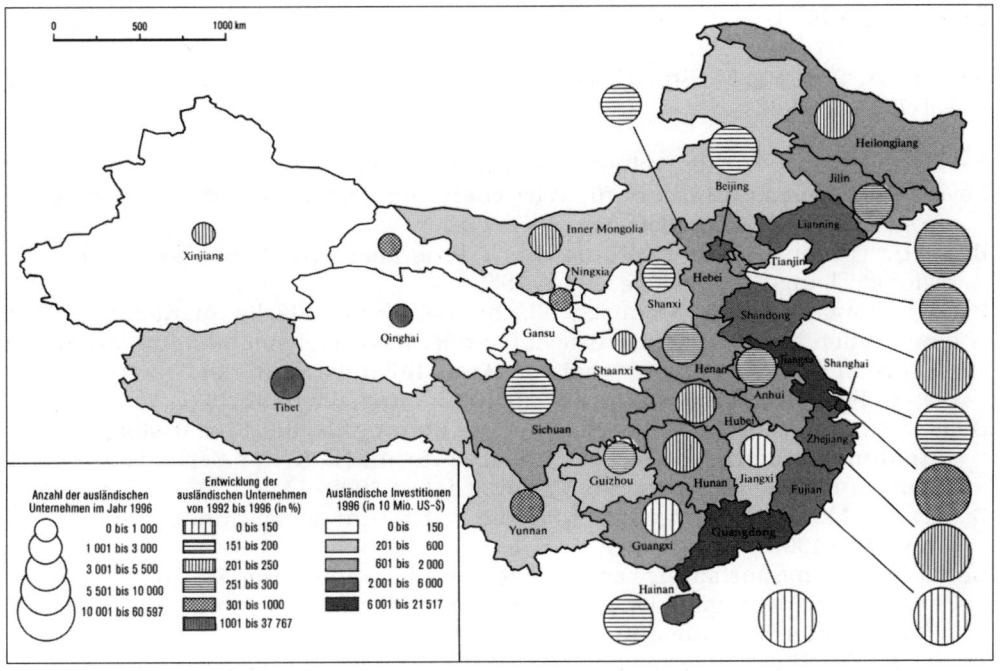

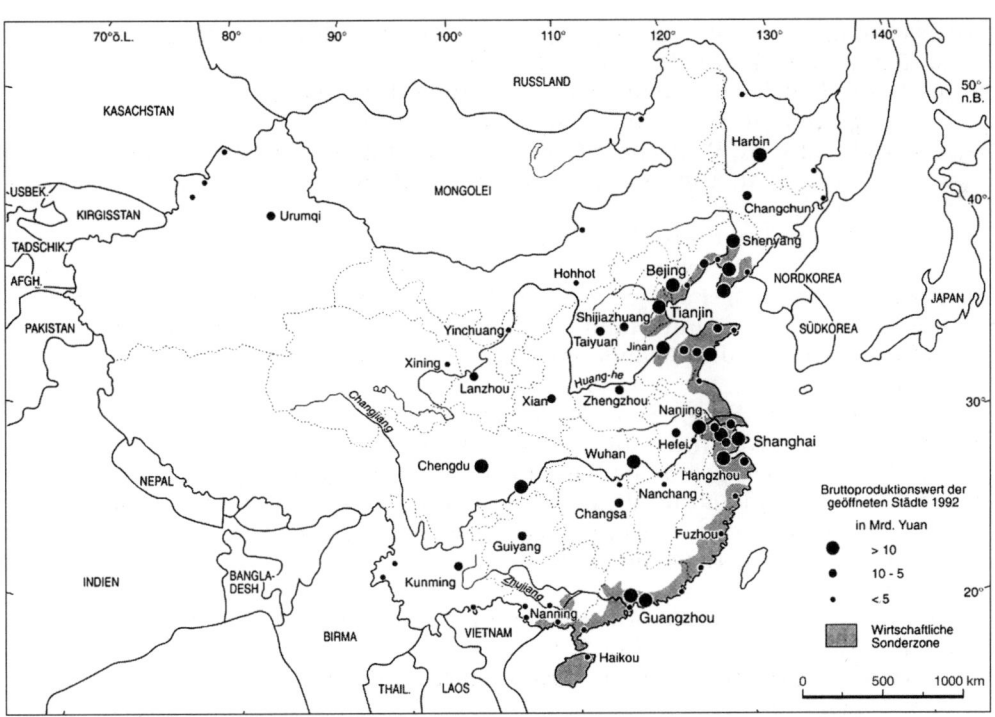

172

Quellen zum Teil C

ARMINGTON, C. / ODLE, M.: Small Business, how many jobs? In: The Brookings Review, Vol. 1, No. 2, 1982

BARATTA, M. v.: Der Fischer Weltalmanach 1999, Frankfurt 1998
Bayerisches Staatsministerium für Wirtschaft und Verkehr: Handwerk in Bayern – ein starkes Stück Wirtschaft, München 1993
BIRCH, D.: The job generation process. M.I.T. Program on Neighbourhood and regional Change, Cambridge / Mass. 1979
BIRK, F. / BOVAIRD, T., u. a.: Städtische Flächenpolitik und Flächenmarketing als Teil einer neuen kommunalen Wirtschaftspolitik – vergleichende Betrachtung der Ansätze in Bayern und Mittelengland (West Midlands), H. 97 der Arbeitsmaterialien zur Raumordnung und Raumplanung, Bayreuth 1991
BOHNET, A.: Sozialistische Marktwirtschaft im Kommunismus. Eine Bestandsaufnahme der chinesischen Wirtschaftsreform, H. 25 der Berichte zur Wirtschafts- und Gesellschaftspolitik Chinas, Gießen 1997
BRANDKAMP, M.: Unternehmensgründungen in den fünf neuen Bundesländer, Wiesbaden 1993
Bundesforschungsanstalt für Landeskunde und Raumordnung (Hrsg.): Zur Dynamik der regionalen Arbeitsplatzentwicklung: Themenheft der Informationen zur Raumentwicklung, H. 1 / 1990
BUTZIN, B.: Zur These eines regionalen Lebenszyklus im Ruhrgebiet. In: MAYER, A. / WEBER, P. (Hrsg.): 100 Jahre Geographie an der Westfälischen Wilhelms-Universität Münster (1885 – 1985), Paderborn 1987

DERENBACH, R.: Regionale Arbeitsplatzdynamik im Bundesgebiet. In: Informationen zur Raumentwicklung, H. 1 / 1990, S. 7 – 19
Deutscher Industrie- und Handelstag: Direktinvestitionen in China. Ein Handbuch für den Mittelstand, Shanghai 1997
Deutsches Institut für Wirtschaftsforschung: Gesamtwirtschaftliche und unternehmerische Anpassungsschritte in Ostdeutschland. Dreizehnter Bericht, Berlin 1995
DIETRICH, H.: Typische Problemsituationen von Industrie- und Gewerbebrachflächen. In: Informationen zur Raumentwicklung, H. 10 – 11/1984, S. 977 – 994
DITTMEIER, V. / DOLLES, H. / MAIER, J.: Zum Existenzgründungsprozeß im Handwerk – Analyse von Motiven und Handlungen im Handwerk im Raum Bayreuth, unveröff. Bericht zum Geländepraktikum im WS 1998 / 99, Bayreuth 1999
Dörres-Gesellschaft (Hrsg.): Staatslexikon, Sonderdruck 7/1993: Die Staaten der Welt II, Freiburg / Basel / Wien 1993
DOSCH, F.: Gewerbebrachen als Baulandreserve. In: Bundesforschungsanstalt für Landeskunde und Raumordnung (Hrsg.): Bestand, Bedarf und Verfügbarkeit von Baulandreserven – Umfrageergebnisse und Regionalerhebungen, Materialien zur Raumentwicklung, H. 64, Bonn 1994

EICKELPASCH, A.: Industrieller Mittelstand in Ostdeutschland. In: Informationen zur Raumentwicklung, H. 1 / 1996, S. 1 – 13
ESTERMANN, H.: Industriebrachen – Grundstücksfonds und development Corporation, Karlsruhe 1986

FRICKE, D., WILLER, H.: Gründung und Erfolg nigerianischer Unternehmen,
  H. 1 der Materialien zur Unternehmerforschung in Afrika, Bayreuth 1988
FRIEDL, W. / KOLLER, TH. / WÖLFEL, R.: Der Beitrag des Handwerks zur Regional-
  entwicklung – das Beispiel des Landkreises Forchheim, H. 55 der
  Arbeitsmaterialien zur Raumordnung und Raumplanung, Bayreuth 1987

GAEBE, W.: Zur Bedeutung von Agglomerationswirkungen für industrielle Stand-
  ortentscheidungen, Mannheim 1981
GALTUNG, J.: Eine strukturelle Theorie des Imperialismus.
  In: SENGHAAS, D. (Hrsg.): Imperialismus und strukturelle Gewalt,
  Frankfurt am Main 1980
GARBOW, B. / HENCKEL, D. / HOLLBACH-GRÖMIG, B.: Weiche Standortfaktoren,
  Bd. 89 der Schriften des Deutschen Instituts für Urbanistik, Berlin 1995
GIESE, E. / ZENG, G.: Wirtschaftliche Entwicklung und außerwirtschaftliche
  Verflechtung der VR China. In: Geographische Rundschau, 49 / 1997, S. 708
GRUHLER, W.: Wirtschaftsfaktor Mittelstand: Wesenselemente der Marktwirtschaft in
  West und Ost, Köln 1994

HAGGENMÜLLER, M.: Neuere Standortprozesse in traditionellen Gewerbearealen in
  Form von frei werdenden Industrieflächen am Beispiel der Stadt Augsburg –
  Probleme und Chancen für die Stadtentwicklung, H. 81 der Arbeitsmaterialien
  zur Raumordnung und Raumplanung, Bayreuth 1989
HAMM, R. / WIENERT, H.: Strukturelle Anpassung altindustrieller Regionen im inter-
  nationalen Vergleich, Schriftenreihe des Rheinisch-Westfälischen Instituts für
  Wirtschaftsforschung, H. 48, Berlin 1990
HANTSCH, G.: Entwicklungstendenzen im Handwerk.
  In: ZINK, K. J.: Wettbewerbsfähigkeit durch innovative Strukturen und Konzepte,
  München 1994, S. 383 – 393
Harms Handbuch der Geographie: Bd. 3, Sozial- und Wirtschaftsgeographie,
  München 1984
HEINEBERG, H.: Großbritannien – Raumstrukturen, Entwicklungsprozesse, Raum-
  planung (Perthes Länderprofil), 2. Aufl., Gotha 1997
HOOVER, E. M.: The measurement of industrial localization. In: Review of Economics
  and Statisics, 18, No. 3/1936

KRÄTKE, S.: Globalisierung und Regionalisierung. In: Geographische Zeitschrift,
  H. 1 / 1995, S. 207 – 221
KUNERT, U. / ENDERLEIN, H.: Berechnung der Kosten und Ausgaben für die Wege des
  Eisenbahn-, Straßen-, Binnenschiffs- und Luftverkehrs in der BRD für das Jahr
  1987, Berlin 1990

LÄPPLE, D.: Thesen von ökonomisch-technologischem Strukturwandel und regionaler Entwicklung. In: BUKHOLD, S. / THINNES, P. (Hrsg.): Boomtown oder Gloom-
  town? – Strukturwandel einer deutschen Metropole: Hamburg, Berlin 1991

MAIER, J. / BURGESS, P. / KIERA, H.-G., u.a.: Neuere Ansätze von Strategien kommunaler
  Wirtschaftspolitik in Großbritannien und Deutschland,
  H. 138 der Arbeitsmaterialien zur Raumordnung und Raumplanung,
  Bayreuth 1994
MAIER, J.: Flug über Oberfranken, Bayreuth 1995

174

NORCLIFFE, A.: A theory of manufactoring places. In: COLLINS, L. / WALKER, D. F. (Hrsg.): Locational dynamics of manufacoring activities, London 1975

POON, J. P.: The Cosmopolitation of Trade Regions: Global Trends and Implications. In: Economic Geography, Vol. 73, S. 390 – 404
PREDÖHL, A.: Das Ende der Weltwirtschaftskrise, Hamburg 1962

ROHR, H.-G. V.: Das Standortgefüge der Industrie im Hamburger Raum – räumliche Struktur, Probleme und Entwicklungstendenzen. In: Akademie für Raumforschung und Landesplanung (Hrsg.): Deutscher Planungsatlas, Bd. 8, Hamburg / Hannover 1975
RUPPERT, R.: Zur Suburbansierung von Gewerbegebieten – Standortverlagerungen aus Nürnberg ins Umland, Nürnberg 1994

SCHÄTZL, L.: Wirtschaftsgeographie 1: Theorie, Paderborn / München / Wien / Zürich 1993
SCHICKHOFF, I.: Räumliche Wirkungen der Industrie. In: GAEBE, W. (Hrsg.): Handbuch des Geographieunterrichts, Bd. 3: Industrie und Raum, Köln 1988
SENGHAAS, D.: Imperialismus und strukturelle Gewalt, Frankfurt am Main 1980

TIMMERMANN, M.: Standort-Diversifikation als Instrument der Unternehmenspolitik. In: Die Unternehmung. Zeitschrift für Betriebswirtschaft und Organisation, 27 / 1973, S. 41 – 49

Universität Bayreuth, Lehrstuhl für Wirtschaftsgeographie und Raumplanung, unveröff. Exkursionsbericht, Strukturen und Entwicklungen der Industrie im mittelfränkischen Verdichtungsraum: Das Beispiel Nürnberg, Bayreuth 1998
Universität Bayreuth, Lehrstuhl für Wirtschaftsgeographie und Raumplanung, unveröffentlichter Abschluß-Bericht, Wirtschaftsstrukturen einer Großstadt: Das Beispiel Nürnberg, Bayreuth 1998

VOPPEL, G.: Wirtschaftsgeographie. Das Geographische Seminar, Braunschweig 1994

WAGNER, H.-G.: Wirtschaftsgeographie, Braunschweig 1994
WEBER, W.: Die Relevanz kleiner und mittlerer Betriebe für die Struktur und Entwicklung ländlicher Räume in der Bundesrepublik Deutschland sowie regionalpolitische Konsequenzen, H. 125 der Arbeitsmaterialien zur Raumordnung und Raumplanung, Bayreuth 1993
WEBER, W. / MAIER, J.: Zur Bedeutung kleiner und mittlerer Unternehmen in den neuen Bundesländern sowie mögliche Förderansätze, Bayreuth 1997
WILLER, H. / ULRICH, J. G.: Heute Händler, morgen Industrieunternehmer? Die Konzepte nigerianischer Unternehmer vom Händler- zum Produzentenberuf. In: Zeitschrift für Wirtschaftsgeographie, 35, S. 228 – 239
WOOD, G.: Die Umstrukturierung Nordost-Englands. Wirtschaftlicher Wandel, Alltag und Politik in einer Altindustrieregion, Bd. 13 der Duisburger Geographischen Arbeiten, Dortmund 1994

ZARTH, M.: Drei Jahre Existenzgründungsförderung in den neuen Ländern – Regionale und sektorale Schwerpunkte privater Investitionen. In: Informationen zur Raumentwicklung, H. 51 / 1994, S. 111 – 125

Teil D:
Der Staat als räumliche Gestaltungskraft im regionalen Bereich

In der Wirtschaft der Bundesrepublik Deutschland – eine Wirtschaftsordnung der sozialen Marktwirtschaft – besitzt der Unternehmer eine hohe Position und Einflusskraft. Dies geht über das einzelne Unternehmen weit hinaus und umschließt auch die Beeinflussung sozialer, politischer und kultureller Strukturen. Andererseits darf jedoch nicht die Rolle des Staates beim Auf- und Ausbau sowie bei der Stilllegung industrieller Standorte übersehen werden. Staatliche Organisationen auf Bundes- und Landesebene sowie – wenn auch in weit bescheidenerem Umfang – auf Regional- und Kommunalebene versuchen, durch in der Regel indirekte Maßnahmen der Einnahmen- und Ausgabenpolitik, Einfluss auf die industrielle Standortstruktur zu nehmen. Staatliches Handeln umfasst jedoch nicht nur indirekte, sondern auch direkte Eingriffe. Passende Beispiele hierfür sind die Beeinflussung und Gestaltung der räumlichen Verteilung der Industrie durch öffentliche oder halböffentliche Unternehmen, oder durch privatwirtschaftlich geführte Unternehmen, deren Aktienmehrheit sich im Eigentum des Staates befindet. Außerdem muss in diesem Zusammenhang auch auf die Beeinflussungsmöglichkeiten der Industrie durch ordnungspolitische und arbeitsmarktpolitische Maßnahmen (z.B. Fusionskontrolle, Subventionen für einzelne Unternehmen der Stahl- und Werftindustrie) hingewiesen werden, sowie auf die Rolle der inzwischen aufgelösten Treuhandanstalt bei der Umstrukturierung der Wirtschaft in den Neuen Bundesländern.

1 Die Industriepolitik der Bundesrepublik Deutschland

Nach BRÖSSE (1996, S. 1) lassen sich mit Industriepolitik „– in einem weiten Sinne verstanden – Entscheidungen und Handlungen bezeichnen, durch die die Industrie und ihre Entwicklung beeinflußt werden. Dies geschieht in vielfältiger Weise, etwa wenn der Staat Branchen subventioniert, den Technologietransfer fördert, Umweltschutzmaßnahmen ergreift, Standortbedingungen verbessert oder wenn die Europäische Union die Forschung fördert. Insofern ist Industriepolitik an der Tagesordnung und weit verbreitet. Allerdings erfolgt das alles häufig gar nicht unter dem Namen der Industriepolitik, sondern unter ganz anderen Bezeichnungen, wie z.B. Strukturpolitik, Technologiepolitik, Umweltpolitik, Standortpolitik, Binnenmarktpolitik und Wettbewerbspolitik."

Hat Politik allerdings die Industrie bewusst als Gegenstand und will auf diese gerichtete Ziele verwirklichen, erhält Industriepolitik einen engeren Inhalt. „Mit Industriepolitik lassen sich – in diesem engeren Sinne verstanden – Entscheidungen und Handlungen bezeichnen, durch die die Industrie und ihre Entwicklung bewußt und gezielt beeinflußt werden. Eine bewußt und gezielt auf die Industrie gerichtete Politik sieht sich unterschiedlichen, zum Teil gegensätzlichen politischen Interessenlagen und unterschiedlichen Grundauffassungen von Ökonomen über die Aufgaben und Inhalte einer Industriepolitik gegenüber. Während manche Sektoren, wie z.B. der Agrarsektor und in Teilen der Dienstleistungssektor, typischerweise staatlich reglementiert sind, galt und gilt die Industrie – von einzelnen Branchen abgesehen – als typischerweise rein marktlich gesteuerter Wirtschaftssektor. Dem entsprechend verbietet sich Industriepolitik, wenn man überhaupt noch wesentliche Bereiche der Wirtschaft einer Marktsteuerung überlassen will" (ebenda).

Den Forderungen nach einer Rücknahme industriepolitischer Interventionen und nach einer Beschränkung staatlicher Industriepolitik auf die Schaffung eines wettbewerbsorientierten Wirtschaftsordnungsrahmens stehen zahlreiche Stimmen gegenüber, die industriepolitisches Handeln zur Bewältigung aktueller industrieller Probleme und Herausforderungen für notwendig erachten. Gefordert werden Subventionen und handelspolitische Schutzmaßnahmen zugunsten alter Industriezweige, wie der Stahlindustrie, der Textilindustrie und des Schiffbaus, ebenso wie forschungspolitische Initiativen zugunsten moderner Industriebereiche, wie der Elektronikindustrie, der Biotechnologie und des Flugzeugbaus.

Industriepolitik in Deutschland und Europa steht somit in einem Spannungsverhältnis. Einerseits wird aufgrund der marktwirtschaftlichen Wettbewerbsordnung die Notwendigkeit für Industriepolitik gar nicht oder nur sehr eingeschränkt gesehen, andererseits werden unterschiedliche Probleme der Industrieunternehmen und Marktversagen als Argumente für Industriepolitik angeführt (ebenda, S. 2).

Überlegungen, Konzepte und Maßnahmen derzeitiger Industriepolitik haben historische Vorbilder. Industriepolitik, so wie sie heute in der Bundesrepublik Deutschland verstanden wird, ist also keineswegs eine Erfindung moderner Industriegesellschaften, sondern das Ergebnis einer kontinuierlichen Entwicklung über zumindest drei Jahrhunderte.

1.1 Die Entwicklung der Industriepolitik in der Bundesrepublik Deutschland (vgl. BRÖSSE 1996)

Die Anfänge einer modernen Industriepolitik in Europa können in dem zunehmenden staatlichen Einfluss auf die Wirtschaft im 17. Jahrhundert gesehen werden. Dahinter stand die Wirtschaftspolitik des Merkantilismus. Während des 17. und z. T. während des ganzen 18. Jahrhunderts verfolgten die absolutistischen Herrscher in den Feudalstaaten Europas eine Wirtschaftspolitik, die auf die Stärkung der eigenen Wirtschaftskraft und der Macht des eigenen Landes auf Kosten der wirtschaftlichen Entwicklung anderer Staaten gerichtet war. Gewerbebetriebe im eigenen Land, vor allem die privaten und staatlichen Manufakturen, wurden durch Zölle geschützt, der Export von Fertigwaren gefördert und nur die Rohstoffeinfuhr zugelassen, wohingegen der Rohstoffexport nicht erlaubt war.

Die merkantilistische Wirtschaftspolitik kann zwar nicht als Industriepolitik im heutigen Sinne bezeichnet werden, wurde doch die industrielle Produktionsweise erst um 1770 mit der Erfindung der Dampfmaschine in England eingeführt, aber es ist dennoch bemerkenswert, dass der Schutz der Betriebe vor Wettbewerb durch Subventionen, Steuervergünstigungen, Monopolrechte und Privilegien schon damals Produktinnovationen, Qualitätsverbesserungen, Preissenkungen und unternehmerisches Denken weitgehend verhinderten.

Gegen dieses Denken und die merkantilistische Politik richtete sich ADAM SMITH mit seinem Werk „Wealth of Nations" 1776. Märkte, Freihandel und freie unternehmerische Initiative sollten nun den Wohlstand der Nationen begründen. Diese Ideen des Liberalismus führten nach der Französischen Revolution von 1789 zur Einführung der Gewerbefreiheit und fanden ihren Niederschlag in zahlreichen Verordnungen – bis heute. So heißt es in der deutschen Gewerbeordnung von 1869 in § 1 Abs.1: „Der Betrieb eines Gewerbes ist jedermann gestattet, soweit nicht durch dieses Gesetz Ausnahmen oder Beschränkungen vorgeschrieben oder zugelassen sind" (Deutsche Gewerbeordnung von 1869, §1, Abs.1).

Als Folge dieser neuen politischen Ideen und geistigen Strömungen fand im 19. Jahrhundert in ganz Europa ein Abbau des Staatsinterventionismus statt. Allerdings verschwand Industriepolitik nicht gänzlich zugunsten der Marktkräfte, vielmehr etablierte sich eine mit dem neuen politischen Leitbild des Liberalismus vereinbarte Gewerbeförderung bzw. Gewerbepolitik. Ein Instrument dieser Gewerbeförderung war zum Beispiel die Gründung einer neuen Behörde in Berlin, der sog. Deputation, deren Aufgabe es war, sich Informationen aus gewerblichen Zeitschriften zu verschaffen und Unternehmen über neue technische Entwicklungen zu informieren bzw. eigene Entwicklungen vorzustellen. „Die Marktkräfte und der Staat konnten jedoch nicht verhindern, daß sich im Zuge der starken industriellen Entwicklung Monopole und monopolartige Marktstellungen auf der einen Seite und Unternehmenszusammenbrüche und große soziale Probleme auf der anderen Seite einstellten, so daß die Industriepolitik im letzten Viertel des 19. Jahrhunderts wieder an merkantilistische Traditionen anknüpfte und zu Schutzzöllen, Verstaatlichungen und staatlichen Unternehmensgründungen griff. An die Stelle einer liberalen, wettbewerbsorientierten Industriepolitik trat zunehmend eine den Wettbewerb regulierende und beeinträchtigende Politik" (BRÖSSE 1996, S. 7).

Nach dieser neomerkantilistischen Übergangsphase mündete die liberale Gewerbepolitik des 19. Jahrhunderts mit dem Ersten Weltkrieg in eine Phase intensiven
staatlichen Interventionismusses. Kriegswirtschaft, ökonomischer Nationalismus,
Rohstoffknappheit und finanzwirtschaftliche Schwierigkeiten, aber auch der wachsende politische Einfluss der Arbeiterschaft, der Kleinunternehmerschicht in der
Landwirtschaft, im Handwerk und im Handel zwangen den Staat zu immer umfas-
senderen Interventionen. Besonders betroffen war die Industrie von den Lohn- und
Preisregulierungen und dem geringen Außenhandel der kriegsbedingten und
staatsgelenkten Autarkiewirtschaft (BECKERATH 1956, S. 273 – 276).

Nach dem Zweiten Weltkrieg sollte an die Stelle einer staatlichen Führung der
Wirtschaft die Steuerung der Wirtschaft durch Märkte und Wettbewerb treten, in der
für eine Industriepolitik zunächst kein Platz mehr zu sein schien. „Aber auch die
grundsätzliche Entscheidung in der Bundesrepublik Deutschland nach 1945 für eine
soziale Marktwirtschaft und eine damit einhergehende verbale politische Abstinenz
bzgl. einer besonderen Industriepolitik können nicht darüber hinwegtäuschen, daß
sich die industriebezogenen Maßnahmen kontinuierlich fortgesetzt haben; denn
gerade die Industrie selbst ist es, die zunehmend – wenn auch branchenbezogen
unterschiedlich – Anforderungen an den Staat stellt (BRÖSSE 1996, S. 8).“

Befürworter einer Industriepolitik weisen darauf hin, dass gerade eine allgemeine
und globale Wirtschaftspolitik nicht ausreicht die speziellen Probleme der Industrie zu lösen. Tiefgreifende strukturelle Umstellungs- und Anpassungserfordernisse
machen eine Ergänzung der Globalsteuerung durch eine zukunftsorientierte staatliche Industriepolitik zur Sicherung vorhandener und Schaffung neuer Arbeitsplätze erforderlich. Zur sozialverträglichen Bewältigung des Strukturwandels ist
darüber hinaus die Erarbeitung einer in sich geschlossenen strukturpolitischen
Konzeption notwendig, die die Bereiche der Sektoral-, Technologie-, Regional- und
der Politik für kleine und mittlere Unternehmen umfasst und aufeinander ab-
stimmt (Große Anfrage... 1984, S. 1).

Kritiker einer Industriepolitik beklagen dagegen das Gewirr von Staatsein-
griffen und führen das Versagen industriepolitischer Interventionen an. Explizit
lässt sich der stark durch die Europäische Union geregelte Stahlmarkt als ab-
schreckendes Beispiel anführen. „Das vorgesehene Instrumentarium entspricht
ziemlich genau den Voraussetzungen, die für eine staatliche Investitionslenkung
erforderlich sind: Meldungen der Investitionsvorhaben durch die Unternehmen,
langfristige Orientierungsdaten für die voraussichtliche Entwicklung von Produktion und Nachfrage, sowie Ein- und Ausfuhr, schließlich die Befugnis zu Maßnahmen, mit denen die tatsächlichen Investitionen auf das erforderliche Niveau abgestimmt werden und zu Preis- und Mengenvorschriften. Die Stahlindustrie in der EG
wird seit langem mit Hilfe dieses Instrumentariums gesteuert“ (ISSING 1986, S. 5).
Trotz jahrelanger Bemühungen um einen Abbau überschüssiger Kapazitäten und
horrender Subventionen der einzelnen Mitgliedsstaaten ist ein Gleichgewicht am
Markt noch nicht in Sicht.

1.2   Ziele und Träger industriepolitischen Handelns

Als Ziele der Industriepolitik lassen sich die Ziele des Stabilitätsgesetzes anführen:
- stetiges und angemessenes Wirtschaftswachstum,
- hoher Beschäftigungsstand und
- außenwirtschaftliches Gleichgewicht und Preisstabilität

(vgl. § 1 Gesetz zur Förderung der Stabilität und des Wachstums der Wirtschaft vom 08.06.1967).

Allerdings reichen die Ziele Wirtschaftswachstum, hoher Beschäftigungsstand, konjunkturelle Stabilität und außenwirtschaftliches Gleichgewicht nicht aus um der tatsächlichen politischen Situation gerecht zu werden, bzw. den für die Industriepolitik zuständigen Trägern spezifische Zielsetzungen für den Einsatz geeigneter industriepolitischer Instrumente an die Hand zu geben. Vielmehr ist es notwendig, etwa die im Stabilitätsgesetz genannten Ziele auf eine geeignete Ebene herunter zu brechen. Werden zum Beispiel durch eine Verzerrung des Wettbewerbs einzelne Industrien benachteiligt, kann es das erklärte Ziel der Industriepolitik sein, den Wettbewerb zu sichern oder benachteiligte Industrien zu unterstützen.

In der Industriepolitik lassen sich primär ordnungspolitische und prozesspolitische Ziele unterscheiden. Im ersten Fall sind die Ziele darauf gerichtet, dass die ordnungspolitischen Rahmenbedingungen für die Industrie so gestaltet werden, dass die industrierelevanten Märkte wettbewerbsfähig und funktionsfähig bleiben. Zu den Rahmenbedingungen zählen etwa die Wettbewerbsregeln, öffentliche Institutionen, das Rechtssystem oder die räumliche Ordnung. Ebenso können die Umweltpolitik, Standortpolitik oder Wirtschaftspolitik Rahmenbedingungen für Industrieunternehmen darstellen. Die prozesspolitischen Ziele dagegen beziehen sich direkt auf die Industrie und ihre Aktivitäten. So kann zum Beispiel der Aufbau, die Förderung und die Entwicklung einer neuen Branche oder eines Produktes ein solches prozesspolitisches Ziel sein.

Fasst man diese Überlegung zusammen, so lassen sich z.B. nach BRÖSSE (1996, S. 56) drei ordnungspolitisch orientierte Ziele der Industriepolitik definieren:
- Schaffung und Sicherung eines möglichst langfristig stabilen nationalen und internationalen Wirtschaftsordnungsrahmens, der den Unternehmen optimale Handlungsspielräume für eine marktorientierte Entwicklung einräumt und der die Funktionsfähigkeit des Wettbewerbs auf den Märkten gewährleistet und Marktversagen korrigiert.
- Schaffung einer räumlichen Ordnung, insbesondere einer materiellen, organisatorischen und sozialen Infrastruktur im Raum, die den Unternehmen optimale Standortbedingungen und Handlungsspielräume für eine marktorientierte Entwicklung im Raume gibt und die die Funktionsfähigkeit des Wettbewerbs auf den Märkten erleichtert.
- Schaffung von Rahmenbedingungen für die Industrie durch Maßnahmen anderer Politikbereiche (z.B. der Umweltpolitik, Arbeitsmarktpolitik, Außenwirtschaftspolitik, Standortpolitik), die ökonomische und marktorientierte Verhaltensweisen der Unternehmen fördern.

Prozesspolitische Ziele der Industriepolitik reagieren auf wechselnde aktuelle Probleme, die sich nicht nur von Zeit zu Zeit, sondern auch von Raum zu Raum ändern können. Das hat zur Folge, dass andere Probleme jeweils andere industriepolitische Ziele bedingen. Trotzdem sollen auch hier einige Ziele genannt werden, die eine gewisse Allgemeingültigkeit besitzen bzw. als Oberziele gelten können:

- der Aufbau einer bestimmten Industrie oder einzelner Branchen und Unternehmen,
- die optimale Verteilung der Industrie im Raum und die vorausschauende Gestaltung der Industriestruktur,
- die Stärkung des industriellen Sektors, insbesondere seiner Produktivität und seiner Wettbewerbsfähigkeit und die Anpassung der Industriestruktur oder einzelner Branchen und Unternehmen an die Marktentwicklung,
- die Erhaltung einer Industriestruktur oder von Branchen oder Einzelunternehmen im Wettbewerb.

Es stellt sich nun die Frage, wer die Träger oder die Akteure der Industriepolitik sind. Man muss davon ausgehen, dass der Staat trotz spezieller Abteilungen, Ministerien und besonderen Behörden zur Konzipierung und Durchführung von Industriepolitik nicht immer am besten geeignet ist, fehlt ihm doch oft das nötige Sach- und Fachwissen. Deshalb lässt der Staat nichtstaatliche Einrichtungen mit dem Ziel zu, dass sie einzelne industriepolitische Aufgaben übernehmen (z.B. Industrie- und Handelskammern). Des Weiteren erlaubt die Wirtschaftsverfassung die Existenz einer Vielzahl von Institutionen, die aufgrund ihres Fachwissens bzw. ihrer Macht, ihrer Träger oder Akteure von Bedeutung für die Industriepolitik sein können (Verbände). Neben diesen Institutionen können aber auch Einzelpersonen für den Erfolg, die Entwicklung und Gestaltung der Industriepolitik eine entscheidende Rolle spielen.

„Es existiert also eine Trägervielfalt, und zwar in verfassungsmäßiger (Legislative, Exekutive und Judikative), räumlicher (Bund, Länder, Gemeinden und supranationale Ebene), sachlicher (spezialisierte Verbände) und persönlicher Hinsicht" (ebenda, S. 63). Unter den Trägern der Industriepolitik können jene Akteure verstanden werden, die formal die Entscheidungen über die Wirtschaftspolitik treffen. Dies sind z.B. Parlamente und Regierungen. Neben diesen Entscheidungsträgern existieren Träger, die die Umsetzung der Entscheidungen in praktisches Handeln übernehmen. Dies sind beispielsweise Behörden, wie das Amt für Wirtschaft einer Stadt. An der Planung und Vorbereitung von industriepolitischen Entscheidungen sind in der Realität aber noch eine Reihe von Verbänden und Institutionen beteiligt, indem sie Stellungnahmen abgeben oder Informationen bereitstellen.

1.3 Instrumente industriepolitischen Handelns

In der Bundesrepublik Deutschland existieren eine Vielzahl an wirtschaftspolitischen Instrumenten, die zur Erreichung von industriepolitischen Zielen entsprechend ihrer Wirksamkeit und ihres Bedarfes eingesetzt werden können, geht man doch heute davon aus, dass die Wirtschaft gestaltbar bzw. machbar ist. Die angedeutete Vielzahl der vorhanden Instrumente legt deren Systematisierung nahe. In Anlehnung an BRÖSSE (1996) soll als Gliederungskriterium die Intensität der Verhaltensbeeinflussung herangezogen werden, hängt doch die Wirksamkeit eines Instruments von der Wirkung auf das Verhalten des Adressaten und damit von der erfolgreichen Verhaltensbeeinflussung ab (Übersicht D 1).

An einem Ende einer so angelegten Skala stehen zum Beispiel einfache Informationen und Aufrufe an die Einsicht der Unternehmen und am anderen Ende der Skala zwingende Gebote oder Verbote mit Strafandrohung bei Nichtbefolgung. Eine besondere Stellung in einer Marktwirtschaft kommt jenen Instrumenten zu, die den ordnungspolitischen Rahmen für die (am Wirtschaftssystem) Beteiligten festlegen. Die zweite Gruppe umfasst Instrumente zur Beeinflussung von Zielen in Unternehmen. So kann der Staat in Form der Bereitstellung von Informationen (z.B. Daten über die Preis- und Exportentwicklung von Industriegütern) versuchen die Wirtschaftssubjekte dazu zu veranlassen im Sinne seiner Zielvorstellungen zu handeln. Mit Hilfe von Subventionen, Steuern oder Abgaben soll das ökonomische Interesse von Unternehmen angesprochen werden, um diese dazu zu bewegen, sich so zu verhalten, wie es die staatliche Industriepolitik gerne hätte. Diese Instrumente können sowohl von positivem Charakter (z.B. Subventionen) als auch von negativem Charakter (z.B. Abgaben) aus der Sicht der Unternehmer sein. Wieder eine andere Verhaltensbeeinflussung erfolgt durch Kooperationen und Verhandlungen zwischen den Trägern der Politik und den Adressaten. Mit Hilfe von Absprachen, Verträgen oder Selbstverpflichtungen soll ein bestimmtes Verhalten der Industrie und des Gewerbes erreicht werden. Die fünfte Gruppe der industriepolitischen Instrumente bilden die imperativen Instrumente, d.h. die Instrumente des Zwangs oder der Auflagen. Sie beeinflussen das Verhalten der Betroffenen zwingend, d.h., sie schränken die Entscheidungsfreiheit und Wahlmöglichkeiten unter Strafandrohung ein. Typisch sind hier zwingende Vorschriften, Ge- oder Verbote. Weiterhin kann der Staat auch auf eine Verhaltensbeeinflussung ganz verzichten, und selbst aktiv werden und das tun, was er eigentlich von den am Wirtschaftsprozess Beteiligten erwarten würde (z.B. Investitionen selbst vornehmen). Ebenfalls unberührt bleibt das Verhalten der Wirtschaftssubjekte, wenn der Staat innerhalb seiner Trägerorganisationen verwaltungsinterne Abstimmungsmaßnahmen durchführt, die zu einer verbesserten Zielerreichung beitragen. So kann eine effiziente öffentliche Verwaltung und Organisationsstruktur auch ein Instrument zur besseren Verwirklichung industriepolitischer Ziele sein. Als achte Instrumentengruppe unterscheidet sich die förmliche Planung von den Anderen. Die planvolle Bündelung der Einzelinstrumente mit dem Ziel zu einem förmlichen Plan oder Programm beizutragen kann gewünschte industrielle Entwicklungen schneller und wirksamer herbeiführen.

Diese genannten Instrumente verfehlen aber ihre beabsichtigte Wirkung, wenn die Industriepolitik sich nur in Gesetzen und anderen Vorschriften niederschlägt, aber nicht vollzogen wird. So schreckt der Staat vor Konsequenzen zurück, wenn sich herausstellt, welche anderen Folgeprobleme entstehen könnten, z.B. der Verlust von Arbeitsplätzen, oder der Staat sieht sich nicht in der Lage notwendige Maßnahmen umzusetzen, da der Aufwand für die Durchführung und Kontrolle nicht tragbar ist.

In manchen Fällen sieht der Gesetzgeber aber auch Ausnahmeregelungen vor, weicht also vor einer konsequenten Durchführung zurück, was aber nicht bedeutet, dass auf staatliche Kontrollen mehr oder weniger großen Ausmaßes verzichtet werden kann.

Gestaltungsmittel der Wirtschaftsordnung und der Raumordnung	Beeinflussung von Zielen	Anreizmittel und Mittel zur Anpassung o. indikative Instrumente	Kooperationen und Verhandlungen	Zwangsmittel o. imperative Instrumente	Staatliche Ersatzvornahmen	Innerstaatliche Koordination	Förmliche Planung
zum Beispiel: • Wettbewerbsregeln • Haftungsregeln • Gestaltung von Eigentums- und Nutzungsrechten • Infrastruktur (materielle, institutionelle u. personelle) • zentrale Orte • Entwicklungszentren • Festlegung von Flächennutzungen	zum Beispiel: • Information • Kommunikation • Appelle	zum Beispiel: • Subventionen • Steuern • wirtschaftl. Vergünstigungen u. ä. • Abgaben	zum Beispiel: • Verträge • Absprachen • Selbstverpflichtungen	zum Beispiel: • Gebote • Verbote • Genehmigungen u. ä.	zum Beispiel: • verwaltungsinterne Abstimmung von Maßnahmen	zum Beispiel: • staatliche Investitionen • Betreiben staatlicher Unternehmen	zum Beispiel: • Pläne • Programme

Übersicht D 1: Überblick über das System industriepolitischer Instrumente
Quelle: BRÖSSE 1996, S. 129

1.4   Fallbeispiel: Die Instrumente bayrischer Industrieförderung

Um die Umsetzung der Industriepolitik konkret werden zu lassen, wird als Beispiel der Freistaat Bayern ausgewählt (vgl. Bayerisches Staatsministerium für Wirtschaft, Verkehr und Technologie 1997). Ein strategisch besonders wichtiger Bereich der bayerischen Wirtschaft stellt das Verarbeitende Gewerbe dar. Wertschöpfung und Beschäftigung hängen entscheidend von der materiellen Fertigung ab. Zahlreiche Dienstleistungen sind eng mit ihr verknüpft. Die Bayerische Staatsregierung ist deshalb bemüht, Bayern als Industriestandort zu sichern und die Investitions- und Innovationsfähigkeit des Verarbeitenden Gewerbes zu verbessern. Besondere Beachtung findet bei der traditionell branchenübergreifend angelegten Mehrfachstrategie der Mittelstand. Zu den Eckpfeilern zählen die Schaffung günstiger Rahmenbedingungen, die Unterstützung neuer Betriebe und die Erschließung neuer Produkte und neuer Märkte sowie eine Vielzahl an einzelbetrieblichen Hilfen. Dabei versucht Bayern insbesondere in den Bereichen Außenwirtschaftspolitik, Forschungs- und Technologiepolitik, Mittelstandspolitik und Regionalpolitik eigene Akzente zu setzen. Eine Auswahl der hierbei zum Einsatz kommenden Instrumente soll nachfolgend kurz dargestellt werden:

Außenwirtschaftsförderung

Die bayerische Wirtschaft erzielt mehr als ein Drittel der Umsätze im Ausland. Die Bedeutung, die die internationale wirtschaftliche Zusammenarbeit für Bayern hat, wird in quantitativer und qualitativer Hinsicht weiter zunehmen. Dabei stehen heute – und vermehrt noch in der Zukunft – nicht mehr nur alleinig Handelsbeziehungen im Vordergrund, sondern zunehmend auch technische und strategische

Kooperationen. Besonders die Wachstumsmärkte in Fernost, Mittel- und Osteuropa sowie Lateinamerika sollen für mittelständische Unternehmen erschlossen werden. Dazu steht der bayerischen Außenwirtschaftspolitik folgendes Instrumentarium zur Verfügung:

* Mittelständisches Außenwirtschaftsberatungsprogramm,
* Kontaktstelle Asien-Pazifik,
* Mittelständisches Messebeteiligungsprogramm,
* Partnernetz Bayern und Bayern International,
* Mittelständisches Kooperationsprogramm,
* Mittelständisches Garantieprogramm und Bürgschaftsprogramm.

Gewerbliche Innovations- und Technologieförderung

Das unternehmerische Handeln wird durch den internationalen und nationalen Wettbewerb, den technischen Fortschritt und die damit verbundene Verkürzung der Produktlebenszyklen in zunehmendem Maße beeinflusst. Innovationen bilden deshalb mehr denn je die Voraussetzung für den wirtschaftlichen Erfolg und das Wachstum von Unternehmen. Besonders kleine und mittlere Betriebe sind deshalb auf Fördermaßnahmen angewiesen. Zu nennen sind hier:

* das Bayerische Innovationsförderungs-Programm,
* das Bayerische Technologie-Einführungsprogramm,
* das Programm „Neue Werkstoffe",
* das Programm „Mikrosystemtechnik" sowie
* das bayerische Programm zur Förderung technologieorientierter Unternehmensgründungen.

Förderung des Technologie- und Wissenstransfers

Für die bayerische Industrie entwickelt sich die gezielte Ausschöpfung von technologischem Wissen immer mehr zu einen Schlüsselfaktor. Eine effiziente Struktur und Organisation des Technologie- und Wissenstransfers von der Forschung in die Industrie stellt dabei einen wichtigen Erfolgsfaktor dar. Die Bayerische Staatsregierung fördert diese Entwicklung mit Hilfe folgender Instrumente:

* Technologietransfer- und Innovations-Verbund und
* Bayern Innovativ GmbH mit den branchenmäßigen Schwerpunkten Biotechnologie, Lasertechnik, Neue Werkstoffe, Umwelttechnologie, Telekommunikation und Medizintechnik.

Finanz- und Liquiditätshilfen für den Mittelstand

Da in den letzten Jahren besonders die kleinen Unternehmen und die Existenzgründer zur Arbeitsplatzsicherung und -schaffung beigetragen haben, stehen in Bayern eine Reihe von Leistungs- und Finanzierungshilfen gerade für diese zur Verfügung. Zum einen soll damit der Mut zur Selbstständigkeit gefördert und zum anderen das Innovations- und Investitionsvermögen kleiner und mittlerer Unternehmen gestärkt werden. Als Instrumente stehen folgende zur Verfügung:

* das Bayerische Mittelstandskreditprogramm,
* Ergänzungsdarlehen der Bayerischen Landesanstalt für Aufbaufinanzierung,
* Eigenkapitalhilfeprogramm des Bundes,

- Mittelständisches Bürgschaftsprogramm der Bayerischen Landesanstalt für Aufbaufinanzierung,
- Bayerische Beteiligungsgesellschaft mbH sowie
- die Bayern Kapital Risikokapitalbeteiligungs GmbH.

Regionalförderung für Industriestandorte

In Bayern, einem Bundesland mit einem relativ hohen Industriebesatz, stehen den Regionen mit zukunftsträchtigen Branchen auch Regionen gegenüber, deren industrielle Schwerpunkte auf traditionellen Branchen, wie Textil, Glas, Keramik und Stahl, liegen. Verstärkt werden die Probleme des Strukturwandels in jenen Regionen, die in unmittelbarer Nähe zu den Niedrigkostenländern und zu den hoch geförderten Neuen Bundesländern liegen. Die Bayerische Staatsregierung stellt deshalb im Rahmen der Regionalförderung umfangreiche landeseigene, nationale und europäische Hilfsprogramme zur Förderung des Strukturwandels zur Verfügung. Zu nennen sind hier:

- die Gemeinschaftsaufgabe „Verbesserung der regionalen Wirtschaftsstruktur",
- die Landes-Regionalförderprogramme,
- die europäischen Fördermittel aus dem Fonds für regionale Entwicklung (z.B. Ziel-2-Gebiete),
- die Ergänzungsmittel zu den EU-Gemeinschaftsinitiativen „RETEX", „RESIDER", „KONVER" und
- Mittel aus den Privatisierungserlösen.

2 Der Staat als räumliche Gestaltungskraft im regionalen Bereich, insbesondere in Gestalt regionaler und kommunaler Initiativen der Industrie- und Gewerbepolitik

2.1 Enterprise Zones

Wörtlich übersetzbar mit „Unternehmenszonen" meint der Begriff „Enterprise Zones" ein förmlich abgegrenztes Stadtgebiet, in dem einerseits eine Reihe indirekter Förderungsbestimmungen gelten und anderseits ein Katalog rechtlicher Restriktionen außer Kraft gesetzt wird, um Industrieansiedlungen und Unternehmensgründungen innerhalb der Zielgebiete anzureizen (vgl. EINEN 1982; CATALANO 1983; HEINEBERG 1991). Ihre Vorbilder beziehen Enterprise Zones aus den prosperierenden Freihandelszonen Hongkong und Singapur. Der dahinter stehende Gedanke ist, das Gründerklima des 19. Jahrhunderts oder der 1950er Jahre künstlich wiederherzustellen, um in kleinen Gebieten unternehmerische Investitionsanreize steuerlicher Art zu setzen und sie mit weitgehenden Befreiungen von staatlichen Auflagen zu koppeln, die als negative Rahmenbedingungen kostenerhöhende und risikovergrößernde Auswirkungen haben. So wird in Enterprise Zones zum Beispiel das Bau- oder Umweltrecht bis hin zum Arbeitsrecht zugunsten der Unternehmer bzw. der Industrie eingeschränkt oder gänzlich aufgehoben. Im Gegensatz zu den Industrieparks herkömmlicher Art stellen Enterprise Zones nicht auf die konzentrierten Staatsinterventionen mit direkten Investitionshilfen, mit Infrastrukturvorleistungen und mit verbilligten Grundstücken, also mit einem gebündelten Einsatz des klassischen staatlichen Wirtschaftsförderungsinstrumentariums ab, sondern gerade umgekehrt auf den punktuell möglichst weitgehenden Rückzug des Staates (MAIER/BURGESS/KIERA 1994; Universität Bayreuth... 1995).

Eine Verstärkung dieser Enterprise Zones in Europa gab es im britischen „Thatcherism" (HEINEBERG 1991). Die Regierung Thatcher versuchte mit Hilfe dieser Enterprise Zones, d.h. einer Wirtschaftsförderung durch staatlichen Rückzug, den wirtschaftlichen Aufschwung einzuleiten. Der Grundgedanke stammt von PETER HALL (1977), der im Rahmen seines „Freeport-Plans" 1977 die Frage aufwarf, ob es vorstellbar sei, Hongkong nach Glasgow, Liverpool oder in die Docklands von London zu verpflanzen. Shameless free enterprises – wie er sie nannte – sollten von staatlichem Einfluss und von staatlicher Kontrolle weitgehend freigestellt werden, um über Deregulierung einen ähnlichen wirtschaftlichen Boom zu induzieren, der die Freihandelszonen Ostasiens kennzeichnete. Ausgangspunkt war die bekannte Behauptung, dass Politik und Verwaltung vor allem die Schuld daran treffe, dass die Investitionen im industriellen Sektor blockiert seien: Vorschriftenflut und Überbürokratisierung seinen die Bremsklötze, die es so schnell als möglich aus dem Weg zu räumen gelte. Weiterentwickelt und in die politische Diskussion eingebracht wurde der Freeport-Plan von HOWE (1981) der für die Zielgebiete empfahl:

- Keinerlei Planungsrestriktionen sollten bestehen, geltende Zonenvorschriften werden außer Kraft gesetzt. Jedes Gebäude oder Gewerbe soll lediglich mit sehr einfachen Mindestbestimmungen der Luftverschmutzung, des Gesundheits-

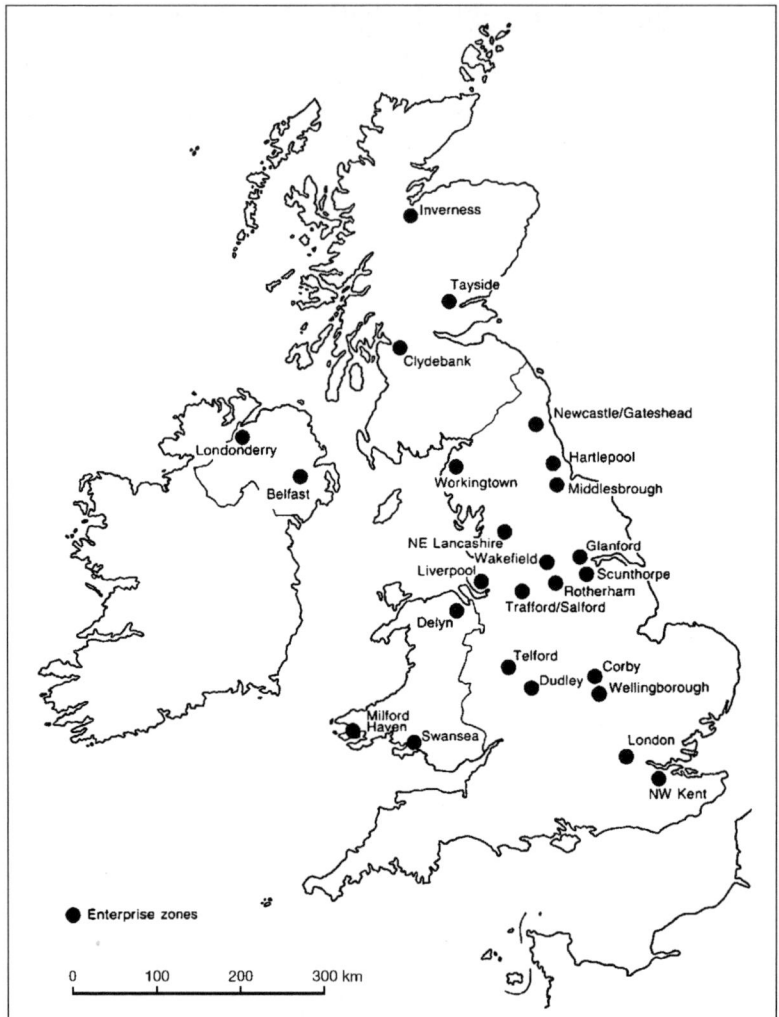

Abb. D 1:
Freie
Unternehmens-
zonen in Groß-
britannien 1981/92
Quelle:
TRESPENBERG,
VOSSHOLZ 1984

schutzes und der Sicherheit übereinstimmen und eine maximale Gebäudehöhe nicht überschreiten. In jeder sonstigen Hinsicht ist der Eigentümer/Investor frei;
• Land, das sich im öffentlichen Besitz befindet, muss privatisiert werden. Bestimmungen der Mietpreisbindung werden aufgehoben;
• alle Investoren werden von den Bodensteuern befreit;
• allen Investoren wird garantiert, dass die Steuergesetze nicht zu ihren Ungunsten geändert werden und dass ihre Anlagen/Gebäude nicht verstaatlicht werden. Andererseits werden keine öffentlichen Finanzhilfen gewährt;
• Preiskontrollen und Mindestlohnregelungen werden außer Kraft gesetzt. Die Kündigungsschutzbestimmungen werden aufgehoben;
• der Staat garantiert, für eine Reihe von Jahren (z.B. zehn Jahre) keine Änderungen dieser Bestimmungen zu beschließen.

Die aufgezeigten Ausnahmetatbestände bzw. Aufhebungen gesetzlicher planungs-, umweltschutz- und arbeitsrechtlicher Auflagen stellen aber auch ein Problem dar. In begrenztem Maße sind solche Vereinfachungen auch in der Bundesrepublik Deutschland mit dem traditionellen Hang ihrer Bürokratie zu detailgenauen Regelungen und Bestimmungen sicherlich notwendig. Sinnvoller als die partielle Aufhebung gesetzlicher Vorschriften erscheint jedoch die Dezentralisierung der Entscheidungskompetenz und eine Stärkung der gemeindlichen Entscheidungs- und Ermessensspielräume, um notwendige Bestimmungen flexibler und koordinierter in vorhandenen Fragestellungen und Problemsituationen anwenden zu können. Hongkongs oder Singapurs ungezügelten Frühkapitalismus nach Westeuropa importieren zu wollen, um in Deutschland Enklaven mit Arbeits- und Profitbedingungen der Dritten Welt zu schaffen, kann weder ein Modell noch ein Ziel wirtschaftspolitischer Überlegungen sein (EINEN 1982).

2.2 Industrieparks und Gewerbehöfe

2.2.1 Entwicklung und Formen

Der Begriff Industriepark, hergeleitet aus dem englischen „industrial estate", ist nicht auf die Industrie beschränkt anzusehen. Vielmehr können in einem Industriepark durchaus auch Unternehmen des Handwerks oder der Dienstleistung ihren Standort haben. In der Regel wird unter einem Industriepark ein zusammenhängendes und in sich geschlossenes Areal, das speziell zur Förderung der Ansiedlung von Industriebetrieben durch einen öffentlichen oder privaten Planungsträger mit Ver- und Entsorgungseinrichtungen ausgestattet wird und vorwiegend mit klein- und mittelgroßen Betrieben unterschiedlicher Branchen besiedelt ist, verstanden (HENNINGS 1995). Deutlich wird schon an dieser Stelle der wesentliche Unterschied zu einem Industrie- und Gewerbegebiet gemäß § 8 und 9 der Baunutzungsverordnung, nämlich das Vorhandensein eines Planungsträgers bzw. eines Betreibers. Seit der Einführung der ersten Industrieparks in Manchester im Jahre 1896 wurde dieses Instrument im Rahmen der Philosophie der Unternehmensansiedlung zunächst zum Zweck der Arbeitsplatzbeschaffung und der Stadtentwicklungspolitik eingesetzt, später in Entwicklungsländern oder auch in Irland innerhalb der Raumordnungs- und Strukturpolitik. Die kommunalen Industrieparks können heute als ein Element der Stadtpolitik auch in Verbindung mit städtischen Sanierungsmaßnahmen angesehen werden. Sie verfolgen das Ziel, neben der Schwerpunktbildung und dem Abbau der lokalen und sektoralen Arbeitslosigkeit eine (meist in Verbindung mit einem Bahnanschluss) verkehrswirtschaftliche und bedingt auch soziale Infrastruktur anzubieten und damit die Umstrukturierung der Wirtschaft zu fördern. Damit wird die Verbindung regionalpolitischer und stadtplanerischer Ziele deutlich.

Die Entwicklung von Industrieparks in der Bundesrepublik Deutschland ähnelt in der Anfangszeit der in Irland und hebt sich damit von der in den USA oder in zahlreichen Entwicklungsländern deutlich ab. So kam in der Bundesrepublik dieses Instrument relativ spät und nur in bescheidenem Umfang zum Einsatz, sei es aus Abneigung der Unternehmer gegenüber gemeinschaftlich genutzten Einrichtungen, gegenüber einer übergeordneten Betreibergesellschaft oder aus Mangel an Initiative der Planungsinstitutionen. Denn im Gegensatz zu einem Industrie- und Gewerbegebiet wird ein Industriepark mit oder ohne Subventionen der öffentlichen Hand nach einem einheitlichen Plan aufgeschlossen, mit verschiedenartiger Infrastruktur versehen und meist mit gewerblich nutzbaren Gebäuden ausgestattet. Die sich ansiedelnden Betriebe unterwerfen sich somit hinsichtlich Verwendung und ggf. Bebauung der Grundstücke bestimmten Bedingungen des Trägers, der jedoch wiederum die Aufgabe hat, gleichzeitig der Vorteil der ansässigen Betriebe, diese Infrastruktur zu verwalten, instand- und vorzuhalten. Als Mindestgröße werden meist 10 ha angegeben, wobei die Größe der Parks in der Bundesrepublik mehrheitlich in einem Bereich von 50 bis 150 ha liegt.

Neben den früher stärker betonten Argumenten einer Absicherung von Arbeitsplätzen in Bereichen stark rückläufiger Industrie oder in strukturschwachen Regionen kamen in Industrieparks seit den 1970er Jahren vor allem verdrängte Betriebe aus den Innenstädten (z.B. wegen steigender Boden- und Mietpreise aufgrund von Sanierungsmaßnahmen) hinzu.

Ein Instrument, das in den letzten Jahren zumindest von Groß- und Mittelstädten häufig gewählt wird, um das Handwerk und kleine Betriebe zu unterstützen, ist das des Gewerbe- oder Handwerkerhofes. In erster Linie wird mit diesen Einrichtungen das innerstädtische Ziel verfolgt, in unterversorgten Stadtteilen und in oder in der Nähe von Sanierungsgebieten kleinen Betrieben Existenzchancen zu bieten und gleichzeitig dort die Versorgung der Bevölkerung zu garantieren oder zu verbessern. Es soll somit auf der einen Seite einer Abwanderung bis hin zu einer Aufgabe von Betrieben entgegengewirkt werden, und auf der anderen Seite soll Existenzgründern eine kostengünstige Möglichkeit gegeben werden ein Unternehmen aufzubauen.

Dabei ist trotz der Vielfalt der baulichen Konzeptionen als typisch die gemeinsame Unterbringung mehrerer voneinander unabhängiger kleiner Betriebe in einem Gebäude anzusehen, und zwar sowohl konkurrierender als auch komplementärer Betriebe. Die Größe von Gewerbehöfen schwankt zwischen 1400 m² und 30 000 m² Nutzfläche, wobei die Mehrzahl zwischen einer Fläche von 4 500 bis 8 000 m² Nutzfläche liegt. Von der Betriebszahl her gesehen, schwanken die Angaben zwischen 3 und 45 Betrieben, bei den Beschäftigten in der Regel zwischen 2 und 20 Mitarbeitern. Die Bewertung einer solchen Einrichtung durch die betroffenen Betriebe, Kammern und Gemeinden ist insgesamt positiv, insbesondere bei der Einbindung in Sanierungsvorhaben. Gewerbehöfe können daher als ein Instrument der Bestandserhaltung ortsansässiger Mittelstandsunternehmen und als ein Instrument der Betriebsgründung im gewerblichen Bereich angesehen werden.

2.2.2 Fallbeispiel: Der ökologische Gewerbepark „Öko-Zentrum NRW" in Hamm*

Die Ausweisung und Entwicklung neuer Gewerbeflächen bewirkt unumgänglich einen Eingriff in den Naturhaushalt und zusätzliche Umweltbelastungen. Neue Ge-

*Dieses Fallbeispiel wurde entnommen aus SIEKER, TH. 1998

werbegebiete, seien sie noch so ökologisch geplant und realisiert, stellen daher aus stadtökologischer Sicht nur suboptimale Alternative dar (BAESTLEIN/KONUKIEWITZ 1986; BERGMANN u.a. 1996; INGENMEY/KUNZMANN 1988). Um so wichtiger erscheint es daher, gerade bei der Inanspruchnahme von bisher unbebauten Flächen, die umweltbelastenden Wirkungen neuer Gewerbegebiete, die, so vermutet FINKE (1996), gravierender sein dürften als die neuer Wohngebiete, zu minimieren.

Die Zielsetzung bei der Entwicklung ökologischer Gewerbeparks besteht daher darin, im Sinne eines vorsorgeorientierten Umweltschutzes, Umweltbelastungen weitestgehend zu vermeiden bzw. zu minimieren. Aus dem Leitbild der Nachhaltigkeit können folgende ökologische Anforderungen an ökologische Gewerbeparks in den Handlungsfeldern Siedlungsstruktur, Ressourcenschutz und Stoffkreisläufe abgeleitet werden (STEINBACH/SCHAADT 1996):
• keine Inanspruchnahme ökologisch hochwertiger Flächen,
• Auswahl der Fläche mit dem Ziel der Minimierung der Verkehrs- und Infrastrukturerfordernisse,
• funktionale Einbindung der ausgewählten Flächen in die städtischen und regionalen Siedlungsstrukturen,
• weitestgehende Erhaltung bzw. Verbesserung der ökologischen Funktionen der inanspruchgenommenen Fläche, z.B. Erhaltung der klimatischen Funktionen oder des natürlichen Wasserhaushaltes der Fläche,
• Minimierung des Flächenbedarfs durch flächensparende Erschließungssysteme und Bauweisen,
• Verwendung umweltverträglicher und ressourcenschonender Baustoffe,
• Minimierung des Wasser- und Energieverbrauchs.
Weitergehende Ansätze beziehen die Produktionsabläufe und die hergestellten Güter mit in die Betrachtung ein (ebenda). Diese Ansätze knüpfen somit an eine innovationsorientierte ökologische Stadt und Regionalentwicklungspolitik an. Hier lassen sich folgende Punkte anführen:
• Minimierung der Emissionen der Betriebe im Gewerbepark,
• Herstellung möglichst umweltfreundlicher Produkte im Gewerbepark.
Der Gewerbepark „Öko-Zentrum NRW" in Hamm befindet sich auf einer 50,4 ha großen Fläche der ehemaligen Zeche Sachsen im Stadtteil Heessen im Nordwesten der Stadt, direkt an der Bahnlinie Dortmund – Hannover. Nach der Stilllegung der Zeche im Jahre 1976, dem Abriss der Zechengebäude bis auf eine Maschinenhalle und der Freilegung des Geländes, wurde die Fläche 1980 mit Mitteln des Grundstücksfonds Ruhr von der Landesentwicklungsgesellschaft Nordrhein-Westfalen aufgekauft. 1980 fasste die Stadt Hamm den Beschluss, einen Bebauungsplan für ein Industriegebiet aufzustellen. Die Entstehung des Gewerbeparks „Öko-Zentrum NRW" ist sowohl in die Bemühungen um eine ökologische Stadtentwicklung in Hamm als auch in die ökologisch orientierte regionale Strukturpolitik unter dem Leitgedanken der IBA Emscher-Park einzuordnen.

Für die Fläche der ehemaligen Zeche Sachsen wurde auf der Basis eines Gestaltungsrahmenplanes des Kommunalverband Ruhrgebiet (KVR) unter Federführung des Wirtschaftsförderungsdezernenten der Stadt Hamm 1987 der Beschluss gefasst, den vorhandenen Bebauungsplan zu ändern und einen ökologisch orientierten Gewerbepark zu errichten. Da in der gleichen Zeit auch die

Vorbereitungen für die IBA Emscher-Park unter der Leitung von GANSER (GANSER 1993; GANSER/KUPCHEVSKY 1991) anliefen, kam von dieser Seite aus die Idee, eine landesweite zentrale Anlaufstelle für Fragen des ökologischen Planens und Bauens einzurichten. Das Konzept des Gewerbeparks „Öko-Zentrum NRW" besteht somit zum einem aus einem privatwirtschaftlichen Gewerbepark, dessen Zielgruppe in „Unternehmen, Handwerks- und Dienstleistungsbetrieben, die im Baubereich tätig sind und deren Produkte und Angebote ökologischen Grundsätzen entsprechen", liegt, und zum anderen in einem öffentlichen Teil, dem Öko-Zentrum NRW, das im Juli 1993 den Betrieb aufnahm und als Betreibergesellschaft des Gewerbeparks, sowie als zentrale Anlaufstelle in Fragen des ökologischen Planens und Bauens fungiert.

Die Betreibergesellschaft des Gewerbeparks hält umfangreiche Serviceleistungen sowohl für die Betriebe des Gewerbeparks als auch für die interessierte Öffentlichkeit bereit. Sie will ein Forum der fachlichen und wissenschaftlichen Auseinandersetzung mit ökologischem Planen und Bauen darstellen. Daher werden Fachforen, Tagungen, Ausstellungen und Messen zu diesem Themenbereich abgehalten. Aber auch Fort- und Weiterbildungsveranstaltungen für Architekten, Handwerker, Planer und Bauwillige werden in einem Schulungsgebäude angeboten. Somit entstehen durch den ständigen aktuellen Informationsfluss und Erfahrungsaustausch Synergieeffekte für Betriebe aus dem Bereich des ökologischen Planens und Bauens. Die Betriebe des Gewerbeparks werden vom Öko-Zentrum NRW in ihrer Tätigkeit betreut und unterstützt. Angefangen von der Bauberatung, der Unterstützung von betrieblichen Maßnahmen zum Umweltschutz, der Herstellung von Kontakten zu Partnern und Behörden, reicht das Spektrum der Serviceleistungen bis hin zur Unterstützung der Öffentlichkeitsarbeit und des Marketings der Betriebe bei der Einführung neuer Produkte (Öko-Zentrum NRW). Die Betriebe des Öko-Zentrums zahlen für diese Leistungen einen jährlichen Beitrag.

Die Fläche des Gewerbeparks wird, wie Abbildung D 2 zeigt, in die drei Teilbereiche Fläche Südwest, Bereich Sachsenweg mit Öko-Zentrum NRW bis Anhalter Straße und Dessauer Straße unterteilt. Der Sachsenweg als zentrale Erschließungsstraße wird als Allee angelegt. Schon aus Immissionschutzgründen ergibt sich eine Gliederung des Gewerbeparks. Der Bereich südlich des Sachsenweges ist als Standort für größere, der Bereich nördlich des Sachsenweges für kleinere Produktions- und Dienstleistungsbetriebe vorgesehen. Hier werden die Grundstücksparzellen möglichst flexibel auf die Bedürfnisse der Nutzer zugeschnitten. Die Verwaltungs- und Bürogebäude sollen aus Repräsentationsgründen der zentralen Erschließungsstraße Sachsenweg zugeordnet werden, während produzierende Tätigkeiten und innerbetriebliche Verkehrsflächen auf den Rückseiten der Grundstücke angelegt werden sollen. Zudem bietet das Zonierungskonzept die Möglichkeit zu gemeinsamen Grundstückserschließungen. Im Bereich nördlich der Anhalter Straße wird eine Struktur aus Mischgewerbe und Dienstleistungsbetrieben in Kombination mit Betriebswohnungen angestrebt. Der Bereich der Dessauer Straße ist als Standort für kleinere Produktionsbetriebe, Mischgewerbe mit Dienstleistungsbetrieben und Gewerbebetriebe mit integriertem Wohnen vorgesehen. Durch die Einrichtung von drei zentralen Stellplatzanlagen soll der Stellplatzbedarf für den ruhenden Verkehr auf privaten Grundstücken reduziert werden. Zur Erleichterung des nichtmotori-

Abb. D 2:
Gewerbepark Öko-
Zentrum NRW –
Nutzung des
Gewerbeparks
Quelle: SIEKER, TH.,
Ökologische Gewer-
beparks - Konzept
und Realisierungs-
chancen, Heft 173
der Arbeitsmateria-
lien zur Raumord-
nung und Raum-
planung, Bayreuth
1998, S. 83

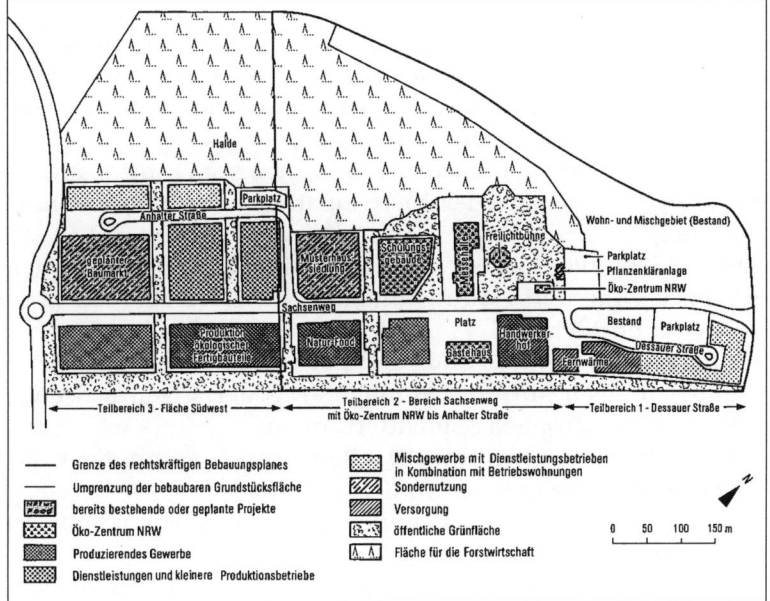

sierten Verkehrs im Gewerbepark werden Fuß- und Radwege auch zur Verbindung mit der Stadt Hamm und dem Stadtteil Heessen angelegt.

Weitergehende ökologische Zielsetzungen werden entweder vom Öko-Zentrum NRW selbst oder in Bezug auf die gewerbliche Nutzung in Zusammenarbeit vom Öko-Zentrum NRW und dem jeweiligen Investor umgesetzt. Über die privatrechtlichen Veräußerungsverträge werden die Vorgaben des Investorenhandbuches „Planungs- und Gestaltungsinformationen" verbindlich gemacht (Öko-Zentrum NRW o.J.). Das Investorenhandbuch gibt den Investoren somit zwar bindende Planungs- und Gestaltungsvorgaben auf Basis des städtebaulichen und grünräumlichen Rahmenplanes, lässt aber, gegenüber dem Instrument des Bebauungsplanes, mehr Gestaltungs- und Verhandlungsspielräume zu. Unabdingbare Voraussetzung für ein Bauvorhaben im Gewerbepark Öko-Zentrum NRW ist die Bereitschaft eines Investors zur Zusammenarbeit mit dem Öko-Zentrum NRW. Im Einzelnen trifft das Handbuch folgende Gestaltungsvorgaben (ebenda, S. 11–18):

• Bindung an das Zonierungskonzept des städtebaulichen Rahmenplans,
• Anschluß an die dezentrale Energieversorgung durch ein Blockheizkraftwerk (BHKW) und nach Möglichkeit Nutzung eigener regenerativer Energie,
• Einhaltung von Mindeststandards beim Energieverbrauch nach Schweizerischem Ingenieur- und Architektenverein – SIA (z.B. Wärmeverbrauch max. 70 kWh/m² a),
• maximale Gebäudehöhe von 10,5 m bzw. 7,5 m auf der nördlichen Seite der Dessauer Straße,
• Dachformen als begrünte Flachdächer, Sheddächern oder geneigte, dunkelfarbige Dächer mit einer maximalen Schräge von 35°,
• Fassaden können aus hell geputztem Mauerwerk, aus Holz, aus Glas oder Ziegeln bestehen; die Fenster sollen mit Holz- oder Stahlrahmen realisiert werden,

- als Baustoffe sind Tropenhölzer, asbesthaltige Materialien, Fußbodenbeläge, Fenster und Rollläden aus PVC, FCKW-haltiges Polyurethan, extrudierte Polystyrol- und Ortsschäume sowie formaldehyd- und isocyanathaltige Stoffe nicht zugelassen; einzelne Baustoffe werden vom Öko-Zentrum NRW anhand von Ökobilanzen oder Produktlinienanalysen beurteilt,
- Pflicht zur Einreichung eines Freiflächengestaltungsplanes,
- Entsiegelung von 60% der überbaubaren Fläche, mindestens aber 15% der Gesamtfläche,
- Stellplätze und Fußwege aus wasserdurchlässigen Materialien,
- Versickerung und Verdunstung des Niederschlagswassers nach Möglichkeit auf den Grundstücken,
- ein Baum je 300 m² Grundstücksfläche,
- Einfriedungen nur mit Bäumen, Sträuchern, freiwachsenden Hecken oder mit Hecken bewachsenen Stahlgitterzäunen,
- Bepflanzung von gewerblichen Reserveflächen mit einer niedrigen, pflegeextensiven und einheimischen Initialvegetation,
- Fassadenbegrünung bei Fassadenlänge von über 5 m ohne vertikale Gliederungselemente,
- Anordnung der Stellplätze sowie Einrichtung von überdachten Fahrradstellplätzen,
- Bindung an umweltverträgliche Abfallentsorgung,
- Gestaltungsvorgaben für Werbeanlagen und Beleuchtungen,
- Trennung von Bauschutt und Bindung an die Baulärmvorschriften des Standardleistungsbuches für das Bauwesen (StLB) sowie
- eventuelle Teilnahme am Kunstwettbewerb „Kunst und Ökologie".

Der Gewerbepark Öko-Zentrum NRW richtet sich an Handwerks- und Dienstleistungsbetriebe, Produzenten und Handelsunternehmen, die im Baubereich tätig sind und deren Produkte und Angebote ökologischen Grundsätzen entsprechen. Er soll in Verbindung mit den Serviceleistungen des Öko-Zentrums NRW ein komplettes Angebot zum ökologischen Planen und Bauen von Architekten bis hin zu Handwerkern und Baumärkten vorhalten, so dass ein Maximum an Synergieeffekten sowohl für die Betriebe als auch für die Kunden entstehen kann.

Die Vorteile des Standortes Gewerbepark Öko-Zentrum NRW für Betriebe aus dem Bereich des ökologischen Planens und Bauens liegen somit in den Synergieeffekten, die durch die Aktivitäten des Öko-Zentrums NRW und durch das Vorhandensein sich im Angebot ergänzender Betriebe entstehen.

2.3 Technologie- und Gründerzentren
(vgl. STERNBERG/BEHRENDT/SEEGER/TAMÁSY 1996)

Technologie- und Gründerzentren (TGZ) sind ein weiteres Beispiel für regionale und kommunale Initiativen der Industrie- und Gewerbepolitik in der Bundesrepublik Deutschland. Sie sind definiert als „unternehmerische Standortgemeinschaft von relativ jungen und zumeist neu gegründeten Stammunternehmen, deren Aufenthalt befristet ist, deren betriebliche Tätigkeit vorwiegend in der Entwicklung, Produktion und Vermarktung technologisch neuer Produkte, Verfahren oder

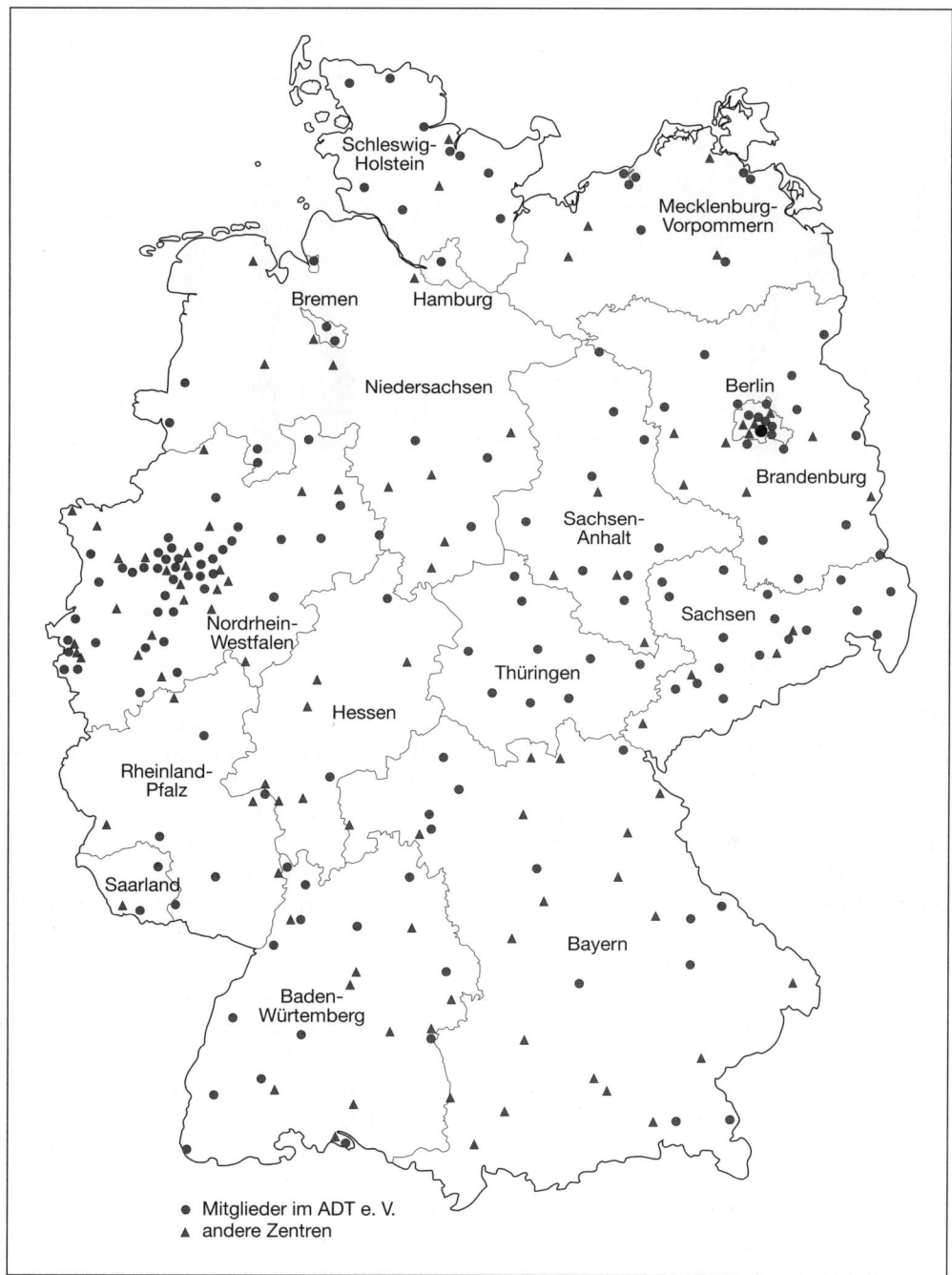

Abb. D 3: Technologie- und Gründerzentren in Deutschland 1996/1997
Quelle: GROSS 1997, S. 4

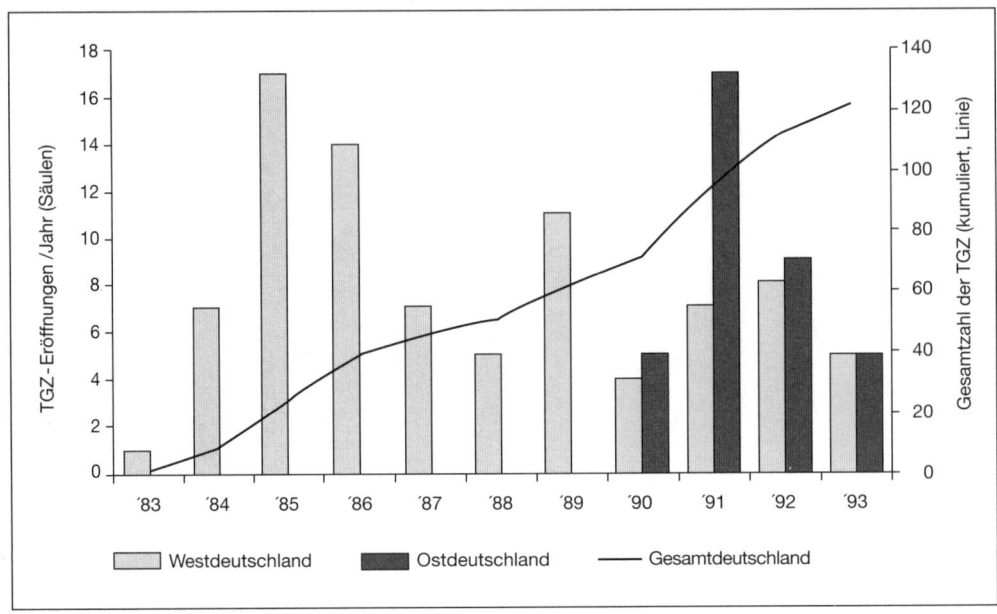

**Abb. D 4: Neueröffnungen von Technologie- und Gründerzentren
in West- und Ostdeutschland (1983–1993)**
Quelle: STERNBERG/BEHRENDT/SEEGER/TAMÁSY 1996, S. 5

Dienstleistungen liegt und die im Technologie- und Gründerzentrum auf ein mehr oder weniger umfangreiches Angebot an Mieträumen, Gemeinschaftseinrichtungen und Beratungsleistungen zurückgreifen können" (STERNBERG/BEHRENDT/SEEGER/TAMÁSY). Explizit ausgeschlossen von dieser Definition sind somit Handwerkerhöfe, Forschungsparks und Industrieparks.

Insbesondere die Bundesländer Nordrhein-Westfalen, Baden-Württemberg, Sachsen und in eingeschränkterem Umfang Niedersachsen sehen in dem Instrument Technologie- und Gründerzentrum eine Möglichkeit der Wirtschaftsförderung und eine Möglichkeit regionalpolitische Ziele (z.B. die Verringerung regionaler Disparitäten innerhalb eines Bundeslandes) zu erreichen (Abb. D 3).

Als eines der ersten Innovations- und Gründerzentren kann das 1983 in Berlin eröffnete Berliner Innovations- und Gründerzentrum (BIG) genannt werden, dem ein bis heute nicht abbrechender Boom folgte. So konnten bis Anfang 1994 in der Bundesrepublik Deutschland 122 Technologie- und Gründerzentren der aufgestellten Definition zugerechnet werden. Es ist aber davon auszugehen, dass besonders in Mitteldeutschland nach 1990 mit Unterstützung des Bundes und der Länder zahlreiche Technologie- und Gründerzentren neu entstanden sind und ebenso wie in den Alten Bundesländern bis heute noch eine Vielzahl solcher Zentren in Entstehung begriffen sind (Abb. D 4).

Verglichen mit anderen westlichen Industrieländern wurden Technologie- und Gründerzentren in der Bundesrepublik erst relativ spät aufgebaut. Besonders Deutschlands Schwächen im Technologietransfer gegenüber den USA oder Japan und bei technologieorientierten Unternehmensgründungen ebenso wie das Versagen einer mobilitätsorientierten Wirtschaftsförderung gegen Ende der 1970er Jahre waren die Ursachen für den Aufbau von TGZ. Die heutigen Ziele von TGZ sind erwartungsgemäß die Förderung von Unternehmensgründungen, die Schaffung qualifizierter Arbeitsplätze, die Intensivierung des Wissens- und Technologietransfers, die Unterstützung regionaler Unternehmen, die Ansiedlung bereits bestehender Unternehmen sowie die Nutzung brachliegender Industrieflächen.

Entsprechend den genannten Zielen sind besonders technologieorientierte Unternehmensgründungen die Zielgruppe der TGZ. Um diese gezielt zu fördern, setzen TGZ an den Problembereichen technologieorientierter Unternehmensgründungen an und bieten preisgünstige, flexibel nutzbare und qualitativ ansprechende Raum- und Einrichtungsinfrastruktur sowie Beratungsleistungen entweder direkt im Hause oder aber durch Vermittlung assoziierter Institutionen an. Dabei reicht das Angebotsspektrum hinsichtlich der gemeinschaftlich nutzbaren Serviceeinrichtungen von gemeinsamen Sekretariaten und Kommunikationseinrichtungen über eine Kantine oder Cafeteria bis hin zu beispielsweise gemeinsamen Labors oder Messeinrichtungen.

Die TGZ unterscheiden sich von anderen Standortgemeinschaften – zumindest in der Theorie – am deutlichsten durch ihr Beratungsangebot. Sind in einem gewöhnlichen Gewerbepark keine Beratungseinrichtungen in Unternehmensangelegenheiten vorhanden, stellt die Beratung der in betriebswirtschaftlichen Belangen wenig erfahrenen Unternehmer eine der wichtigsten Aufgaben der TGZ als Instrument der Gründungsförderung dar. Die angebotenen Beratungsleistungen in den TGZ reichen dabei von Beratungen bezüglich des Unternehmenskonzepts und der Existenzgründung über Finanzierungskonzepte und Fördermittel bis hin zu Kontakt- und Kooperationsvermittlungen.

Die TGZ sind in Deutschland vorwiegend ein Instrument der regionalen und/oder der lokalen Wirtschaftsförderung. So sind in den meisten TGZ die Kommunen in der Anfangsphase an den Bau- und Investitionskosten beteiligt. Hat sich der Bund in Westdeutschland nur in Einzelfällen über die Gemeinschaftsaufgabe „Verbesserung der regionalen Wirtschaftsstruktur" am Aufbau der Zentren beteiligt, so förderte das ehemalige Bundesministerium für Forschung und Technologie in Ostdeutschland im Rahmen eines Modellversuchs den Aufbau von TGZ und garantierte einen entscheidenden Teil der Anfangsinvestitionen.

Was Faktoren betrifft, die den Erfolg bzw. Misserfolg eines TGZ bestimmen, muss zwischen internen und externen Erfolgsfaktoren unterschieden werden. Interne Erfolgsfaktoren sind outputorientiert und beziehen sich auf die zentreninternen Bestimmungsfaktoren des TGZ selbst. Zu den internen Erfolgsfaktoren im Falle von TGZ zählen Qualität und Quantität des Zentrenmanagements und der zentreninternen Infrastruktur und Serviceleistungen (Abb. D 5).

Externe Erfolgsfaktoren (Abb. D 6) haben nur einen indirekten Einfluss über regionalspezifische Rahmenbedingungen auf den Erfolg des TGZ. Diese externen Erfolgsfaktoren lassen sich in Potentialfaktoren, die die theoretisch optimale Nutzung angeben, und in die Aktivierungsfaktoren, die über das Ausmaß der Nutzung der Potentialfaktoren bestimmen, untergliedern. Zu den Potentialfaktoren gehören beispielsweise die Zahl der vorhandenen Inkubatoreinrichtungen (Hochschulen,

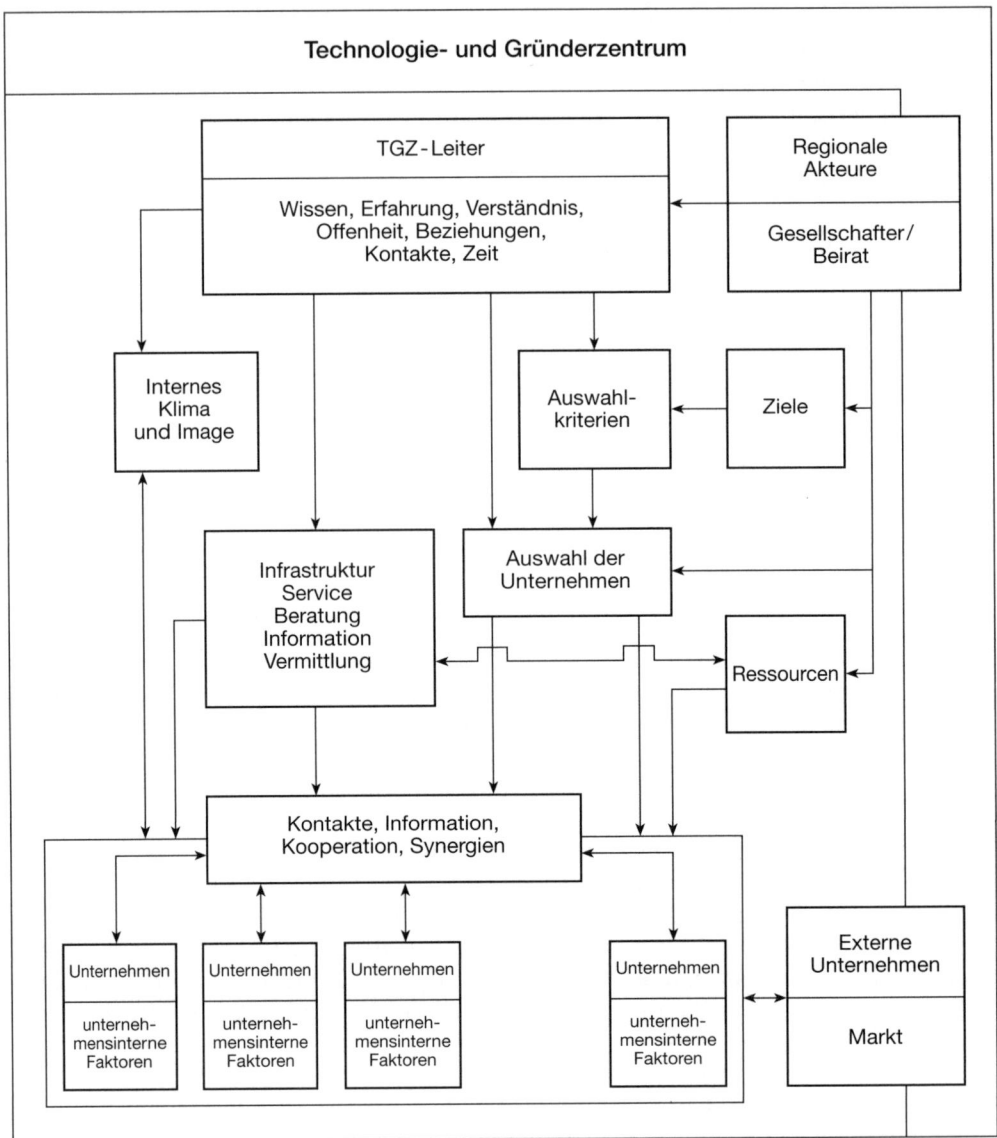

Abb. D 5: Modell interner Erfolgsfaktoren von Technologie- und Gründerzentren

Quelle: BEHRENDT 1996, S. 67

forschungsintensive Privatunternehmen), das Engagement und die Kooperation regionaler Akteure oder das Qualifikationsniveau des regionalen Arbeitskräftepotentials. Als Aktivierungsfaktoren lassen sich die Qualität der Netzwerke zwischen Personen aus Inkubatoreinrichtungen und den Unternehmensgründern, die Intensität der Kontakte zwischen Personen aus unterschiedlichen Tätigkeitsfeldern oder die Beispielwirkung erfolgreicher technologieorientierter Unternehmensgründungen nennen.

Abb. D 6:
Modell externer Er-
folgsfaktoren von
Technologie- und
Gründerzentren
Quelle:
BEHRENDT
1996, S. 63

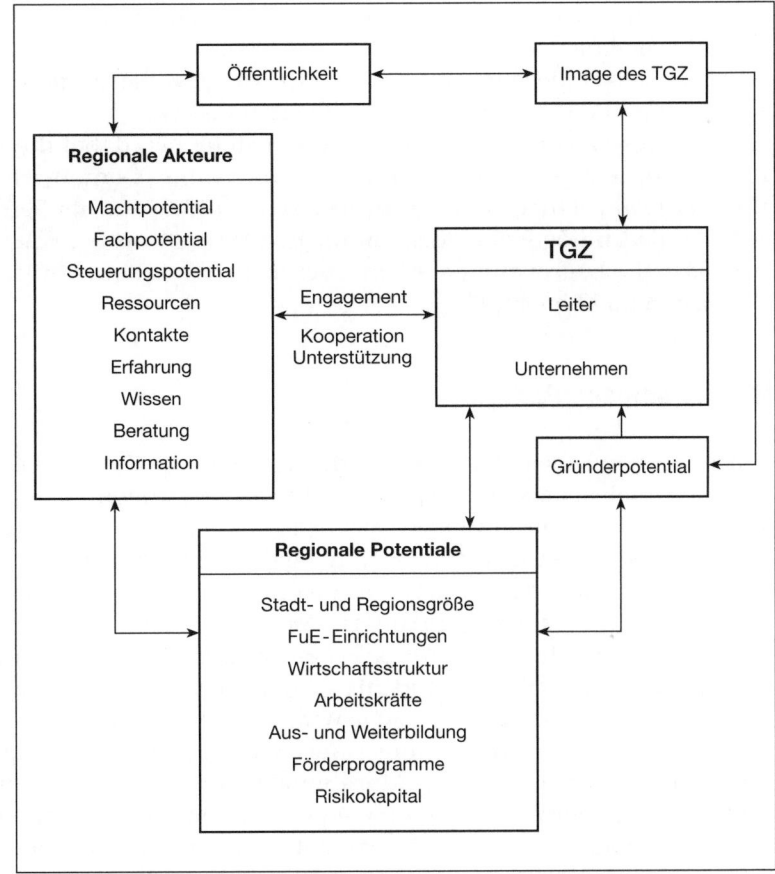

Welche potentiellen Vor- und Nachteile der Aufenthalt in einem TGZ für die Unternehmen haben kann, soll folgende Übersicht verdeutlichen (TAMÁSY 1996, S. 21):

Vorteile
- Verfügbarkeit von Mieträumen,
- Kontakte zu FuE-Einrichtungen in räumlicher Nähe des TGZ,
- betriebswirtschaftliche Beratung,
- Entlastung von Verwaltungsarbeit,
- größere Chancen bei finanzieller Förderung durch öffentliche Programme,
- informelle Kontakte zu anderen Unternehmen im TGZ,
- bessere Werbemöglichkeiten (positives Image des TGZ, gemeinsame Messepräsentationen),
- räumliche Flexibilität,
- bessere Einbindung in die regionale Wirtschaftstruktur (Aufträge);

Nachteile
- Konkurrenz gegenüber anderen Unternehmen im TGZ,
- starke Ablenkung von der eigentlichen Arbeit durch Besuche, Befragungen usw.,

- Ausstrahlung des negativen Image des TGZ auch auf das eigene Unternehmen,
- räumliche Enge,
- Unmöglichkeit des räumlichen Wachstums bei Vollauslastung des TGZ,
- eingeschränkte Produktionsmöglichkeiten im TGZ.

Als wichtigster Vorteil für Unternehmen stellt sich dabei die Fixkostensenkung infolge der Nutzung subventionierter Mieträume, Gemeinschaftseinrichtungen und der technischen Dienstleistungen dar. Größter Nachteil eines Aufenthalts im TGZ ist die Unmöglichkeit des räumlichen Wachstums bei Vollauslastung der Zentren, also die Begrenzung der Unternehmensentwicklung hinsichtlich räumlicher Expansion und Flexibilität.

2.4   Science Parks

Mit den ersten Krisen in der Großindustrie in den 1970er Jahren und dem einhergehenden Arbeitsplatzabbau begann ein Umdenken, indem man wieder verstärkt auf kleinere und mittlere Unternehmen setzte. Man versuchte Neugründungen anzuregen und so eine Umstrukturierung der Wirtschaftsstruktur in monostrukturierten Regionen zu erreichen und das qualitative und quantitative Gründungsdefizit aufzuholen. Um vor allem ein unternehmerisches Umfeld an Universitäten zu schaffen, kopierte man in vielen europäischen Ländern die Konzeption des Science Parks. Forschungs- und entwicklungsintensive Unternehmen versuchte man für Verlagerungen in Universitätsnähe zu gewinnen, da man ihnen intensive Kontakte mit Higher Educational Institutions offerierte. Eine weitere Zielgruppe bildete das Humankapital an den Higher Educational Institutions, dem man den Schritt in die Selbstständigkeit durch das Vorhalten von Service- und Beratungsleistungen, spezifischer Immobilien und finanzieller Unterstützung erleichtern wollte.

Die United Kingdom Science Park Association (UKSPA) definiert den Begriff des Science Park folgendermaßen:
„The term Science Park is used to describe a property based initiative which:
- has formal and operational links with a University or other Higher Educational Institutions or major centre of research,
- is designed to encourage the formation and growth of knowledge based business and other organisation normaly resident on site,
- has a management function which is actively engaged in the transfer of technology and business skills to the organisations on site" (WORRAL 1990, Vorwort).

Diese Definition der UKSPA steckt für den Begriff Science Park also folgende Grenzen ab:
- Formale und operationale An- bzw. Verbindungen zu Universitäten oder anderen höheren Bildungseinrichtungen,
- Ermunterung zu Gründungen und Förderung von auf Wissen basierenden Unternehmen und Organisationen,

Übersicht D 2: Abgrenzungskriterien und Einordnung von innovationsfördernden Einrichtungstypen
Quelle: REICHERT 1998; in Anlehnung an STERNBERG u.a. 1996 sowie TÖDTLING u.a. 1990   ➤

Abgrenzungs-kriterien	Innovationsorientierte Einrichtungen			
	Technologie- und Gründerzentrum	**Technologie- und Science Park**	**japanische Technopolis**	**Wissenschaftsstadt**
Zielgruppe	• potentielle Neugründungen • innovative junge KMU • betriebliche Tätigkeit in den Bereichen, Produktion und Vermarktung oder Dienstleistung	• bestehende Hochtechnologieunternehmen • FuE-Abteilungen großer Unternehmen • spin-off-Gründungen, d. h. abspringende Mitarbeiter von Hochtechnologieunternehmen oder von Universitäten • bestehende Firmen, die sich vermehrt auf FuE orientieren wollen	• innovative KMU • Hochtechnologie-unternehmen	• KMU • Existenzgründer • Großunternehmen • Unternehmen mit verschiedenen Betätigungsfeldern
Leistungsangebot	• zentrumsinterne Beratung • Standortvorteile, z. B. durch Mietsubventionierung • großzügiges Raumangebot • Gemeinschaftseinrichtungen, wie z. B. Konferenzräume	• Physische Umgebung (parkähnlich angelegtes Gewerbegebiet) • Bereitstellung eines geschlossenen Geländes • Gemeinschaftseinrichtungen • gemeinschaftliche betriebswirtschaftliche Einrichtungen (Sekretariat, Buchhaltung) • attraktive Arbeitsbedingungen, z. B. durch die Qualität des Geländes	• Errichtung von Siedlungen in der Nähe von Mutterstädten • Gemeinschaftseinrichtungen, wie Informations- oder Rechenzentren	• Errichtung von Wohn- und Freizeiteinrichtungen • Einbezug von Science-Parks bzw. Gründerzentren • Gemeinschaftseinrichtungen, wie Informationszentren
Schlüsselprinzipien	• befristete Aufenthaltsdauer der Unternehmen • enge Zusammenarbeit ansässiger Akteure • Wirkungsentfaltung auf lokaler und regionaler Ebene • Funktion als business incubator • Nutzung von Synergieeffekten	• Nähe zur Universität und Forschungseinrichtung • Nutzung von Synergieeffekten • Technologietransfer • möglichst spezialisierte technische Kontakte • Verfügbarkeit umfassender technischer Beratung • Schaffung eines guten "Klimas" für Innovationen durch Abschaffung von Kommunikationsbarrieren • Wirkungsentfaltung auf die Gesamtökonomie	• Nähe zur Universität und Forschungseinrichtungen • Technologietransfer • Schaffung eines für FuE angemessenen Wohn- und Lebensbereiches • Schaffung eines guten "Klimas" für Innovationen • Berücksichtigung emotional-subjektiver Faktoren, wie Lebens- und Wohnbedingungen	• Schaffung einer "research community" • Kommunikation unter Wissenschaftlern und Technikern • Verflechtung verschiedener Akteure • Schaffung von Breitenwirkung • Schaffung eines Zentrums für Forschung und Technologie • langfristige Ansiedlung von Unternehmen • Nähe zur Universität und Forschungseinrichtungen • Technologietransfer • Vernetzung verschiedener Akteure • Funktionieren als Lern- und Werkstatt • Schaffung städtischer Funktionsbereiche bzw. räumliche Nähe zu einer großen Stadt erforderlich

• Übernahme der Managementfunktion für Technologie- und Wissenstransfer.
Andere Definitionen zielen zusätzlich auf die mit Science Parks verbundene
Arbeitsphilosophie des motivierten, leistungsfähigeren und kreativen Arbeitens in
angenehmer Atmosphäre des Arbeitsumfeldes ab. Allen Definitionen gemeinsam
ist jedoch die Schwerpunktlegung auf die Kooperation und den Erfahrungsaustausch sowie der Nähe zu Universitäten. Die Positionierung des Science Parks als
Zwischenstufe bzw. Vermittlerposition zwischen Forschungseinrichtungen und
Industrie zusammen mit den potentiellen Human Capital Lieferanten Universität
verdeutlicht, dass sich dieser Ansatz aufgrund der möglichen stark differenzierten
Gewichtung seiner Teilbereiche optimal auf die vorhandenen Gegebenheiten anpassen lässt (Übersicht D 2, Abb. D 7 – vgl. SCHLAPPA 1993).

In diesem Zusammenhang muss darauf hingewiesen werden, dass ein Science
Park kein reiner Forschungspark ist, sondern durchaus noch ergänzende Unternehmen aus dem Management- und Consultingbereich beherbergt. Die Auswahlkrite-
rien für Firmenbranchen bleiben jedem Science Park selbst überlassen, wobei er
stets darauf achten wird, sog. saubere Industrien anzusiedeln, und auf kleine und
mittlere Unternehmen möglichst der selben Branche als Zielgruppe abzielt. Die
hauptsächliche Differenzierung ergibt sich daher in erster Linie durch die, oft als
Atmosphäre bezeichneten Rahmenbedingungen, wie Lage, Kontakte zu höheren
Bildungseinrichtungen und Service- und Infrastrukturvorleistungen – vgl. die
Verbindung zu dem Ansatz des kreativen Milieus (FROMMHOLD-EISEBITH 1995;
MAIER/RÖSCH 1996).

Der Ausgangspunkt der Science Park-Bewegung liegt in den USA, wo die gesamte Entwicklung bis heute in einem viel größeren Ausmaß stattgefunden hat und mit
zu dem legendären Phänomen des Silicon Valley, der Hightech-Agglomeration in
Californien und entlang der Route 128 beigetragen hat. Von Anfang an war der Kontakt zu und die Initiative von Universitäten das herausragende Merkmal der gesamten Entwicklung. Obgleich diese Interaktionen bei den ersten beiden europäischen
Gründungen nicht im Vordergrund standen, führte der Erfolg in den USA Mitte der
1960er Jahre zu der Gründung der beiden Technologieparks Zirst und Sophia Anti-
polis in Frankreich. Anfang der 1970er Jahre entstanden zunächst auch in Großbritannien zwei weitere Parks. Trotz einiger Pilotprojekte in anderen Ländern erfolgte
der eigentliche Entwicklungsschub in Europa erst zu Beginn der 1980er Jahre, d.h.
rund 30 Jahre nach der Errichtung des ersten Science Parks in den USA, als in den
meisten europäischen Ländern mit einer intensiven Errichtung von Science Parks
begonnen wurde (SCHLAPPA 1993).

Die einzelnen Ziele der Science Parks lassen sich zu drei Hauptzielen zusam-
menfassen:
• Stärkung und Umstrukturierung der lokalen und regionalen Wirtschaftsstruktur
• Förderung des Wissens- und Human Capital-Transfers zwischen Universität und
   Industrie bzw. Gewerbe und
• Verbesserung der weichen Standortfaktoren.
Die von den einzelnen Parks verfolgten speziellen Ziele entstehen dabei in enger
Anbindung an den in der Region vorhandenen Problemkomplex und den tendenzi-
ellen Technologiewandel. Was die Serviceleistungen eines Science Parks betrifft, so
kann natürlich nicht jeder Park das gesamte Spektrum an Serviceleistungen ab-

decken, aber gerade für Inkubatoren sind ein umfangreiches Serviceangebot und damit die verbundenen Kosten ausschlaggebend. Als Hauptcharakteristika von Science Parks sind insbesondere die Kontakte und Verbindungen zu Higher Educational Institutions zu nennen. Dabei lassen sich verschiedene Formen unterscheiden, von zweckgebundenen und informellen Kontakten zu Studenten über informelle Kontakte zu Akademikern zum Erfahrungsaustausch bis hin zu zweckgebunden Kontakten zu Akademikern.

Den Unternehmern bieten sich in den Science Parks umfangreiche Service- und Leistungsangebote von Management, Beratung über Finanzierung bis hin zu Infrastrukturvorleistungen. Dabei können die Angebote je nach Bedarf in Anspruch genommen bzw. angemietet werden.

Das Auftreten im Verbund bzw. unter dem Dach der Science Park-Be-

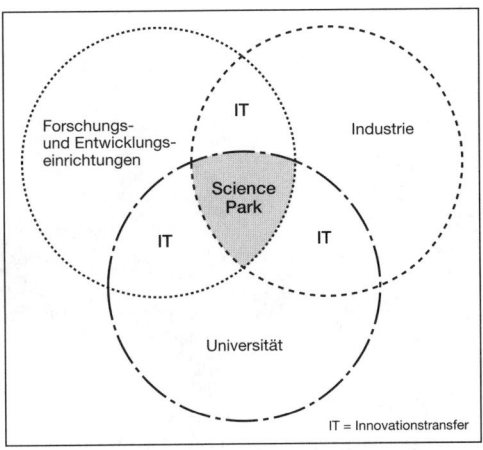

Abb. D 7:
Die Position von Science Parks in ihrem Umfeld
Quelle: eigene Darstellung nach: Schlappa, H., Konzepte für Science Parks – Erfahrungen aus dem europäischen Raum und Übertragung auf die Situation in Oberfranken, unveröffentlichte Diplomarbeit an der Universität Bayreuth Lehrstuhl Wirtschaftsgeographie und Regionalplanung, Bayreuth 1993, S. 12

treiber ermöglicht es den Unternehmen, einen größeren Kundenkreis zu erreichen, haben doch viele Science Parks ein großräumiges Informationsnetz von kooperierenden Einrichtungen entwickelt und treten besonders im Ausland gemeinsam auf Messen auf. Viele Science Parks haben sich daher ein Corporate Identity geschaffen und treten mit diesem nach außen auf. Eine weitere Eigenschaft, die zum Erfolg von Science Parks weltweit beigetragen hat, ist die geringe Misserfolgsrate von neugegründeten Unternehmen.

Die lokale Technologie- und Innovationspolitik, zu der die Errichtung von Science Parks gerechnet werden kann, ist in den letzten Jahren zu einem wichtigen Bestandteil dezentraler wirtschaftspolitischer Strategien geworden. Sie ergänzt andere Strategien und Instrumente, wie etwa die Forschungs-, Innovations- und Förderpolitik des Bundes oder die traditionellen Instrumente der kommunalen Wirtschaftsförderung. Ihr Ziel ist es, die Innovationskraft und die Innovationsleistungen der wirtschaftlichen Akteure vor Ort durch den zielgerichteten Wandel in Richtung neuer, zukunftsträchtiger Produkte, Produktionsweisen, Dienstleistungen, Organisationsformen oder Beschäftigungsmodelle zu stärken.

Als Sieger der gesamten Science Park-Bewegung sind insbesondere neben den jeweiligen Regionen, die einen Aufschwung erfahren, die Universitäten zu nennen. Gelingt es, beide Institutionen in ein Gesamtkonzept zu integrieren, dann kann ein Science Park eine Infrastruktur- und Investitionsmaßnahme von großem Wert sein, kann ein Science Park doch neben den positiven Image-Effekten zu einem tragenden Standbein für die wirtschaftliche Weiterentwicklung einer Universität werden.

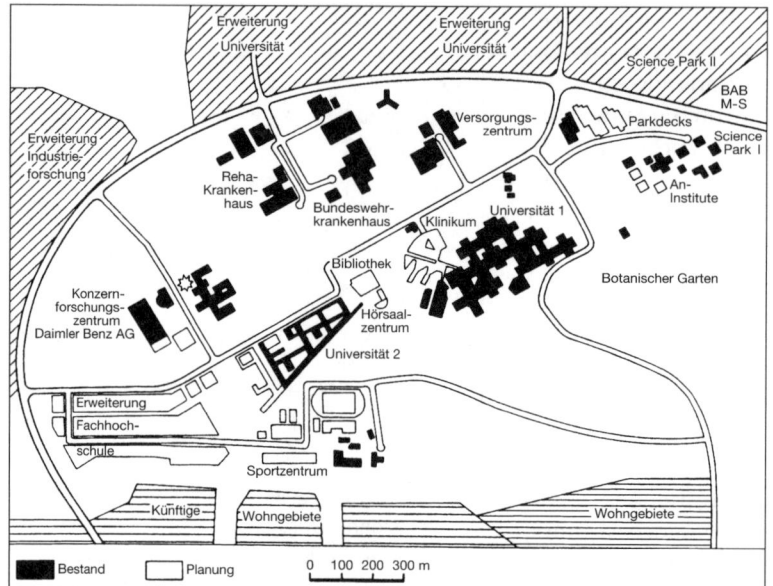

Abb. D 8:
Lage des
Science Park Ulm
Quelle:
WOLF 1994, S. 13

Einen Science Park als Allheilmittel bei der Bewältigung von Strukturproblemen der regionalen Wirtschaft anzusehen, ginge wohl einen Schritt zu weit. Als Einzelmaßnahme kann mit der Errichtung dieser Institution wohl nur in den wenigsten Fällen eine dauerhafte und umfangreiche Umstrukturierung eingeleitet werden, aber sie bietet durch ihre Zielsetzung einen geeigneten Ansatzpunkt. Gelingt es, einen Science Park in bestehende Konzeptionen einzugliedern, um ihm seine ihm angedachte Brückenfunktion zwischen Universitäten und Industrie zukommen zu lassen, kann ein Science Park einer Region oder Kommune zu neuer Dynamik verhelfen. Dagegen wird das Konzept der Verbindung zwischen Wissenschaft und Industrie nicht gelingen, wenn der Science Park als abgekapselte Einheit in einer Region oder Kommune besteht (vgl. das erfolgreiche Cambridge Phenomenon, in: QUINCE et al 1985).

Der Science Park Ulm ist als Teil der Wissenschaftsstadt Ulm in unmittelbarer Nähe zum Campus der Universität angesiedelt (vgl. FLIEDNER 1987; SCHAFFER 1992; WOLF 1994). Auf dem Ulmer Eselsberg arbeiten in direkter Nachbarschaft, mit dem Ziel einer noch engeren Kooperation, Wissenschaft und Forschung sowie Wirtschaft inhaltlich und räumlich zusammen.

Dem ersten Gebäude des Science Parks mit einer Mietfläche von 3 600 m², das bereits 1990 fertiggestellt worden war, folgten zwei weitere Gebäude mit ähnlichem Ausmaß. Die 1991 offiziell eröffnete 1. Phase Science Park der Universität Ulm, die vom Land Baden-Württemberg finanziert wurde und deren Bauherr die Landesentwicklungsgesellschaft ist, beherbergte schon 1992 zehn mittelständische Hightech-Firmen. Zu erwähnen ist an dieser Stelle, dass die Errichtung des Science Parks Ulm in Baden-Württemberg ein Teil der regionalen Technologieförderung ist, die hauptsächlich von der Steinbeis-Stiftung für Wirtschaftsförderung wahrgenommen wird. Der Science Park Ulm entstand in der Absicht, durch eine fruchtbare Koope-

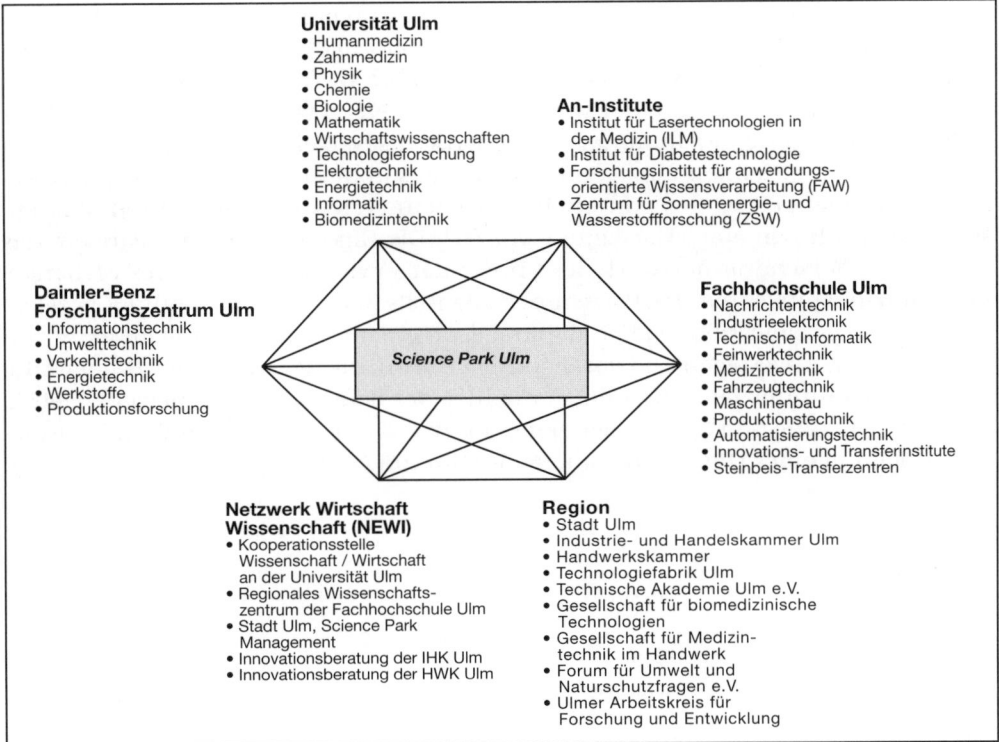

Universität Ulm
• Humanmedizin
• Zahnmedizin
• Physik
• Chemie
• Biologie
• Mathematik
• Wirtschaftswissenschaften
• Technologieforschung
• Elektrotechnik
• Energietechnik
• Informatik
• Biomedizintechnik

An-Institute
• Institut für Lasertechnologien in der Medizin (ILM)
• Institut für Diabetestechnologie
• Forschungsinstitut für anwendungsorientierte Wissensverarbeitung (FAW)
• Zentrum für Sonnenenergie- und Wasserstoffforschung (ZSW)

Daimler-Benz Forschungszentrum Ulm
• Informationstechnik
• Umwelttechnik
• Verkehrstechnik
• Energietechnik
• Werkstoffe
• Produktionsforschung

Science Park Ulm

Fachhochschule Ulm
• Nachrichtentechnik
• Industrieelektronik
• Technische Informatik
• Feinwerktechnik
• Medizintechnik
• Fahrzeugtechnik
• Maschinenbau
• Produktionstechnik
• Automatisierungstechnik
• Innovations- und Transferinstitute
• Steinbeis-Transferzentren

Netzwerk Wirtschaft Wissenschaft (NEWI)
• Kooperationsstelle Wissenschaft / Wirtschaft an der Universität Ulm
• Regionales Wissenschaftszentrum der Fachhochschule Ulm
• Stadt Ulm, Science Park Management
• Innovationsberatung der IHK Ulm
• Innovationsberatung der HWK Ulm

Region
• Stadt Ulm
• Industrie- und Handelskammer Ulm
• Handwerkskammer
• Technologiefabrik Ulm
• Technische Akademie Ulm e.V.
• Gesellschaft für biomedizinische Technologien
• Gesellschaft für Medizintechnik im Handwerk
• Forum für Umwelt und Naturschutzfragen e.V.
• Ulmer Arbeitskreis für Forschung und Entwicklung

Abb. D 9: Das Netzwerk des Science Park Ulm
Quelle: eigene Darstellung nach: Stadt Ulm..., o. J.

ration zwischen Grundlagenforschung und industrieller Forschung wissenschaftliche Erkenntnisse der Universität Ulm schneller als bisher für die Wirtschaft nutzbar zu machen. Durch eine Lückenschließung zwischen industrieller Fertigung und der Grundlagenforschung setzt man für die Zukunft auf eine Optimierung und Verbesserung der bestehenden interdisziplinären Forschung in den Bereichen Kommunikationstechnik, Mikroelektronik und Optoelektronik, Neue Werkstoffe, Energieforschung und Medizintechnik. Die Einbindung der Aktivitäten der Fachhochschule Ulm, der An-Institute, der Universität selbst, des Daimler-Benz Forschungszentrums Ulm, des Netzwerkes Wirtschaft-Wissenschaft bilden das Gerüst und das Umfeld für den Science Park Ulm (Abb. D 9).

Die anwendungsorientierte ingenieur- und naturwissenschaftliche Ausrichtung der Universität Ulm stellt ohne Zweifel einen der Hauptvorteile für eine Ansiedlung von Unternehmen dar. Die langjährigen Erfahrungen in der Grundlagen- und Auftragsforschung an der Universität und in den An-Instituten, wie dem Institut für medizinische Lasertechnologie oder Diabetestechnologie, dem Zentrum für Sonnenenergie und Wasserstoffforschung, sollten als Aushängeschild für die Universität wirken. Das somit vorhandene hochqualifizierte Humankapital könnte das Potential für Spin-offs aus der Universität beherbergen bzw. Anreiz für eine Standortwahl eines in diesen Fachbereichen spezialisierten Betriebes sein.

Die ursprüngliche Absicht, mit dem Science Park Ulm ein Instrument zur Hand zu haben, mit dem neue Akzente für die Wissenschaftsstadt Ulm gesetzt werden können, kann aber nur eingeschränkt aufrechterhalten werden, ist doch die Idee des Science Park in Ulm nicht in der ihr zugedachten Form verwirklicht worden. Eine nähere Betrachtung der in dem Science Park ansässigen zehn ersten Betrieben zeigt, dass es hier keinen einzigen Incubator aus dem universitären Bereich gibt. Außerdem mangelt es der von oben aufgezwungenen Konzeption der Wissenschaftsstadt Ulm an einer Umsetzung vor Ort. Die Eingliederung des Parks in das bestehende Forschungsnetzwerk der Universität sowie die Nutzung des vorhandenen Humankapitals und des Forschungspotentials kann nicht als optimal bezeichnet werden. Es stellt sich folglich die Frage, ob einem Projekt, das nicht aktiv von Universitäten mitgetragen und vorangetrieben wird, die Akzeptanz der Higher Educational Institutions fehlt, und dabei die Idee des Science Parks unter der Zielsetzung der Nutzung von Synergieeffekten aufgrund der Angliederung und Zusammenarbeit mit einer Higher Educational Institution verloren geht.

3 Die Verbindung von Industriegeographie und regionaler/ fachlicher Politik – das Beispiel der industrial districts als Konzept einer Strukturpolitik

3.1 Das Beispiel der industrial districts als Konzept einer Strukturpolitik

Betriebe, die auf eine langfristige Standortsicherung in der Bundesrepublik Deutschland bedacht sind, sind gezwungen, entsprechende Strukturanpassungs-maßnahmen zu treffen. Dabei stellt der sektorale Strukturwandel mit seinen viel-fältigen Anpassungserfordernissen und -problemen, immer schnelleren Inno-vationszyklen bei Produkten und Prozessen sowie einem zunehmenden Wett-bewerbsdruck auf nationaler und internationaler Ebene hohe Ansprüche an die Leistungs- und damit Anpassungsfähigkeit der Betriebe. Für kleine und mittlere Betriebe zeigen sich diese wachsenden Anpassungserfordernisse als nicht unpro-blematisch. Einerseits können kleine und mittlere Unternehmen schneller und flexibler auf Nachfrageveränderungen reagieren, andererseits werden zur Anpas-sung an den Strukturwandel finanzielle und personelle Kapazitäten benötigt, die diese Betriebe nur unzureichend zur Verfügung stellen können. Als „Problemgrup-pe" können vor allem Einzelunternehmen bis zu 99 Beschäftigten identifiziert wer-den. Diese Unternehmen sind, da sie meist keinem größeren Unternehmensver-bund angehören, in hohem Maße von den Bedingungen in ihren Standorträumen abhängig.

Was nun allgemeine Überlegungen der Strukturanpassung angeht, so sollten vor allem vermehrt Möglichkeiten der Aus- und Weiterbildung zur Erweiterung des Potentials an qualifizierten Arbeitskräften sowie angewandte Informations- und Beratungsangebote geschaffen bzw. den Anforderungen der Betriebe angeglichen werden. Die Qualifikation der Mitarbeiter hat sich als eine wesentliche Schlüssel-größe im Rahmen struktureller Anpassungsmaßnahmen herausgestellt. Die Her-vorbringung von Produktinnovationen als auch die Übernahme und der effiziente Einsatz neuer Technologien sind verbunden mit höheren bzw. veränderten Anfor-derungen an die Mitarbeiter. Nicht alle Betriebe können diesen veränderten Quali-fikationsansprüchen nachkommen. Zum einen mag dieser Umstand auf einen Mangel an qualifizierten Arbeitskräften in ländlichen Räumen zurückzuführen sein, zum anderen sind bestehende Aus- und Weiterbildungsmöglichkeiten in den Regionen nur bedingt auf diese veränderten Anforderungen ausgerichtet. Für die Hervorbringung von Produktinnovationen als auch für die Übernahme und den effizienten Einsatz neuer Technologien sind zusätzliche Weiterbildungsmöglichkei-ten notwendig, die stärker auf die betrieblichen Engpässe zugeschnitten sind. Neben dem Angebot von Schulungen bzw. Veranstaltungen der Industrie- und Han-delskammern sind vermehrt Schulungen in den Betrieben selbst durchzuführen. Hier wären betriebsübergreifende angewandte Weiterbildungsangebote sinnvoll.

Dabei reicht die Bereitstellung von Informationen und Beratungen nicht aus, sondern die ansässigen Betriebe müssen aktiv angesprochen werden, d.h. es muss das Interesse an derartigen Informations- und Beratungsangeboten häufig erst geweckt werden. So fehlt in kleineren Betrieben häufig der Überblick über Informations- und Beratungsleistungen (WEBER 1993). Auch Möglichkeiten hinsichtlich der Beantragung von Fördermitteln bei eigener Forschungs- und Entwicklungstätigkeit und der Einführung neuer Technologien sind oft unbekannt oder aber die mit der Antragstellung verbundenen Formalitäten stehen einer Inanspruchnahme entgegen. Auch sollten die Informations- und Beratungsleistungen in den Betrieben und damit vor Ort getätigt werden, etwa durch Mitarbeiter (Techniker, Ingenieure), die flexibel bei Auftreten von Engpässen in den Betrieben eingesetzt werden können. Weniger stellt der Kauf neuer Technologien Probleme dar, sondern vielmehr deren effizienter Einsatz. Daran angelehnt ist die Subventionierung der Einführung neuer Techniken als Instrument einer Regionalpolitik eher kritisch zu bewerten. Die auf Beratung und Wissenstransfer aufbauende innovationsorientierte Regionalpolitik muss sich demzufolge auf dezentrale und regionale Ansätze stützen, die vorwiegend auf eine Mobilisierung des endogenen Potentials der einzelnen Regionen ausgerichtet ist.

Zudem zeigt sich, dass überbetriebliche Kooperationen in Bezug auf Innovationsaktivitäten positiv zu bewerten sind. Kleine und mittlere Einzelunternehmen können durch zwischenbetriebliche Kooperationen Vorteile der Zweigbetriebe und der eigenständigen Tochterunternehmen unter Wahrung der Eigenständigkeit nutzen. Unternehmerische Netzwerke können durch die kollektive Informationssuche und -auswahl sowie durch die Initiierung gemeinsamer Projekte Anpassungen beschleunigen und Anpassungskosten senken. Kooperationen verlangen jedoch Vertrauen sowohl in die Kooperation selbst als auch in die Kooperationspartner. Eine Voraussetzung, die viele betriebliche Entscheidungsträger nicht erfüllen können. Vielmehr zeigen sich eindeutige „Berührungsängste", die es gilt, durch Aufklärung abzubauen. So müssen nicht nur Kooperationen zwischen Betrieben, sondern auch Kooperationen zwischen öffentlichen Institutionen und ansässigen Betrieben über Informations-, Beratungs- und Weiterbildungsangebote hinaus initiiert werden (Abb. D 10).

Zusammengefasst wird dieses Konzept als Strategie der „industrial districts" bezeichnet, einer Idee, die aus einer zweckgebundenen Vernetzung oder Kooperation der für den regionalwirtschaftlichen Prozess wichtigen Akteure (Unternehmen, Kommunen, Kammern, Gewerkschaften, Träger der Regionalpolitik) ein Standortgefüge entstehen lässt, das den Anforderungen des Strukturwandels besser gerecht wird (MARSHALL 1923; PRUSCHWITZ 1995). Zusätzliche Begriffe sind dabei die Schaffung eines kreativen Milieus oder eines Innovationsklimas.

3.1.1　Netzwerke im industriell-gewerblichen Sektor

Netzwerke sind von der notwendigen oder kostenreduzierenden Arbeitsteilung, gemeinsamen Informationsinteressen sowie den daraus erhofften Synergien bestimmt. Die Globalisierung zwingt Unternehmen und damit auch den industriell-gewerblichen Bereich zur weiteren funktionalen Arbeitsteilung auf der Grundlage ihrer jeweiligen komparativen Vorteile. Der Abbau der Fertigungstiefe führt zu einer immer weiteren Aufsplittung von Produktionsprozessen, die

Abb. D 10:
Die Akteure im
Produktions-
prozess in der
Region – das
Suchfeld für
Kooperationen
Quelle:
PRUSCHWITZ 1995,
S. 131

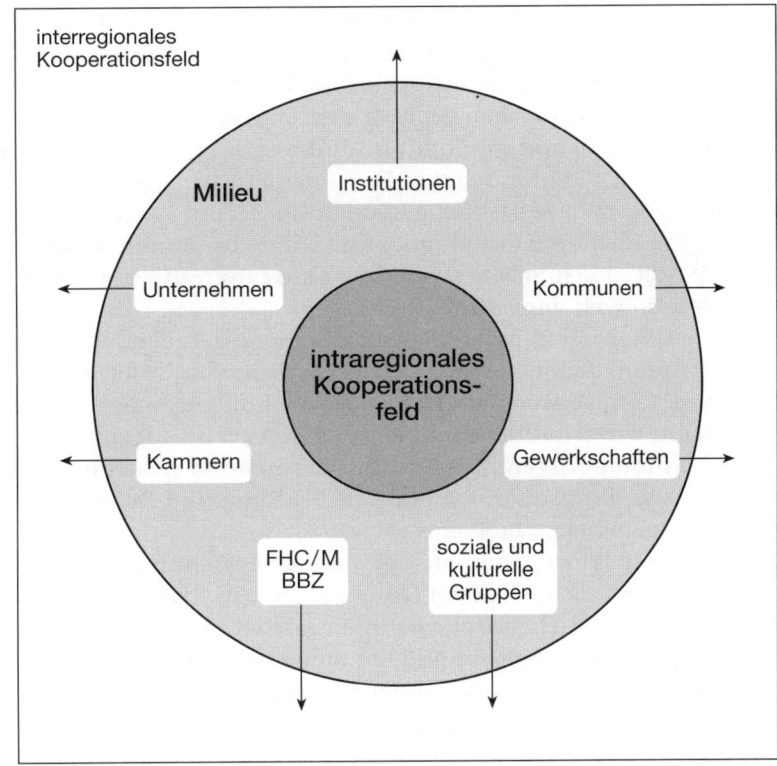

andererseits immer engere Kontakte mit einer immer größeren Zahl spezialisierter Klein- und Mittelbetriebe erfordern, die notwendige Vorprodukte und unternehmensbezogene Dienstleistungen anbieten. Unterstützt wird dieser Prozess
durch den systematischen Abbau von Handelsbarrieren durch den Binnenmarkt
oder andere Freihandelszonen sowie die Möglichkeiten aus dem Einsatz von
Multimediainstrumenten. Als Ergebnis aus diesen Tendenzen wird immer wieder auch die Bildung regionaler Cluster von Produktions- und Dienstleistungs-
komplexen eines Segments der Wirtschaft hingewiesen, das in einer Region aufgrund historischer Prozesse überregionale Bedeutung erlangt. Beispiele dafür
lassen sich sowohl in altindustrialisierten Branchen, wie etwa der Leichtin-
dustrie und der Textilindustrie im Hightech-Bereich, in der Automobilindustrie
oder in der Medienwirtschaft, finden (GROTZ / BRAUN 1993; COLLINGE u. a. 1997;
MAIER / ANGERMANN 1996).

Die Globalisierung der Märkte erfordert auch von den Unternehmen, sich mit
relevanten Informationen über Markt- und Technologieentwicklungen zu versorgen. Mit zunehmender internationaler Verflechtung von Produktion und Märkten
hat die Bedeutung der Verflechtungszusammenhänge und Interaktionen innerhalb der Regionen nicht ab-, sondern erheblich zugenommen (LÄPPLE 1993). Die
Integration des Einzelunternehmens in ein Netzwerk fördert daher seine Anpassung an die Umwelt und an die Anforderungen des Marktes.

Abbildung D 11 zeigt schematisch die Einbindung eines Einzelunternehmens in die verschiedenen Funktionsräume, die über die Ausbildung von Netzwerken erfolgt. Der "organisation space" ist durch seine spezifischen innerbetrieblichen Arbeits- und Organisationsformen geprägt, der "synergy space" stellt das regionale Entwicklungsmilieu dar und gibt die Einbindung des Unternehmens in die informellen Netzwerke der Region wieder. Der "cooperative space" wiederum spiegelt großräumige zwischenbetriebliche Kooperationen und strategische Allianzen wider. Die bislang betrachteten Funktionsräume sind zusammen in den "competition space" eingebettet, der den Markt- und Konkurrenzraum des Unternehmens in seiner globalen Umwelt darstellt.

Eine Unterscheidung der verschiedenen Arten von Netzwerken erfolgt zunächst dahingehend, dass einerseits Verflechtungen von Unternehmen, etwa über Kooperationen, Joint Ventures und Zulieferbeziehungen zu beobachten sind; hier handelt es sich um wirtschaftliche Betrachtungsweisen im engeren Sinne. Andererseits sind Unternehmen eingebunden in die Bereiche Verwaltung, Wissenschaft, Kultur, Politik usw., d.h., außerökonomische Faktoren und Determinanten müssen ebenso stets im Bewusstsein bleiben.

SYDOW (1992) weist darauf hin, dass Unternehmensnetzwerke keine grundsätzlich neue Organisationsform ökonomischer Aktivitäten darstellen. Netzwerkartige Beziehungen zwischen Unternehmen existieren, solange es Unternehmen gibt. Die gesellschaftliche Arbeitsteilung hat dabei nicht nur zur Entstehung von Unternehmen und Märkten geführt, sondern auch zur Herausbildung von Beziehungen zwischen Unternehmen, die mehr als nur spontane Kauf-/Verkaufsbeziehungen umfassen. Von Beginn an kooperieren Unternehmungen in den klassischen Industrieregionen auf der Basis von Subunternehmerschaften, langfristigen Zulieferbeziehungen, in Form gemeinsamer Aktivitäten oder auch informeller Kontakte in mehr oder weniger fest gefügten Institutionen. Den Erfolg solcher unternehmerischen Organisationsformen fasste MARSHALL (1923) im Begriff "industrial district" zusammen. Beziehungen zwischen Unternehmen, die über eine rein marktliche Organisation der Transaktionen hinausgehen, entstehen nicht nur durch Kooperation, son-

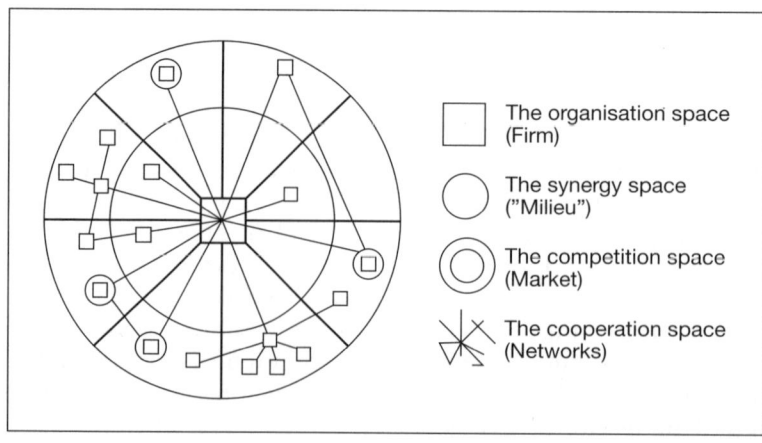

Abb. D 11:
Ökonomische
Funktionsräume
Quelle:
CAMAGNI
1992, S. 136

dern auch infolge einer Ausgliederung, Externalisierung oder Desintegration bestimmter Funktionen (u. a. als Management buy-out).

Drei Gründe werden als entscheidend für die Bildung von Unternehmensnetzwerken angesehen: Dies ist zum Ersten die Notwendigkeit der Stückkostensenkung, zum Zweiten die Notwendigkeit der Flexibilisierung des unternehmerischen Verhaltens im Wettbewerb sowie drittens die Möglichkeit der Erzielung von Vorteilen durch Synergieeffekte aus Kooperationen. Unternehmensnetzwerke sind eine Reaktionsform auf den wirtschaftlichen und technologischen Wandel, der unter dem Begriff flexible Spezialisierung zusammengefasst wird. Von den Betrieben wird gefordert, dass sie ihre Produkte schnell verändern und entsprechend auf Markterfordernisse reagieren. Die Flexibilisierungsstrategie beruht auf der Realisierung von Produktionskostenvorteilen durch ein weites Produktionsspektrum. Somit sind Unternehmensnetzwerke Ausdruck der Erfordernisse bzw. Antworten auf Märkte und Wettbewerb. Jedoch lassen sich auch am Beispiel des von der Montanindustrie geprägten Ruhrgebiets die Schwächen zu enger Kopplungen und Netzwerke verdeutlichen. Die Anpassung der Netzwerke an die stabilen Wachstums- und Produktionsbedingungen der Nachkriegszeit war so stark, dass auf die qualitativ neuen, unbekannten Umweltturbulenzen der 1980er Jahre nur noch mit verminderter Anpassungsfähigkeit reagiert werden konnte. Die einst konkurrenzoffenen Kooperationsformen wuchsen in der Stabilitätsphase zu festen Zulieferketten zwischen Stahlwerken sowie kleinen und mittleren Betrieben. Die Innovationsfähigkeit der kleinen und mittleren Unternehmen war in Abhängigkeit von den Vorgaben der Großkonzerne nicht mehr gefragt und schwand. Zudem erwiesen sich in der Stabilitätsphase auch nach und nach die regionalen Netzwerke, also die Vernetzungen der wirtschaftlichen Netzwerke mit der öffentlichen Hand und der Arbeitnehmerseite, als zweckdienlich, da mit nachlassendem Wirtschaftswachstum Selbsterhaltung und regionale montanindustrielle Stabilität wechselseitig aufeinander angewiesen waren. Außerdem hatten stabile persönliche Beziehungen eine gleichförmige Konsensstruktur geschaffen, die eine Komplexitätsverarbeitung in den Entscheidernetzen hemmte. Das Netzwerk war mächtig, gegen den Strukturwandel immun und versuchte, die Umwelt an sich anzupassen (Butzin 1993).

Damit soll darauf aufmerksam gemacht werden, dass Netzwerke sich verändern können. Sie sind als soziale Gebilde Wachstums- und Verschleißprozessen unterworfen. Sie erstarken, altern und können bis zu Kümmerformen der „Seilschaften" oder zu Selbsterhaltungskoalitionen degradieren (Grabher 1993). Dennoch spielen Netzwerke für den wirtschaftlich relevanten Erneuerungsprozess eine wichtige Rolle, da auf der Basis bestimmter Beziehungsqualitäten, wie persönliche Kontakte, Vertrauen, soziokulturelle Nähe und wechselseitiges Verstehen, durch gemeinsam geteilte Überzeugungen die einzelnen Mitglieder in einer Vielzahl von Netzwerken vertreten sind. Diese Vielfalt sowie die Verbindung der Netze ist ausschlaggebend für wirtschaftliche Innovationen, aber auch für deren Diffusion.

Zusammengefasst ist ein Unternehmensnetzwerk eine Organisation als Ergebnis des Wettbewerbs mit dem Ziel der Kostensenkung, der Flexibilisierung des unternehmerischen Verhaltens und der Nutzung von Synergien auf der Basis nicht kompetitiver, kooperativer und auf Vertrauen beruhender, eher langfristiger, meist vertraglicher Beziehungen zwischen rechtlich selbstständigen Unternehmern als den Akteuren des Netzwerks zu verstehen (BRÖSSE, 1993). Zur weiteren Eingrenzung erscheint die Berücksichtigung der Kooperationsrichtung hilfreich (Abb. D 12). Demnach sind strategische Allianzen horizontale, strategische Netzwerke dagegen vertikal bzw. diagonal ausgerichtete Kooperationsformen.

Als entscheidend für das Wesen einer strategischen Allianz erweist sich dabei, dass zwei oder mehr Unternehmen bestimmte Aspekte ihrer Geschäftsaktivitäten miteinander verknüpfen. Die Allianz wird über die Art und Richtung der Kooperation, das gewählte Kooperationsfeld, die angewandte vertragliche und nichtvertragliche Regelung sowie die zur Organisation der gemeinsamen Aktionen eingesetzten Koordinationsmechanismen gestaltet, so dass die Austauschbeziehungen, die sie treffen, nicht über Markttransaktionen geregelt werden. Beispielsweise kann der Wert der Vermittlung von Know-how über Technologien am Markt kaum quantifiziert werden (MAIER/ANGERMANN 1996). Die am häufigsten zu beobachtenden Kooperationsformen in strategischen Allianzen betreffen die Zusammenarbeit bei Forschung und Entwicklung oder im Vertrieb. Die gegenseitige Stärkung der Wettbewerbsfähigkeit gegenüber Dritten vereint die Partner und ist damit erklärtes Ziel. Beispielsweise formieren sich im Weltautomobilmarkt Kfz-Hersteller zu unterschiedlichen Koalitionen. So konkurriert zum Beispiel die Allianz Ford/Mazda gegen General Motors/Toyota. Zu diesem Zweck stellen die Partner Kapital-, Personal- und Sachmittel-Ressourcen bereit, die sie in Konsortien, Joint Ventures oder anderen Formen der Kooperation einbringen.

Strategische Netzwerke bezeichnen demgegenüber vertikal und/oder diagonal ausgerichtete Kooperationsformen. Typisch für ein strategisches Netzwerk ist, dass zwei oder mehrere Unternehmen, die in einer Kunden-Lieferanten-Beziehung zu-

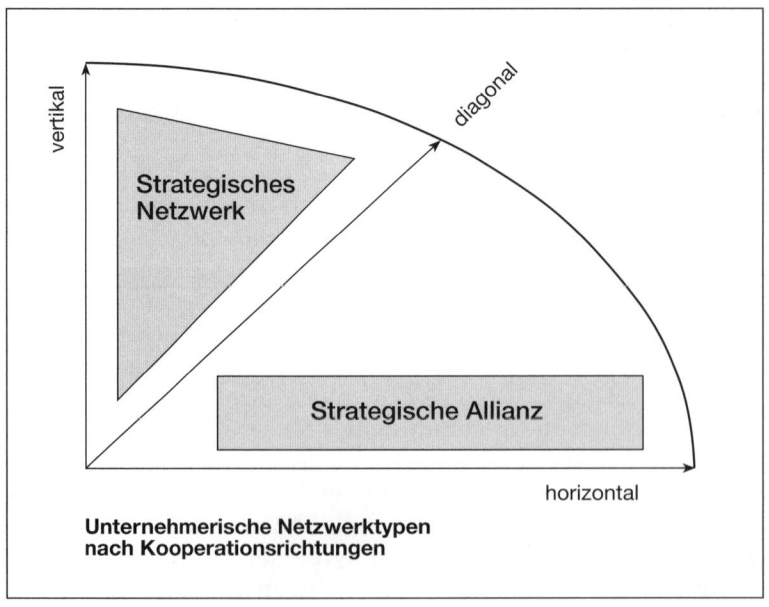

Unternehmerische Netzwerktypen
nach Kooperationsrichtungen

Abb. D 12:
Kooperations-
richtungen der
unternehmens-
bezogenen
Netztypen
Quelle:
MAIER/ANGERMANN
1996, S. 11

einander stehen, zusammenarbeiten und so der Leistungsaustausch im wesentlichen über den Markt stattfindet. Im strategischen Netzwerk erbringen mehrere Unternehmen für einen Endmarkt eine gemeinsame Leistung. Im Unterschied zur strategischen Allianz stehen sie untereinander nicht in Konkurrenz, d.h., nur jene Unternehmen, die außerhalb des Netzwerks agieren, gelten als Konkurrenten. Auf die Realisierung von Wettbewerbsvorteilen zielen auch strategische Netzwerke ab, die als hybride Organisationsform gelten und zwischen Markt und Hierarchie angesiedelt sind. Als typische Ausdrucksformen strategischer Netzwerke gelten u. a. Zulieferverträge und Just-in-Time-Konzepte. Beispielsweise übernehmen in der Automobilindustrie Direktlieferanten nicht nur die Entwicklung, Produktion und Vormontage von Systemkomponenten, sondern sind auch vertraglich dazu angehalten, die Koordination von Unterlieferanten in der Entwicklungsphase sicherzustellen (ORTH 1994).

Ziel ist dabei die Erstellung einer wettbewerbsfähigen Gesamtleistung am Endmarkt. Strategische Unternehmensnetzwerke unterscheiden sich von anderen Unternehmensnetzwerken sowie strategischen Allianzen dadurch, dass sie von einem oder mehreren Unternehmen strategisch geführt werden. Ein zweiter Unterschied zwischen diesen Netzwerktypen besteht darin, dass strategische Unternehmensnetzwerke zu einem größeren Ausmaß das Ergebnis intentionalen Handelns sind. Sie verfügen über explizit formulierte Ziele, besitzen eine formale Struktur der Rollenzuweisung und sind von einer eigenen Netzwerkidentität geprägt. Diese

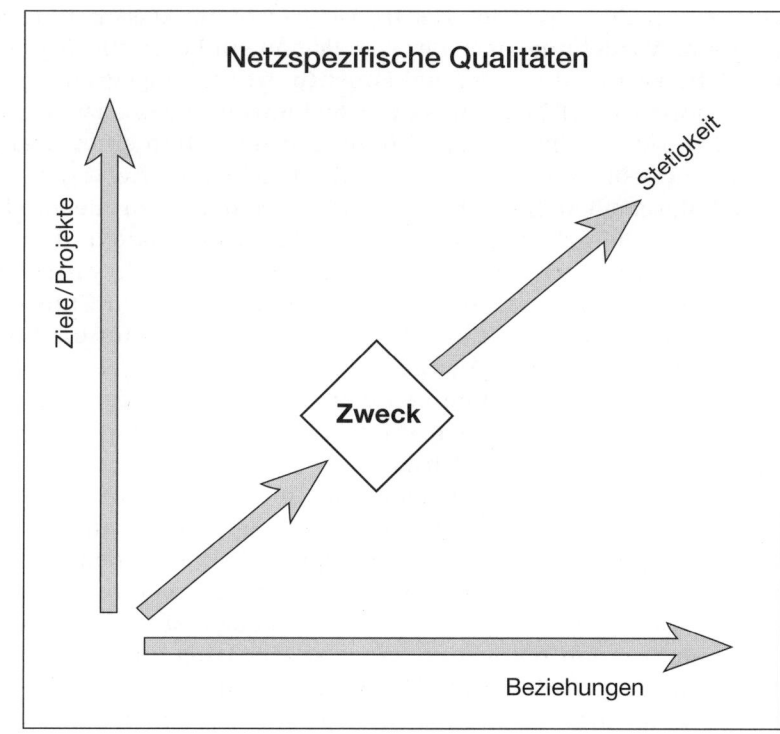

Abb. D 13:
Netzspezifische
Qualitätsräume
von
Unternehmens-
netzwerke
Quelle:
MAIER / ANGERMANN
1996, S. 14

Identität erleichtert zwar auf der einen Seite die interorganisationale Kommunikation, kann aber auf der anderen Seite als kollektives Element den Handlungsspielraum der Einzelunternehmung stark einengen.

Diese Einzelaspekte des strategischen Unternehmensnetzwerkes sind eingebettet in drei netzwerkspezifische Besonderheiten (Abb. D 13):
• Beziehung zwischen Partnern,
• Existenz eines Netzwerkzwecks bzw. einer Zielsetzung und, damit zusammenhängend, auch einzelnen Projekten sowie
• ein gewisses Maß an Stetigkeit der Zusammenarbeit.

Es kann festgestellt werden, dass es eine Vielzahl von Unternehmensnetzwerken mit den unterschiedlichsten Akteuren, mit und ohne Zielbindung, mit hohem und niedrigem Formalisierungsgrad und einer definierten Kooperationsrichtung gibt. Um von traditionellen Beziehungsformen abzurücken, erscheint es sinnvoll, im Zusammenhang mit Unternehmensnetzwerken eine strategische Orientierung zu betonen, die mit ökonomischen Erfolgsfaktoren gebündelt ist. Als Ergebnis eines zielgerichteten, effizienten Netzwerks ist der Begriff des strategischen Unternehmensnetzwerkes eingeführt worden, der Marktaktivitäten in qualifizierbaren und quantifizierbaren Größen wiedergibt. Als abgeschwächte Form gilt die strategische Allianz, die von einer Zweckmäßigkeit der Zusammenarbeit geleitet ist.

3.1.2   Industrial districts

Der Begriff "Industrial district" wurde bereits in den 1920er Jahren dieses Jahrhunderts erstmalig verwendet. Der britische Ökonom Marshall entwickelte 1920 erstmals eine Vorstellung, nach der eine Region ein Produktionssystem sei, das in sich vielfältig verflochten, regional konstituiert und abgegrenzt ist (Marshall 1923, Häussermann 1992). Marshalls Untersuchungen sollten dazu dienen, die industrielle Organisation offenzulegen. In der Konzentration einer Branche in einem bestimmten Gebiet sah er Vorteile für die einzelnen Betriebe, die sich aus der räumlichen Nähe ergaben. Die Nähe verwandter Produktionen zueinander wurde als Möglichkeit gesehen, die Transportkosten für Vorprodukte und Produkte zu senken. Auch das Vorhandensein einer produktionsgerechten Infrastruktur, eines spezialisierten Arbeitsmarktes und Kapitals ermöglicht es den Unternehmen, auf lange Sicht Kosten zu senken. Eine wichtige Voraussetzung für die Entwicklung von Industrial districts ist nach Marshall das Entstehen von Netzwerken. Der Aufbau persönlicher Kontakte oder interbetrieblicher Verflechtungen ermöglicht die Reduzierung von Transaktionskosten, die schon durch die räumliche Nähe der Unternehmen im district erleichtert wird.

Neuere Ansätze verwenden im Zusammenhang mit Industrial districts verstärkt auch qualitative Komponenten zur Erklärung dieses Phänomens. Demnach ist die Entwicklung der Regionen von der Qualität der vorhandenen Produktionsfaktoren abhängig und dem Ausmaß der Beziehungen zwischen den ökonomischen Akteuren, wie Unternehmen, Arbeitnehmer, Staat, usw. Aus diesen intensiven Austauschprozessen werden Innovationsprozesse abgeleitet, die dann zu wirtschaftlichem Wachstum führen. Der Inhalt des Begriffes "Industrial district" wird im Vergleich zu den Vorstellungen Marshalls in neuen Ansätzen insofern erweitert, da nun auch andere ökonomische Akteure für die Entwicklung des Produktionskomplexes als relevant angesehen werden.

Eine ausführliche Darstellung des Begriffes Industrial district findet sich bei PYKE (1990, S. 2), der in seiner Untersuchung über das Dritte Italien (vgl. LODA 1980, S. 180) einen neuen Gebietstyp mit Eigendynamik beschreibt. PYKE spricht von einem Produkt, dessen Herstellung sich in den verschiedenen Produktionsstufen in einem gewissen geographischen Raum konzentriert. Durch diese Konzentration wird letztlich auch der Industrial district festgelegt. Ein weiteres Charakteristikum der Industrial districts ist nach PYKE der Umstand, dass Ökonomie und das soziale Umfeld als Ganzes betrachtet werden müssen.

Bei der Diskussion um Industrial districts wird immer wieder betont, dass es sich vor allem um Konzentrationen kleiner und mittlerer Betriebe handelt und Großbetriebe aufgrund ihrer unflexiblen Handlungsweise weniger zur Bildung eines Industrial Districts neigen. Industrial districts stellen sicherlich keine grundsätzliche Form räumlicher Organisation dar. Ebenso wie gesellschaftliche Systeme ändern sich auch deren räumliche Ausprägungen. Die Industrieagglomerationen des Fordismus passen sich neueren Erfordernissen an – die Auswirkungen sind sowohl bei großbetrieblichen als auch bei kleinbetrieblichen Strukturen zu beobachten. Der Einsatz moderner Produktionstechnologien und die damit einhergehende Flexibilisierung ändern die räumliche Organisation. Grundsätzlich neue Standortgebilde entstehen in Verbindung mit der Entwicklung und der Umsetzung neuer Technologien – beispielsweise das Silicon Valley.

Zusammenfassend lässt sich folgende Definition des Begriffes der Industrial districts vornehmen (PRUSCHWITZ 1995):

Industrial districts sind räumlich abgrenzbare, industrielle Produktionssysteme, in denen vorwiegend in kleinen und mittleren Unternehmen Produkte für einen gemeinsamen Endmarkt hergestellt werden. Die Unternehmen agieren flexibel auf den Märkten, oft unter Verwendung moderner Produktionstechnologien. Die Innovationsfähigkeit und damit die Wettbewerbsfähigkeit des regionalen Systems ist auf die Herausbildung intensiver Austauschbeziehungen zwischen den einzelnen Unternehmen zurückzuführen, die oft als Konkurrenten auf den gleichen Märkten auftreten. Synergieeffekte und kollektive Lernprozesse sind das Resultat von Netzwerkbeziehungen, deren Entstehen in einem regional spezialisierten Milieu zu begründen ist, das historische, kulturelle, soziale sowie politische Werte zum Inhalt hat.

Hinzu kommt aber auch, dass der Industrial district als ein ganzheitliches, endogenes System Eigenverantwortung und regionale Initiative erfordert. Grundsätzlich wäre es begrüßenswert, wenn ein Höchstmaß an regionaler Initiative und Kooperation zu einer weitgehend eigenständigen Entwicklung führen könnte. Von innen heraus gesteuerte Entwicklung erhöht die Akzeptanz unter den Unternehmen und der Bevölkerung der Region – unter Maßgabe einer Bürgerbeteiligung – und führt zu einer Stärkung des Milieus.

Die erste Anforderung, die sich aus der begrifflichen Abgrenzung der Industrial districts ableiten lässt, ist die Existenz eines geographisch abgrenzbaren Produktionssystems. Durch die räumliche Nähe kommen Agglomerationsvorteile zum Tragen, die sich positiv auf die Unternehmen am Standort auswirken. Zweites Merkmal von Industrial districts ist die Betriebsgrößenstruktur. Die Relevanz der kleinen und mittleren Unternehmen wurde bislang hauptsächlich in ihrer quantitativen Bedeutung für den Arbeitsmarkt herausgearbeitet. WEBER (1993, S. 168) konnte belegen, dass „kleine und mittlere Betriebe den intraregionalen Stabilitätsfaktor für die Regionalwirtschaft darstellen (...)" und „(...) einen höheren Beitragsgrad zur Stützung der regionalen Wirtschaftsstruktur und ihrer Kreisläufe leisten als Großbetriebe". In allen begrifflichen Abgrenzungen der Industrial districts werden kleine und mittlere Unternehmen als prägende Elemente des Produktionssystems genannt. Ihnen wird im Gegensatz zu Großbetrieben eine erhöhte Flexibilität zugesprochen, sich den immer schneller wandelnden Anforderungen der Märkte zu stellen. Flexibilität spiegelt dabei die Fähigkeit des Unternehmens innerhalb des Produktionssystems wider, sich in ihrem unternehmerischen Verhalten den verändernden Anforderungen ihrer Umwelt zu stellen. Dies beinhaltet die Übernahme neuer Technologien, die Entwicklung neuer oder besserer Produkte und kürzere Reaktionszeiten auf Marktveränderungen.

Die Ausbildung lokaler Netzwerke in Industrial districts wird als Möglichkeit für kleine und mittlere Unternehmen betrachtet, ihre Wettbewerbsfähigkeit wiederzuerlangen bzw. zu verbessern. Die Genese dieser regionalen bzw. lokalen Netzwerke ist einerseits von makroökonomischen Bedingungen, andererseits von den technologischen Möglichkeiten der Teilnehmer abhängig. Die Flexibilität des Einzelunternehmens innerhalb eines Industrial districts ist also ebenso durch die Fähigkeit bestimmt, an regionalen bzw. lokalen Netzwerken teilzunehmen.

3.1.3   Fallbeispiel: Initiativkreis Textilzentrum Münchberg – Helmbrechts

Die Wirtschaftsstruktur der Region Oberfranken und insbesondere des Raumes Münchberg – Helmbrechts ist traditionell durch die mittelständische Textilindustrie geprägt. Durch den in den 1960er Jahren einsetzenden und bis heute andauernden Strukturwandel ist die Textil- und Bekleidungsindustrie einem permanenten Anpassungsdruck unterworfen. Innerhalb der letzten zehn Jahre nahm die Zahl der Betriebe in der oberfränkischen Textil- und Bekleidungsindustrie um 28 %, die Zahl der Beschäftigten um 35 % ab. In der bundesdeutschen Textilindustrie waren im Vergleich zu 1995 7,7 % weniger Mitarbeiter beschäftigt (Industrie- und Handelskammer

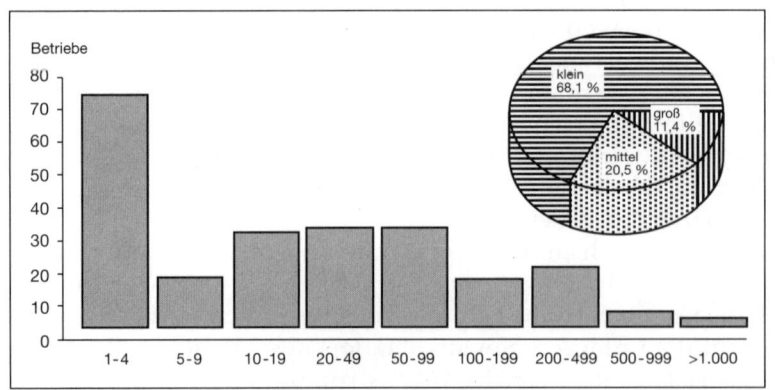

Abb. D 14:
Betriebsgrößen
der Textil- und
Bekleidungs-
unternehmen
in Oberfranken
1994
Quelle:
PRUSCHWITZ 1995

für Oberfranken..., 1998, S. 4). Prägendes Kennzeichen der oberfränkischen Textilindustrie ist der Mittelstand. Während die Großbetriebe durch Verlagerungsstrategien reagieren, schaffen es die kleinen und mittleren Betriebe eher, sich Nischen zu erobern und sich so am Markt zu behaupten.

Die Konzentration der Branche in Oberfranken – Schwerpunkt ist die Region Münchberg – Helmbrechts – zeigt Abbildung D 15. Allein die zwölf Unternehmen des Initiativkreis Textilzentrum Münchberg – Helmbrechts beschäftigten zum 31.12.1997 insgesamt 2 800 Mitarbeiter und erwirtschaften einen Umsatz in Höhe von ca. 900 Mio. DM (ebenda).

Aufgrund der allgemein knapper werdenden Ressourcen, der Erkenntnis, dass bestimmte Problemlagen, wie z.B. das negative Branchenimage und, die Gefährdung regionaler Bildungseinrichtungen einzelbetrieblich nicht zu lösen sind und um Probleme am Standort direkt angehen zu können, ist die Idee, eine gemeinsame Kooperation ins Leben zu rufen, weiterverfolgt und der Initiativkreis Textilzentrum Münchberg – Helmbrechts, eine Kooperation aus zwölf Textil- und Bekleidungsunternehmen, die aktiv an der Gestaltung der Region arbeiten wollen, aufgebaut worden. Durch die Bündelung der Kompetenzen der einzelnen Akteure (Unternehmen, Kammern, Universität Bayreuth, Regierung von Oberfranken) stellt der Initiativkreis Textilzentrum Münchberg – Helmbrechts eine Aktionsgruppe mit einer gemeinsamen Strategie dar, aktiv an der Gestaltung des Strukturwandels teilzunehmen. Die Basis hierfür bildet die Tatsache, dass die Standortstruktur im internationalen Vergleich von den Kooperationspartnern als gut empfunden wird. Außerdem tragen sich die Unternehmen mit der Absicht, in der Region zu bleiben. Sie sind heimatverbunden, prägen die Identität des Raumes und wollen schließlich auch soziale Verantwortung übernehmen. Die Motivation der Teilnehmer liegt sowohl im Bestreben, die Wettbewerbsfähigkeit der einzelnen Unternehmen zu erhalten wie auch im regionalen Kontext begründet (PRUSCHWITZ 1995).

Dementsprechend zeigen die Ziele des Initiativkreises eine Formulierung, die beide Komponenten berücksichtigt. Das erste Ziel beruft sich darauf, den Raum Münchberg – Helmbrechts als regionales Zentrum der oberfränkischen Wirtschaft zu stärken. Das zweite richtet sich auf eine Sicherung und den Ausbau der strukturellen Wettbewerbsfähigkeit der Textil- und Bekleidungsindustrie am Standort. Diese Ziele wurden in der Frühphase des Netzwerkes bewusst weit abgesteckt, da davon ausgegangen wird, dass eine Konkretisierung selbstständig als endogener Prozess der Zusammenarbeit von statten geht. Einigkeit besteht jedoch darin, dass die Ziele keineswegs von außen vorgegeben sein dürfen. Nur ein bei allen Beteiligten ähnliches Problembewusstsein führt letztendlich zu gemeinsamen Zielen und Handlungsansätzen. Die anstehende Konzeptionalisierung der Handlungsansätze, die allen Partner Vorteile verschaffen soll, betrifft (vgl. auch Abb. D 16):
• Standortfragen im weiteren Sinne (Imagepolitik),
• die Infrastruktursicherung,
• die Ausbildung,
• den Bereich Fort- und Weiterbildung sowie
• die Kommunikation mit anderen Akteuren der textilen Kette, damit die Zeit bis zum "Point of sale" des Produkts weiter verkürzt wird (z.B. Designer–Weber–Veredler-... u.a.) (Initiativkreis Textzentrum..., 1997).

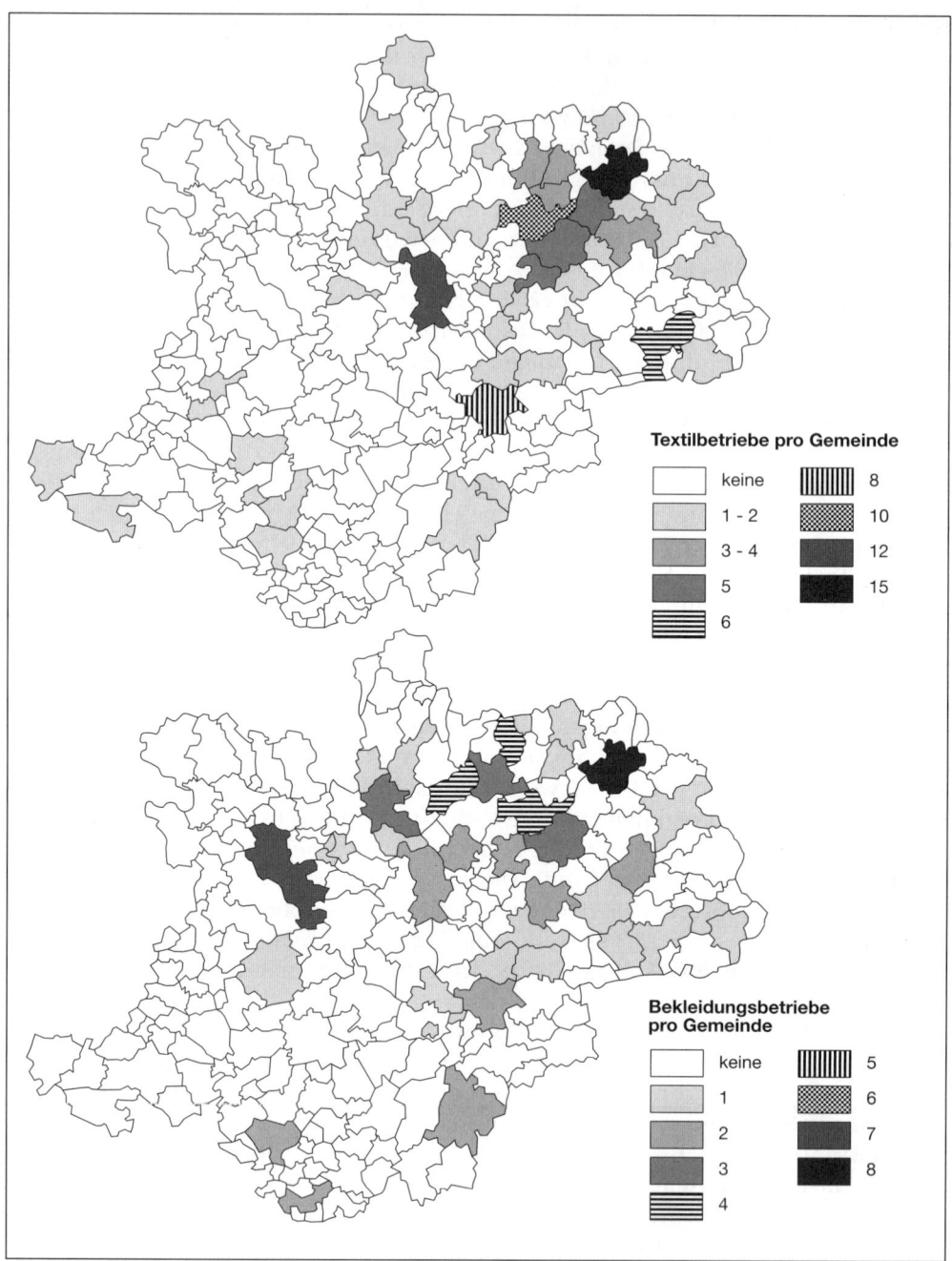

Abb. D 15: Betriebe der Textil- und Bekleidungsindustrie in Oberfranken
mit 20 und mehr Beschäftigten (Stand: Januar 1995)
Quelle: PRUSCHWITZ 1995, S. 95

Das Netzwerk basiert auf der Grundlage zweier Unternehmenskreise, nämlich dem Münchberger Initiativkreis sowie dem Helmbrechtser Textilforum. Diese Kreise existieren aufgrund der lokalen Verbundenheit seiner Mitglieder weiter. Die zwölf Unternehmer sind gleichberechtigte Partner, obwohl es sich um Unternehmen mit unterschiedlicher Größe handelt. Die Akteure treffen sich alle sechs Wochen zu gemeinsamen Sitzungen. In diesem Zusammenhang wurden zwei Sprecher gewählt, die die Sitzungen leiten und das Unternehmensnetzwerk nach außen repräsentieren. Ein Moderator gilt als unabdingbar. Diese Aufgabe wurde in der Anstoßphase von externen Beratern übernommen. Im Zusammenhang mit der Gründung des Initiativkreises ist für diese Aufgabe eigens eine fachlich kompetente Person verpflichtet worden. Diese kümmert sich um konkrete Probleme, sie moderiert, fördert die Kooperation und entwickelt das Handlungskonzept. Mittels einer Kooperationsvereinbarung, die von allen Unternehmen unterzeichnet wurde, erfuhr das Netzwerk eine Institutionalisierung. Damit bekennen sich die Kooperationspartner zu den Oberzielen und versichern ihre Teilnahme an der Kooperation. Dennoch kann auch jedes Mitglied aussteigen, d.h., die Zusammenarbeit beruht auf dem Prinzip einer losen Kopplung.

Abb. D 16: Überblick über die Handlungsansätze des
Initiativkreises Textilzentrum Münchberg – Helmbrechts
Quelle: JARUNTOWSKI S. 12

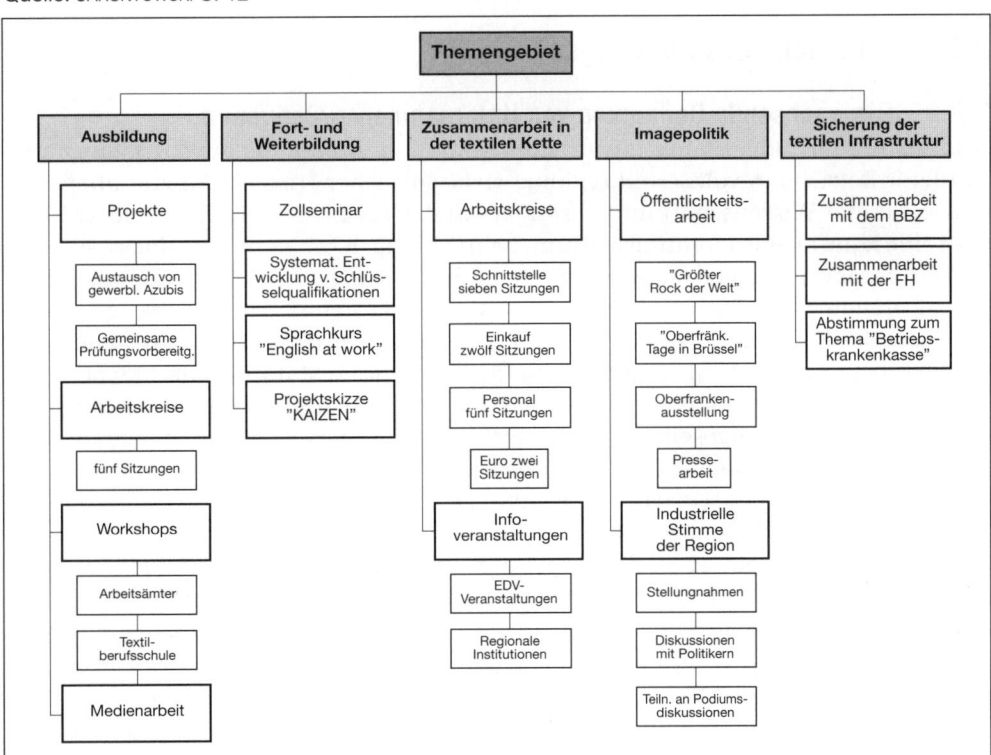

Die Bereiche der Zusammenarbeit umfassen die Aus-, Fort- und Weiterbildungsoffensive, den Ausbau und die Sicherung der textilen Infrastruktur, die Standortsicherung sowie die Kommunikation zwischen den Partnern aber auch die Darstellung nach außen. Das Kooperationsklima ergibt sich aus dem vorherrschenden Umfeld von Kooperation bei gleichzeitiger Konkurrenz. Das Netzwerk gilt nicht als offen, da nicht beabsichtigt ist, neue Partner aufzunehmen. Dennoch ist es vorstellbar, dass bei bestimmten Aspekten zeitlich begrenzt neue Unternehmen integriert werden können. In Bezug auf die Reichweite des Initiativkreises wird räumlich die lokale bzw. regionale Ebene eingebunden. Aus einer wirtschaftlichen Perspektive wirkt das Unternehmensnetzwerk aber durchaus überregional, haben doch teilweise die Partner der textilen Kette ihren Standort außerhalb der Region. Auch die politischen Ziele der Kooperation haben nationale Reichweite.

Die Innovationsfähigkeit und die Kreativität des Einzelnen äußert sich neben unternehmerischem Können auch in dem beschriebenen Zusammenspiel der Einzelunternehmen mit der Region. Vielfältige Wechselbeziehungen zwischen den Akteuren des textilwirtschaftlichen Produktionsprozesses kennzeichnen das Milieu. Die Bereitschaft des Einzelnen, daran gestaltend teilzunehmen, ist letztendlich ausschlaggebend für die Qualität des Industrial district und damit für die Qualität und Wettbewerbsfähigkeit des Unternehmens. Der Standortvorteil Textilregion wird in Zukunft, d.h. unter den Bedingungen eines verschärften internationalen Wettbewerbs, noch weiter an Bedeutung gewinnen (Initiativkreis Textilzentrum..., 1998).

3.2   Unternehmensgründungen

3.2.1   Die wachsende Bedeutung von Unternehmensgründungen

Seit Beginn der 1990er Jahre nimmt die Diskussion um die Bedeutung kleiner und mittlerer Betriebe in volks- und regionalwirtschaftlicher Hinsicht einen hohen Stellenwert in der Wissenschaft und besonders in der Politik ein. Nachdem bis vor kurzem eine kontroverse Meinungshaltung beim Vergleich mit dem Wirkungsspektrum von Großunternehmen festzustellen war, ist heute – zurückzuführen auf die Folgen des aktuellen Strukturwandels und auf der Basis neuer Untersuchungen – die Relevanz der Klein- und Mittelbetriebe unbestritten. Dies bezieht sich vor allem auf die Stabilisierung und Impulsgebung im Arbeits- und Ausbildungsmarkt, aber auch auf die Stützung intraregionaler Wirtschafts- und Versorgungskreisläufe sowie die betriebsexterne sozialgesellschaftliche Funktion. Die Prozesse der Unternehmensentwicklung in den Neuen Bundesländern führten zu einer weiteren Stützung der Kleinbetriebshypothese (BIRCH 1979 u. 1981; DERENBACH 1986, S. 63).

In dem Maße, in dem den Klein- und Mittelbetrieben heute sowohl regionalwissenschaftliche als auch förderprogrammatische Aufmerksamkeit auf den Ebenen der Europäischen Union, des Bundes und der Länder zukommt, wächst derzeit das Wissensbedürfnis, wie solche Strukturen unterstützt und ausgebaut werden können. Damit Unternehmensgründungen auf Dauer einen Beitrag etwa zur Arbeitsmarktstabilisierung leisten können, müssen sie langfristig überleben, was jedoch ein zentrales Problem neuer Betriebe darstellt. Darüber hinaus geht es um die ebenso wichtige Frage, was der Staat, d.h. Bund, Land und Kommunen, tun kann, um neue Selbstständigkeit in Gang zu bringen. Diese Frage der Gründungs-offensive ist eng verbunden mit zahlreichen Fragestellungen zum Scheitern solcher Betriebe. Vor dem Hintergrund der Tatsache, dass für neue Betriebe die ersten drei Jahre der Marktexistenz von entscheidender Bedeutung sind, stellt der ansteigende Verlauf von Insolvenzen in der Bundesrepublik Deutschland ein regionalökonomi-sches und soziales Problem, vor allem auch in den ländlichen Räumen, dar.

In Zahlen ausgedrückt, haben sich in den Jahren 1985 bis 1995 in Westdeutsch-land jährlich weit über 300 000 Personen selbstständig gemacht (ARNOLD 1996). Der vom Institut für Mittelstandsforschung in Bonn errechnete Saldo aus Unterneh-mensgründungen und Liquidationen (Insolvenzen und Betriebsaufgaben) beträgt 90 000 bis 100 000 Unternehmen pro Jahr für den Zeitraum 1990 bis 1995 (Die Woche, 1996). Dabei entfallen laut Institut für Mittelstandsforschung in West-deutschland 8% und in Ostdeutschland 12% der Gründungen auf das Handwerk. Die volkswirtschaftliche Bedeutung der Existenzgründungen lässt sich aus mehreren Faktoren ablesen. In einer Modellrechnung am Beispiel des Jahres 1989 zeigt ARNOLD (ebenda, S. 12) dies auf. In diesem Jahr standen 325 000 Neugründungen ins-gesamt 285 000 Schließungen gegenüber. Die Gegenüberstellung zeigt ein Saldo von 40 000 neuen Marktteilnehmern. Im Durchschnitt haben nach ARNOLDs Beobach-tungen neugegründete Unternehmen 400 000 DM investiert, 4,7 Arbeitsplätze geschaffen und 1 Innovation auf den Markt gebracht. Dies macht bei einem Multi-plikator von 40 000 Existenzgründern 16 Mrd. DM Gesamtinvestitionen, 188 000 Arbeitsplätze und 40 000 Innovationen aus. Bei der Beschäftigungswirkung, zitiert GRUHLER (1996), habe sich neuerdings eine solche Arbeitsteilung herausgebildet, wo-nach die Großunternehmen eher für den Abbau der Arbeitsplätze und die kleinen und mittleren Unternehmen für die Schaffung der Arbeitsplätze zuständig seien.

Für die Regionalwissenschaft, und damit auch für die Regionalpolitik, ist im Hinblick auf die räumlichen Effekte von Unternehmen deren Generierung von Existenzgründungen, und damit der Beitrag zur regionalen Wirtschaftsstruktur, bis hin zur Diversifizierung der Produktions- und Leistungspalette von hoher Relevanz (KOLLER / MAIER u. a. 1998). In betriebsgrößenspezifischer Hinsicht stellt sich hierbei die Frage, welche Bedeutung kleinen, mittleren und großen Arbeitsstätten für die Herkunft neuer Unternehmungen zuzurechnen ist bzw. in welchen Betriebsgrößen aber auch Branchen der Inhaber in welcher Funktion tätig war und wo diese Aus-gangsunternehmen ihren Standort besitzen.

3.2.2 Hemmnisse und Handlungsmöglichkeiten auf dem Weg zu Unternehmensgründungen

Unternehmensgründer, die den Schritt in die Selbstständigkeit wagen wollen, wer-den zunächst mit einer Vielzahl von Problemen konfrontiert (KOLLER / MAIER u. a. 1998, BECKER 1982). Ein Unternehmen entsteht nicht von heute auf morgen, vielmehr bedarf es mitunter eines längeren Zeitraumes von der Planung eines Unternehmens über bürokratische Abwicklung bis zum tatsächlichen Markteintritt. Um ein Unter-nehmen mit Bedacht auch für die Zukunft zu planen und zu eröffnen, sind sämtliche Aktivitäten und Schritte, zwar nicht nur in den ersten Jahren, aber hier mit beson-derer Aufmerksamkeit, zu beachten und typische (Gründungs-) Fehler zu vermeiden.

Die Gründungsentscheidung (der sog. Rubikon-Effekt) wird durch verschiedene Faktoren beeinflusst, z.B. durch persönliche Merkmale des Gründers, der derzeitigen technologischen Entwicklung oder der marktlichen Situation, woraus spezielle Möglichkeiten für konkrete Gründungskonzeptionen abgeleitet werden müssen. SZYPERSKI/NATHUSIUS (1977) haben hierzu wichtige Einflussfaktoren zusammengestellt, die, wenn sie vom Existenzgründer nicht beachtet werden, als Hemmnisse oder gar als Gründe des Scheiterns angesehen werden können, noch bevor der eigentliche Betrieb aufgenommen wird (Abb. D 17).

Die wichtigste Einflussgröße bei einer Unternehmensgründung stellt die Gründungsperson selbst dar. Der Zugang zu einem Unternehmen ist primär vom Gründer selbst abhängig, d.h. von seinen persönlichen Merkmalen, wie Leistungsqualifikation, Leistungsfähigkeit, Leistungsbereitschaft und seinem Möglichkeitsraum. Getrennt von der Person des Gründers kann sein zu errichtender Betrieb aufgefasst werden, welcher einer ausreichenden Planung, einer organisatorischen und vertraglichen Gestaltung und einer ständigen Kontrolle bedarf. Der Existenzgründer ist weiterhin zusammen mit seinem geplanten Unternehmen in ein gesellschaftliches und ein wirtschaftliches Umfeld integriert, zwischen denen wechselseitige Beziehungen bestehen, die weitere Anforderungen an den Gründer stellen. Der Staat setzt rechtliche Rahmenbedingungen, die der Gründer beachten muss, und die private Wirtschaft baut zusätzliche Marktzutrittsbarrieren auf, die es vom Gründer zu überwinden gilt. Auch die Meinung der Öffentlichkeit über das Unternehmen kann dem Existenzgründer auf seinem Weg in die Selbstständigkeit hinderlich sein und muss in die Planungsüberlegungen mit einfließen (ebenda, S. 288).

3.2.3 Fallbeispiel: Die Teilregion HochFranken

(vgl. MAIER/DITTMEIER/OBERMAIER u. a. 1997)

Zur Beschreibung der aktuellen Situation in der Region HochFranken – einem Raum, der aus der Stadt Hof, dem Landkreis Hof und dem Landkreis Wunsiedel im Fichtelgebirge gebildet wird (Abb. D 17) – können Kennzeichen wie Beschäftigtenabbau bei Umsatzeinbußen und rückläufigem Auftragseingang durchaus Verwendung finden.

Neben dem Zusammentreffen konjunktureller und struktureller, also übergreifender Schwierigkeiten, kommt für HochFranken eine Konzentration von industriellen Problembranchen – altindustrialisierte Zweige der Porzellan-, Glas-, Textil- und Bekleidungsindustrie – hinzu, die es bislang nur ansatzweise geschafft haben, ihr Marketing-Mix einschließlich der Produktpolitik den veränderten Rahmenbedingungen anzupassen. Sicherlich nimmt der Dienstleistungssektor auch im östlichen Oberfranken an Beschäftigten zu, doch kann dieser bislang nicht die Arbeitsplatzverluste des Verarbeitenden Gewerbes auffangen.

Eine Konsequenz kann deshalb heißen, dass der Standort HochFranken attraktiver für Investitionstätigkeiten der vorhandenen Betriebe, für Unternehmens- und Existenzgründungen und für überregionale Ansiedlungen unter Nutzung der grenznahen Lage werden muss. Die Schaffung einer „Unternehmens- und Existenzgründerregion HochFranken" soll sich dabei nicht nur auf Mikrostandorte der Unterstützung neuer Betriebe, wie beispielsweise die der lokalen Gründerzentren,

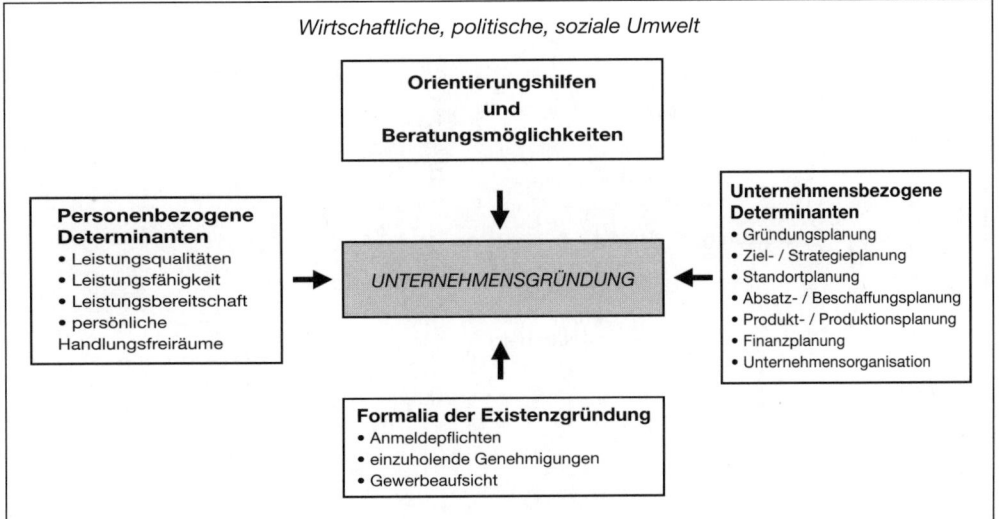

Abb. D 17: Hemmnisse und Handlungsmöglichkeiten auf dem Weg zur Existenzgründung
Quelle: eigene Darstellung nach: KOLLER/MAIER u. a.1998

beziehen, sondern die Region HochFranken insgesamt zu einem Standort des „gründungsfreundlichen Investitionsklimas" ausbauen. Folgende Ziele sollen dabei als übergeordnete Richtlinien gelten:

• Schaffung eines gründungsfreundlichen Klimas

In HochFranken soll ein gründungsfreundliches Klima unterstützt werden. Existenzgründer sollen nicht als Exoten bestaunt, sondern – soweit als möglich – gefördert werden. Es soll sich damit eine Gründermentalität in allen Kreisen der regionalen Akteure, Entscheidungsträger und in der Bevölkerung verankern. Wie sehr eine solche Mentalität und das Gründungsverhalten zusammenhängen, machen Zahlen aus den USA deutlich. So „träumen" 62 % aller jungen US-Amerikaner davon, ihr eigener Chef zu sein – und viele verwirklichen auch dieses Vorhaben. Inzwischen ist somit etwa jeder zehnte junge Erwachsene in den USA zwischen 25 und 35 Jahren an einer Firmengründung beteiligt (Spiegel, 1997).

Wesentlich für ein gründungsfreundliches Klima ist, dass alle relevanten Institutionen zusammenwirken und die Hemmschwellen für eine Existenzgründung soweit als möglich abbauen. Es soll für einen immer größeren Personenkreis zur Selbstverständlichkeit werden, sich zu überlegen, ob es nicht einen gangbaren Weg hin zu einem eigenen Betrieb gibt. Daher müssen z.B. Erstberatungsstellen so kompetent und bekannt wie nur irgend möglich sein, und die Hemmschwellen, diese aufzusuchen, müssen unbedingt minimiert werden.

• Förderung von Existenz- und Unternehmensgründungen im Dienstleistungssektor

In HochFranken soll das vorhandene Potential für Existenz- und Unternehmensgründungen stärker als bisher genutzt werden. Ziel ist es dabei, vor allem die Gründung innovativer unternehmensbezogener Dienstleistungen zu unterstützen. Hierzu ist aber eine Kultur nötig, die eine Dienstleistung als gleichwertig mit anderen

Abb. D 18: Die Region HochFranken
Quelle: eigene Darstellung, Bayreuth 1998

Branchen akzeptiert. Doch vielfach ist in Deutschland immer noch der klassische Produzent das gesellschaftliche und wirtschaftspolitische Leitbild. Besonders in HochFranken mit seiner langen Tradition und auch Dominanz des Produzierenden Gewerbes ist hier eine veränderte Denkhaltung nötig. Für Industrie- und Handwerksbetriebe würde dieser Ausbau des Dienstleistungsangebots zu einer Verbesserung der Standortbedingungen führen. Der Zeitaufwand sowie die Hemmschwelle zur nötigen Informationsbeschaffung, Kontaktaufnahme und der Inanspruchnahme von Dienstleistungen würde sich ebenso verringern. Zu denken ist auch an jene Dienstleistungen, die Unternehmen konkret beim Marktzugang in die Tschechische Republik beraten und unterstützen können, z.B. in Rechts- und Steuerfragen.

• Zielgruppenorientierung
Weiterer Leitgedanke ist die Zielgruppenorientierung der Existenzgründungsförderung in HochFranken. Diese Zielgruppenorientierung beinhaltet zum einen bestimmte Personengruppen als Zielgruppen der Förderung und zum anderen bestimmte Kompetenzen, in deren Bereichen eine Existenzgründung erfolgversprechend scheint. Die Zielgruppenorientierung soll die Wirksamkeit und den Erfolg der einzelnen Initiativen zur Existenzgründungsförderung erhöhen.

• Schaffung von zeitgemäßen Ausbildungsplätzen
Eine zeitgemäße nachfrageorientierte Ausbildung sichert nicht nur den Unternehmen HochFrankens eine qualifizierte und flexible Arbeitnehmerschaft. Sie eröffnet auch den Jugendlichen selbst eine berufliche Perspektive in der Region und verhindert ihre Abwanderung. Zudem ist sie aber auch eine Grundvoraussetzung, um in der Region genügend Personen zu haben, die für eine Existenzgründung aufgrund ihrer Qualifikation in Frage kommen. Die Schaffung bzw. Sicherung von zeitgemäßen Ausbildungsplätzen und Lehrplänen (z.B. in Richtung der Qualifikation in Hybridberufen) ist somit ein unverzichtbarer Bestandteil, damit HochFranken mittel- und langfristig ein Existenzgründerraum werden kann.

Besonders die Wirtschaftsförderer, Banken und Kammern sind in HochFranken in der Existenzgründerförderung aktiv. Alle diese Institutionen bieten Einzelberatungen für an einer Gründung Interessierte an. Die Wirtschaftsförderung des Landkreises Wunsiedel i.F. führt rd. 100 solcher Beratungsgespräche pro Jahr durch. Daneben gibt es eine ganze Reihe weiterer Initiativen zur Gründerförderung, die im Folgenden kurz beschrieben werden sollen:

• Gründerforum Hof
Seit Januar 1997 gibt es das Gründerforum, das im Raum Hof vorhandenes Knowhow zum Thema Existenzgründungen bündeln und Aktionen koordiniert. Das Gründerforum trifft sich alle zwei Monate. Als erste Projekte des Gründerforums sind ein Gründerleitfaden und ein Scheckheft für Gründer, mit dem sie verschiedene Leistungen in Anspruch nehmen können. Außerdem sollen die Mitglieder des Forums zur Gründung motivieren, was durch Besuche in Berufsschulabschlussklassen und Meisterkursen geschehen wird.

• Innovations- und Gründerzentrum Hof
Das Innovations- und Gründerzentrum auf 1 100 m² Nutzfläche für Gründer ist als eine Besitz-GmbH, mit den Partnern Stadt und Landkreis Hof, und eine Betriebs-GmbH, mit den Partnern Stadt Hof und Stadtsparkasse, organisiert. An beiden GmbH hält die Stadt Hof die Mehrheit. Die Hauptaufgaben des Zentrums bestehen von Anfang an darin, dass das Management des Zentrums Gründungen im Vorstadium forciert, d.h. Anstöße für Personen gibt, die sich mit der Idee der Selbstständigkeit beschäftigen. Zum anderen werden Existenzgründern auf die Dauer von fünf Jahren Räumlichkeiten zu günstigen Konditionen angeboten, bei gleichzeitiger Nutzung verschiedener Dienstleistungen des Zentrums. Die Hoffnung geht dahin, nach einer Phase des Imageaufbaus das Gründerzentrum voll belegt zu haben. Dann dürfte das Zentrum so etabliert sein, dass es auch zusätzliche Aufgaben im Bereich lokaler Arbeitsmarktinitiativen übernehmen kann (Multifunktionalität).

• Informationstag für Jungunternehmer
Zweimal im Jahr organisieren die Projektträger einen Informationstag für Jungunternehmer mit Fachreferaten und Erfahrungsberichten. Dieser Informationstag soll dazu dienen, Problemlösungen für die spezifischen Probleme von jungen Unternehmen anzubieten, die sich nach der Phase der Gründung oft mit ihren Problemen alleingelassen fühlen.

Im Bereich Fortbildung, berufliche Qualifizierung und Wiedereingliederung findet sich eine ganze Reihe von Akteuren. So engagiert sich die Volkshochschule des Landkreises Hof stark im Fortbildungsbereich. Ebenso spielen die beruflichen Fortbildungszentren der Bayerischen Arbeitgeberverbände eine wichtige Rolle. Sie bieten eine Vielzahl von Kursen im Bereich der Anpassungsfortbildung, Umschulung und Berufsausbildung an. Einige der Kurse werden mit Mitteln aus dem Europäischen Sozialfonds gefördert. Interessant ist, dass trotz der augenblicklichen Krise auf dem Arbeitsmarkt bei den Arbeitnehmern aber keine höhere Bereitschaft zur selbstfinanzierten Fortbildung in länger andauernden Abendkursen zu beobachten ist. Ebenso führen die Unternehmen trotz Krise und nötiger Umstrukturierung weniger firmeninterne Schulungen als noch vor einigen Jahren durch.

Der DGB im Bereich HochFranken ist zwar nicht direkt im Bereich Berufsbildung / Fortbildung tätig, aber trotzdem ein wichtiger Ansprechpartner und Impulsgeber. Besonders deutlich wurde dies im Rahmen des „Beschäftigungspakts Bayern", in dessen Rahmen der Freistaat Bayern einen Arbeitsmarktfonds eingerichtet hat. Für diesen Fonds stehen jährliche Zinsen aus den Privatisierungserlösen in Höhe von ca. 35 Mio. DM für regionale Arbeitsmarktinitiativen in besonders von der Arbeitslosigkeit betroffenen Regionen Bayerns zur Verfügung. Der DGB engagiert sich hier, um zusammen mit den Gebietskörperschaften und anderen Organisationen förderwürdige Projekte in HochFranken zu entwickeln.

Im Folgenden sollen die wichtigsten Projekte im Bereich Fortbildung, Qualifizierung und Wiedereingliederung näher beschrieben werden:
• Koordinierungsstelle für Qualifizierung und Weiterbildung
Schon seit 1987 arbeiten Stadt und Landkreis Hof sowie der Landkreis Wunsiedel i.F. in der „Arbeitsgemeinschaft Kommunale Wirtschaftsförderung" auf informeller Ebene zusammen. Zwei Fachleute, unterstützt von einer Schreibkraft, sollen alle Angebote der Region, die es im Bereich Qualifizierung und Weiterbildung gibt, erfassen und aufeinander abstimmen. Modellprojekte aus anderen Regionen sollen geprüft und – wo möglich und sinnvoll – als Anstoß übertragen werden. Außerdem sollen eigene Leitideen erarbeitet und selbst Modellprojekte entwickelt werden. Daneben gehören die Erschließung weiterer Fördermöglichkeiten und die Motivation von Arbeitnehmern zur Teilnahme an Fortbildungen zu den Aufgaben.
• Initiative zur Schaffung von Ausbildungsplätzen
Eine über ABM angestellte Arbeitskraft geht seit dem 1. Oktober 1996 in Betriebe des Landkreises Hof, um in Gesprächen die Unternehmen zur Schaffung zusätzlicher Ausbildungsplätze zu motivieren. Bis zum 24. Januar 1997 konnten 636 Firmen besucht werden, die Zusagen für 157 Ausbildungsplätze gaben (Frankenpost 1997). Seit dem 1. April 1997 wird die Aktion im Landkreis Wunsiedel i.F. fortgesetzt. In Ergänzung hierzu kann die Initiative von Oberfranken Offensiv e.V. und den

oberfränkischen Lokalradios unter dem Stichwort „Jobwelle" gesehen werden. Seit Mai 1997 wird über die Radiosender eine Lehrstellenbörse durchgeführt, bei der Betriebe freie Stellen melden und Lehrstellensuchende die freien Plätze abfragen können (Nordbayerischer Kurier 1997).

• Beschäftigungs- und Personalentwicklungsgesellschaft
Für die von der Krise in der feinkeramischen Industrie betroffenen Arbeitnehmer ist es das Ziel, ihnen bei Arbeitslosigkeit den Eintritt in eine Beschäftigungs- und Personalentwicklungsgesellschaft für ein Jahr bei fast gleichem Einkommen wie am Arbeitsplatz zu ermöglichen. Durch Qualifizierungsmaßnahmen sollen die Chancen im Arbeitsmarkt erhöht werden. Die von der Beschäftigungsgesellschaft Angestellten erhalten vom Arbeitsamt Kurzarbeitergeld für Strukturkurzarbeit. Zusätzlich wird das Projekt mit Mitteln aus dem Arbeitsmarktfonds Bayern finanziert. Die IHK sorgt im Rahmen der Qualifizierungsoffensive Bayern für entsprechende Ausbildungsmaßnahmen, wobei hier an eine Erweiterung der Partner durch berufliche Fortbildungszentren und die Volkshochschule gedacht ist.

• Fortbildung und Praktikum für Arbeitslose aus dem kaufmännischen Bereich
Im Auftrag der Entwicklungsgesellschaft der Euregio Egrensis und gefördert mit Mitteln aus dem EU-Programm INTERREG II führte das berufliche Fortbildungszentrum Marktredwitz einen drei Monate dauernden Kurs für Arbeitslose aus dem kaufmännischen Bereich durch, der auch Zollfragen und einen Praktikumsaufenthalt in der Tschechischen Republik beinhaltete. Ungefähr 50% der Kursteilnehmer fanden daraufhin eine Arbeitsstelle. Eine Wiederholung des Projekts ist geplant.

• Gemeinnützige Arbeitnehmerüberlassung in Hof
Das berufliche Fortbildungszentrum in Hof plant derzeit den Aufbau einer gemeinnützigen Arbeitnehmerüberlassung. Diese arbeitet dann ähnlich wie eine Zeitarbeitsfirma, d.h. sie vermittelt Angestellte an Unternehmen, die für einen gewissen Zeitraum zusätzlich Personalbedarf haben. Die Hoffnung ist, dass sich daraus die Möglichkeit zu einer Festanstellung ergibt. Im Gegensatz zu Zeitarbeitsfirmen werden die Angestellten in vermittlungsfreien Zeiten, also in Zeiten, in denen sie nicht an ein Unternehmen ausgeliehen sind, nach ihrem individuellen Bedarf fortgebildet. So erhöht sich die Chance auf eine Wiedereingliederung in den Arbeitsmarkt. Positive Beispiele für existierende diesbezügliche Projekte sind innerhalb Bayerns in München und im Landkreis Deggendorf zu finden (Der Bayerische Bürgermeister 1996).

3.2.4 Weitere Strategien für eine umsetzungsorientierte Gründerförderung

• Mobile "One-Stop"-Existenzgründerberatung
Eine Hemmschwelle, die bei der Existenzgründung überwunden werden muss, ist oft der „Beratungsmarathon". Zwar bieten verschiedene Stellen eine fundierte Hilfe an, doch kommt ein Gründer meist nicht umhin, unterschiedliche Behörden, Institutionen und Berater aufzusuchen. Hier setzt eine wachsende Zahl sog. One-Stop-Beratungseinrichtungen an. Dort werden, gebündelt an einer Stelle, dem Gründer alle Information vermittelt, die er zum Start in die Selbstständigkeit benötigt. In speziellen Fällen wird der Gründer/die Gründerin dann an weitere Experten direkt vermittelt. Beispiele für solche One-Stop-Offices sind eine solche Anlaufstelle in Telford / Mittelengland (Universität Bayreuth..., 1995) oder das Büro der „Hambur-

ger Initiative für Existenzgründungen und Innovationen" (H.E.I.). In Telford kommen an einem bestimmten Tag in der Woche Vertreter, z. B. der Kommune, von Banken, der Rechts- und Wirtschaftsberatung und der Kammer, vor Ort zusammen und beraten potentielle Gründer aus einer Hand, mit der hiermit gegebenen Möglichkeit, sich gegenseitig zu ergänzen und ein gemeinsames Konzept ohne Informations- oder Reibungsverluste zu entwickeln. Die H.E.I. ist eine Initiative, die 1994 durch die Stadt Hamburg, die Handelskammer, die Handwerkskammer, Verbände, Innungen, Kreditinstitute und die Bürgschaftsgemeinschaft Hamburg gegründet wurde. Folgende Dienstleistungen werden den Gründern in dem Büro u. a. angeboten:
- Diskussion der Idee zur Gründung und Ermittlung des längerfristigen Qualifizierungsbedarfs, der für die Existenzgründung noch notwendig ist,
- Information über öffentliche Fördermittel und Vergabebedingungen,
- Vermittlung von Patenschaften zu erfahrenen Unternehmern bzw. senior experts,
- Weitervermittlung an Gesprächspartner aus dem Gründungsnetzwerk der an der H.E.I beteiligten Akteure,
- Gründerscheckheft mit über 100 Seminarangeboten, deren Besuch durch Wertschecks im Gegenwert von 1 000 DM bezuschusst wird und
- Motivationsbroschüre „Die große Freiheit – Existenzgründer/-innen berichten".
• Inkubatorhaus für Hochschulabsolventen
In einem Modellprojekt in der ungarischen Stadt Debrecen wurde ein Inkubatorhaus für Hochschulabsolventen eingerichtet. Die Studenten werden für ein Jahr vom Arbeitsamt finanziert und bekommen in dem Haus ein Büro gestellt, incl. Zugang zu verschiedenen Dienstleistungen, wie Kopiergeräte, Fax usw. An drei Wochentagen haben die Absolventen Zeit, an der Konzeption für ihre Existenzgründung zu arbeiten und die ersten Schritte in die Selbstständigkeit zu tun. Ein Wochentag dient der kaufmännischen Fortbildung. Den letzten verbleibenden Werktag verbringen die Absolventen als Praktikanten bei einem erfahrenen Unternehmer. Den Studenten wird auf diese Weise durch gezielte Unterstützung der fundierte und mittelfristig gut vorbereitete Start eines Unternehmens ermöglicht.

Ein solches Inkubatorhaus bietet sich für Absolventen von Hochschulen an, die sich selbstständig machen wollen. Die Sicherheit des Inkubatorhauses kann auch zunächst zögernde Absolventen dazu bringen, eine Existenzgründung in Angriff zu nehmen. Allerdings darf das Potential an Studenten, die ein solches Haus nutzen würden, derzeit auch nicht überschätzt werden. Zu ergänzen ist ein solches Angebot durch gezielte Schulungsmöglichkeiten für den Schritt in die Selbstständigkeit an den Hochschulen selbst, wie es beispielsweise in den USA üblich ist. Dort werden an den Universitäten zahlreiche businessplan-development-Kurse veranstaltet. In diesen Kursen wird der Weg einer Existenzgründung von der eigenen Idee bis zum schlüssigen Konzept durchgespielt. Die Studenten werden somit bereits an der Universität auf die Möglichkeiten und Anforderungen einer Existenzgründung aufmerksam gemacht und vorbereitet.
• Büro zur Förderung der Selbstständigkeit Arbeitsloser
Das Arbeitsförderungsgesetz (§ 55a AFG) sieht vor, an Arbeitslose, die eine selbstständige Tätigkeit aufnehmen, für bis zu sechs Monate ein Überbrückungsgeld in Höhe des vorherigen Arbeitslosengeldes zu zahlen. Allerdings wird vorausgesetzt, dass der Arbeitslose die Stellungnahme einer fachkundigen Stelle vorlegen kann, in

der die Tragfähigkeit der Existenzgründung bescheinigt wird. Aufbauend auf diese Regelung haben eine ganze Reihe von Arbeitsämtern und anderen Stellen weitergehende Maßnahmen zur Förderung der Selbstständigkeit von Arbeitslosen entwickelt. Zwei sollen hier Erwähnung finden: Die Beratungsstelle für Existenzgründer des Arbeitsamtes München und das Beratungs- und Servicebüro des beruflichen Fortbildungszentrums Augsburg.

Das Büro für Existenzgründungen am Arbeitsamt München existiert seit Mai 1996 und wird in Zusammenarbeit mit dem Verein „START – Verein für Unternehmensgründung e.V." betrieben. Zielgruppe sind neben Arbeitslosen alle potentiellen Freiberufler und Gewerbetreibenden. Neben Vortrags- und Seminarveranstaltungen steht die persönliche Beratung in der Vorbereitungs- und Startphase des Unternehmens im Vordergrund. Die kontinuierliche Hilfestellung soll dazu beitragen, dass auch die Probleme nach dem eigentlichen Unternehmensstart bewältigt werden können. Der angebotene Service umfasst auch die Kontaktvermittlung zu anderen Gründern, Experten sowie die Beratung in Fragen der PR-Arbeit des Existenzgründers. In den ersten vier Monaten führte das Büro 470 Einzelberatungen durch und hatte 820 Seminarteilnehmer zu verzeichnen. 1995 wurden durch das Arbeitsamt München 1 548 Arbeitslose mit Überbrückungsgeld gefördert. Der Schwerpunkt der Firmengründungen lag in den Bereichen Handel/Vertrieb, Unternehmensberatung, Graphik/Design, EDV und im handwerklichen Bereich. Mehr als 20% der Gründer besitzen jedoch eine akademische Vorbildung. Das durchschnittliche Alter liegt bei 35 bis 40 Jahren, ein nicht ungewöhnlicher Wert für eine Entscheidung in Richtung Selbstständigkeit. Eine Umfrage unter 900 geförderten Gründern ergab, dass fast 80% mit ihrer Geschäftsentwicklung zufrieden sind. Knapp die Hälfte der befragten Gründer hatte zudem bereits eine(n) Arbeitnehmer/in eingestellt, was auf den Arbeitsmarkteffekt der Gründer hinweist (Arbeitsamt München 1996).

Im Mai 1997 nahm ein Beratungs- und Servicebüro für Arbeitslose, die den Weg in die Selbstständigkeit planen, in Augsburg seinen Betrieb auf (Süddeutsche Zeitung 1997 a). Das Modellprojekt wird vom Bundesarbeitsministerium mit 1,8 Mio. DM gefördert und vom örtlichen Berufsfortbildungszentrum durchgeführt. Die potentiellen Jungunternehmer können sich in dem Büro ein Jahr lang in Fragen der Betriebsorganisation, Buchführung, Kalkulation oder Werbung Ratschläge holen und praktische Hilfe in Anspruch nehmen. Das Büro verfügt über alle modernen Kommunikationstechniken, die die Unternehmer in Anspruch nehmen können. Für die Dienstleistungen muss nur ein geringes Entgelt entrichtet werden. Es wird damit gerechnet, im ersten Jahr 200 bis 300 Gründer fördern zu können.

• Ausstellung über erfolgreiche Unternehmen am Standort HochFranken
In vielen Regionen fehlt derzeit noch häufig eine „Gründermentalität". Eine Ausstellung über die Biographien von "winners" der Existenzgründung – unter deren Anwesenheit – in der Region könnte einen Motivationsschub auslösen, Mut machen und zudem zur Information genutzt werden. Jungunternehmer könnten den Ausstellungsbesuchern Rede und Antwort stehen und alle relevanten „Beratungsinstitutionen" mit Ständen vertreten sein. Die Ausstellung könnte an mehreren Standorten in der jeweiligen Region gezeigt werden. Gleichzeitig könnte diese Möglichkeit dazu genutzt werden, die regionalen Akteure und auch die

Bevölkerung über die Strategie „Gründerregion" zu informieren und anzuregen, daran mitzuarbeiten.

• Beraterschulung

Neben den „renommierten" Beratern der Kammern und Wirtschaftsförderämter gibt es eine Vielzahl von Personen, die mit potentiellen Existenzgründern zusammenkommen. Besonders trifft dies auch auf die Ausbilder in den Meisterkursen zu. Von ihrer Reaktion hängt es unter Umständen ab, ob ein an einer Gründung Interessierter seine Pläne weiterverfolgt und an weitere Berater vermittelt wird. Daher erscheint eine verstärkte Schulung solcher möglichen „Erstberater" im Sinne der Ausbildung der Ausbilder bis hin zu den Gemeindeverwaltungen unverzichtbar. Sie können motivierend auf eine Existenzgründung hinarbeiten, Ideen unterstützen und helfen, erste Hürden zu überwinden.

• Referentendatenbank

Die einzelnen Beratungsinstitutionen verfügen jeweils über eine Vielzahl von Kontakten zu fachkompetenten Referenten für Informationsveranstaltungen bezüglich Existenzgründungen (z.B. Fördermittel, Problemlösung in Kleinbetrieben). Diese Kontakte sollten noch einer breiteren Vielfalt von Personen zugänglich gemacht werden, um so einen Pool kompetenter Referenten für die Region zu allen Themen rund um den Aspekt Unternehmens- und Existenzgründungen zu haben.

• Beratungsstelle „Strukturwandel"

In immer mehr Projekten wird versucht, Arbeitnehmern neue Perspektiven bereits dann zu eröffnen, bevor sie arbeitslos werden. In Zusammenarbeit mit Unternehmen, die aufgrund eines strukturellen Wandels gezwungen sind, Arbeitnehmer zu entlassen, müssen Konzepte für die Betroffenen entwickelt werden, solange sie noch einen Arbeitsplatz haben. Ziel ist es, sie anstatt in die Arbeitslosigkeit in eine andere Tätigkeit zu überführen. Ein Beispiel solch einer präventiv arbeitenden Beratungsinstitution ist der seit Dezember 1994 arbeitende „Verbund Strukturwandel gGmbH" (VSW). Der VSW ist eine hundertprozentige Tochter der Stadt München, arbeitet aber mit einem ganzen Netzwerk von Partnern zusammen (Verbund Strukturwandel 1996). Arbeitnehmer werden z.B. durch gezielte Maßnahmen wie Fortbildung und Qualifizierung – während sie noch angestellt sind – auf eine Arbeitssuche vorbereitet. Aber auch Möglichkeiten der eigenen Selbstständigkeit (z.B. durch Outsourcing) werden für die Betroffenen geprüft. Ähnlich arbeitet auch die „Gemeinnützige Regionale Personalentwicklungsgesellschaft" (REGE) in Bielefeld (SEHLEN 1995). Neben der persönlichen Planung von Förderketten zur Wiedereingliederung von Langzeitarbeitslosen wird eine Berufswegeplanung für von Entlassung bedrohte Arbeitnehmer(innen) angeboten.

• „Gründer-TÜV"

In Augsburg wird in Zusammenarbeit von öffentlicher Hand, IHK und Wirtschaft ein sog. Unternehmer-TÜV angeboten (HINTERBERGER 1996). Hintergrund ist das hohe Risiko des Scheiterns von Existenzgründungen, die mit mangelnder Vorbereitung gestartet wurden. Außerdem ist eine gut durchdachte Gründungskonzeption eine der Voraussetzungen für eine Förderung. Der Unternehmer-TÜV für die Gründer besteht aus einem mehrwöchigen Intensivseminar, das unterschiedliche Bausteine beinhaltet. Zum einen wird der Gründer in alle relevanten Themen der Unternehmensführung eingeführt (z.B. Controlling, Erfassung von Marktchancen,

Business-Planung), bekommt Gelegenheit, Projektarbeit für sein eigenes Gründungsprojekt zu betreiben und erhält z.B. einen Intensivsprachkurs in „Business and Technical English".

Diese besondere Art der Gründungsvorbereitung bietet sich auch für HochFranken an. Allerdings muss gewährleistet werden, dass die Gründer durch diesen Intensivkurs nicht über Gebühr finanziell belastet werden. Dies würde eine übergroße Hemmschwelle für die meisten Gründer bedeuten. Außerdem sollten in der Phase der Ausarbeitung der eigenen Unternehmenskonzeption Banken mit einbezogen werden, um dem Gründer die für ihn möglichen Finanzierungswege kompetent aufzuzeigen.

• Gründertreff für Frauen
Der Erfolg einer Existenzgründung hängt wesentlich von einer guten Beratung ab. Doch ist zu beobachten, dass Frauen deutlich weniger die existierenden Beratungsangebote in Anspruch nehmen und weniger Förderdarlehen erhalten als Männer (Niesyto 1996). Grund hierfür ist u. a., dass Frauen die Beratung eher als Prüfung empfinden, denn als Unterstützung. Oft fühlen sie sich von den Beratern auch nicht ernstgenommen. Aus diesem Grund eröffnete der Verein „Ein Palast für Frauen" in Karlsruhe, mit finanzieller Unterstützung des Landes Baden-Württemberg und des Europäischen Sozialfonds eine Beratungsstelle für Frauen, die eine Selbstständigkeit beabsichtigen. Dieses Büro mit dem Namen „Frauen am Markt" dient als Erstberatungsstelle und Entscheidungshilfe. Ein Seminarangebot bietet Veranstaltungen zu fachlichen und persönlichkeitsbildenden Themen. Ein Informationspool zu weiterführenden Gesprächspartnern aus Kammern, Verbänden und Wirtschaft sowie der Erfahrungsaustausch unter Gründerinnen sind weitere Angebote der Beratungsstelle. Geplant ist auch ein Gründerinnenzentrum, in das u. a. eine Kinderbetreuungsstelle integriert werden soll.

230

Quellen zum Teil D

ARNOLD, J.: Existenzgründungen. Von der Idee zum Erfolg, Würzburg 1996

BAESTLEIN, A. / KONUKIEWITZ, M.: Stadtökologie und Stadterneuerung –
eine Standortbestimmung. In: Informationen zur Raumentwicklung,
H. 1 – 2 / 1986, S. 1 – 10
Der Bayerische Bürgermeister, H. 7 – 8 / 1996, S. 265ff.
Bayerisches Staatsministerium für Wirtschaft, Verkehr und Technologie:
Die Bayerische Industrie 1996 mit Darstellung ausgewählter industriefachlicher
Themen, München 1997
BECKER, H.-P.: Gründungsprobleme und die Förderung von Existenzgründungen –
Ergebnisse einer Befragung in Baden-Württemberg. In: Zeitschrift für betriebs-
wirtschaftliche Forschung, H. 6 / 1982, S. 510 – 523
BECKERATH, H. V.: Industriepolitik (II) Epochen und Bereiche.
In: BECKERATH, H. V., et. al. (Hrsg.): Handwörterbuch der Sozialwissenschaften,
Bd. 5, Stuttgart, Tübingen, Göttingen 1995
BEHRENDT, H.: Wirkungsanalyse von Technologie- und Gründerzentren
in Westdeutschland, Wirtschaftswissenschaftliche Beiträge 123, Heidelberg 1996
BERGMANN, E., u. a.: Nachhaltige Stadtentwicklung. Herausforderungen an einen
ressourcenschonenden und umweltverträglichen Städtebau. In: Informationen
zur Raumentwicklung, H. 2 – 3 / 1996, S. 71 – 97
BIRCH, D.: The job generation process. M.I.T. Program on Neighbourhood and
regional Change, Cambridge Mass. 1979
BIRCH, D.: Who creates jobs? In: Public Interest, Nr. 65 / 1981, S. 3 – 14
BRÖSSE, U.: Industriepolitik, München / Wien 1996
BUTZIN, B.: Strukturkrise und Strukturwandel in "alten" Industrieregionen –
das Beispiel Ruhrgebiet. In: Geographie heute, H. 113 / 1993, S. 4 – 12

CAMAGNI, R.: Innovation networks. Spatial persectives, London / New York 1992
CATALANO, A.: A review of U.K. Enterprise Zones, London 1983
COLLINGE, CH., u. a.: Inner- und transurbane Netzwerke als Ansatzpunkt für kreative
Milieus, H. 159 der Arbeitsmaterialien zur Raumordnung und Raumplanung,
Bayreuth 1997

DERENBACH, R.: Regionale Arbeitsplatzdynamik im Bundesgebiet. In: Informationen
zur Raumentwicklung, H. 1 / 1990, S. 7 – 19

EINEN, E. V.: Enterprise Zones: Freie Wirtschaftszonen im Ruhrgebiet? In: Bauwelt,
Ausg. A: Stadtbauwelt, H. 24 / 1982, S. 940 – 941

FINKE, L.: Städtebaulicher Bericht „Nachhaltige Stadtentwicklung", Stellungnahme
aus ökologischer Sicht. In: Informationen zur Raumentwicklung, H. 2 – 3 / 1996,
S. 109 – 115
FLIEDNER, T. M.: Modell Universität Ulm: Zusammenarbeit Wissenschaft – Industrie –
Impulse für die regionale Wirtschaft, Ulm 1987

Frankenpost vom 30.01.1997

FROMMHOLD-EISEBITH, M.: Das „kreative Milieu" als Motor regionalwirtschaftlicher
Entwicklung. In: Geographische Zeitschrift, H. 1/1995, S. 30 – 47

GANSER, K.: Die Internationale Bauausstellung Emscher Park: Strukturpolitik für
Industrieregionen. In: DÜRR, H. / GRAMKE, J. (Hrsg.): Erneuerung des Ruhrgebiets –
Regionales Erbe und Gestaltung für die Zukunft. Festschrift zum 49. Deutschen
Geographentag in Bochum, Paderborn 1993

GANSER, K., KUPCHEVSKY, T.: Arbeiten im Park, 16 Standorte im Wettbewerb um
Qualität. In: Stadbauwelt, H. 24 / 1991, S. 1 220 – 1 229

GRABHER, G.: Wachstums-Koalitionen und Verhinderungs-Allianzen.
In: Informationen zur Raumentwicklung, H. 11 / 1993, S. 749 – 758

GROSS, B.: Technologie- und Gründerzentren in Deutschland und ihr Beitrag zur
Entwicklung technologieorientierter Unternehmen, Berlin 1997

Große Anfrage „Sicherung vorhandener und Schaffung neuer Arbeitsplätze durch
eine aktive Industriepolitik" im Deutschen Bundestag,
Bundesdrucksache 10 / 1 787 vom 24.7.1984

GROTZ, R., BRAUN, B.: Networks Milieux and individual firm strategies:
Empirical Evidences of an Innovative SME Enviroment.
In: Geografiska Annaler, No. 3/1993

GRUHLER, W.: Dienstleistungsbestimmter Strukturwandel in deutschen Industrieunternehmen, Köln 1990

GRUHLER, W.: Zwischen Erfolg und Scheitern, o. O., 1996

HALL, P.: Green fields and grey areas. Annual Conference
of the Royal Town Planning Institute, Chester 1977

HÄUSSERMANN, H.: Ökonomie und Politik in alten Industrieregionen,
Basel / Boston / Berlin 1992

HEINEBERG, H.: Großbritannien – Aspekte der Wirtschafts-, Regional- und Stadtentwicklung in der Thatcher-Ära. In: Geographische Rundschau, H. 1 / 1991, S. 4 – 13

HENNINGS, G.: Industrie- und Gewerbeparks: In: Akademie für Raumforschung und
Landesplanung (Hrsg.): Handwörterbuch der Raumordnung, Hannover 1995,
S. 47 – 484

HINTERSBERGER, J.: Förderung von Existenzgründungen in Augsburg.
In: Der Bayerische Bürgermeister, H. 7 – 8 / 1996, S. 26f.

HOWE, G.: Liberating Free Enterprise: A new Experiment:
IN: STERNLIEB, G. / LISTOKIN, D. (Hrsg.): New Tools for Economic Development:
The Enterprise Zone, o. O., 1981

INGENMEY, F.-J. / KUNZMANN, K.-R.: Gewerbeumfeldverbesserung: Die städtebauliche
Erneuerung bestehender Industrie- und Gewerbegebiete. In: Informationen zur
Raumentwicklung, H. 5 – 6 / 1988, S. 287– 296

Initiativkreis Textilzentrum Münchberg – Helmbrechts, Zielsetzungen und Ergebnisse des Projektes, Münchberg – Helmbrechts 1997

ISSING, O.: Irrwege europäischer Industriepolitik. In: Volkswirtschaftliche
Korrespondenz der Adolph-Weber-Stiftung, H. 2 / 1986

232

JARUNTOWSKI, W. V.: Zielsetzungen und Ergebnisse des Projektes [Initiativkreis Textilzentrum Münchberg – Helmbrechts], o. O. u. J., S. 12

KOLLER, TH. / MAIER, J., u. a.: Beiträge zur Gründungsforschung: Existenzgründungen
in Oberfranken 2, H. 170 der Arbeitsmaterialien zur Raumordnung und Raumplanung, Bayreuth 1998

LÄPPLE, D.: Räumliche Auswirkungen neuer Produktions- und Unternehmenskonzepte – Thesen zum Vortrag. In: Akademie für Raumforschung und Landesplanung (Hrsg.): Räumliche Netze und funktionale Netze im grenzüberschreiten-
den Rahmen, Arbeitsmaterial der Akademie für Raumforschung und Landesplanung, Hannover 1993
LODA, M.: Das Dritte Italien. Zu den Spezifika der peripheren Entwicklung in Italien.
In: Geographische Zeitschrift, H. 3 / 1989, S. 180 – 194

MAIER, J. / ANGERMANN, K.: Städtenetze und ihre Übertragung auf die bayerische
Landesplanung, RRV-Forschungsstelle für Raumanalysen, Regionalpolitik und
Verwaltungspraxis an der Universität Bayreuth e. V. (Hrsg.),
Bayreuth / Kulmbach 1996
MAIER, J. / BURGESS, P. / KIERA, H.-G., u. a.: Neuere Ansätze von Strategien kommunaler
Wirtschaftspolitik in Großbritannien und Deutschland, H. 138 der Arbeits-
materialien zur Raumordnung und Raumplanung, Bayreuth 1994
MAIER, J. / DITTMEIER, V. / OBERMAIER, F., et al.: Unternehmens- und Existenzgründer-
raum Hochfranken Machbarkeitsstudie eines Modellprojektes,
Bayreuth 1997
MAIER, J. / DITTMEIER, V. / KOLLER, TH. / WEBER, W.: Existenzgründungen und ihre Rele-
vanz für die regionalwirtschaftliche Entwicklung unter Betonung der Situation
in Oberfranken. In: H. 170 der Arbeitsmaterialien zur Raumordnung und Raum-
planung, Bayreuth 1998
MAIER, J. / RÖSCH, A.: Chancen und Möglichkeiten eines kreativen Milieus für die
Stadt- und Regionalentwicklung, Gutachterliche Stellungnahme im Auftrag des
Bayrischen Staatsministerium für Landesentwicklung und Umweltfragen,
Bayreuth 1996
MARSHALL, A.: Industry and trade – A study of industrial technique and business
organisation, and of their influences on the conditions of various classis and
nations, New York 1923

Nordbayerischer Kurier vom 28.04.97
NIESYTO, A.: Immer mehr Frauen wagen den Sprung in die Selbständigkeit.
In: Karlsruher Wirtschaftsspiegel, H. 39 / 1996, S. 37f.

Öko-Zentrum NRW, Landesentwicklungsgesellschaft NRW GmbH (Hrsg.):
Grundlagen Gewerbepark Öko-Zentrum, o. O. u. J., S. 5 – 6
Öko-Zentrum NRW, Landesentwicklungsgesellschaft NRW GmbH (Hrsg.):
Planungs- und Gestaltungsinformationen, Gewerbepark Öko-Zentrum,
Hamm, o. O. u. J.

ORTH, R.: Auswirkungen neuer Produktionsmethoden in der Automobilindustrie auf Zulieferbetriebe in peripheren Regionen – Das Beispiel Oberfranken, H. 136 der Arbeitsmaterialien zur Raumordnung und Raumplanung, Bayreuth 1994

PRUSCHWITZ, S.: Die Textilregion Münchberg / Helmbrechts – ein Industrial District? Strategiekonzepte für einen von der Textil- und Bekleidungsindustrie geprägten Raum, H. 146 der Arbeitsmaterialien zur Raumordnung und Raumplanung, Bayreuth 1995
PYKE, F., et al.: Industrial districts and inter-firm cooperation in Italy, Genf 1990

QUINCE, S., et al.: The Cambridge Phenomenon – The groth of High Technology Industry in a University Town, Cambridge 1985

REICHERT, E.: Wissenschaftsstädte und Regionalentwicklung – Erfahrungen mit der japanischen Wissenschaftsstadt Tsukuba, unveröff. Diplomarbeit an der Universität Bayreuth, Lehrstuhl Wirtschaftsgeographie und Regionalplanung, Bayreuth 1998

SCHAFFER, F.: Auswirkungen der Wissenschaftsstadt Ulm, Entwurf zum Teilraumgutachten: Bereiche Siedlungs- und Infrastruktur, Wohnen, Landschaft und Umwelt, Verkehr (unveröff. Manuskript), Augsburg 1992
SCHLAPPA, H.: Konzepte für Science Parks´ – Erfahrungen aus dem europäischen Raum und Übertragung auf die Situation in Oberfranken, unveröff. Diplomarbeit an der Universität Bayreuth Lehrstuhl Wirtschaftsgeographie und Regionalplanung, Bayreuth 1993
SEHLEN, T. V.: Kombination von Programmen. In: Alternative Kommunalpolitik, H. 1 / 1995, S. 59f.
SIEKER, TH.: Ökologische Gewerbeparks – Konzept und Realisierungschancen, H. 173 der Arbeitsmaterialien zur Raumordnung und Raumplanung, Bayreuth 1998
Spiegel: Titelthema „Arbeit, Arbeit, Arbeit", H. 17 / 1997
Stadt Ulm: Informationsbroschüre des Science Park Management, Ulm o. J.
Steinebach, G. / Schaadt, D.: Stadtökologie in neuen Gewerbegebieten, Wiesbaden, Berlin 1996
STERNBERG, R. / BEHRENDT, H. / SEEGER, H. / TAMÁSY, CH.: Bilanz eines Booms. Wirkungsanalyse von Technologie- und Gründerzentren in Deutschland, Dortmund 1996
Süddeutsche Zeitung vom 02. März 1997 (1997a)
Süddeutsche Zeitung vom 12. / 13. April 1997, Beilage Hochschule & Beruf (1997b)
SYDOW, J.: Strategische Netzwerke – Evaluation und Organisation, Wiesbaden 1992
SZYPERSKI, N. / NATHUSIUS, K.: Probleme der Unternehmensgründung, Stuttgart 1977

TAMÁSY, CH.: Technologie- und Gründerzentren in Ostdeutschland – eine regionalwissenschaftliche Analyse, Münster 1996
TÖDTLING, F.: Räumliche Differenzierung betrieblicher Innovation, Berlin 1990
TRESPENBERG, U. / VOSSHOLZ, U.: Unternehmenszonen – ein neues Instrument der Stadterneuerung in Großbritannien und in den USA, Bonn-Bad Godesberg 1984

234

Universität Bayreuth, Lehrstuhl Wirtschaftsgeographie und Regionalplanung: unveröff. Exkursionsbericht zum Thema Regionale und kommunale Wirtschaftspolitik in England, Bayreuth 1995

Verbund Strukturwandel gGmbH, München 1996

WEBER, W.: Die Relevanz kleiner und mittlerer Betriebe für die Struktur und Entwicklung ländlicher Räume in der Bundesrepublik Deutschland sowie regionalpolitische Konsequenzen, H. 125 der Arbeitsmaterialien zur Raumordnung und Raumplanung, Bayreuth 1993
Die Woche vom 10.10.1996:
Existenzgründungen und Selbständigkeit in Deutschland
WOLF, S.: Wissenschaftsstadt Ulm – Impulse für die endogene Entwicklung in der Region Donau – Iller, Augsburg 1994
WORRAL, B.: Science Park Directory, 4th Ed., London 1990

Teil E:
Die Wirkungseffekte der Industrie im ökonomischen, sozialen und ökologischen Bereich

Nach den Darstellungen der industriellen Standorte und ihren Bestimmungsgrößen sowie den am industriell-gewerblichen System beteiligten Personengruppen (den wirtschaftlichen oder/und sozialen Akteuren) wird nun in diesem Kapitel auf die Wirkungen im sozialen, politischen und ökonomischen sowie im ökologisch-umweltplanerischen Bereich eingegangen. Obwohl in der Industriegeographie zahlreiche (meist beschreibende) Beiträge zum Verhältnis Siedlungen und Industrieeinfluss oder in der Industriesoziologie vorliegen, fehlt es bislang an umfassenden empirischen, kleinräumig angelegten Wirkungsanalysen. Diese sind jedoch zu einem wichtigen Faktor der politischen Entscheidungsfindung geworden, um auf diese Weise zu einer Verbesserung und Weiterentwicklung des Planungsinstrumentariums und der Raumplanung selbst zu gelangen. Darüber hinaus ist die Notwendigkeit einer laufenden Überprüfung der regionalen Wirtschaftspolitik in den meisten Rahmenplänen verankert. Eine Wirkungsanalyse ist deshalb notwendig, weil eine Erfolgskontrolle allein, etwa als Soll-Ist-Vergleich, noch keine Begründung für eine erfolgreiche und wirksame regionale Wirtschaftspolitik oder regionale Förderpolitik darstellt. Eine Totalanalyse aller räumlich wirksamen bzw. aller raumordnungspolitischen Effekte ist jedoch kaum durchführbar. Denn einerseits wäre sie zu komplex, andererseits besteht das Problem, dass notwendige Zieltests der Analyse nicht vorgenommen werden können. Deshalb werden einzelne Zielbereiche herausgelöst, zu denen operable Zielkriterien vorgegeben sind.

1   Ökonomische Wirkungseffekte

1.1   Wirtschaftliche Multiplikatoreffekte bestehender Unternehmen

Die Multiplikatortheorie wurde im wesentlichen in den 1930er Jahren von KEYNES
entwickelt und in die makroökonomische Theorie integriert (KEYNES 1936). Ausgangspunkt ist die Annahme, dass das nationale (regionale) Einkommen bzw. die
nationale (regionale) Beschäftigung eine Funktion der intranational (intraregional)
produzierten Güter und Dienstleistungen sei. Ausgehend von dieser Grundüberle-
gung, sagt das Multiplikatortheorem aus, dass die Veränderung einer volkswirtschaftlichen Größe ein Vielfaches der die Veränderung auslösenden Variation eines
ihrer Teile ist (GÖRGENS 1989). „Die multiple Wirkung kommt dadurch zustande,
daß sich in einem System kreislaufartiger Beziehungen zwischen Wirtschaftsteil-
nehmern an auslösenden (autonome) Veränderungen einer Größe weitere (indu-
zierte) Änderungen anschließen, so daß der expansive oder kontraktive Gesamt-
effekt ein Mehrfaches der initialen Änderung beträgt" (RETTIG 1980). Der Multipli-
kator entspricht dabei dem Verhältnis der Änderung der abhängigen Variablen zur
Änderung der auslösenden Variablen.

Der Großteil der regionalen Multiplikatoranalysen beschäftigt sich, zum Teil vor
dem Hintergrund der Exportbasis-Theorie, mit den regionalökonomischen Folgewirkungen von Neuansiedlungen oder der Erweiterung von Produktionskapazitäten auf die volkswirtschaftlichen Zielgrößen Einkommen und Beschäftigung.
Untersuchungsobjekte sind hier vornehmlich private und öffentliche Unternehmen
(KARL 1990), seltener die Bedeutung ganzer Wirtschaftszweige (LUDWIG 1998).

Um die theoretischen Überlegungen einer Wirkungsanalyse in die Praxis übertragen zu können, sind eine gewisse Methodik und eine technische Vorgehensweise
erforderlich, die die Grenzen einer theoretischen Konzeption aufzeigen. Von entscheidender Bedeutung ist die Höhe des Aggregationsgrades einer regionalen
Multiplikatoranalyse. Je höher der gewählte Aggregationsgrad der Vorgehensweise,
desto geringer ist die regionalspezifische Aussagekraft der gewonnenen Ergebnisse
zu beurteilen. Für regionale Untersuchungen sind die in die Multiplikatoren ein-
fließenden Quoten meist nur durch Schätzungen zu ermitteln oder durch statistische Werte größerer regionaler Einheiten zu ersetzen, was die regional- oder unter-
nehmensspezifische Aussagekraft der ermittelten Ergebnisse erheblich schmälert.

Damit in Zusammenhang steht die Verwendung der mathematisch eindeutig aus-
gedrückten Multiplikatoren: Deren empirische Spezifizierung kommt nicht ohne rigo-
rose Hypothesen und Schätzungen aus und steht damit in offensichtlichem Kontrast
zu der numerischen Klarheit der errechneten Multiplikatorwerte. Abschließend werden Import-, Preis-, oder Investitionssteigerungen bei ausgelasteten Produktionskapazitäten vernachlässigt, ebenso wie die gewählte Größe und die wirtschaftliche Struktur
des Untersuchungsraumes durch unterschiedlich hohe Importquoten und damit Ab-
flüsse in andere Regionen die zu ermittelnden Werte der Multiplikatoren beeinflussen
(LUDWIG, S. 15 ff.). Eine Berücksichtigung dieser Einwände ist zum Teil durch Verwendung eines Multi-Regionen-/Multi-Sektoren-Modells durch Einbeziehung von Input-
Output-Rechnungen oder durch Erstellung Ökonometrischer Modelle möglich.

Abb. E 1:
Schematische
Darstellung des
Wirkungsverlaufes
von Multiplikator-
effekten
Quelle:
eigene Darstellung;
nach Ludwig 1998,
S. 29
*APK –
Arbeitsplatzkoeffizient

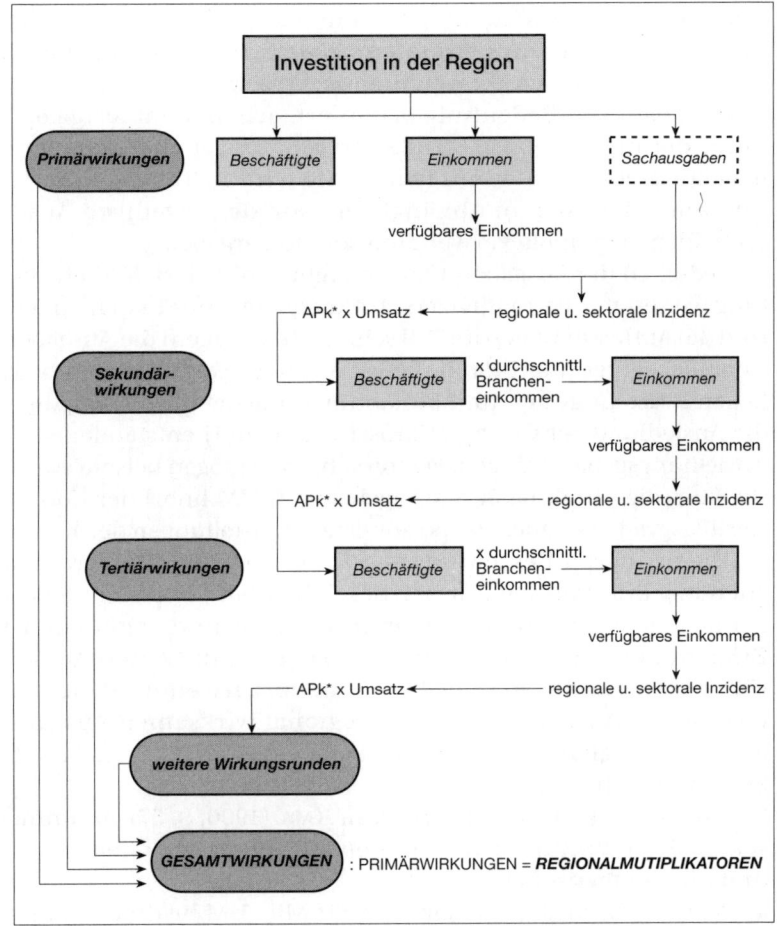

1.2 Fallbeispiel: Regionale Wirkungsanalyse eines Industriebetriebes im ländlichen Raum

Am Beispiel der Cherry-Mikroschalter GmbH in Auerbach/Oberpfalz sollen nachfolgend die regionalen Multiplikatorwirkungen eines Industriebetriebes im ländlichen Raum in der Produktionsphase dargestellt werden.

Zunächst werden die aus der Beschäftigung bei der Cherry-Mikroschalter GmbH
hervorgehenden primären ökonomischen Folgewirkungen, die sich über die aus-
gezahlten Löhne und Gehälter ergeben, betrachtet. Multiplikatoreffekte für das
regionale Einkommen und die regionale Beschäftigung ergeben sich durch die Aus-
gabe der Beschäftigteneinkommen. Ausgehend von den gesamten Einkommen sind
die Nettoeinkommen der Beschäftigten zu bestimmen. Dieses Nettoeinkommen
wird je nach Verwendungsart (Sparen oder Konsum) und nach dem Ort der Ver-

wendung regional wirksam und kann dadurch einen Multiplikatoreffekt erzielen. Um die beschäftigungswirksamen Anteile zu erhalten, wird das verfügbare Einkommen nach seinen Verwendungsarten zerlegt.

Die regionale Bedeutung orientiert sich an dem festgelegten Untersuchungsraum, der in die Gebiete Stadt Auerbach, Umgebung von Auerbach und außerhalb liegende Gebiete unterteilt wurde. Sie wird in Tabelle E 2 wiedergegeben, in der sich zeigt, dass sich in Abhängigkeit von der jeweiligen Ausgabengruppe unterschiedliche regionale Verwendungsquoten ergeben.

Lediglich die Ausgaben für den täglichen Bedarf, Verkehr und Finanzdienstleistung weisen nur geringfügigere Abflussquoten auf. In den anderen Ausgabegruppen sind die Abflussquoten zum Teil sehr hoch. Vor allem die Ausgaben für die langlebigen Gebrauchsgüter und Urlaub fließen aus der Region ab. Dies bedeutet, dass die möglichen Beschäftigungs- und Einkommenseffekte für die Region Auerbach, die durch die Ansiedlung der Cherry-Mikroschalter GmbH entstanden sind, zum Teil nicht im Ansiedlungsgebiet erfolgen. Faktoren hierfür mögen beispielsweise die Einzelhandelsstruktur, die Attraktivität des Angebotes, der Wohnort der Konsumenten, der Motorisierungsgrad oder auch die persönlichen Einstellungen der Konsumenten sein.

Die primären Beschäftigungswirkungen und die Verausgabung des entsprechenden Einkommens dieser Beschäftigten führen zu Sekundäreffekten. Aufgrund der ermittelten Verwendungsarten und regionalen Verausgabung der Einkommen entstehen weitere Beschäftigungs- und Einkommenseffekte bei Unternehmen, die von der Einkommensverwendung der Cherry-Beschäftigten profitieren. Ausgehend von den regional wirksamen Ausgabensummen werden die Beschäftigtenwirkungen mit Hilfe von statistischen Arbeitsplatzkoeffizienten bestimmt (Tab. E 3).

Fasst man die Untersuchung von KARL (1990, S. 57) zusammen, entstehen in der sekundären Wirkungsrunde in den einzelnen Regionen folgende Beschäftigungs- und Einkommenseffekte:
• Stadt Auerbach: 35,5 Personen (1,101 Mio. DM Bruttoeinkommen);
• nähere Umgebung der Stadt Auerbach: 65,2 Personen (1,550 Mio. DM Bruttoeinkommen)

• Oberfranken, Oberpfalz: 160,5 Personen (4,986 Mio. DM Bruttoeinkommen). Die jeweiligen Beschäftigungs- und Einkommenseffekte sind an dieser Stelle (sekundäre Wirkungsrunde) jedoch noch nicht zu Ende, sondern setzen sich in einer tertiären sowie weiteren Wirkungsrunden fort. Die verschiedenen Wirkungsrunden werden dabei mit jedem Schritt schwerer nachvoll-

Tab. E 1: Verbrauchsausgaben nach Ausgabegruppen (in %) der Beschäftigten der Auerbacher Cherry-Mikroschalter GmbH
Quelle: KARL 1990, S. 46

Ausgabegruppen	%
Wohnen (Miete, Strom, Heizung, Wasser)	17,2
Täglicher Bedarf (Nahrungs-, Genussmittel, Haushalt)	22,2
Vergnügungsstätten (Gaststätten, Kino, Diskotheken)	6,2
Verkehr (Benzin, PKW, Bus)	10,1
Langlebige Gebrauchsgüter (Kleidung, Möbel, Elektrogeräte)	16,2
Urlaub	8,1
Finanzdienstleistungen (Sparen, Versicherungen, Kredite)	20,4

Tab. E 2:
Ausgabequoten
und regionale
Verteilung der
Ausgaben (in %)
der Beschäftigten
der Auerbacher
Cherry-Mikro-
schalter GmbH
Quelle: KARL 1990,
S. 47

Ausgabegruppen	Auerbach	Umgebung	außerh. d. Gebiete
Wohnen	30,2	28,6	41,2
Täglicher Bedarf	27,6	28,3	44,1
Vergnügungsstätten	18,1	26,6	55,3
Verkehr	25,7	29,9	44,4
Langleb. Gebrauchsgüter	11,7	17,2	71,1
Urlaub	1,6	3,9	94,5
Finanzdienstleistungen	30,7	24,4	44,9

ziehbar. Informationen über relevante Beschäftigte und deren Einkommensverausgabung sowie über die Betriebe, die von den Effekten profitieren, die auf die ursprüngliche Einkommensverausgabung der Cherry-Beschäftigten zurückzuführen sind, sind empirisch kaum noch zu erheben, da ab der dritten Stufe des jeweiligen Wirkungsfeldes die nachfolgenden Effekte analog der zweiten Stufe verlaufen.

In den vorhergehenden Abschnitten wurden anhand der Beschäftigten in der Produktionsphase die einzelnen Wirkungen aufgezeigt. Bezieht man die Vorleistungsverflechtungen in die Betrachtung mit ein, so ergibt sich für die Stadt Auerbach ein gesamter Beschäftigungseffekt von 44,2 Personen und im gesamten Untersuchungsgebiet ein Effekt von 774,2 Personen. Bezogen auf die zugrunde gelegte Beschäftigtenzahl von 1244 Personen im Unternehmen Cherry-Mikroschalter GmbH ist dies ein Anteil von 62,2% am gesamten Untersuchungsgebiet. In der Region sind also von jedem geschaffenen Arbeitsplatz bei der Cherry-Mikroschalter GmbH 0,62 Arbeitsplätze abhängig. Damit erreicht das untersuchte Unternehmen einen Multiplikatoreffekt von 1,62.

Tab. E 3:
Sekundäre
Beschäftigungs-
wirkungen in
Oberfranken und
der Oberpfalz
infolge der Ein-
kommensveraus-
gabung der
Beschäftigten der
Auerbacher
Cherry-Mikro-
schalter GmbH
Quelle:
KARL 1990, S. 54

Ausgabegruppen	regionale Beschäftigungs- wirkung in %	regionale Aus- gabensumme in Mio. DM	Branchenumsatz je Beschäftigte in DM/Jahr
Wohnen	2,0	1,1317	54984
Täglicher Bedarf	31,7	6,1522	193819
Vergnügungsstätten	35,6	1,6906	447403
Verkehr	14,5	2,7829	191712
Langleb. Gebrauchsgüter	16,0	3,2141	200300
Urlaub	1,3	0,2110	158308
Finanzdienstleistungen	8,0	6,0312	
Insgesamt	109,1	21,2140	

2 Auswirkungen der industriellen Tätigkeit in sozialer Hinsicht – Entwicklungen und Strukturen des Arbeitsmarktes

Nun wäre es nicht angebracht, ökonomische Aspekte nur auf den Bereich unternehmerischer Aktivitäten zu konzentrieren, sondern es gilt auch die Arbeitnehmer – und damit die Angebotsseite des Arbeitsmarktes – miteinzubeziehen.

Zunächst ist es notwendig den Begriff des Arbeitsmarktes zu erläutern. Häufig findet sich die Vorstellung, dass über Marktmechanismen, also Preisbildung, die Standorte der Arbeitskraft festgelegt werden. Diese liberalistische ökonomische Vorstellung stellt das Bild eines Arbeitsmarktes in den Mittelpunkt, auf dem Menschen ihre Arbeitskraft anbieten (Angebotsseite) und Unternehmen diese nachfragen (Nachfrageseite), wobei der Preis das Kriterium ist, ob die Geschäftsbeziehung zustande kommt oder nicht (Abb. E 2).

Im Gegensatz zu diesem ökonomischen Arbeitsmarktbegriff ist der sozialwissenschaftliche Begriff breiter angelegt. SENGENBERGER (1987, S. 31 f.) definiert Arbeitsmarkt als eine gesellschaftliche Einrichtung, die zwei grundsätzliche Funktionen und Prozesse zu erfüllen hat: „Die Vermittlung von Angebot und Nachfrage von Arbeitskraft;

Abb. E 2: Der Markt für Arbeitsleistungen
Quelle: SENGENBERGER 1987, S. 31

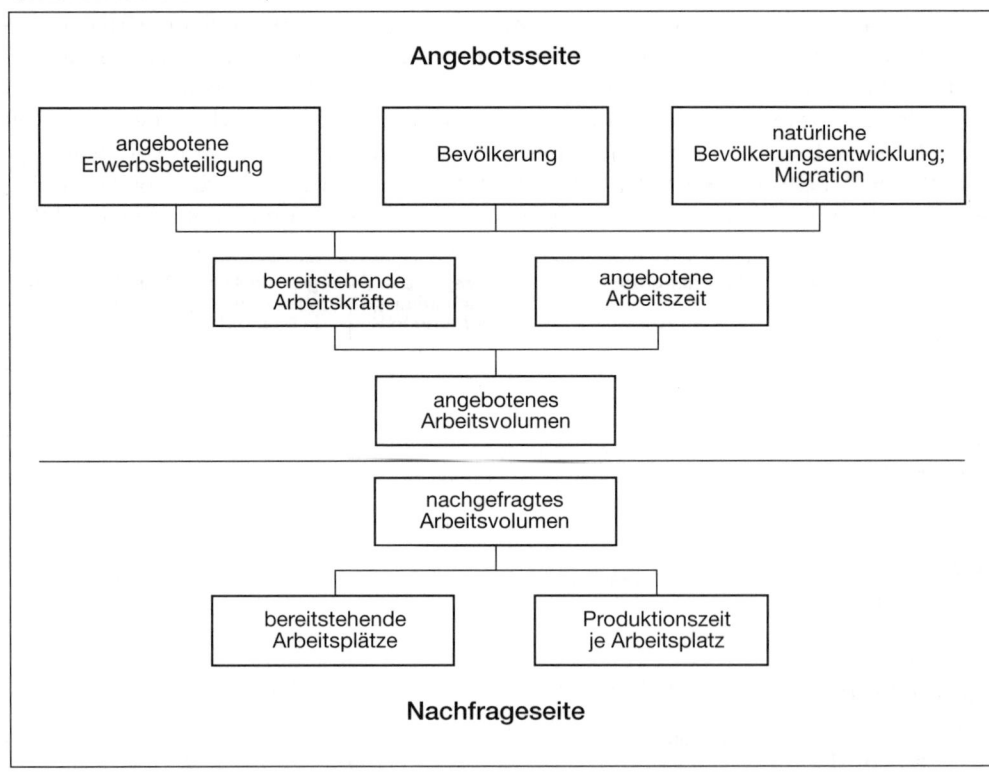

diese sei als Anpassung bezeichnet; die Verteilung gesellschaftlicher Chancen und Risiken auf die Arbeitskräfte, verstanden nicht nur als Einkommen im materiellen Sinne, sondern auch im immateriellen oder nicht unmittelbar materiellen Sinne von Beschäftigungssicherheit, Autonomie der Arbeitsgestaltung, gesellschaftlicher Status und sozialem Ansehen, berufliche Entwickungsmöglichkeiten usw."

Diese Sichtweise schließt also die Funktion der Anpassung von Angebot und Nachfrage ein und erweitert sie noch um die Verteilungsfunktion für gesellschaftliche Chancen, aber auch Risiken, Wohlbefinden, gesundheitliche Belastung und natürliche materielle Güter, sprich Einkommen.

Versucht man nun die verschiedenen Arbeitsmarkttheorien im Überblick zu skizzieren (WEBER 1980/81), so kann man ganz allgemein zwei Richtungen, nämlich die neoklassische Theorie und die Segmentationstheorie unterscheiden.

Die neoklassische Theorie zerfällt dabei wieder in das traditionelle Grundmodell, in den human-capital-Ansatz und in Modifikationen, wie etwa die job-search-Theorie und andere Hypothesen. Auf der anderen Seite kann man die Segmentationstheorie in das duale Modell, die dreigeteilten Modelle sowie auch hier in Modifikationen unterteilen (Abb. E 3). Um die wichtigsten Ansätze herauszugreifen, sei zunächst einmal das neoklassische Grundmodell kurz erläutert.

2.1 Das neoklassische Modell und der human-capital-Ansatz

Dieses Modell geht davon aus, dass der Arbeitsmarkt ein abgeschlossenes System ist, wo Arbeitskräfte und Arbeitsnachfrage zu einem Ausgleich gelangen. Die entscheidende Steuergröße, die den Markt in eine Gleichgewichtssituation bringt, ist der Preis für Arbeit. Das heißt, der Arbeitsmarkt unterliegt der allgemeinen Preistheorie im Sinne der Wirtschaftswissenschaften. Wie häufig bei der Gleichgewichtstheorie sticht sicherlich die Geschlossenheit und die Überzeugungskraft die-

Abb. E 3: Arbeitsmarkttheorien im Überblick
Quelle: eigene Darstellung, Bayreuth 1998

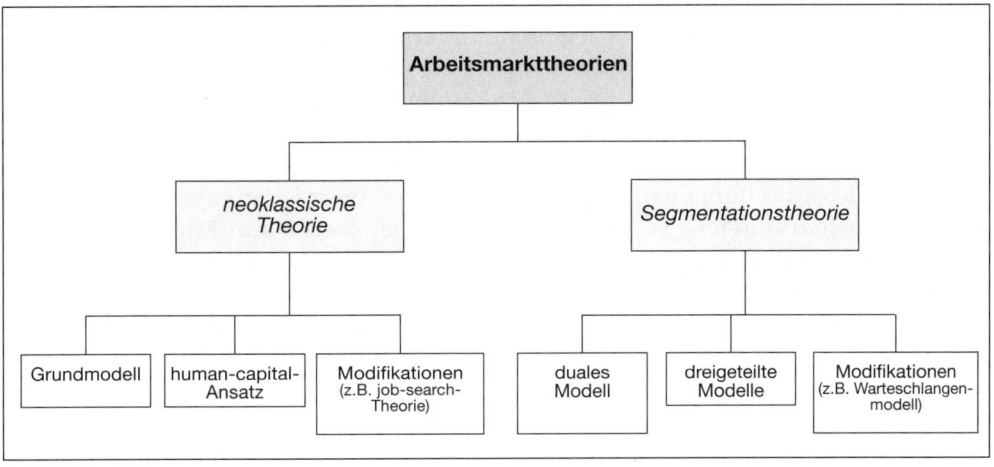

ses Modells hervor; man geht jedoch von Annahmen aus, die in der Realität entweder selten auftreten oder eben nur ökonomische Aspekte berücksichtigen. In den letzten Jahren weiter verbreitet ist deshalb die Erweiterung dieses Grundmodells in Gestalt des human-capital-Ansatzes (BECKER 1983; GUNDLACH 1994; DERENBACH 1982). Die historischen Wurzeln dieser Theorie reichen weit zurück und man kann sagen, dass der Ausgangspunkt der Überlegungen in gewissem Sinne die unzureichenden neoklassischen Erklärungsmuster sind. Selektive Arbeitslosigkeit, stabile Einkommensdisparitäten sowie unterschiedliche Einstellungs- und Kündigungspraxis bei Unternehmern in Abhängigkeit von der Qualifikation waren der Anlass diesen neuen Weg zu diskutieren. Die human-capital-Theorie geht dabei also nicht mehr von einem homogen Arbeitskräfteangebot aus, sondern unterstellt eine Heterogenität der Qualifikation und damit auch der Arbeitskräfteproduktivität. Arbeitskräfte stellen, sobald sie betriebsspezifisches human-capital akkumuliert haben, keinen variablen Faktor mehr dar. Die im Grunde von der neoklassischen Theorie unterstellte Substituierbarkeit aller Arbeitskräfte ist damit nicht mehr gegeben. Der human-capital-Ansatz ist angebotsorientiert und mikroökonomisch ausgerichtet. Ausbildung wird dabei als individuelle Investition betrachtet, welche Geld kostet, aber auch zu höheren Erträgen führen kann. Human-capital wird also im wesentreireireirelichen auf Qualifikationen, sog. skills reduziert. Dabei ist zwischen spezifischen und generellen Qualifikationen zu unterscheiden, wobei spezifische Qualifikationen durch „training on the job" (betriebsspezifisch) und allgemeine Qualifikationen durch Schulbildung vermittelt werden. Diese Theorie legt damit durchaus plausible Erklärungsansätze für unterschiedliches Mobilitätsverhalten, Arbeitslosigkeit und Lohnunterschiede vor.

2.2   Die Segmentationstheorie

Die Segmentationstheorie geht von der Segmentation des Arbeitsmarktes aus (BLIEN 1986). Die Erklärung findet sich darin, dass sich in den empirischen Beobachtungen gezeigt hat, dass Lohnunterschiede oft nur einen begrenzten Einfluss auf die Mobilität von Beschäftigten haben. Ein großer Teil der Arbeitnehmer zeigt eine eher geringe Neigung berufliche oder regionale Teilarbeitsmärkte aufzugeben und in andere Teilarbeitsmärkte überzuwechseln, die bessere Löhne offerieren. Das Arbeitsmarktverhalten der Mehrheit der Arbeitnehmer scheint auf maximale Sicherheit des Arbeitsplatzes ausgerichtet zu sein. Darüber hinaus sind Informationen über alternative Beschäftigungsmöglichkeiten gar nicht oder oft nur begrenzt vorhanden. Das Bild des rational handelnden homo oeconomicus, der auf einem einheitlichen Arbeitsmarkt agiert, ist auch in diesem Lebensbereich in Frage gestellt. Ein neuer Erklärungsansatz wurde notwendig. Die Segmentations-Ansätze gehen davon aus, dass Segmentation eben nicht das Ergebnis einer kurzfristigen Friktion ist, sondern eine gewisse Stabilität und Dauerhaftigkeit ausstrahlt. Arbeitsanbieter und Unternehmer agieren nicht nur ausschließlich ökonomisch-rational, sondern auch nach außerökonomischen Überlegungen. Dies zeigt sich u.a. darin, dass es ausgebildete Mediziner vorziehen, lieber in München arbeitslos als Arzt im Oberpfälzer Wald zu sein.

2.3   Veränderungen auf dem Arbeitsmarkt

Die deutsche Wirtschaft wird in der Zukunft noch mehr in die Rolle eines Produzenten und Exporteurs von Technologien und intelligenten Produkten hineinwachsen. Im Zuge einer derartigen Entwicklung werden zusehends mehr die Faktoren Ausbildungs- und Forschungskapital, die in vielen Unternehmen in Form der innerbetrieblichen Fort- und Weiterbildung mit nicht unerheblichem finanziellen Einsatz gepflegt werden, zu den wichtigsten Aspekten des Standortvorteils der deutschen Wirtschaft im internationalen Vergleich. Bei der Konkretisierung des zukünftigen Angebotes an entsprechenden Fortbildungskursen ist die Marktentwicklung bzw. die Veränderung der Beschäftigtenstruktur zu berücksichtigen.

Gerade die Qualifizierung zur Aufnahme einer beruflichen Tätigkeit in den Wachstumsfeldern könnte ein Oberziel der Aktivitäten der regionalen Bildungsträger darstellen. Im Folgenden soll ein Überblick über einige grundsätzliche Entwicklungstrends gegeben werden, um auf dieser Basis eine Überleitung zu möglichen Handlungsansätzen für den Arbeitsmarkt in den ländlichen Räumen vornehmen zu können.

Das Wachstum des Dienstleistungssektors auch in den ländlichen Räumen lässt sich aus dem allgemeinen Trend einer wachsenden Bedeutung tertiärer Berufe in Deutschland erklären. Neben neuen Formen der Arbeitsorganisation, etwa in Gestalt der Telearbeit auf der Basis der neuen Kommunikationstechniken, gewinnen die sog. Informationsberufe einen immer höheren Stellenwert, einschließlich beratender Tätigkeiten, unternehmensbezogener Dienstleistungen und dem Segment der beruflichen Weiterbildung bis hin zur Fortbildung von Führungskräften und Ausbildern. Einen weiteren Wachstumsbereich stellt der Gesundheitsmarkt dar. Insgesamt lässt sich – nicht zuletzt durch Produktionsverlagerungen – eine Verschiebung weg von produzierenden Aufgaben hin zu Verwaltungs- und Managementtätigkeiten erkennen, also in Richtung produktionsvorbereitender Bereiche. Dies schließt computergestützte Arbeitsplätze ebenso mit ein wie die Forschung und Entwicklung in innovativen, expandierenden Märkten. Das hat die Konsequenz eines anhaltenden Trends zu immer höheren Qualifikationsanforderungen in nahezu allen Berufen und Wirtschaftszweigen, begleitet von einem gleichzeitigen Abbau von Beschäftigungsmöglichkeiten für un- und angelernte Arbeitnehmer zur Folge, was am Beispiel der Textil-, Glas- oder Porzellanindustrie besonders deutlich wird. Dies soll jedoch nicht zu dem Fehlschluss führen, expandierende berufliche Einsatzfelder nur noch im Dienstleistungssektor zu vermuten, oder dass dieser die Arbeitsplatzverluste in der Industrie auffangen kann. Neue Berufsmöglichkeiten lassen sich zudem durchaus auch im industriellen Sektor antreffen, jedoch in anderen Schwerpunktsetzungen, wie zum Beispiel in Bereichen der neuen Werkstoffe, der Umwelttechnik oder der Medizintechnik.

Im Hinblick auf gewerbliche Arbeitskräfte können folgende Thesen formuliert werden:

• Der Bedarf an Arbeitskräften zur Erzeugung eines gleichbleibenden oder weiterhin leicht wachsenden Gütervolumens wird weiter abnehmen.
• Die Schwerpunkte der Personalreduzierung werden in der Zukunft eher im Büro als in der Werkstatt, eher bei Angestellten als bei Arbeitern liegen. Dies wird durch

die Schaffung kleinerer, selbstverantwortlicher Gruppen in der Produktion noch forciert.

• Der Bedarf an einfachen, weniger qualifizierten Leistungen wird weiter abnehmen.

• Der Bedarf an qualifiziertem Wissen wird an allen Arbeitsplätzen zunehmen. Es wird mehr und mehr zu sog. Hybrid-Berufen kommen, also Mehrfach-Qualifikationen.

• Die Rolle des Erfahrungswissens wird zunehmen. Dieses kann nur in der Praxis erworben werden, während der Einstieg in diese Praxis schwieriger werden wird.

Wie schon angedeutet, existieren auch im Produktionsbereich neue Berufsmöglichkeiten, allerdings in spezialisierten Bereichen. Ein solcher Wachstumsmarkt im Produktionsbereich stellt die Umwelttechnik dar.

Die Umwelttechnik, also Produkte und Verfahren des Umweltschutzes oder der Umweltsanierung, gilt als Wachstumsmarkt der kommenden Jahre. Steigende Anforderungen an die Sicherung der natürlichen Lebensgrundlagen führen bereits in vielen Unternehmen zu einer Änderung ihres Wettbewerbsverhaltens. Forschungs-, Entwicklungs- und Innovationsanstrengungen zielen darauf ab, Umweltschutzkosten zu vermeiden oder in einem vertretbaren Rahmen zu halten. Prognosen gehen davon aus, dass in den nächsten 15 Jahre in Deutschland ein Kapitalbedarf von 170 Mrd. DM allein für die umweltgerechte Entsorgung von Haushalts- und Industrieabfällen entstehen wird. Vor diesem Hintergrund wächst der Markt für Umweltschutz, vorbeugend oder nachbessernd, jährlich um rd. 8,5%. Innovationen im Umweltschutzbereich in bestehenden Unternehmen, verbunden mit neuen Fachqualifikationen, werden damit in Zukunft eine große Rolle spielen, einhergehend mit einem attraktiven Markt für Existenzgründer. Dies gilt insbesondere mit Blick auf die Tatsache, dass gerade die Umwelttechnik derzeit noch von flexiblen Klein- und Mittelbetrieben geprägt ist.

In diesem Zusammenhang kann selbstverständlich nicht nur von der öffentlichen Hand die Verantwortung für die Ausbildung hochqualifizierter Forschungsberufe in einer Region übernommen werden. Deutlich ist jedoch, dass alle Bildungsträger aufgerufen sind auf grundsätzliche Trends im Arbeitsmarkt Antworten in Form marktorientierter Aus- und Weiterbildung anzubieten, etwa was fachübergreifende, integrative Weiterbildungsmöglichkeiten bis hin zur Vermittlung von Grundkenntnissen in der Unternehmensführung und Marktforschung für Existenzgründer oder Kleinbetriebe betrifft.

2.4 Das arbeitsmarktpolitische Engagement der Europäischen Gemeinschaft, des Bundes, der Länder und der Kommunen

2.4.1 Die Arbeitsmarktpolitik der Europäischen Union

Im Hinblick auf die zunehmende Arbeitslosigkeit und einer Strukturbildung in der Arbeitslosigkeit, von der überwiegend Langzeitarbeitslose (50%) und Jugendliche unter 25 Jahren (25%) betroffen sind (JARMER 1997), hat der EU-Ministerrat auf dem Essener Gipfel 1995 die Bekämpfung der Arbeitslosigkeit zu den wirtschaftspolitischen Prioritäten der Kommission erklärt. Bereits im „Weißbuch für Wachstum,

Wettbewerbsfähigkeit, Beschäftigung" (Europäische Kommission 1994) hatte die Europäische Kommission einen Katalog beschäftigungs- und arbeitsmarktpolitischer Maßnahmen zur Umsetzung in den einzelnen Mitgliedsstaaten erarbeitet. Entscheidende Ansätze der europäischen Argumentation in der Beschäftigungspolitik waren die Erweiterung des Zugangs zur Arbeit, eine moderate Lohnpolitik, eine flexiblere Arbeitsorganisation sowie ein integratives, partnerschaftliches Handeln aller Beteiligten vor Ort und eine verstärkte Förderung lokaler Initiativen in den Kommunen.

Gemeinsam mit der Reform der Strukturfonds erfolgte nicht nur eine Konzentration der Interventionen auf prioritäre Ziele und die Verankerung eines partnerschaftlichen Vorgehens zwischen den Mitgliedsstaaten und der Kommission in der regionalen Arbeitsmarktpolitik. Vielmehr dienen insbesondere die Ziele 3 und 4 der EU-Regionalpolitik durch ihre Zielgruppenorientierung primär arbeitsmarktpolitischen Erfordernissen. Im Rahmen des Planungszeitraumes 1994 – 1999 umfassten sie:

- die Bekämpfung der Langzeitarbeitslosigkeit und Erleichterung der Eingliederung der Jugendlichen und der vom Ausschluss aus dem Arbeitsmarkt bedrohten Personen in das Erwerbsleben sowie die Förderung der Chancengleichheit (Ziel 3) und
- die Erleichterung der Anpassung der Arbeitskräfte an die strukturellen Wandlungsprozesse und an Veränderungen der Produktionssysteme (Ziel 4).

Die Interventionen durch die EU-Strukturfonds erfolgen auf Initiative der Mitgliedsstaaten im Rahmen innovativer Maßnahmen oder im Zusammenhang mit Maßnahmen, die im besonderen Interesse der Gemeinschaft liegen. Zu diesen sog. Gemeinschaftsinitiativen, die primär arbeitsmarktpolitischen Charakter haben, zählen beispielsweise ADAPT (Anpassung der Arbeitskräfte an den industriellen Wandel besonders im Bereich kleiner und mittlerer Unternehmen) und „Beschäftigung" (Verbesserung des Ausbildungs- und Beschäftigungssystems).

2.4.2 Die Arbeitsmarktpolitik des Bundes

Im Rahmen der konkurrierenden Gesetzgebung hat der Bund von seiner Gesetzgebungskompetenz im Arbeitsrecht Gebrauch gemacht (vgl. Grundgesetz, Art. 74, Abs. 91, Nr. 12) und 1969 das Arbeitsförderungsgesetz erlassen, welches letztmalig im März 1997 geändert wurde. Ergänzend zum Arbeitsrecht, bestehen Möglichkeiten der Arbeitsförderung in den Kommunen nach dem Bundessozialhilfegesetz (vgl. Bundessozialhilfegesetz (BSHG) vom 30.06.1961, zuletzt geändert 1997) und dem Kinder- und Jugendhilfegesetz (vgl. Sozialgesetzbuch (SGB), Achtes Buch, VIII, vom 26.06.1990, zuletzt geändert 1996) sowie mittels arbeitsmarktpolitischer Programme der Bundesregierung, wie z.B. der „Aktion Beschäftigungshilfen für Langzeitarbeitslose 1995 – 1999" und der Förderung von Gesellschaften zur Arbeitnehmerüberlassung (1994 – 1996).

Die Arbeitsförderung mit den folgenden Instrumenten bildet dabei das Kernstück der Arbeitsmarktpolitik des Bundes (JARMER 1997):

- die Arbeitsvermittlung und Arbeitsberatung,
- die Berufsberatung,
- die Förderung der beruflichen Bildung (Aus- und Fortbildung sowie Umschulung),

- die Leistungen zur Förderung der Arbeitsaufnahme und der Aufnahme einer selbstständigen Tätigkeit,
- die berufsfördernden Leistungen zur Rehabilitation und
- die Maßnahmen zur Erhaltung und Schaffung von Arbeitsplätzen (Kurzarbeitergeld, Leistungen an Arbeiter des Baugewerbes, Maßnahmen zur Arbeitsbeschaffung).

Neben der Arbeitsförderung bildet die Sozialpolitik auf der Grundlage des Bundessozialhilfegesetzes, mit dem Grundsatz „Hilfe zur Arbeit" und des Kinder- und Jugendhilfegesetzes eine zweite Säule zur Bekämpfung der Arbeitslosigkeit. So können Kommunen beispielsweise nach dem Grundsatz der Arbeitsbeschaffung vor der Gewährung von Sozialhilfe Arbeitsgelegenheiten schaffen, sofern es sich um gemeinnützige und zusätzliche Arbeiten handelt.

2.4.3 Die Arbeitsmarktpolitik der Länder

Die Länder nehmen zwischen der generellen Zuständigkeit des Bundes und der begrenzten örtlichen Zuständigkeit der Kommunen in der Arbeitsmarktpolitik eine wichtige Mittelposition ein. Trotz ihrer nur indirekten Einflussmöglichkeiten auf die gesetzlichen Grundlagen, engagieren sich die Länder zunehmend durch eigene Programme und Finanzierungsquellen in der Arbeitsmarktpolitik und entfalten so ihre arbeitsmarktpolitische Wirkung. Insbesondere seit sich der Bund wegen des knappen Staatshaushalts aus der Finanzierung arbeitsmarktpolitisch relevanter Projekte durch Mittelkürzungen im Bereich der Arbeitsförderung zurückzieht, gewinnt der Beitrag der Länder in Form der Bereitstellung ergänzender Mittel eine immer größere Bedeutung.

2.4.4 Die Arbeitsmarktpolitik der Kommunen

In ihrer örtlichen Zuständigkeit im Bereich der ihnen eigenen und übertragenen Aufgaben der Jugend- und Sozialhilfe haben die Kommunen in den letzten Jahren verstärkt eigene arbeitsmarktpolitische Aktivitäten aus der Sozialfürsorge heraus entfaltet, die zu einer Formierung eines lokalen Arbeitsmarktes geführt haben, welche die Grundzüge klassischer Arbeitsmarktpolitik um eine örtliche, sozialpolitisch motivierte Arbeitsmarktpolitik ergänzen (BLANKE 1994).

Insbesondere seit den 1980er Jahren wird die kommunale Ebene durch eine aufkommende Regionalisierung in der Wirtschafts-, Regional- und Arbeitsmarktpolitik als Handlungsebene gestärkt. Diese Stärkung besteht auf der einen Seite in der Berücksichtigung (regionaler) Identitäten der Bevölkerung und dem Bestreben, diese an der Politikformulierung stärker zu beteiligen, und auf der anderen Seite ist die Mobilisierung örtlicher Ressourcen und Entwicklungspotentiale einer Region in den Vordergrund gerückt. Brachliegende (Arbeitskräfte-) Potentiale sollen durch eine vorausschauende und innovationsorientierte Qualifizierungspolitik vermieden, Kompetenzen und Ressourcen vor Ort gebündelt und lokale Instanzen konzeptionell genutzt werden.

Das Spektrum der kommunalen Handlungsfelder, in denen Kommunen beschäftigungspolitische Interessen verfolgen können, ist vielfältig. Besondere Synergiepotentiale werden zwischen den Handlungsfeldern Arbeitsmarktpolitik und Wirt-

schaftsförderung sowie der Strukturpolitik im Rahmen der Gemeinschaftsaufgabe „Verbesserung der regionalen
Wirtschaftsstruktur" (KLEMMER 1995,
S. 395 - 397) gesehen.

Einen begrenzten Handlungsspielraum haben Kommunen bei öffentlichen Investitionen und in der Personalpolitik, bei denen sie arbeitsmarktpolitische Akzente setzen können. Umweltpolitische Maßnahmen, beispielsweise
die Sanierung von Brachflächen und
Altlasten, wie sie zum Teil durch kommunale Beschäftigungsgesellschaften
in Regie oder Beteiligung der Kommunen durchgeführt werden, stellen
ein weiteres Handlungsfeld kommunaler Arbeitsmarktpolitik dar. Diese Bereiche sind insbesondere in den Neuen
Bundesländern zum Schwerpunkt
kommunaler Arbeitsbeschaffungsmaß-
nahmen geworden. So entfielen 38 %
der durchgeführten ABM-Maßnahmen
alleine 1993 auf die genannten Bereiche (JARMER 1997).

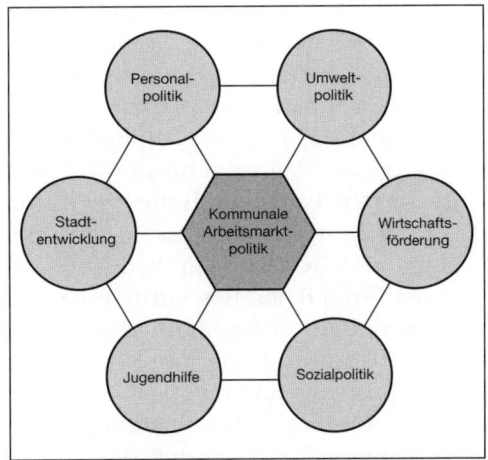

Abb. E 4: Handlungsfelder kommunaler Arbeitsmarktpolitik

Quelle: JARMER, ST., Arbeitnehmerüberlassung als Ansatz einer intrakommunalen integrativen Arbeitsmarktpolitik, dargestellt an ausgewählten Fallbeispielen, unveröffentl. Diplomarbeit an der Universität Bayreuth, Bayreuth 1997, S. 18

In vielen Kommunen werden des Weiteren Beschäftigungsmaßnahmen an Maßnahmen der Stadtentwicklung gekoppelt und so integrierte Ansätze unter Beteiligung der Betroffenen entwickelt, so beispielsweise im Rahmen der Internationalen Bauausstellung Emscher Park.

2.5 Mögliche Handlungsansätze für die Arbeitsmarktpolitik

2.5.1 Ansätze für Arbeitnehmer und Arbeitsuchende

Arbeitsmarktpolitik kann passiv (Zahlung von Arbeitslosenunterstützung) oder
aktiv sein. Aktive Arbeitsmarktpolitik verfolgt dabei zwei Zielrichtungen: Zum
einen soll sie dazu beitragen, einen möglichst hohen Beschäftigungsstand zu halten
und zum anderen bestimmte Gruppen, deren Chancen auf dem Arbeitsmarkt sonst
relativ ungünstig sind, bevorzugt fördern. Diese beiden Teilziele könnten den Rahmen für den weiteren Ausbau der Qualifizierungsangebote für Arbeitnehmer
(-innen) spannen. Auf der Grundlage einer kontinuierlichen Marktforschung sollten sich diese Aufgaben hinsichtlich expandierender Wirtschaftszweige und ihrer
Anforderungen auf die entsprechenden Qualifikationen ausrichten. Konkret
bedeutet das zunächst die Ausrichtung des Lehrangebotes an der Zunahme der pro-
duktionsverarbeitenden Aufgaben mit folgenden möglichen Teilbereichen:

• Ausbau der Fremdsprachenkenntnisse hinsichtlich attraktiver Investitionsstand-
 orte, so etwa insbesondere osteuropäischer Sprachen,

- Verstärkung des Angebotes im Bereich der Software-Anwendungen unter laufender Aktualisierung und im Bereich der „Neuen Medien" (z.B. Internet, Netzwerklösungen, Kommunikationstechnologien),
- weitere Verstärkung prüfungsvorbereitender Kurse von Vorbereitungsseminaren zum qualifizierenden Hauptschulabschluss bis hin zum Abitur,
- Ausbau der Weiterbildungsangebote im Bereich der Verwaltungs- und Betriebspraxis (z.B. kaufmännische Buchführung, Rechnungswesen, Steuerrecht) oder
- Auffrischungs- und Aktualisierungskurse beruflichen Wissens für Wiedereinsteiger in das Berufsleben, bezogen hauptsächlich auf Frauen, die nach längerer Pause ihren Beruf neu aufnehmen möchten.

Für Frauen gilt es vor allem aber auch, darauf hinzuwirken, dass eine qualifizierte Berufsausbildung überhaupt erst abgeschlossen wird, und nicht nach Schulabschluss ein angelernter „Job" ohne langfristige Perspektive aufgenommen wird. Weitere Möglichkeiten bestehen in der Forcierung der Telearbeit bis hin zum Sprung in die Selbstständigkeit.

2.5.2 Ansätze für Führungskräfte

Eine zweite Zielgruppe wäre die der Führungskräfte bzw. der Ausbilder, für die der Bedarfsstruktur dieser Gruppe angepassten Angebote auszuarbeiten wären. Ein zentraler Gesichtspunkt ist besonders bei dieser Zielgruppe die Termingestaltung der Seminare, wobei sich abendliche oder wochenendbezogene Blockveranstaltungen eher anbieten als langfristig angelegte Programme. Als Anregung könnten folgende Aspekte verstanden werden:

- Marketing, d.h. marktorientierte Unternehmensführung durch angemessene Produkt-, Preis-, Kommunikations- und Distributionspolitik, einschließlich der Marktforschung,
- Personalwesen unter möglicher Schwerpunktsetzung auf Mitarbeiterführung, Motivationsarbeit und Personalmanagement,
- Konzepte moderner Betriebsorganisation, so etwa profit-centers,
- Recht der Europäischen Union, insbesondere Niederlassungsrecht, Finanz- und Haftungsrecht oder
- Vermittlung kreativer Techniken zur Steigerung der betrieblichen Innovativität.

Einen wichtigen Bestandteil bilden hierbei auch flexible Arbeitszeitmodelle und das Aufgreifen der Chancen der modernen Kommunikationstechniken. Zudem könnte das Fachwissen der Abteilungen von regional ansässigen größeren Unternehmen für die Beratung von Kleinbetrieben noch mehr als bislang genutzt werden, bis hin zum Einsatz von „senior experts" für diese Tätigkeit, also zum Beispiel von Führungskräften im Ruhestand, die neuen Firmen beratend zur Seite stehen.

2.5.3 Forcierung der kleinen und mittleren Betriebe sowie von Existenzgründungen

Nachdem gewerbliche Neuansiedlungen in nur mehr sehr begrenztem Umfang zu erwarten sind und sich derzeit auch der Bestand der vorhandenen Betriebe reduziert, ist eine dritte Strategie der Wirtschaftsförderung, nämlich die Unterstützung von Existenzgründungen, in eine entscheidende Phase getreten. Dies betrifft nicht nur tatsächliche Neueröffnungen von Betrieben, sondern etwa auch Hilfestellungen bei deren Übernahme, zum Beispiel im Handwerk (Stichwort Nachfolge-Problematik). Daher ist hierzu eine intensive Zusammenarbeit zwischen den verschiedensten Institutionen notwendig; von den Kammern, deren regionalen Gremien, dem Arbeitsamt, den Fachhochschulen und Universitäten bis hin zu den Schulen und Kreditinstituten sowie den Kommunalverwaltungen, bezüglich unbürokratischer Hilfestellungen und Informationen beim Unternehmensstart.

Junge Unternehmen sind beim Start in die Existenzgründung mit einer Vielfalt von Problemen konfrontiert, die nur selten vom Gründer bzw. der Gründerin allein zu lösen sind. So stehen diese vor der Aufgabe, eine detaillierte Unternehmensplanung durchführen zu müssen, meist ohne dabei auf eigene Erfahrungen zurückgreifen zu können. Probleme ergeben sich nicht selten bereits bei der Wahl der geeigneten Rechtsform und reichen weiter in die Finanzierung und eine oft nicht ausreichende Kenntnis im kaufmännischen Bereich, etwa was das Marketing und die Organisation betrifft (DITTMEIER/JAROSCH 1997). Hilfestellungen von Seiten der Wirtschaftsförderung könnten hierzu etwa in folgenden Angeboten bestehen:

- Rechtsformenwahl einer neuen Unternehmung, etwa unter Betonung steuerlicher und haftungsbezogener Konsequenzen,
- Grundzüge der Betriebsorganisation und des Arbeitsrechts,
- Förderprogramme für Existenzgründer, deren Kriterien und Bedingungen,
- Grundlagen der Marktforschung und des Marketing,
- Kooperationsmöglichkeiten für Klein- und Mittelbetriebe sowie
- Konsequenzen der Verwirklichung des EU-Binnenmarktes für kleine und mittlere Betriebe, etwa im Bereich der Export- und Importtätigkeit.

2.5.4 Förderung von Arbeitslosen-Initiativen

Das Beispiel der Angebote an den beruflichen Fortbildungszentren der Arbeitgeberverbände oder die Modellversuche von einzelnen Arbeitsämtern könnten sich als Ausgangspunkte für eine Qualifizierungsoffensive in Deutschland erweisen. Reichend von Kursen bis hin zu Betriebspraktika unter Inanspruchnahme von europäischen Fördermitteln gilt es, Arbeitslose neuen Beschäftigungsmöglichkeiten zuzuführen. Hierbei geht es nicht nur um unqualifizierte Arbeitnehmer, sondern vor allem auch um Gruppen, deren durchaus vorhandene Qualifizierung nicht mehr der Nachfrage im Arbeitsmarkt entspricht, worauf die relativ hohen Arbeitslosenquoten auch bei Angestellten oder Jugendlichen ohne Übernahme in ein festes Beschäftigungsverhältnis nach der Lehre hinweisen. Insbesondere soll dies auch in Anbetracht einer möglichen neuen Abwanderung von jungen, qualifizierten Menschen aus dem ländlichen Raum betont werden (vgl. u.a. Pädagogische Arbeitsstelle... 1992; Forschungsinstitut der Friedrich-Ebert-Stiftung... 1995).

Zusammenfassend besteht demnach die Zukunftsaufgabe darin, den Strukturwandel im regionalen Arbeitsmarkt unter Beteiligung aller Fort- und Weiterbildungseinrichtungen im Rahmen der jeweiligen Möglichkeiten sozialverträglich zu bewältigen. Gelingt dies nicht, droht eine strukturell verhärtete Arbeitslosigkeit mit einer weiteren Aufspaltung des Arbeitsmarktes in qualifizierte, bislang noch relativ sichere Kernbereiche und instabile Randbereiche. Notwendige Grundlage für eine Herausarbeitung konkreter Arbeitsmarktprobleme und die Formulierung sowie vor allem die Umsetzung geeigneter Qualifizierungsstrategien sind zuverlässige Informationen über die entsprechenden Strukturen und Prozesse auf der Angebots- und Nachfrageseite dieses Marktes.

2.6   Fallbeispiel: Arbeitsmarktprobleme als Folge industrieller Monostrukturen – die Region Schweinfurt
(vgl. BLIEN 1993)

Die Arbeitskräftenachfrage in der Region Schweinfurt wird seit langer Zeit stark durch drei Großbetriebe bestimmt, die ihren Sitz in der Stadt Schweinfurt haben. Zwei davon produzieren Walzlager, der dritte Großbetrieb ist ein Zulieferer der Kfz-Industrie. Bedingt dadurch, dass sich in der Region Schweinfurt die größten westdeutschen walzlagerherstellenden Betriebe angesiedelt haben, bilden diese hier eine Monostruktur, die man in dieser Ausprägung nur selten findet.

Diese drei Großbetriebe dominierten mit ihren rund 23 000 Beschäftigten (1992) die gesamte Region. Da andere ökonomisch wichtige Zentren im Einzugsbereich der Stadt Schweinfurt in jüngster Zeit weitgehend fehlten, stand der Industrie ein nahezu unerschöpflicher Pool an Arbeitskräften zur Verfügung, der überwiegend von der in der Region ansässigen ländlichen Bevölkerung gespeist wurde (RRV-Gesellschaft für Raumanalysen 1991). Die Arbeitskräfte kamen also zu großen Teilen aus ländlichen Gegenden und waren besonders leistungsbereit. Die Arbeitsplätze derjenigen, die hier länger arbeiteten galten als ausgesprochen sicher. Für die Industrie waren die Lohnkosten niedriger als in den großstädtischen industriellen Zentren und es standen genügend Arbeitskräfte zur Verfügung. Außerdem waren diese aus Mangel an Alternativen an einem Fortbestehen ihres Arbeitsverhältnisses in der Großindustrie interessiert. Damit wird deutlich, dass die Monostruktur und ihr Fortbestehen sowohl für die Großbetriebe als auch für die beschäftigten Arbeitskräfte von immenser Bedeutung war.

Die Stadt Schweinfurt unterstützte die Großindustrie nach Kräften, garantierte diese doch hohe Gewerbesteuereinnahmen und sorgte für Arbeitsplätze in der Region. So wurde die Ansiedlung potentieller Konkurrenten behindert, indem unter anderem nicht genügend neue Ansiedlungsflächen ausgewiesen wurden. Hier wird deutlich, wie die Ausbildung eines Milieus in einer Region zwischen Firmen, Arbeitskräften und öffentlichen Stellen mitgeholfen hat, einen außerordentlich stabilen Zustand zu schaffen, der für das wirtschaftliche Wachstum der Großindustrie in der Region günstig war.

1993 wurde dann die ökonomische Lage in Schweinfurt von einem tiefen Einbruch betroffen. Von Mitte 1992 bis Ende 1993 trat in den Großbetrieben ein Verlust von über 7 000 Arbeitsplätzen ein. Wie kam es zu dieser für die Region prekären Situation?

Die gesamte Ökonomie der Bundesrepublik Deutschland befand sich in einer Rezession. Die üblichen Probleme wurden in der Region Schweinfurt jedoch dadurch verstärkt, dass Kfz-Zulieferer und Walzlagerhersteller überdurchschnittlich hart von diesem Konjunktureinbruch betroffen waren. So fiel beispielsweise der

Indexwert der Produktion für die Monate im Jahresverlauf um 60%. Die in Schweinfurt angesiedelten Industriezweige stehen in der Kette vom Rohstoff bis hin zum fertigen Endprodukt relativ weit am Anfang und befinden sich damit in der Abhängigkeit von den Konjunkturen der nachgelagerten Industrien (z.B. Automobilindustrie und Maschinenbau). Hinzu tritt ein Strukturproblem: Bis zur Mitte des Jahrhunderts war die Walzlagerindustrie ein Hightech-Bereich, stellten die mit der Produktion von Lagern verbundenen Genauigkeitsanforderungen ein schwer zu lösendes Problem dar. Seit längerer Zeit ist die betreffende Technik jedoch im wesentlichen ausgereizt und Fortschritte sind kaum noch feststellbar. Darüber hinaus sind Walzlager ein weitgehend standardisiertes Massenprodukt und die Automatisierung ihrer Herstellung gelingt auf relativ leichte Art und Weise. Darum drängen neue Konkurrenten in einen (Welt-) Markt, der vormals von einigen wenigen bestimmt worden ist. Hinzu kommen weiterhin eine Verkettung und Flexibilisierung der traditionellen Maschinen zu neuen, flexiblen Produktionseinheiten und damit zu einer wesentlichen Erschließung neuer Produktionsreserven, verbunden mit einem weiteren dauerhaften Abbau von Arbeitsplätzen in den drei Großbetrieben und in der Region Schweinfurt.

Die Arbeitslosigkeit in der Region wird durch Multiplikatoreffekte verstärkt. Zulieferer der Industrie und Transportunternehmen sind ebenfalls von den Reduzierungen betroffen. Der Nachfrageausfall im Dienstleistungsbereich und Handel führt ebenfalls zum Wegfall von Arbeitsplätzen. Die Tiefe des Einbruchs ist die direkte Folge der Monostruktur. Die Gleichartigkeit der von der Großindustrie hergestellten Produkte bedingt einen gleichartigen Konjunkturverlauf und eine Verschärfung der Krise. Da die industrielle Monostruktur den Arbeitsmarkt derart stark dominiert, verfügen die restlichen Teile der örtlichen und regionalen Ökonomie über nur wenig Elastizität. Rein quantitativ sind die kleinen und mittleren Unternehmen überhaupt nicht in der Lage, die freigesetzten Arbeitskräfte aufzunehmen.

Deutlich zeigt sich, dass die Entwicklung der Monostruktur in der Region in eine Sackgasse geführt hat. An die Stelle der monolithischen Firmen der Großindustrie tritt ein Netzwerk von Unternehmen, das jeweils um einen Großbetrieb zentriert ist. Es handelt sich zum Teil um neu entstehende Unternehmen, zum anderen kaufen bereits existierende Unternehmen einzelne Abteilungen der „Großen Drei" auf oder übernehmen lediglich Teilaufträge dieser. Dabei wird ein Teil dieses Netzwerks außerhalb der Region lokalisiert sein und insoweit ein Teil der Produktionskapazitäten am Standort Schweinfurt verloren gehen. Eine weitere Strategie zur Bekämpfung der Krise stellt die stärkere Konzentration auf das Kerngeschäft der jeweiligen Unternehmen dar. Es wird erwartet, dass die Vorteile der Spezialisierung, auch der verschiedenen Standorte in den verschiedenen Ländern, dazu beitragen können, die wirtschaftlichen Aussichten sowohl der Unternehmen als auch der Region zu verbessern und die Krisenanfälligkeit deutlich zu vermindern (BLIEN 1993).

3   Auswirkungen der industriellen Tätigkeit in ökologischer Hinsicht – Industrie und Umweltbelastung

Nach den Analysen über die ökonomischen, sozialen und politischen Wirkungsfelder ist es nun notwendig, sich näher mit dem Themenkomplex „Industrie und Umwelt" zu beschäftigen, vor allem deshalb, weil die Beantwortung gerade dieser Fragen heute und in der Zukunft noch viel mehr für die Gesellschaft von größter Bedeutung sind.

Vorab sei kurz der Begriff Umwelt umschrieben, da dazu höchst differenzierte Meinungen vorliegen. Der Mensch in den Industrieländern konnte insbesondere seit der Industrialisierung nicht nur seinen Wohlstand in relativ kurzer Zeit beträchtlich vermehren, sondern er nahm auch in zunehmendem Maße Einfluss auf seine Umwelt. Dieser Einfluss wurde im Zusammenhang mit der Industrialisierung begleitet von
- einer zunehmenden Verdichtung oder regionalen Konzentration der Bevölkerung,
- einem raschen wirtschaftlichen Wachstum, verbunden mit neuen Technologien und neuen Verhaltensmustern menschlicher Gruppen,
- einer damit in Beziehung stehenden Zunahme des Energieverbrauchs (MAIER 1984).
Der Einfluss der Industrie ist um so bedeutsamer, je konzentrierter bestimmte Belastungsfaktoren des ökologischen Systems bei der industriellen Verarbeitung auftreten bzw. je ausgeprägter diese auf nur wenige Standorte beschränkt sind. Umwelt umfasst nach der Definition der Weltorganisation für Meteorologie von 1971 „alle physikalischen, chemischen und biologischen Dinge und Prozesse, die direkt oder indirekt einen deutlichen Einfluß auf das soziale und wirtschaftliche Wohlergehen haben" (WMO 1971). Damit wird ein sehr breiter Wirkungsbereich angesprochen. Ferner kommen bei den Industriebetrieben als Teilverursacher ökologischer Belastungen einzelbetrieblich differierende Umweltbereiche in Betracht. Entsprechend den Umweltmedien werden weitere Maßnahmenbereiche des betrieblichen Umweltschutzes unterteilt in:
- Reinhaltung der Luft,
- Gewässerschutz,
- Schutz vor Lärm und Erschütterungen,
- Abfallvermeidung und -verminderung,
- Natur-, Boden- und Landschaftsschutz,
- Strahlenschutz und
- Schutz von Ökosystemen vor Chemikalien und Bioziden.

3.1   Industriell bedingte Umweltbelastung und Nutzungskonflikte

Das Ausmaß der Raumwirksamkeit sowohl der industriell bewirkten Umweltbelastungen selbst als auch der durch diese verursachten Nutzungskonflikte wurde erst ab Mitte der 1970er Jahre erkannt. Das im industriell geprägten Raum durch Umweltbelastungen und Nutzungskonflikte aufgebaute Beziehungsgefüge lässt sich nicht durch einfache Wirkungsketten, sondern eher durch vielschichtige Wirkungsnetze begreifen. Unter Umweltbelastungen werden hier solche anthropogen verursachten Eingriffe verstanden, die die Funktionsfähigkeit natürlicher oder natur-

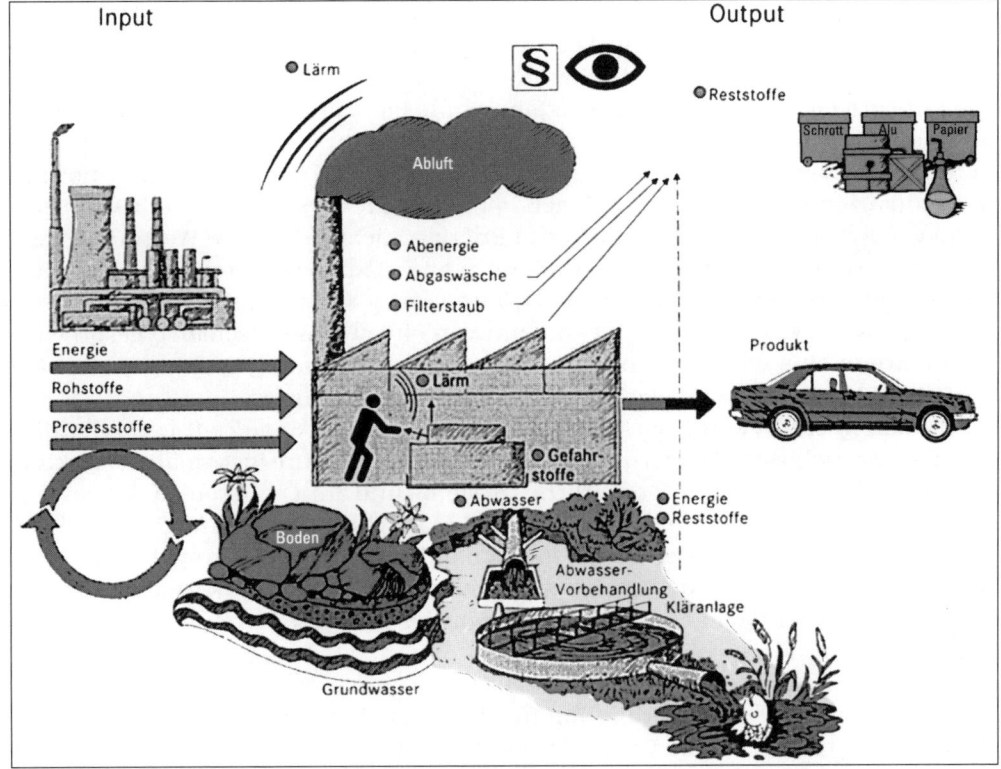

Abb. E 5: Typen industriell verursachter Umweltbelastungen
Quelle: Daimler-Benz AG, o.J. S. 12

naher Systeme beeinträchtigen. Eine solche Schädigung liegt beispielsweise dann vor, wenn die Fähigkeit eines Systems zur Selbstregulierung nachhaltig gestört wird, etwa bei stetiger Zufuhr von Schadstoffen, die systemerhaltende Stoff- und Energieflüsse unterbrechen. Folgende Übersicht über die wichtigsten Typen industriell verursachter Umweltbelastungen gibt Abbildung E 5 wieder.

Ausdrücke wie konkurrierende Nutzungen oder sich im Raum überlagernde Funktionen spiegeln zwei Erkenntnisse wider:
- Das Flächen- und Ressourcenangebot ist begrenzt, so dass bei zunehmender räumlicher Nutzung Verknappungssituationen auftreten, und
- viele Nutzungen sind von Feldern umgeben, die andere Nutzungen überlagern oder Schutzabstände erfordern.

Für diesen Sachverhalt und die sich daraus ergebende Dynamik miteinander konkurrierender Nutzungen sind verschiedene Begriffe in Gebrauch (z.B. Flächennutzungskonkurrenz, Ressourcenkonflikt). Im Folgenden wird von Nutzungskonflikten gesprochen wenn folgende Merkmale zutreffen:
- eine räumliche Überlagerung unterschiedlicher Funktionen oder Ansprüche,
- die Überlagerung wird von mindestens einer gesellschaftlichen Gruppe als unverträglich empfunden,

- mindestens eine gesellschaftliche Gruppe versucht, ein solches Gewicht zu erlangen, dass sie in der Lage ist, die konkurrierenden Nutzungen oder Funktionen zu beeinflussen oder gar zu kontrollieren.

Die Industrieentwicklung der letzten Jahrzehnte hat zu schwerwiegenden Umweltbelastungen geführt. Die Industrie gibt ortsfremde und zunehmend auch nicht natürlich vorkommende Substanzen an die Umwelt ab. In den Kostenrechnungen der Industrieunternehmen erschienen lange nur die klassischen Produktionsfaktoren wie Arbeitsleistung, Rohstoffe und Energie, nicht jedoch die Wertminderung solcher Ressourcen, die als Träger- und Aufnahmemedien von Stoffwechselprodukten der Industrie mitgenutzt werden. Luft und Wasser galten als freie Güter. Hinzu kommt, dass volkswirtschaftlich erst dann von einem Umweltschaden gesprochen wurde, wenn eine wie auch immer erstellte Gesamtrechnung nachweist, dass der Vorteil der Umweltnutzung geringer ist als die externen Kosten.

Die kostenlose Nutzung wichtiger Umweltgüter wurde lange Zeit gesellschaftlich und politisch toleriert. Der Grund lag zum einen in Kenntnislücken über Funktion und Belastbarkeit komplexer natürlicher Systeme und zum anderen an der bewussten Verharmlosung oder Verdrängung der ökologischen, wirtschaftlichen, sozialen und politischen Folgen einer weiter zunehmenden Umweltbelastung. Erst ab Mitte der 1970er Jahre wurde die Umweltproblematik auch von Politikern, Gesetzgeber und Verwaltung ernster genommen, ab da wurden auch für den Bürger erkennbare Belastungen zu störenden Belastungen.

Die Wahrnehmung einer Belastung ist zwar eine notwendige, durchaus aber noch keine hinreichende Bedingung für das Entstehen von Nutzungskonflikten. Wesentlicher ist, auf welche Weise ein Ausgleich zwischen unterschiedlichen Gruppeninteressen möglich ist oder was diesen erschwert. So galt bis in die 1970er Jahre hinein in nahezu allen westlichen Industriestaaten:

- eine hohe Organisations- und Verweigerungsmacht der Industrie, auch aufgrund der Interessenverflechtung zwischen Industrie und öffentlicher Verwaltung, begründet in einer weitgehenden Übereinstimmung zwischen wirtschaftlichen Wachstums-, gewerkschaftlichen Einkommens- und staatlichen Einnahmeinteressen,
- eine deutliche Ineffizienz des Umweltrechts, gekennzeichnet durch u.a. mangelnde Verfahrenstransparenz, geringe Einspruchsmöglichkeiten der Betroffenen, deutliche Vollzugsdefizite und das Prinzip peripherer Eingriffe statt Ursachenbekämpfung.

Nutzungskonflikte können einen nachhaltigen räumlichen Wandel bewirken. Eine extreme Folge der Auseinandersetzung zwischen industriellen und anderen Ansprüchen ist die völlige Aufgabe oder räumliche Verdrängung einer Nutzung. Typische Beispiele sind die Stilllegung eine Stahlwerkes, die Aufgabe eines Wohngebietes oder die Verhinderung einer großen Industrieansiedlung. Wesentlich häufiger ist jedoch, dass ein oder mehrere Nutzungstypen so verändert werden, dass sie akzeptabler werden. Die unterschiedlichen, unter Konfliktdruck nachweisbaren Anpassungsreaktionen können zu folgenden Typen der Raumwirksamkeit führen:

- Veränderung der räumlichen Verbreitungs-, Verknüpfungs- und Beziehungsmuster: (Änderungen in der Standortverteilung einer Branche, wobei Umweltschutzanforderungen ein neuer wichtiger Standortfaktor sind),

- Veränderungen im Verhalten
  (Veränderungen von Produktionsprozessen, Stilllegung von Maschinen oder Werksteilen, Innovationen im Umweltschutzbereich),
- Veränderungen der Standort- und Raumwirkung
  (Minderung der Intensität von Emissionen, Einsatz biologisch abbaubarer Stoffe),
- Veränderungen der räumlichen Potentiale
  (Verbesserung der ökologischen Verhältnisse, Entwicklungsmöglichkeiten einstmals verdrängter Nutzungen),
- Veränderungen der Landschaftsphysiognomie.

3.2 Umweltpolitik und Unternehmerverhalten

Die Beziehungen zwischen ökonomischen und ökologischen Systemen lassen sich in sehr vereinfachter Form wie in Abbildung E 6 skizzieren.

Dabei wird unter System eine Zusammenstellung verschiedener Dinge zu einem geordneten Ganzen verstanden, dessen Umwelt somit alle Sachverhalte außerhalb dieses Systems umfasst. Die Beziehungen eines Systems zu seiner Umwelt werden je nach Wirkungsrichtung als Eingänge (Inputs) oder Ausgänge (Outputs) bezeichnet. Als Teilsystem (Subsystem) des ökonomisch/gesellschaftlichen Systems kann ein Unternehmen beispielsweise mit den Inputs Personal, Betriebsmittel, Werkstoffe, Finanzmittel, Energie, Information usw. und des Outputs Produkte, Emissionen, Dienstleistungen usw., die beide (Input und Putput) auf die unternehmensexterne Umwelt einwirken, angesehen werden (Abb. E 7).

Eine Lösung von Umweltproblemen scheint daher nur möglich, wenn das „bisherige punktuelle, isolierte, nur auf das Erreichen eines bestimmten Teilziels gerichtete Denken und Handeln wie zum Beispiel Erstellung eines

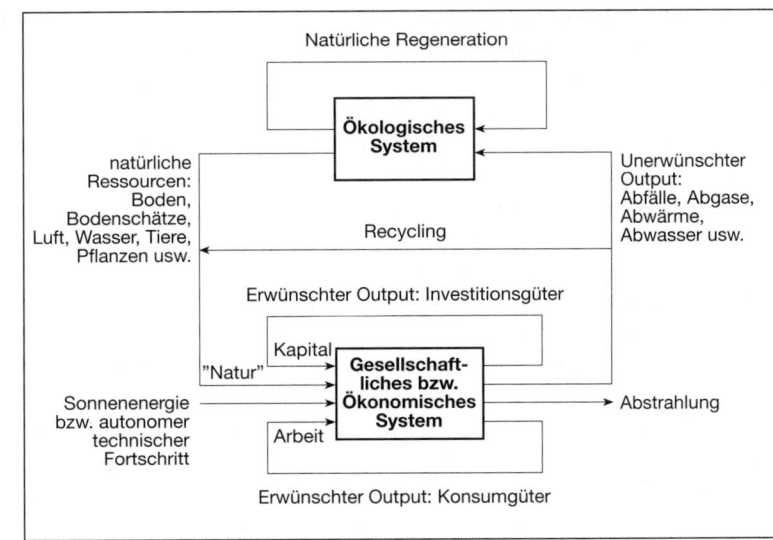

Abb. E 6:

Beziehung

zwischen den

Ökologischen und

Ökonomischen

Systeme

Quelle:

Wicke 1996, S. 7

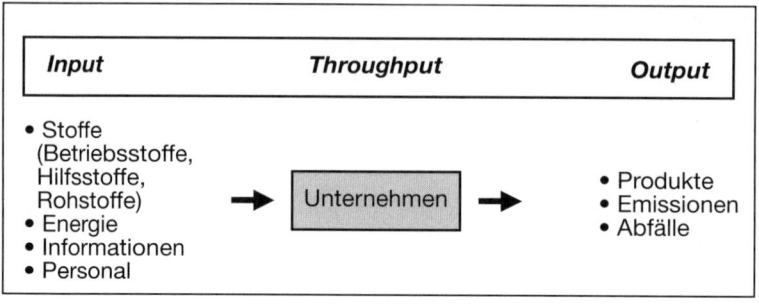

Abb. E 7:

Das Subsystem
Unternehmen

Quelle:
eigene Darstellung,
Bayreuth 1998

gewinnbringenden Produktes, abgelöst wird durch ein Denken und Handeln in übergeordneten Zusammenhängen. Nur wenn sich beispielsweise das System Unternehmen [...] als Teilsystem eines größeren Systems versteht, können mögliche Belastungen der Umwelt erkannt und minimiert werden" (NÜSSGENS 1991, S. 118).

Letztendlich entscheidet in einem Unternehmen der Unternehmer über die möglichen umweltbeeinträchtigenden In- und Outputs seines Unternehmenssystems. Ein umweltbewusstes Unternehmerverhalten zielt demzufolge auf die In- und Outputs eines Unternehmens, um die negativen Auswirkungen auf seine unternehmensexterne Umwelt zu minimieren oder zu vermeiden. In direkter Umweltbeziehung steht das Unternehmen hierbei über die Abgabe von Emissionen und durch Entnahme und/oder Verbrauch einzelner Umweltelemente. Indirekten Umwelteinfluss nimmt das Unternehmen über seine erstellten Produkte, die in Haushalten und anderen Unternehmen genutzt und verbraucht werden.

Diese Umweltbeziehungen beruhen auf Entscheidungen, die in der Regel von Personen getroffen werden, die eine gehobene Position und einen hohen sozialen Stand innerhalb der formalen und informalen Organsiationsstruktur von Institutionen (z.B. Industrieunternehmen) besitzen. Umweltprobleme sind in wesentlichen Teilen Ergebnisse dieser unternehmensinternen Entscheidungen. Es wirken natürlich eine Reihe von Faktoren wie z.B. das Verhalten der Produktnachfrager auf die Handlungsspielräume der betrieblichen Entscheidungsträger ein, die aber dann doch deren Vorstellungen und Bewertungen unterliegen (WEBER 1980, S. 23). Wer sind nun diese Träger umwelt(raum)relevanter Entscheidungen?

Wie schon erwähnt, werden strategische und dispositive Entscheidungen in der Regel von Personengruppen mit gehobener Position in einer Institution getroffen. Staat, Kammern und Verbände üben im Allgemeinen nur eine beratende und überwachende Funktion aus. Demzufolge „gehen die Hauptaktivitäten innerhalb der Arbeitswelt der Bundesrepublik Deutschland wohl von leitenden Personengruppen in den Betrieben aus" (ebenda).

Entscheidungen der Unternehmer bezüglich Beschaffungs-, Produktions-, Absatz- und Sozialsystem sind, genauso wie die Standortwahl, von umweltrelevanter Bedeutung. Die wechselseitigen Beziehungen von Unternehmerentscheidungen zu ihrer Umwelt sind durch unterschiedliche Verhaltensweisen bzw. Strategien gekennzeichnet. Man kann sicherlich nicht davon ausgehen, dass die Einstellung der Unternehmer zum Umweltschutz einheitlich ist, d.h. dass die Notwendigkeit zum eigenen aktiven Handeln überhaupt immer erkannt und Umweltschutz als eine Führungsaufgabe betrachtet wird.

Raum(umwelt)bezogenes Verhalten von Unternehmen wird bei WEBER (ebenda, S. 24 ff.) im wesentlichen durch zwei Faktoren bestimmt:

• Psychische Faktoren, wie frühere Erfahrungen, Präferenzen, Wertungen und Merkmale der Persönlichkeit (z.B. Ausbildungsstand, Alter) und

• Faktoren der Umwelt, wie Sachzwänge, Betriebszweck, Aspekte der Organisationsstruktur, räumliche und zeitliche Variablen (z.B. Standort und Tradition),

die beide wiederum von wirtschaftlichen und gesellschaftlichen Entwicklungen beeinflusst werden.

Versucht man die Zahl der Einflussfaktoren durch Aggregation hinsichtlich eines umweltbewussten Unternehmerverhaltens bzw. einer Führungsaufgabe Umweltschutz zu reduzieren, dann lassen sich nochmals zwei Faktorengruppen unterscheiden (MEFFERT/BRUHN/WALTER 1982, S. 144):

1. Unternehmensexterne Faktoren:

• Umweltpolitische Aktivitäten des Gesetzgebers,

• Umweltbewusstsein der Öffentlichkeit,

• Umweltbewusstsein privater und öffentlicher Abnehmer,

• Konkurrenzaktivitäten und

• Entwicklungen im Bereich Wissenschaft und Forschung.

2. Unternehmensinterne Faktoren:

• Höhe der zur Verfügung stehenden finanziellen Mittel,

• Aufgeschlossenheit und Flexibilität der Unternehmerpersönlichkeit,

• kritische und selbstbewusste Mitarbeiter,

• Charakteristik und Nähe des Leistungsprogramms zu Umweltschutzmärkten und

• technisches Know-how.

Nach diesen allgemeinen Darstellungen gilt es noch der Frage nach den möglichen räumlichen Differenzierungen nachzugehen. Danach belegen etwa die Untersuchungen von GERGERT (1990) in Südwestdeutschland, dass sich betriebliche Umweltschutzinvestitionen überdurchschnittlich auf Verdichtungsräume sowie deren Randzonen konzentrieren, auch noch in Regionen mit Verdichtungsansätzen. Demgegenüber wurde festgestellt, dass in strukturschwachen Regionen die absoluten Umweltschutzinvestitionen beträchtlich unter dem Landesdurchschnitt liegen. In Bayern kommt LEUNINGER (1995) zu dem Ergebnis, dass die relative Höhe der betrieblichen Umweltschutzinvestitionen in den Landkreisen deutlich über den Vergleichswerten der kreisfreien Städte liegen, wobei auch hier wieder die Regionen mit Verdichtungswerten die höchsten Investitionsquoten aufweisen.

Überträgt man diese Ergebnisse auf die Unternehmerebene und versucht eine Typisierung unternehmerischen Handelns aufzuzeigen, so lässt sich nach LEUNINGER folgender erster Versuch vornehmen (ebenda, S. 187 ff.):

Die Nutzung umweltfreundlicher Produktionstechnologien ist zum einen im engen Zusammenhang zur allgemeinen Investitions- und Innovationstätigkeit in einem Unternehmen zu sehen, und zum anderen in der Überzeugung hinsichtlich der Wirksamkeit umweltorientierter Investitionen aus überwiegend ökonomischer Sicht, z.B. Kostenersparnis (*erster Typ*). Umweltorientiertes Handeln zeigt sich dabei als aktives, antizipierendes Handeln gegenüber den jeweiligen ökonomischen und gesellschaftlichen Entwicklungen und Anforderungen. Diese Handlungsmuster werden durch eine artikulierte Kooperations- und Kommunikationsbereitschaft geprägt. Trotz der entstehenden Kosten für die Umweltschutzinvestitionen wird der scheinbar unüberwindbare Widerspruch zwischen ökologischem und ökonomischem Handeln weitestgehend aufgelöst. Auch im Rahmen der gegenwärtigen Struktur- und Konjunkturkrise bleibt der Umweltschutz – soweit dies wirtschaftlich noch vertretbar ist – ein integriertes Element der Unternehmensplanung.

Der *zweite Typus* ist gekennzeichnet durch ein Verantwortungsbewusstsein seines eigenen Handelns gegenüber der Gesellschaft. Dieses Bewusstsein wird zum einen durch die Verantwortung gegenüber den Mitarbeitern ausgedrückt, zum anderen durch ein bewusst umweltorientiertes Entscheidungshandeln. Bei einem Vorhandensein ausreichender technischer Potentiale führt diese Einstellung zu eigenen Leistungen im Bereich des Umweltschutzes, etwa Neuentwicklungen im technologischen Bereich oder organisatorischen Veränderungen. Neben diesen betriebsinternen Entwicklungen sind zudem parallel auch externe Aktivitäten zu erkennen. Die Mitarbeit in Verbandsgremien, regionalen Organisationen oder die Initiierung überbetrieblicher „Umwelt-Konferenzen/Gespräche" drücken ein hohes Kommunikationspotential dieser Unternehmer bzw. Unternehmen aus und wirken sich darüber hinaus auch – so ist anzunehmen – positiv auf die betriebliche Umweltpolitik anderer Unternehmen(r) aus. Der scheinbare Widerspruch zwischen Ökologie und Ökonomie wird in diesem Zusammenhang nicht nur aufgelöst, vielmehr gewinnen umweltorientierte Zielvorstellungen als integriertes Unternehmensziel an primärem Gewicht.

Vorwiegend reaktive unternehmerische Handlungsmuster kennzeichnen den *dritten Typus*. Vielfach gepaart mit einer ökonomischen Perspektivlosigkeit wird auch dem Umweltschutz nur eine geringe – häufig auch störende Rolle – beigemessen. Diese Überzeugung führt im Bereich des Umweltschutzes dazu, dass hauptsächlich ein auflagenorientiertes Handeln stattfindet. Infolge dieser Auffassung prägen umwelt- und ressourcenorientierte Teillösungen und keinesfalls integrative Gesamtansätze das umweltorientierte Investitionsverhalten. Eine mögliche weitere Verschärfung der Umweltschutzregulierungen in der Zukunft könnte bei diesem Unternehmertypus die Unternehmensaufgabe zur Folge haben. Fehlende Kontakte haben hier dazu geführt, dass der Unternehmer von der wachsenden Bedeutung des betrieblichen und des gesellschaftlichen Umweltschutzes sowohl in der Vergangenheit als auch in der Gegenwart in starkem Maße überrascht, teilweise auch überfordert wurde. Im Hinblick auf die vergangene betriebliche Investitionstätigkeit ist zu erkennen, dass die Notwendigkeit eines fortlaufenden Investitionsprozesses nicht erkannt wird, d.h. konkret, dass teilweise relativ alte Produktionsmaschinen genutzt werden und darüber hinaus nicht bis in die Gegenwart in Maschinen und Anlagen investiert worden ist. Ein bewusstes unternehmerisches Umgehen von Umweltregulierungen lässt sich – insbesondere vor dem Hintergrund der wachsenden Kontrollmöglichkeiten – jedoch nicht als Unternehmensstrategie eines „defensiven Umweltschutzmanagements" identifizieren.

3.3   Der Umweltschutzmarkt

Der sog. Umweltmarkt oder Öko-Markt ist nicht so neuartig, wie die gegenwärtigen zahlreichen Diskussionen es vermuten lassen. Der Umweltschutzmarkt gehört vielmehr zu den traditionellen Märkten der Industriegesellschaft. Jedoch sind entsprechende Marktanalysen mit Problemen verbunden, vor allem, weil die Umweltindustrie noch keine eigenständige Branche innerhalb der amtlichen Statistik darstellt, abgesehen davon, dass unterschiedlichste Branchen und Teilbranchen im Umweltschutzmarkt tätig sind. Um dennoch eine gewisse Systematisierung vorzunehmen, soll unter dem Begriff Umweltschutzmarkt die Nachfrage nach und das Angebot von folgenden Gütern und Dienstleistungen verstanden werden:
• Verhinderung bzw. Verminderung von schädlichen Emissionen,
• Schutz vor schädlichen Immissionen,
• Messung und Analyse von Emissionen und Immissionen,
• Erhöhung – falls unausweichlich – der Absorptionskapazität der Umwelt für anthropogene Einwirkungen,
• Behebung von Schäden in der natürlichen Umwelt,
• Sammlung, Transport, Behandlung, Lagerung, Wieder- und Weiterverwendung von Abfallstoffen,
• Einsparung knapper natürlicher Ressourcen bzw. ihre Substitution durch regenerierbare Ressourcen,
• Beratungsleistungen zur Lösung von Umweltproblemen und
• Güter oder Dienstleistungen, die unmittelbar mit dem Einsatz von Umweltschutzeinrichtungen verbunden sind, wie Zubehör und Ergänzungsprodukte.
Anhand statistischer Daten kann belegt werden, dass sowohl im öffentlichen wie auch im privaten Sektor Umweltinvestitionen in den letzten zehn Jahren stark angestiegen sind. So war auf dem deutschen Markt der öffentliche Auftraggeber bisher mit über 60% der wichtigste Abnehmer von Umweltanlagen, Produkten und Dienstleistungen (Mehr Chancen als Risiken..., 1998, S. 6). Interessant ist dabei, dass auch die Auslandsnachfrage nach Umweltschutzgütern und -dienstleistungen, z. B. aus Deutschland, zugenommen hat. Insbesondere in den Ländern der Dritten Welt, den Wachstumsländern in Asien und in den osteuropäischen Ländern besteht ein erheblicher Nachholbedarf was Umweltanlagen und -produkte betrifft (Abb. E 8).

Vor allem im Bereich der Trinkwasseraufbereitung, der Abfallbehandlung und der regenerativen Energien sind zukünftig hohe Wachstumsraten zu erwarten (Abb. E 9).

Weiterhin werden sich die Märkte formieren und weiterentwickeln. Schon heute lassen sich auf dem Weltmarkt einzelne Segmente identifizieren (ebenda, S. 8):
• Deutschland, Japan, die USA, die Schweiz und die Niederlande sind bei der Biotechnologie im Umweltbereich führend.
• Deutschland steht weltweit an der Spitze bei Abluftreinigungs- und Verbrennungstechnologien und bei der Mess-Regel-Analysen- und Automatisierungstechnik.
• Die USA sind führend im Marketing von Umwelttechniken und – gemeinsam mit Japan – im Bereich der Photovoltaik- und Verbundsysteme.
• Deutschland verfügt über sehr gute Kreislaufschließungstechnologien, Meerestechnologien sowie Systemangebote von additiven und integrierten Verfahren, hat diese aber bisher nicht in große Märkte weltweit umsetzen können.

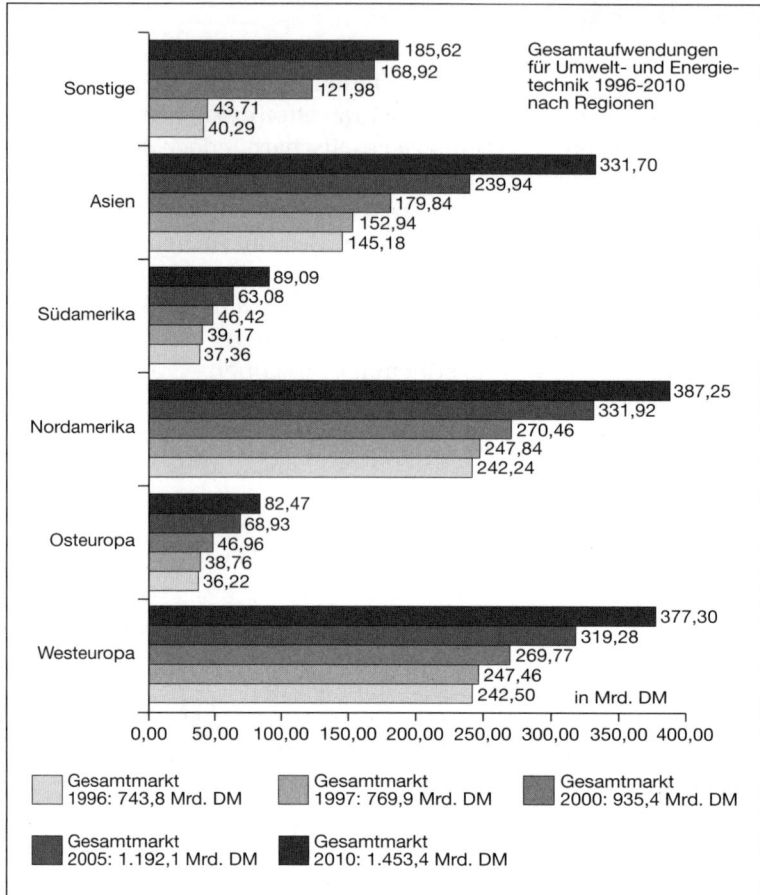

Abb. E 8:
Gesamtauf-
wendungen für
Umwelt- und
Energietechnik
1996 – 2010 nach
Regionen
Quelle:
Mehr Chancen als
Risiken..., 1998,
S. 8; nach
HELMUT KAISER
Unternehmens-
beratung,
Tübingen 1997

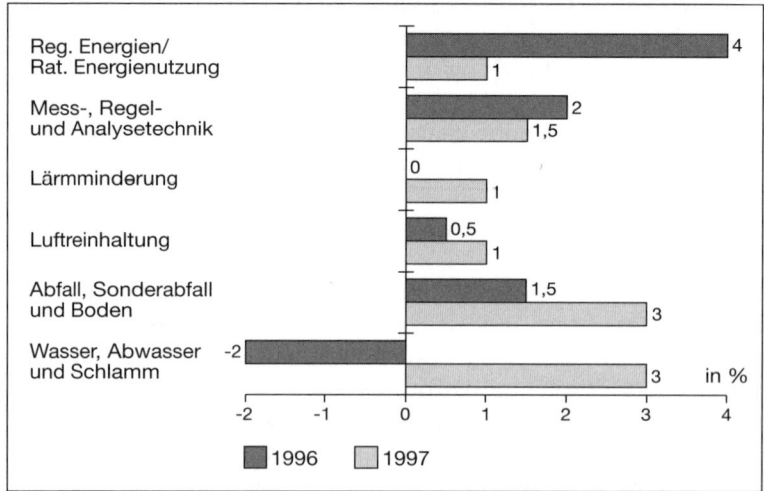

Abb. E 9:
Wachstumsraten
des Umwelt-
marktes in
Deutschland 1996/
Prognose 1997
Quelle:
Mehr Chancen als
Risiken S. 6; nach
HELMUT KAISER
Unternehmens-
beratung,
Tübingen 1997

An dieser Stelle wird deutlich, dass die Umwelttechnik und damit der Umweltmarkt sich im Umbruch befindet. Waren 1990 noch 98 % der Umwelttechniken „End-of-Pipe"-Technologien, waren es 1996 nur noch 92 %. Im Jahre 2000 werden integrierte Methoden, Kreislauf-, Verbund-, Zero-Emissions-Technologien und Substitutionsverfahren weit über 15 % des Marktes einnehmen (ebenda, S. 8). Die Umwelttechnik wird sich also zunehmend auf den Ort des Entstehens von Abfall, Abwasser und Emissionen konzentrieren, um damit umweltschädigende Stoffe und Prozesse schon gar nicht auf die Umwelt einwirken zu lassen. Im Bereich dieser integrierten und additiven Verfahren bieten sich insbesondere für die deutsche Umwelttechnikindustrie große Chancen. Beispielsweise sind die deutschen Anbieter in der Chemie führend in den Bereichen Membranverfahren und Stoffstrommanagement sowie im Bereich Wasser- und Abwasserbehandlung in der Pharmazeutischen Industrie.

Probleme ergeben sich für die Umwelttechnikindustrie jedoch insbesondere bei der Internationalisierung. So liegt der Internationalisierungsgrad der deutschen Industrie im Umwelttechnikbereich noch unter 10 %. Einige wesentliche Gründe hierfür sind:

- Fehlende Referenzen und zu geringe internationale Erfahrungen,
- Probleme im internationalen Marketing,
- Kostendruck in den Zielländern durch starken Wettbewerb,
- fehlende langfristige Liquidität, vor allem in kleinen und mittelständischen Unternehmen für die Realisierung von größeren Projekten,
- fehlende Kapazitäten in der Forschung und Entwicklung,
- fehlendes Investitions- und Risikokapital,
- mangelnde Bereitschaft zur Kooperation mit anderen Unternehmen, Behörden und Akteuren vor Ort und
- die mangelnde Bereitschaft, die Betreibung und den Service der betreffenden Anlagen im Ausland zu übernehmen.

Will man die künftige Marktentwicklung auf dem Umweltschutzsektor beurteilen, so sind zunächst die Bestimmungsfaktoren der Nachfrage herauszuarbeiten. Die Umweltschutzgesetzgebung ist dabei ein wichtiger Bestimmungsfaktor für die Nachfrageentwicklung. Es zeigt sich also, dass der Staat einen erheblichen Einfluss auf die Nachfrage nach Umweltschutzgütern und -dienstleistungen hat. Nicht nur Umfang und Intensität der Nachfrage, sondern auch ihre technologische Ausrichtung werden damit von der Umweltschutzgesetzgebung geprägt. Ziel der Umweltpolitik ist es, „den Zustand der Umwelt so zu erhalten und zu verbessern, dass bestehende Umweltschäden vermindert und beseitigt, Schäden für Mensch und Umwelt abgewehrt, Risiken für Menschen, Tiere und Pflanzen, Natur und Landschaft, die Umweltmedien Luft, Wasser und Boden sowie Sachgüter minimiert, Freiräume für die Entwicklung der künftigen Generationen sowie Freiräume für die Entwicklung der Vielfalt wildlebender Arten und Landschaftsräume erhalten bleiben und erweitert werden" (Bundesumweltministerium..., 1992, S. 75). Zum Erreichen dieser Ziele orientiert sich die Umweltpolitik an drei Grundprinzipien:

- dem Verursacherprinzip,
- dem Vorsorgeprinzip und
- dem Kooperationsprinzip.

Ein Hauptaugenmerk in der Umweltpolitik richtet sich bislang auf das Verursacherprinzip. Laut dem Umweltbericht von 1976 (Bundesregierung..., 1976) wird am ehesten eine sinnvolle und schonende Nutzung der Naturgüter erreicht, wenn die Kosten zur Vermeidung, zur Beseitigung oder zum Ausgleich von Umweltbelastungen dem Verursacher zugerechnet werden. Zur Durchführung stehen dem Gesetzgeber verschiedene Instrumente zur Verfügung. Die wichtigsten sind Umweltabgaben, Umweltauflagen in Form von Ge- und Verboten, Benutzervorteile und Umweltlizenzen bzw. -zertifikate. So kann der Gesetzgeber umweltschädliche Aktivitäten teurer machen, umweltverbessernde verbilligen und den Verursacher zur Haftung und zu Sanierung von Altlasten verpflichten. Das Hauptproblem bei der Umsetzung dieses Prinzips ist die Ermittlung der Verursacher, besonders dann, wenn die Schädigung der Umwelt weit zurückliegt, der Verursacher nicht mehr existiert oder nicht mehr zu ermitteln ist bzw. es mehrere Verursacher sind.

Die neben dem Verursacherprinzip wichtigste Leitlinie der Umweltpolitik in der Bundesrepublik Deutschland ist das Vorsorgeprinzip. Laut dem Umweltbericht von 1976 reicht es nicht, schon entstandene Schäden zu beseitigen, sondern ist es viel wichtiger, „die Naturgrundlagen schützend und schonend in Anspruch zu nehmen" (ebenda, S. 26) und Umweltgefahren zu vermeiden. Entwicklungen, die in Zukunft zu Umweltbelastungen führen können, sollen verhindert werden, also die Umwelt für die nächsten Generationen erhalten werden, Umweltschäden sollen gar nicht erst entstehen. Während das Verursacherprinzip lediglich ein Kostenzurechnungsprinzip ist, bestimmt das Vorsorgeprinzip den Inhalt der Umweltpolitik. Vertreter des Vorsorgeprinzips fordern für die Zukunft eine verstärkte Umsetzung ihrer Vorstellungen, weil sich in der Vergangenheit gezeigt hat, dass viele Umweltgefahren wissenschaftlich nicht genau vorhergesagt werden können und so unterschätzt werden. Beispiele hierfür sind das Waldsterben und die Nitratanreicherung im Grundwasser.

Als dritte Leitlinie der Umweltpolitik gilt das Kooperationsprinzip. Auch dieses ist im Umweltbericht von 1976 erwähnt. Danach besteht die Auffassung, dass sich nur aus „der Mitverantwortlichkeit und der Mitwirkung der Betroffenen ein ausgewogenes Verhältnis zwischen individuellen Freiheiten und gesellschaftlichen Bedürfnissen ergeben kann" (ebenda, S. 26). Jeder Einzelne soll also zusammen mit den eigentlich Verantwortlichen und der Regierung aktiv an der Beseitigung und Vermeidung von Umweltschäden beteiligt sein. Zum einen sollen die umweltpolitischen Entscheidungsträger bei der Definition und Durchsetzung ihrer Ziele unterstützt werden, zum anderen soll das Umweltbewusstsein bei der Bevölkerung gestärkt und die Aufklärung verbessert werden.

Über lange Zeit wurde das Verursacherprinzip als sinnvollster und wirksamster Grundsatz der Umweltpolitik betrachtet und behinderte so die Findung neuer Leitlinien. Dies lag vor allem daran, dass nicht der Staat, sondern der Verursacher die Verantwortung trägt, und die Regierung lediglich Gestalter ökologischer Rahmenbedingungen ist. In der Praxis hat sich gezeigt, dass das Verursacherprinzip in seiner Wirkung oft eingeschränkt ist. Neben den schon genannten Problemen in Bezug auf die Wirkung bei der Durchführung, können die Instrumente des Verursacherprinzips (z.B. Ge- und Verbote) auch zu einer Überbürokratisierung oder Innovationsfeindlichkeit der Umweltpolitik führen. Die Umweltpolitik muss in der

Zukunft noch mehr als eine Querschnittsaufgabe verstanden werden, die alle genannten Grundsätze und Prinzipien mit einbezieht. Es reicht in der Zukunft nicht aus, den Verursacher eines Umweltschadens zur Verantwortung zu ziehen, sondern in erster Linie müssen Umweltschäden sowohl von Seiten der Industrie als auch von Seiten der Gesellschaft vermieden werden.

3.4 Betriebliche Umweltmanagementsysteme

Das betriebliche Umweltmanagement hat in den letzten Jahren durch das sog. EU-Öko-Audit sowie andere vergleichbare internationale und nationale Normenwerke wesentliche Entwicklungsimpulse erhalten. Hier scheint eine Entwicklung eingeleitet, die auf längere Sicht wichtige raumwirksame Akteure veranlassen könnte, ihre Beziehungen zur natürlichen und gesellschaftlichen Umwelt auf durchgreifende Weise neu zu ordnen. Diese neuen ökonomischen Instrumente im Bereich des Umweltschutzes setzen verstärkt auf die Eigenverantwortung sowohl der produzierenden Wirtschaftsunternehmen als auch auf die Eigenverantwortung der Endverbraucher. Ziel dieser marktkonformen Instrumente ist es, Rahmenbedingungen für die ökologische Selbstverantwortung der Unternehmen und ihre Wirtschaftsweise zu setzen, und zwar so, dass umweltorientierte Unternehmensführung und ökologisch verantwortliches Wirtschaften sich auch betriebswirtschaftlich lohnen (HOPFENBECK 1995).

3.4.1 Das Beispiel des EU-Öko-Audits

Am 29. Juni 1993 hat der Rat der Europäischen Gemeinschaft die „Verordnung über die freiwillige Beteiligung gewerblicher Unternehmen an einem Gemeinschaftssystem für das Umweltmanagement und die Betriebsprüfung" verabschiedet (EWG-Verordnung Nr. 1836/93). Ziel des Systems ist nach Art. 1, Abs. 2 dieser Verordnung die Förderung der kontinuierlichen Verbesserung des betrieblichen Umweltschutzes im Rahmen der gewerblichen Tätigkeiten durch:

*   Festlegung und Umsetzung standortbezogener Umweltpolitik, -programme und -managementsysteme durch die Unternehmen,
*   systematische, objektive und regelmäßige Bewertung der Leistung dieser Instrumente,
*   Bereitstellung von Informationen über den betrieblichen Umweltschutz für die Öffentlichkeit.

Seit April 1995 können gewerbliche Unternehmen freiwillig am Öko-Audit-System teilnehmen. In den Unternehmen soll ein Umweltmanagementsystem aufgebaut, Umweltpolitik und Umweltziele entwickelt und umgesetzt und damit miteinander verknüpfte Maßnahmen im Bereich des betrieblichen Umweltschutzes (Umweltprogramm) durchgeführt werden. Dieses betriebliche Umweltmanagementsystem soll dabei regelmäßigen Umweltbetriebsprüfungen unterliegen. Weiterhin soll durch die Veröffentlichung einer Umwelterklärung die Transparenz der betrieblichen Aktivitäten und damit die Glaubwürdigkeit des Unternehmens erhöht werden. Die Unternehmen verpflichten sich zum einen, alle einschlägigen Umweltvor-

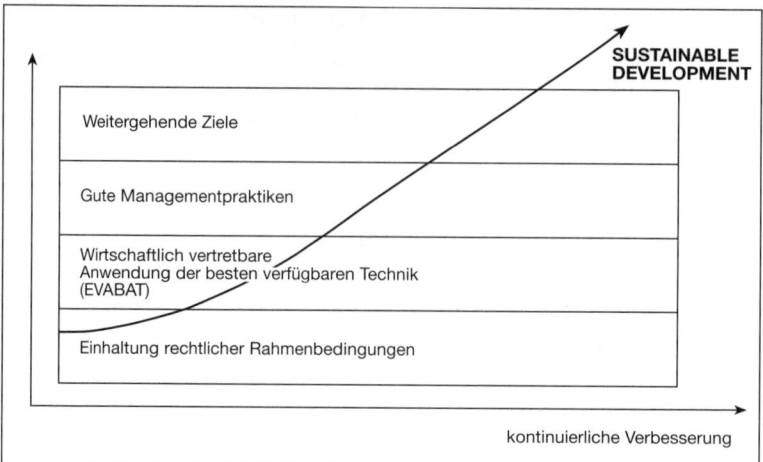

SUSTAINABLE DEVELOPMENT

Weitergehende Ziele

Gute Managementpraktiken

Wirtschaftlich vertretbare Anwendung der besten verfügbaren Technik (EVABAT)

Einhaltung rechtlicher Rahmenbedingungen

kontinuierliche Verbesserung

Abb. E 10: Anforderungen der EU-Umwelt-Audit-Verordnung an den betrieblichen Umweltschutz Quelle: HOPFENBECK 1995, S. 33

schriften einzuhalten, und zum anderen den betrieblichen Umweltschutz gemäß ihrer unternehmensspezifischen Umweltpolitik kontinuierlich zu verbessern. Im gleichen Rahmen sollen Unternehmen die Beziehungen zu verschiedenen Betroffenen und Anspruchsgruppen sowohl im Unternehmen selbst durch umweltorientiertes Management als auch im Umfeld des Standorts durch konstruktive Dialoge weiterentwickeln.

Die Durchführung eines Öko-Audits nach der EU-Verordnung gliedert sich in sieben Schritte. Zu Beginn wird die Umweltpolitik des Unternehmens festgelegt. In der Regel handelt es sich dabei um Handlungsgrundsätze und Gesamtziele, die in sogenannten Umweltleitlinien festgeschrieben werden und dem betrieblichen Umweltschutz somit einen Rahmen setzen. Eine der wichtigsten und arbeitsintensivsten Projektphasen ist die Umweltprüfung. Sie umfasst die systematische Erfassung aller umweltrelevanten Daten des jeweils zu auditierenden Standorts und sollte in der Regel in Form einer betrieblichen Input-/Outputanalyse durchgeführt werden. Das gesammelte Datenmaterial wird anschließend nach ökologischen Gesichtspunkten bewertet, aber auch unter ökonomischen Kriterien analysiert, um Schwachstellen aufzudecken sowie Verbesserungsmaßnahmen beschließen zu können. Die Ergebnisse der Umweltprüfung sind die Basis bei der Erstellung des Umweltprogramms. Aus einem Katalog möglicher Umweltschutzaktivitäten werden die für den Betrieb wichtigsten Maßnahmen ausgewählt. Festzulegen sind auch der zeitliche Rahmen und die Verantwortung der Betriebsangehörigen bei der praktischen Umsetzung. Voraussetzung für einen effektiven Umweltschutz ist ein funktionierendes Umweltmanagementsystem, das die Aufbau- und Ablauforganisation des betrieblichen Umweltschutzes festlegt. Die Funktionsfähigkeit des Umweltmanagementsystems wird regelmäßig (mindestens alle drei Jahre) im Rahmen einer Umweltbetriebsprüfung durch einen externen Gutachter untersucht. Die wesentlichen Aspekte der vorangegangenen Schritte werden in einer Umwelterklärung zusammengefasst, die in Form eines Umweltberichts veröffentlicht wird. Bei der anschließenden Zertifizierung überprüft ein zugelassener Umweltgutachter die Durchführung und bestätigt die Gültigkeit der Umwelterklärung. Damit kann der Standort registriert und die Teilnahmeerklärung, das sog. Öko-Label der EU, auf dem Briefkopf des Unternehmens genutzt werden. Die Abbildung E 11 zeigt nochmals die einzelnen Schritte des Ablaufs zur Teilnahme am EG-Öko-Audit-System in ihrem Zusammenhang.

Dass die EU-Öko-Audit keine lästige Auflage ist, lässt sich daran erkennen, dass viele Unternehmen zum Beispiel in großformatigen Anzeigen ihr auf diese Weise anerkanntes Umweltmanagementsystem herausstellen. Die Zertifizierung wird zu einem wirksamen Wettbewerbsargument, da bald offensichtlich geworden sein wird, welche Unternehmen zu den Pionieren und welche zu den Nachzüglern oder gar Bremsern gehören. Umweltbewusstes Handeln im Betrieb kann daneben aber auch zu erheblichen Kosteneinsparungen führen. So kann der Verbrauch an Energie, Wasser und Materialien zum Teil erheblich verringert werden.

Fasst man die positiven Auswirkungen der Öko-Auditierung zusammen, dann lassen sich auf verschiedenen Gebieten zum einen kurzfristige Nutzen und zum andern langfristige Nutzen unterscheiden. Kurzfristig lassen sich in den Unternehmen Rationalisierungs- und Kosteneinsparungspotentiale sowie Marketingvorteile verwirklichen. Betrachtet man die Vorteile auf lange Sicht, ergeben sich für die teil-

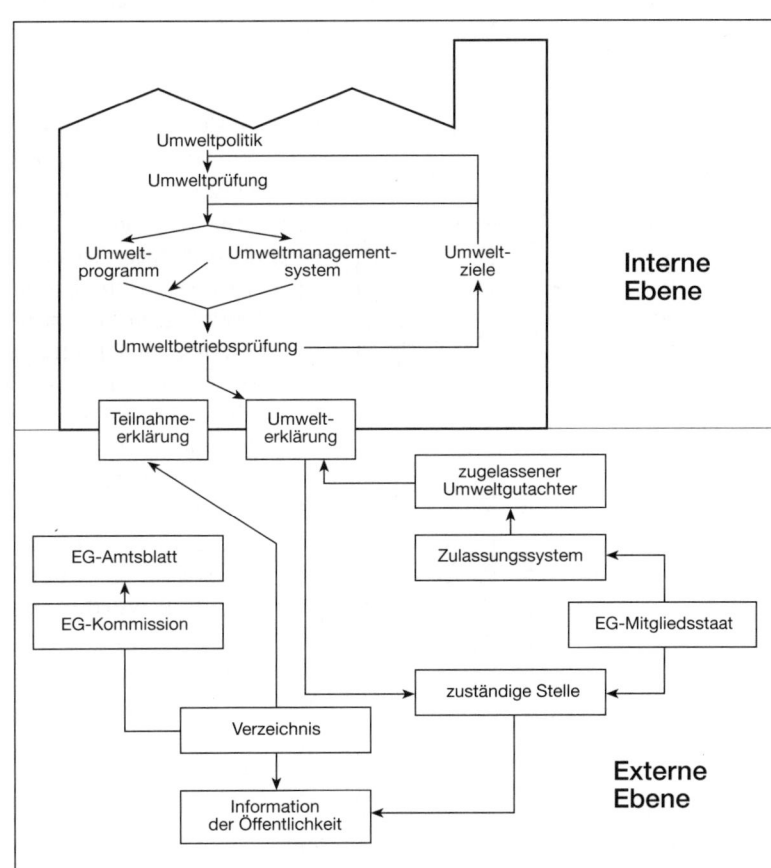

Abb. E 11:
Ablaufschema zur
Teilnahme am EG-
Öko-Audit-System
in einzelnen Schrit-
ten
Quelle:
HOPFENBECK
1995, S. 36

Umweltschutz und Unternehmensziele
Von je 100 Unternehmern meinen, daß Umweltschutz folgende Unternehmensziele fördert:

Ansehen in der Öffentlichkeit

Mitarbeiter-motivation 87
Existenz 72
Kunden- und Marktorientierung
Wettbewerbs-fähigkeit
Angebotsqualität
Unternehmens-wachstum 60 63 58 Konkurrenzsituation
Umsatz
44 46 52 51 44 Marktanteil
28 Gewinn
© Globus Mehrfachnennungen 1919

Abb. E 12: Umweltschutz und Unternehmensziele
Quelle: Globus Info-Grafik

nehmenden Betriebe Wettbewerbs-vorteile, Kommunikationspotentiale, Risikominimierungen und Kostenver-meidungseffekte (Abb. E 12).

Bis Mai 1996 war die Zahl der am EU-Öko-Audit-System teilnehmenden Unternehmensstandorte in Deutsch-land auf 205 angestiegen (VOLLMER / BRAUN / SOYEZ 1996, S. 534). Unter diesen befinden sich sowohl Standorte von Großunternehmen als auch solche klei-ner und mittlerer Unternehmen. Die teilnehmenden Unternehmensstand-orte spiegeln ein breites Branchenspek-trum wider, wobei die Industriezweige Nahrungs- und Genussmittel, Elektrotechnik und Elektronik sowie die Hersteller von chemischen und pharmazeutischen Erzeugnissen mit je knapp einem Fünftel der va-lidierten Standorte überrepräsentiert sind. In räumlicher Hinsicht bilden vor allem die industriereichen Flächenländer Nordrhein-Westfalen (29 %), Bayern (18 %), Baden-Württemberg (17 %) und Hessen (13 %) deutliche Schwerpunkte (Abb. E 13).

Neben der Teilnahme am EU-Öko-Audit-System haben Unternehmen aber auch die Möglichkeit, Umweltmanagementsysteme nach anderen internationalen oder nationalen Normen aufzubauen. Während die EU-Verordnung und andere mögliche Zertifizierungsmöglichkeiten grund-sätzlich ähnliche oder annähernd glei-che Ziele verfolgen, bestehen bei den konkreten Anforderungen durchaus Unterschiede. So haben Unternehmen bzw. Gutachter zum Teil einen breiten Auslegungsspielraum und die Umwelt-erklärungen weisen sehr unterschiedli-che Qualität auf. Neben anspruchsvol-len Gesamtdarstellungen stehen mini-malistisch durchgeführte Ersteinschät-zungen, deren Funktion kaum über Imagebroschüren hinausgeht. Ein wei-teres gravierendes Defizit muss darin gesehen werden, dass im Mittelpunkt des Interesses nicht etwa funktional zu-sammenhängende Wertschöpfungsket-

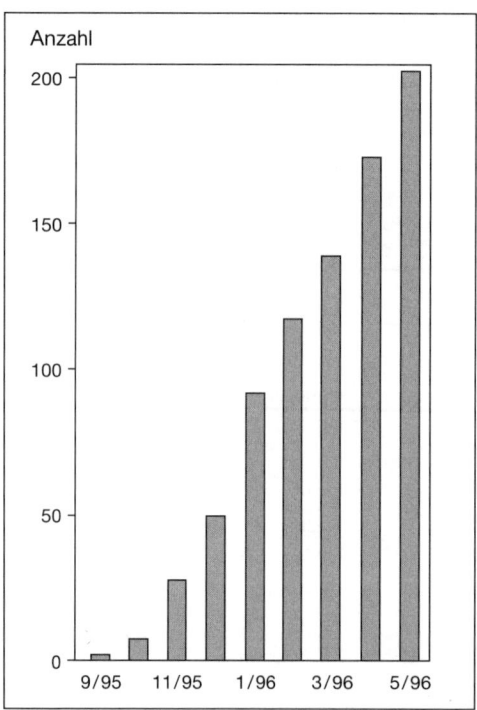

Abb. E 13:
Entwicklung der Standortregistrierung nach der Öko-Audit-Verordnung in Deutschland
Quelle:
VOLLMER / BRAUN / SOYEZ 1996, S. 534

ten oder -systeme stehen, sondern Einzelstandorte. Des Weiteren wird praktiziert, den deutschen Standort mit Erfolg zertifizieren zu lassen, wohingegen umweltkritische Produktionsschritte ins Ausland verlagert worden sind.

Umweltmanagementsysteme werden in der Zukunft noch verstärkt eine wichtige Komponente wirtschaftlicher und gesellschaftlicher wie auch ökologischer Aktivitäten darstellen und zugleich das räumliche Verhalten der an diesen Verfahren Beteiligten durchgreifend prägen.

3.4.2 Das Beispiel der Ökobilanzen

Zum Abschluss der Darstellungen soll noch neben den Forderungen an die Umweltpolitik der Aspekt der Erfassung von Umweltrisiken angesprochen werden. Dies ist allein schon deshalb notwendig, weil die Bewertung ökologischer wie auch unternehmerischer Risiken mit einer Reihe von Problemen und von höchst unterschiedlicher Risikowahrnehmung und -akzeptanz behaftet ist.

Die häufig von Unternehmen angewandten Informations- und Entscheidungsinstrumente sind Ökobilanzen. Mit diesem Instrument können alle von einem Unternehmen ausgehenden Umweltwirkungen transparent gemacht werden. So können ökologisch-ökonomische Schwachstellen im Betrieb aufgedeckt oder kritische Stoffe und Emissionen ermittelt werden. Es handelt sich um Gegenüberstellungen von eingesetzten Stoffen (und Energien) und im Betrieb entstehenden Produkten (und Emissionen) in ihren physikalischen Einheiten. Die Bilanzen (nach dem Prinzip der Input-Output-Rechnung) kann man auch als „doppelte Buchführung" verstehen, bei der nicht, wie bei der einfachen Buchführung, nur die Zu- und Abgänge in chronologischer Reihenfolge notiert werden, sondern immer zwei oder mehr Konten sämtliche Prozesse gegenüberstellen. Die Daten können dabei unterschiedlich sortiert werden, z.B. nach der Gefährlichkeit der Stoffe.

Diese Form der Darstellung der Stoff- und Energieflüsse ist besonders einfach in ein bestehendes Managementsystem mit Buchführung der Geldströme integrierbar – worin auch die häufige Verwendung dieser Bilanzmethode mitbegründet ist. Der Grundgedanke dieser Rechnung ist die Annahme, dass alle Stoffe und Energien erhalten bleiben und nur in andere Formen und Zustände umgewandelt werden. Man unterscheidet drei Bilanzierungsarten:

1. Betriebsbilanzen sind Input-Output-Analysen des Gesamtunternehmens. Hier sind z.B. auch die Bereiche Verwaltung und Fuhrpark mit eingeschlossen. Auf die einzelnen Vorgänge im Betrieb wird dabei nicht speziell eingegangen (Black-Box-Modell des Unternehmens – vgl. Übersicht E 1).
2. Mit Prozessbilanzen können einzelne Vorgänge im Betrieb erfasst werden. Dazu ist es notwendig, den Gesamtprozess in deutlich differenzierte Teilprozesse zu zerlegen. Vor der Erstellung solcher Prozessbilanzen sollte eine Ablaufanalyse der betrachteten Prozesse in Form eines Flussdiagramms angefertigt werden, um Überschneidungen und Doppelerfassungen zu vermeiden.
3. Auch Produkte lassen sich bilanzieren. In Produktbilanzen (Produktlinienanalyse) betrachtet man Stoff- und Energieströme, die mit Produktion, Nutzung und Entsorgung der Produkte verbunden sind (Abb. E 14). Hierdurch werden auch Betrachtungen über den Betrieb hinaus möglich.

Input	Output
Input	**Output**
Rohstoffe (alle Stoffe, die unmittelbar in das Produkt eingehen	Produkte (selbsterstellte Produkte, Produktgruppen)
Betriebsstoffe (erforderlich für die Produktion, gehen aber nicht in das Produkt ein)	Abfälle (Produktionsrückstände, die entsorgt oder wiederverwertet werden müssen)
Hilfsstoffe (Stoffe, die in das Produkt eingehen, aber nur eine Hilfsfunktion erfüllen)	gasförmige Emmissionen (die in die Luft entweichen)
Halbfabrikate (zugekaufte oder selbst erstellte Baugruppen oder Teile)	
Handelsware (zugekaufte Ware, die keinem Produktionsprozess unterzogen wird)	Handelsware (s. Input)
Energie (differenziert nach Energieträgern)	
Wasser (ökologisch bedeutend, wird daher separat ausgewiesen)	Abwasser

Übersicht E 1: Mögliche Input-Output-Größen in einer Betriebsbilanz
Quelle: eigene Darstellung; nach STOLTENBERG / FUNKE 1996, S. 221

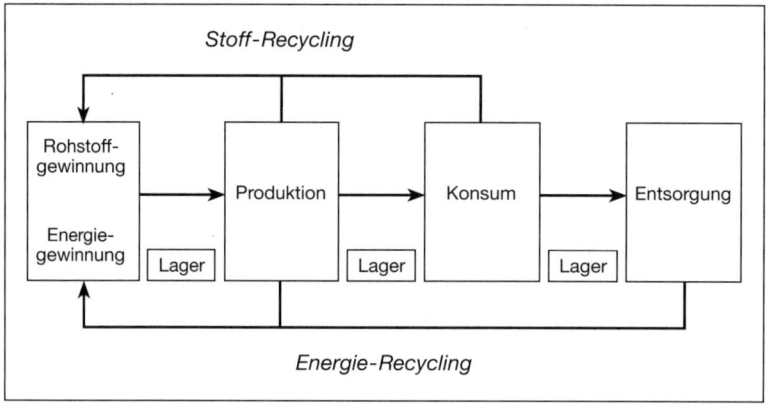

Abb. E 14:
Vereinfachte
Darstellung des
Lebenswegs eines
Produkts
Quelle:
STOLTENBERG / FUNKE
1996, S. 221

Quellen zum Teil E

BECKER, G. S.: Human capital a theoretical and empirical analysis with special
   reference to education, Chicago 1983
BLANKE, B.: Perspektiven der kommunalen Sozialpolitik. In: Ministerium für Arbeit,
   Gesundheit und Soziales des Landes Nordrhein-Westfalen (Hrsg.): Zukunft des
   Sozialstaates. Leitideen und Perspektiven für eine Sozialpolitik der Zukunft,
   Düsseldorf 1994
BLIEN, U.: Arbeitsmarktprobleme als Folge industrieller Monostrukturen. Das Bei-
   spiel der Region Schweinfurt. In: Raumforschung und Raumordnung,
   H. 6 / 1993, S. 347 – 356
Bundesregierung: Umweltbericht 1976, Fortschreibung des Umweltprogramms der
   Bundesregierung vom 14. Juli 1976, Stuttgart 1976
Bundesumweltministerium: Umweltschutz in Deutschland, Bonn 1992

Daimler-Benz AG: Was übrig bleibt, wenn ein Mercedes-Fahrer seinen Mercedes von
   Mercedes wieder verwerten läßt, Stuttgart o. J.
DERENBACH, R.: Qualifikation und Innovation als Strategie der regionalen
   Entwicklung. In: Informationen zur Raumentwicklung, H. 6 – 7 / 1982
DITTMEIER, V. / JAROSCH, D.: Strukturen und Prozesse im Handwerk der Stadt
   Schwabach, H. 162 der Arbeitsmaterialien zur Raumordnung und Raumplanung,
   Bayreuth 1997

Europäische Kommission: Wachstum, Wettbewerbsfähigkeit, Beschäftigung.
   Herausforderungen der Gegenwart und Wege ins 21. Jh. Weißbuch, Luxemburg 1994

Forschungsinstitut der Friedrich-Ebert-Stiftung, Abt. Wirtschaftspolitik (Hrsg.):
   Beschäftigungsmöglichkeiten für niedrig Qualifizierte,
   Wirtschaftspolitische Diskurse, Nr. 80, Bonn 1995

GERGERT, J.: Umweltökonomie: Investitionen, Standortentscheidungen und
   Arbeitsmärkte am Beispiel einzelnder Industriegruppen Südwestdeutschlands,
   Berlin u. a. 1990
GUNDLACH, E.: The role of human capital in economic groth, new results and
   alternative interpretations, Kiel 1994

HOPFENBECK, W.: Öko-Audit: der Weg zum Zertifikat, Landsberg a. Lech 1995

JARMER, ST.: Arbeitnehmerüberlassung als Ansatz einer intrakommunalen
   integrativen Arbeitsmarktpolitik, dargestellt an ausgewählten Fallbeispielen,
   unveröff. Diplomarbeit an der Universität Bayreuth, Bayreuth 1997

KARL, R.: Regionale Wirkungsanalyse eines Industriebetriebes im ländlichen Raum –
   das Beispiel der Cherry Mikroschalter GmbH in Auerbach / Oberpfalz, H. 96 der
   Arbeitsmaterialien zur Raumordnung und Raumplanung, Bayreuth 1990
KEYNES, J.: The general theory of employment, interest and money, London 1936

270

KLEMMER, P.: Gemeinschaftsaufgabe „Verbesserung der regionalen Wirtschaftsstruktur". In: Akademie für Raumforschung und Landesplanung (Hrsg.):
Handwörterbuch der Raumordnung, Hannover 1995, S. 395 – 397

LEUNINGER, ST.: Anwendung umweltschonender Produktionsprozesse in Industriebetrieben und Folgerungen für eine umweltorientierte Regionalpolitik, H. 149
der Arbeitsmaterialien zur Raumordnung und Raumplanung, Bayreuth 1996
LUDWIG, J.: Bedeutung des Weinbaus für eine Region – die Beispiele Steigerwald,
Heilbronn und Bad Dürkheim, H. 171 der Arbeitsmaterialien zur Raumordnung
und Raumplanung, Bayreuth 1998

MAIER, J.: Industriegeographie. In: Harms Handbuch der Geographie Sozial- und
Wirtschaftsgeographie, Bd. 3, München 1984
MEFFERT, H. / BRUHN, M. / WALTHER, TH.: Marketing und Ökologie - Chancen und
Risiken umweltorientierter Absatzstrategien der XXX. In: DRW 466 / 1982, S. 144
[ohne Autor]: Mehr Chancen als Risiken – Produktintegrierter Umweltschutz
gewinnt weltweit an Bedeutung. In: UmweltMarkt von A – Z ´98. Ein Sonderband
des UmweltMagazin, Würzburg 1998

NÜSSGENS, K. H.: Umweltschutz als eine Führungsaufgabe – ein Leitfaden für mittelständische Betriebe, Köln 1991

Pädagogische Arbeitsstelle des Deutschen Volkshochschul-Verbandes e. V. (Hrsg.):
Arbeitsmarktpolitik im Umbruch. Neue Wege der Beschäftigung, Qualifizierung
und Umschulung von Arbeitslosen: Dokumentation einer Veranstaltungsreihe,
Bonn 1992

RETTIG, R.: Multiplikatoren. In: Handwörterbuch der Wirtschaftswissenschaften,
Stuttgart, New York 1980, S. 289
RRV-Gesellschaft für Raumanalysen, Regionalpolitik und Verwaltungspraxis mbH:
Entwicklungsgutachten für den Landkreis Bad Kissingen, Bayreuth 1991

SENGENBERGER, W.: Struktur und Funktionsweise von Arbeitsmärkten: die Bundesrepublik Deutschland im internationalen Vergleich. Arbeiten aus dem Institut
für Sozialwissenschaftliche Forschung, Frankfurt am Main / New York 1987
STOLTENBERG, U. / FUNKE, M.: Betriebliches Ökocontrolling, Wiesbaden 1996

VOLLMER, S. / BRAUN, B. / SOYEZ, D.: Umweltmanagementsysteme aus
geographischer Sicht. In: Geographische Rundschau, H. 9 / 1996, S. 533 – 535

WEBER, J.: Der Unternehmer als Entscheidungsträger regionaler Arbeitsmärkte,
Bd. 2 der Bayreuther Geowissenschaftlichen Arbeiten, Bayreuth 1980 / 81
WICKE, L.: Umweltschutzmanagement. In: Umwelt und Energie, Handbuch für die
betriebliche Praxis, Freiburg 1996
WMO World Meteorological Organization: International meteorological vocabulary,
Genf 1966, 2. Aufl. 1971

Weiterführende Literatur (soweit nicht bereits als Quellen verzeichnet)

ABRAHAMSEN, Y. / KAPLANEX, H. / SCHIPS, B.: Arbeitsmarkttheorie, Arbeitsmarktpolitik und Beschäftigung in der Schweiz, Grüsch 1986

ADAMS, K. H. / ECKEY, H. F.: Regionale Beschäftigungskrisen in der Bundesrepublik Deutschland. Ursachen und Erscheinungsformen. In: Wirtschafts- und Sozialwissenschaftliches Institut des Deutschen Gewerkschaftsbundes (Hrsg.): WSI-Mitteilungen, Nr. 8 / 1984, S. 474 – 481

ADDEN, P.: Sektoraler Strukturwandel – Theoretische Erklärungsansätze und Strukturanpassungsengpässe in ländlichen zum Teil altindustrialisierten Räumen unter besonderer Berücksichtigung der Branchen Textil und Maschinenbau, H. 142 der Arbeitsmaterialien zur Raumordnung und Raumplanung, Bayreuth 1995

AFHELD, H., u. a.: Gewerbeentwicklung, Gewerbepolitik in der Großstadtregion, Gerlingen 1987

Alfred Herrhausen Gesellschaft für Internationalen Dialog (Hrsg.): Arbeit der Zukunft, Zukunft der Arbeit, Stuttgart 1994

AMM, F.: Sicherung von Branchenstrukturen durch regionales Marketing – Das Beispiel der oberfränkischen Glas-, Porzellan- und Keramik-Branche, Bayreuth 1996

Arbeitsamt München: Presseinformation des Arbeitsamtes München vom 30.10.1996, München 1996

ARING, J. / BUTZIN, B., u. a.: Krisenregion Ruhrgebiet? Alltag, Strukturwandel und Planung, Oldenburg 1989

BADE, F.-J.: Über den Einfluß von Großbetrieben auf die regionale Wirtschaftsstruktur. In: Internationales Institut für Management und Verwaltung, Wissenschaftszentrum Berlin, Berlin 1987, S. 79 – 114

BADE, F.-J.: Expansion und regionale Ausbreitung der Dienstleistungen – Eine empirische Analyse des Tertiärisierungsprozesses mit besonderer Berücksichtigung der Städte in Nordrhein-Westfalen. In: Institut für Landes- und Stadtentwicklungsforschung des Landes Nordrhein-Westfalen (Hrsg.): ILS-Schriften, H. 42, Dortmund 1990

BAKIS, H.: IBM Contribution à l'ètude du rôle des grandes entreprises internationales dans l'organisation de l'espace, in: Récherches de Géographie industrielle, Vol. 14, Paris 1974, S. 168 – 223

BARTELS, D.: Zur Eigentumsverflechtung der Kapitalgesellschaften. In: Wirtschaft zwischen Nord- und Ostsee, Kiel 1982, S. 14 – 16

BATHELT, H.: Der Einfluß von Flexibilisierungsprozessen auf industrielle Produktionsstrukturen am Beispiel der Chemischen Industrie. In: Erdkunde, H. 49 / 1995, S. 176 – 196

BATZER, E.: Handwerk vor neuen Herausforderungen. In: Ifo-Institut für Wirtschaftsforschung (Hrsg.): ifo-schnelldienst, H. 8 / 1990, S. 9 – 16

Bayerisches Staatsministerium für Landesentwicklung und Umweltfragen: Dynamische Entwicklung und Strukturanpassung des Handwerks in allen bayerischen Regionen. In: Daten & Karten 14 / 1997, München 1997

Bayerisches Staatsministerium für Wirtschaft und Verkehr: Kooperation und Wettbewerb. Ein Ratgeber für kleine und mittlere Unternehmen, München 1992

BECK, H.: Umweltschutz im Geographie-Unterricht, Köln 1980

BECKE, H. / VOIT, F. W.: Standortverlagerungen von Industriebetrieben aus den Zentren eines Verdichtungsraumes – dargestellt am Beispiel von Nürnberg, Fürth und Erlangen. In: Informationen zur Raumentwicklung, H. 16 / 1973, S. 350 – 372

BECKER, H.: Standortverlagerungen der Industrie in der Region München, Bd. 25 der Münchner Studien zur Sozial- und Wirtschaftsgeographie, Kallmünz / Regensburg 1984

BEHRENS, K. CHR.: Allgemeine Standortbestimmungslehre, Opladen 1971

BERTRAM, H.: Industrieller Wandel und neue Formen der Kooperation. Ein transaktionskostenanalytischer Ansatz am Beispiel der Automobilindustrie. In: Geographische Rundschau, H. 4 / 1992, S. 214 – 229

BERTRAM, H. / SCHAMP, E. W.: Flexible Production and Linkages in the German Machine Tool Industry. In: SMIDT, M. DE / WEAVER, E. (Eds.): Complexes, Formations and Networks, Nederlandse Geografische Studies, 132 / 1991, S. 69 – 80

BIEHLER, H. / BRANDES, W.: Arbeitsmarktsegmenation in der BRD. Theorie und Empirie des dreigeteilten Arbeitsmarktes, Frankfurt am Main / New York 1981

BIEHLER, H. / BRANDES, W. / BUTTLER, F. / GERLACH, K.: Interne und externe Arbeitsmärkte – Theorie und Empirie zur Kritik eines neoklassischen Paradigmas, Beiträge zur Arbeitsmarkt- und Berufsforschung 33 / 1979, S. 102 – 147

BIRK, F. / KANZLER, K. / MAIER, J. / TROEGER-WEISS, G.: Regionale und kommunale Wirtschaftspolitik in Großbritannien und in der Bundesrepublik Deutschland, Bayreuther Geowissenschaftliche Arbeiten, Bd. 17, Bayreuth 1992

BLIEN, U.: Unternehmensverhalten und Arbeitsmarktstruktur – eine Systematik und Kritik wichtiger Beiträge zur Arbeitsmarkttheorie, Berlin 1986

BÖCK, M.: Automobilrecycling – Vernetzung von bestehenden Verwertungsstrukturen zum Zweck der Optimierung des Gebrauchtteilehandels, H. 174 der Arbeitsmaterialien zur Raumordnung und Raumplanung, Bayreuth 1998

BONDUE, J. P.: Le fait non industriel sur le zone industriel. In: L`Information Géographique, H. 2 / 1982, S. 102 – 107

BÖSLER, K.-A.: Geographie und Kapital. In: Geoforum, H. 19 / 1974, S. 3 – 6

BRAUN, K.-H.: Industriestruktur und Unternehmerverhalten unter dem speziellen Einfluß einer staatlichen Grenze, H. 21 der Arbeitsmaterialien zur Raumordnung und Raumplanung, Bayreuth 1983

BRÜCHER, W.: Industriegeographie. Das Geographische Seminar, Braunschweig 1982

BUCH, B.: Die Bedeutung des Instruments Innovationstransfer im Rahmen der Strukturpolitik, dargestellt am Beispiel ausgewählter Transferinstitutionen und mittelständischer Unternehmen des produzierenden Gewerbes in Baden-Württemberg, H. 60 der Arbeitsmaterialien zur Raumordnung und Raumplanung, Bayreuth 1988

BULLINGER, D.: Flächenrecycling – Strategie und Instrumente. In: Informationen zur Raumentwicklung, H. 3 / 1986, S. 195 – 207

Bundesminister für Arbeit und Sozialordnung: Die Standortwahl der Industriebetriebe in der BRD und Berlin (West), Bonn 1977

Bundesministerium für Raumordnung, Bauwesen und Städtebau (Hrsg.):
  Zukunft Stadt 2000 – Bericht der Kommission Zukunft Stadt 2000, Bonn 1993
Bundesministerium für Raumordnung, Bauwesen und Städtebau:
  Raumordnung und Umweltschutz, Bonn 1972
Bundesministerium für Wirtschaft: Wirtschaftliche Förderung in den
  neuen Bundesländern, Bonn 1991

CARLBERG, M.: Theorie der Arbeitslosigkeit: Angebotspolitik versus
  Nachfragepolitik, München 1988
CHECCHINI, P.: Europa 93. Der Vorteil des Binnenmarktes, Baden-Baden 1988
CLEMENS, R. / KAYSER, G. / TENGLER, H.: Standortprobleme kleiner und mittlerer Un-
  ternehmen in strukturschwachen Regionen. Eine empirische Darstellung am
  Beispiel des Wirtschaftsraumes Kassel, Göttingen 1982
CORNETZ, W.: Ökonomische Aspekte des dienstleistungsorientierten Struktur-
  wandels. In: LITTEK, W. / HEISIG, U. / GONDEK, H.-D. (Hrsg.): Dienstleistungsarbeit –
  Strukturveränderungen, Beschäftigungsbedingungen und Interessenlagen,
  Berlin 1991, S. 35 – 52
CUNNINGHAM, S. M.: Multinational enterprises in Brazil.
  In: Professional Geographer, No. 33 / 1981, S. 48 – 62

DAHMEN, F. W.: Das mit "Umwelt" angesprochene Beziehungssystem als Ausgangs-
  punkt der Umweltforschung und Umwelthygiene. In: Berichte und wissenschaft-
  liche Abhandlungen des Deutschen Geographentages in Kassel 1973,
  Wiesbaden 1974, S. 452 – 465
Deutsches Institut für Wirtschaftsforschung: Die Regionen im Europäischen
  Binnenmarkt. In: Wochenbericht des Deutschen Instituts für Wirtschafts-
  forschung, H. 9 / 1991, S. 75 – 83
Deutsch-Polnische Kommission für nachbarschaftliche Zusammenarbeit auf dem
  Gebiet des Umweltschutzes (Hrsg.): Kraftwerke und Tagebaue beiderseits der
  deutsch-polnischen Grenze, Berlin / Warszawa 1995
DICKEN, P. / LLOYD, P. E.: Innermetropolitan industrial change, enterprise
  structures and policy issues: Case studies of Manchester and Merseyside.
  In: Regional Studies, Vol. 122 / 1978, S. 181 – 197
DIEKMANN, J. / KÖNIG, E. M.: Kommunale Wirtschaftsförderung, Köln 1994
DIERKES, M. / ZIMMERMANN, H. (Hrsg.): Wirtschaftsstandort Bundesrepublik.
  Leistungsfähigkeit und Zukunftsperspektiven,
  Frankfurt am Main / New York 1990
DOMRÖS, M.: Luftverunreinigung und Stadtklima im Rheinisch-Westfälischen
  Industriegebiet und ihre Auswirkungen auf den Flechtenbewuchs der Bäume,
  Marburger Geographische Schriften, Marburg 1979
DREYHAUPT, F. J.: Das Emissions-Kataster. In: Umwelt-Report, Frankfurt am Main
  1972, S. 212 – 216

EICKE, H. V. / FEMERLING, CH.: Modular Sourcing – Ein Konzept zur Neugestaltung der
  Beschaffungslogistik, Bd. 24 der Schriftenreihe der Bundesvereinigung Logistik
  e. V., Bremen / München 1991

ELSASSER, H.: Die betriebliche Standortspaltung in der schweizerischen Industrie. In: Plan, H. 6 / 1969, S. 215 – 216

ELSNER, G.: Industriestrukturen im peripheren Raum – das Beispiel Oberfranken, H. 29 der Arbeitsmaterialien zur Raumordnung und Raumplanung, Bayreuth 1985

ENGELEN-KEFER, U.: Arbeitsmarkt und regionale Strukturpolitik. IN: ENGELEN-KEFER, U. / KLEMMER, P.: Abgrenzung regionaler Aktionsräume der Arbeitskräftepolitik, Göttingen 1976, S. 1 – 176

ERLWEIN, T., u. a.: Mittelgroße Industriebetriebe in unterschiedlichen Regionen, Schriftenreihe Raumordnung des Bundesministers für Raumordnung, Bauwesen und Städtebau, Nr. 06.041, Bonn 1980

EWERS, H.-J. / FRITSCH, M.: Die räumliche Verbreitung von computergestützten Techniken in der Bundesrepublik Deutschland: In: BÖVENTER, E. V. (Hrsg.): Regionale Beschäftigung und Technologieentwicklung, Berlin 1989

EWERS, H.-J., u. a.: Regionale Entwicklung durch Förderung kleinerer und mittlerer Unternehmen. In: Schriftenreihe Raumordnung des Bundesministerium für Raumordnung, Bauwesen und Städtebau, Nr. 06.053, Bonn 1984

EWERS, H.-J. / FRITSCH, M. / KLEINE, J.: Bildungs- und qualifikationsorientierte Strategien der Regionalförderung unter besonderer Berücksichtigung kleiner und mittlerer Unternehmen, Bonn 1984

FASSMANN, H.: Arbeitsmarktsegmentation und Berufslaufbahnen. Ein Beitrag zur Arbeitsmarktgeographie Österreichs, Bd. 11 der Beiträge zur Stadt- und Regionalforschung, Wien 1993

FISCHER, W. R.: Die Kapitalkonzentration produzierender Unternehmen in der Bundesrepublik Deutschland, Paderborn / München 1978

FLORE, K.: Zur Frage der Qualität regionaler Arbeitsmärkte. In: Informationen zur Raumentwicklung, H. 7 / 1977, S. 499 – 514

FRANK, H. / WANZENBÖCK, H.: Insolvenzquoten und Entwicklungslinien von geförderten Unternehmensgründungen, Wien 1994

FRANZ, P.: Technologie- und Gründerzentren als Hoffnungsträger kommunaler Wirtschaftsförderung in Ostdeutschland. In: Raumforschung und Raumordnung, H. 1 / 1996, S. 26 – 35

FREUND, B.: Die Suburbanisierung von Betrieben im Rhein-Main-Gebiet. In: Mainzer Kontaktstudium Geographie, Bd. 1 / 1995, S. 45 – 54

FRITSCHE, M. / BRÖSKAMP, A. / SCHWIRTEN, CHR.: Innovationen in der sächsischen Industrie – Erster empirische Ergebnisse, H. 13 der Freiburger Arbeitspapiere, Freiburg 1996

FÜRST, D. / ZIMMERMANN, K.: Unternehmerische Standortwahl und regionalpolitisches Instrumentarium. In: Informationen zur Raumentwicklung, Heft 8 / 1972, S. 205 – 213

GAEBE, W., u. a.: Industrie und Raum, Bd. 3 des Handbuchs des Geographieunterrichts, Köln 1988

GAEBE, W.: Industrie in Verdichtungsräumen, räumliche und zeitliche Unterschiede der Standortbewertung. In: Tagungsberichte und wissenschaftliche Abhandlung des Deutschen Geographentages Mainz 1977, Wiesbaden 1978, S. 192 – 205

GARLICHS, D. / MAIER F. / SEMLINGER, K.: Regionalisierte Arbeitsmarkt- und Beschäftigungspolitik. Arbeitsberichte des Wissenschaftszentrums Berlin – Internationales Institut für Management und Verwaltung / Arbeitsmarktpolitik, Frankfurt am Main, New York 1989

GATZWEILER, H.-P.: Regionalisierte Arbeitsmarktpolitik und Raumordnung. IN: HURLER, P. / PFAFF, M. (Hrsg.): Gestaltungsspielräume der Arbeitsmarktpolitik auf regionalen Arbeitsmärkten, Berlin 1984, S. 25 – 44

GEÁNER, H.-J.: Wasserversorgung und Umweltschutz in der chemischen Industrie – dargestellt am Beispiel der BASF. In: Akademie für Raumforschung und Landesplanung (Hrsg.): Forschungs- und Sitzungsberichte der Akademie für Raumforschung und Landesplanung, Hannover 1973, S. 5 – 165

GEORGII, H. W.: Die lufthygienisch-meteorologische Modelluntersuchung im Untermaingebiet. In: Umwelt-Report, Frankfurt 1972, S. 216 – 221

GERTLER, M. S.: Implementing Advanced Manufacturing Technologies in Mature Industrial Regions: Towards a Social Model of Technology Production. In: Regional Studies 27 / 1993, S. 665 – 680

GERTH, E.: Vorwort. In: MÜLLER, K.: Standortprobleme des Handwerks – Ein Literaturführer, H. 10 der Göttinger handwerkswirtschaftlichen Arbeitshefte, Göttingen 1983

GLEBE, G.: Das Handwerk in den citynahen Misch- und Wohngebieten der Stadt Düsseldorf. In: Zeitschrift für Wirtschaftsgeographie, H. 7 / 1976, S. 215 – 220

GRABOW, B.: Neue Produktionstechnologien und Raumentwicklung. In: SCHÖN, K. P. (Hrsg.): Stadtentwicklung und technologische Innovation, Bielefeld 1988

GREENFIELD, S. M. / STRICKON, A.: A new paradigm for the study of entrepreneurship and social change. In: Economic development and culturel change, No. 3 / 1981, S. 467 – 499

GRISKE, K.-D. / LOHMEYER, J.: Außerökonomische Faktoren und Beschäftigung, Gütersloh 1990

GROTZ, R. / BRAUN, B.: Spatial aspects of technology oriented networks: examples from the German mechanical engineering industry. In: H. 3 der Bonner Beiträge zur Geographie, Bonn 1996

GROTZ, R.: Entwicklung, Struktur und Dynamik der Industrie im Wirtschaftsraum Stuttgart, eine industriegeographische Untersuchung. Stuttgarter Geographische Studien, Bd. 82, Stuttgart 1971

GROTZ, R.: Technologische Erneuerung und technologieorientierte Unternehmensgründungen der Industrie in der BRD. In: Geographische Rundschau, H. 5 / 1989, S. 266 – 272

GUDGIN, G.: Industrial linkages and the dual economy: the case of northern Ireland. In: Regional Studies, Bd. 12 / 1978, S. 167 – 180

GÜRTLER, J. / NERB, G.: Erwartete Auswirkungen des Europäischen Binnenmarktes auf die Industrie der Bundesrepublik Deutschland und der EG-Partnerländer, H. 33 der Studien zur Industriewirtschaft des Ifo-Instituts für Wirtschaftsforschung, München 1988

HAAS, H.-D. / FLEISCHMANN, R.: München als Industriestandort, Neuere Entwicklungstendenzen und kommunale Planungskonzepte. In: Geographische Rundschau, H. 12 / 1985, S. 607 – 615

HAAS, H.-D. / HANNSS, CH.: Kulturlandschaftliche Entwicklung und Landschaftsbelastung im Spiegel der Gewässerverschmutzung, dargestellt am Beispiel des Filstalgebietes, H. 55 der Tübinger Geographische Studien, Tübingen 1974, S. 1 – 53

HAAS, H.-D.: Junge Industrieansiedlungen im nordöstlichen Baden-Württemberg, H. 35 der Tübinger Geographische Studien, Tübingen 1970

HAMILTON, F. E. J.: Multinational enterprises and the european social community. In: Tijdschrift voor economische en sociale geographie, Nr. 5 / 1976, S. 258 – 278

Handelsblatt, Nr. 75 vom 19.04.1988

HANSEN, N.: Border regions; A critique of spatial theory and an european case study. In: Annals of Regional Science, 1977

HANSMEYER, K.-H.: Umweltpolitik als Wachstumspolitik. In: Ifo-Schnelldienst, H. 24 / 1979, S. 21 – 25

HARMON, R. L. / PETERSON, L.: Die neue Fabrik, Frankfurt am Main / New York 1990

HARTKE, S.: Methoden zur Erfassung der physischen Umwelt und ihrer anthropogenen Belastung, H. 23 der Beiträge zum Siedlungs- und Wohnungswesen und zur Raumplanung, Münster 1975

HASENPFLUG, H.: Umstrukturierung der Textilindustrie in der Oberlausitz. In: Geographische Rundschau, H. 9 / 1993, S. 516 – 520

HAVERKAMP, U.: Existenzgründungsberatung auf Kreisebene – Wirkungsweise und Optimierungsansätze, H. 182 der Arbeitsmaterialien zur Raumordnung und Raumplanung, Bayreuth 1999

HEINEBERG, H.: Großbritannien – Aspekte der Wirtschafts-, Regional- und Stadtentwicklung in der Thatcher-Ära. In: Geographische Rundschau, Heft 1 / 1991, S. 4 – 13

HERMIG, E. / DIPPER, M.: Beschäftigungspolitische Auswirkungen von Umweltschutzmaßnahmen in ausgewählten Sektoren der Wirtschaft, Frankfurt am Main 1977

HERRMANN, R.: Regional patterns of polyciclic ceromatic hydrocarbons in NE-Bavarian snow and their relationship to anthripogenic influence and air flow. In: Catena, Vol. 5 / 1978, S. 165 – 175

HOOVER, E. M.: Location theory and the shoe and leather industries, Cambridge 1937

HOTTES, K.-H.: Industriegeographie, Wege der Forschung, Bd. 329, Darmstadt 1976

HOTTES, K.-H.: Industrial estates. In: Konzeption der Industrieansiedlung, Siedlungsverband Ruhrkohlenbezirk, Essen 1977

HULSCH, J. / VEH, G. M.: Zur Salzbelastung von Werra und Weser. In: Neues Archiv für Niedersachsen, H. 4 / 1978, S. 267 – 377

HUMMELTENBERG, W.: Optimierungsmethoden zur betrieblichen Standortwahl, Würzburg / Wien 1981

IBLHER, P.: Verlust von Klein- und Mittelgewerbe in Altbaugebieten deutscher Städte. In: Der Städtetag, H. 12 / 1971, S. 804 – 807

IFO-Institut für Wirtschaftsforschung München (Hrsg.): Gesamtwirtschaftliche Wirkungen der Existenzgründungspolitik sowie Entwicklungen der aus öffentlichen Mitteln geförderten Unternehmensgründungen, Bd. 56 der Ifo-Studien zur Finanzpolitik, München 1994

Industrie- und Handelskammer für Oberfranken Bayreuth:
Betriebsübergreifende Kommunikation bei neuen Textilfirmen, KOMTEX:
Aufträge werden jetzt per Direktleitung abgewickelt.
In: Oberfränkische Wirtschaft, H. 4 / 1995, S. 6 – 7

Industrie- und Handelskammer für Oberfranken Bayreuth, Initiativkreis Textilzentrum Münchberg-Helmbrechts: Modellprojekt „Textilzentrum Münchberg-
Helmbrechts" – Endbericht, Bayreuth 1998

ISAKSEN, A.: New industrial spaces and industrial districts in Norway. In: European
Urban and Regional Studies, H. 1 / 1994, S. 31 – 48

IWERSEN, A. / SOMMERMEIER, H.-J.: Flugzeugbau – seine regionalwirtschaftlichen Verflechtungen und Hamburg als Zentrum der deutschen Luft- und
Raumfahrtindustrie. In: Standorte, H. 3 / 1991, S. 3 – 13

JAROSCH, D. / MAIER, J.: Unternehmensbiographien als Motivationsimpuls
regionaler Wirtschaftsentwicklung, H. 77 der Arbeitsmaterialien zur Raumordnung und Raumplanung, Bayreuth 1997

JORISSEN, H.-D. / KÄMPFER, S. / SCHULTE, M. J.: Die neue Fabrik: Chance und
Risiko industrieller Automatisierung, Düsseldorf 1986

JUEN, CH.: Die Theorie des sektoralen Strukturwandels. Konzeptionelle Grund-
überlegungen, Probleme und neuere theoretische Ansätze zur Erklärung
des sektoralen Strukturwandels, Bern 1983

KAISER, H.: Deutsche Umweltstandards sind ein Exportschlager. In: Umweltschutzmarkt von A – Z 1999. Ein Sonderband des UmweltMagazin, S. 10 – 11

KAISER, K.-H.: Industrielle Standortfaktoren und Betriebstypenbildung, Berlin 1979

KAMPMANN, R. M. / KÖPPEL, I.: Das wirtschaftliche Nord-Süd-Gefälle.
In: Wirtschaftsdienst, H. 11 / 1984, S. 568 – 572

KEEBLE, D. / BRYSON, J. / WOOD, P.: Small firms, business services growth and
regional development in the United Kingdom: Some empirical findings.
In: Regional Studies, No. 5 / 1991, S. 439 – 457

Kommission der Europäischen Gemeinschaften (Hrsg.): Vollendung des Binnenmarktes. Weißbuch der Kommission an den Europäischen Rat, Brüssel 1985

KREIKEBAUM, H.: Strategische Unternehmensplanung, Stuttgart 1991

LABASSE, J.: The geographical space of big companies.
In: Geoforum, Vol. 6 / 1975, S. 113 – 124

[ohne Autor]: Ländliche Industrialisierung in Entwicklungsländern, Ein Konzept
mit Zukunft. In: ifo-Schnelldienst, H. 22 / 1970, S. 10 – 165

Landratsamt Saalfeld-Rudolstadt (Hrsg.): Saalfeld-Rudolstadt –
Ein Thüringer Landkreis stellt sich vor, Saalfeld 1996

LEHMANN, U. / MÖSSINGER, W.: Regionale Arbeitsplatzdynamik in den neuen
Ländern. In: Informationen zur Raumentwicklung, H. 1 / 1996, S. 29 – 38

LEPPING, B. / HÖSCH, F.: Das Konjunkturverhalten von Zweigbetrieben in peri-
pheren Regionen. In: Akademie für Raumforschung und Landesplanung (Hrsg.):
Forschungs- und Sitzungsberichte der Akademie für Raumforschung und
Landesplanung, Bd. 156, Hannover 1984, S. 101 – 128

LLOYD, P. E. / DICKEN, P.: Location in Space, A Theoretical Approach to Economic Geography, London 1977

LORENZEN, F.: Existenzgründungen in Franken: Gründungsaktivitäten und Erfolgsfaktoren, H. 154 der Arbeitsmaterialien zur Raumordnung und Raumplanung, Bayreuth 1996

LUTZKY, N. / MARTIN, H.: Ökologische Richtwerte für eine regionalisierte Standortplanung. In: Stadtbauwelt, H. 12 / 1979, S. 77 – 87

MAHLENDORF, S.: Die Bedeutung von Standortgegebenheiten für die Entwicklung von Industriebetrieben, dargestellt am Beispiel BASF-Ludwigshafen. In: Geographie-Didaktik, München 1978, S. 74 – 116

MAIER, J., u. a.: England als Vorbild für Franken? Kommunale Wirtschaftspolitik in der Diskussion, H. 87 der Arbeitsmaterialien zur Raumordnung und Raumplanung, Bayreuth 1990

MAIER, J. / ADDEN, P. / PRUSCHWITZ, ST.: Verbesserung der strukturellen Wettbewerbsfähigkeit als Strategie der bayerischen Industrie. In: Akademie für Raumforschung und Raumplanung (Hrsg.): Arbeitsmaterial der Akademie für Raumforschung und Landesplanung, Hannover 1996, S. 103 – 113

MAIER, J. / DITTMEIER, V. / KOLLER, TH. / WEBER, W.: Existenzgründungen und ihre Relevanz für die regionalwirtschaftliche Entwicklung unter Betonung der Situation in Oberfranken. In: H. 170 der Arbeitsmaterialien zur Raumordnung und Raumplanung, Bayreuth 1998

MAIER, J. / WEBER, W.: Die Bedeutung des Handwerks und Kleingewerbes für die wirtschaftliche Entwicklung im Landkreis Saalfeld / Thüringen. In: Akademie für Raumforschung und Landesplanung (Hrsg.): Entwicklungsperspektiven für ländliche Räume. Thesen und Strategien zu veränderten Rahmenbedingungen, Arbeitsmaterial EV 197, Hannover 1993, S. 226 – 242

MALÉZIEUX, J.: Crise et restruction de la sidérurgie francaise. Le groupe Usinor. In: L'espace géographie, No. 3 / 1980, S. 183 – 196

MARANDON, J. C.: Die industrielle Flächenplanung im technologisch-organisatorischen Prozeß der Industrieentwicklung. In: H. 7 der Mannheimer Geographischen Arbeiten, Mannheim 1980, S. 53 – 68

MATTHES, R.: Analyse und Vorausschätzung der Arbeitsmarktsituation in einem regionalen Arbeitsmarkt bis zum Jahr 2000 als angewandte Arbeitsmarktforschung zur Unterstützung der Personalplanung eines Industrieunternehmens – das Beispiel der Cherry Mikroschalter GmbH/Opf., H. 93 der Arbeitsmaterialien zur Raumordnung und Raumplanung, Bayreuth 1990

MC DERMOTT, P. / KEEBEL, D.: Manufacturing organization and regional employment change. In: Regional Studies, Bd. 12 / 1978, S. 247 – 266

MCNEE, R. B.: Towards a more Humanistic Economic Geography, The Geography of Enterprise. In: Tijdschrift voor Economischeen Sociale Geografie, H. 8 / 1960, S. 201 – 206

METTLER-MEIBOM, B.: Internationalisierung der Produktion und Regionalentwicklung, Elsaß und Lothringen als Beispiele, New York, Frankfurt am Main 1979

MEYER, H. V. / MUHEIM, PH.: Employment is a territorial issue. In: The OECD Observer, No. 203 / 1996 – 97, S. 22 – 26

Mikus, W.: Industriegeographie, Themen der allgemeinen Industrieraumlehre, Erträge der Forschung, Bd. 104, Darmstadt 1978

Mikus, W.: Industrielle Verbundsysteme, Studien zur räumlichen Organisation der Industrie am Beispiel von Mehrwerksunternehmen in Südwestdeutschland, der Schweiz und Oberitalien, H. 57 der Heidelberger Geographischen Arbeiten, Heidelberg 1979

Mock, H. R. / Kundt, J.: Steuerungsmöglichkeiten der industriellen Standortwahl, Arbeitsberichte zur Orts-, Regional- und Landesplanung, Nr. 12, Zürich 1970

Müller, K.: Regionale Auswirkungen allgemeiner Unternehmenskonzentration. In: Informationsbulletin des nationalen schweizerischen Forschungsprogramms „Regionalprobleme", Nr. 7 / 1980, S. 11 – 17

Muske, G.: Theoretische Arbeitsmarktforschung in der Entwicklung: Ein forschungsstrategisches Angebot aus einer sozialgeographischen Perspektive. In: Raumforschung und Raumordnung, H. 3 / 1980, S. 115 – 125

Nuhn, H.: Globalisierung und Regionalisierung im Weltwirtschaftsraum. In: Geographische Rundschau, H. 3 / 1997

Obermaier, F. / Dittmeier, V. / Maier, J.: Arbeitsplatzdynamik und Unternehmensgründungen – Überprüfung der Funktion von Unternehmensgröße und –alter in Survivoranalysen im Raum Bayreuth. In: Schmude, J. (Hrsg.): Neue Unternehmen. Interdisziplinäre Beiträge zur Gründungsforschung, Bd. 108 der Reihe „Wirtschaftswissenschaftliche Beiträge", 1994, S. 127 – 137

[ohne Autor]: Mehr Chancen als Risiken - Produktintegrierter Umweltschutz gewinnt weltweit an Bedeutung. In: UmweltMarkt von A – Z ´98 Ein Sonderband des UmweltMagazin, Würzburg 1998

Paprocki, J. J. T.: Flexible Manufacturing systems automatiing the factory. 2nd International Manufacturing Management and Technology Conference, London 1978

Piore, M. H. J. / Sabel, C. F.: Das Ende der Massenproduktion, Frankfurt am Main 1989

Polivka, H.: Die chemische Industrie im Raum von Basel. In: H. 16 der Basler Beiträge zur Geographie, Basel 1974

Quasten, H.: Die Wirtschaftsformation der Schwerindustrie im Luxemburger Minett, Arbeiten aus dem Geographischen Institut der Universität des Saarlandes, Saarbrücken 1970

Quasten, H. / Soyez, D.: Erfassung und Typisierung industriell bewirkter Flächennutzungskonkurrenzen. In: Berichte und Abhandlungen des Deutschen Geographentages in Innsbruck, 1975, Wiesbaden 1976, S. 188 – 201

Quasten, H. / Soyez, D.: Völklingen-Fenne: Probleme industrieller Expansion in Wohnsiedlungsnähe. In: Berichte zur Deutschen Landeskunde, Bd. 50 / 1976, S. 245 – 284

RAWLINSON, M. / WELLS, P.: Japanese Globalization and the european automobile industry. In: Tijdschrift voor economischeen sociale geografie,
No. 5 / 1993, S. 349 – 463

RIEGER, H.: Automobilrecycling – Konzepte, Strukturen und räumliche Relevanz, H. 147 der Arbeitsmaterialien zur Raumordnung und Raumplanung,
Bayreuth 1995

RITTER, G. / HAIDU, I.: Die deutsch-deutsche Grenze, Bonn / Köln 1982

RITTER, U. P.: Die wirtschaftliche und raumordnerische Bedeutung der industrial parks in den USA. In: Akademie für Raumforschung und Landesplanung (Hrsg.):
Bd. 27 der Forschungs- und Sitzungsberichte der Akademie für Raumforschung und Landesplanung, Hannover 1962

ROHR, H.-G. V.: Die Tertiärisierung citynaher Gewerbegebiete. In: Bd. 46 der Berichte zur Deutschen Landeskunde, H. 1 / 1972, S. 29 – 48

RÖMHILD, G.: Der Ibbenbürener Steinkohlenbezirk, industriegeographische Lokalisationsvorgänge im Wandel. In: Geographische Rundschau,
H. 11 / 1976, S. 445 – 453

RÖNICKE, G.: Über Langzeitwirkungen von Luftverunreinigungen.
In: Deutsche UNESCO-Kommission (Hrsg.): Probleme der Nutzung und Erhaltung der Biosphäre, Köln 1969, S. 26 – 35

SCHAMP, E. W.: Im Blickpunkt: Industriegeographie.
In: Geolit, H. 3 / 1980, S. 99 – 105

SCHEYER, M. / SPRENGER, R. U.: Umwelttechnik: Marktchancen durch den Ökologischen Umbau unserer Industriegesellschaft.
In: Ifo-Schnelldienst, H. 10 / 1989, S. 2 – 10

SCHICKHOFF, I.: Räumliche Wirkungen der Industrie. In: Gaebe, W. (Hrsg.):
Handbuch des Geographieunterrichts Band 3 Industrie und Raum,
Köln 1988

SCHILL, C. O.: Industrielle Standortplanung, Frankfurt 1990

SCHILLING, H.: Standortfaktoren für die Industrieansiedlung, H. 27 der Veröffentlichungen des österreichischen Institut für Raumplanung, Wien 1968

SCHLIEBE, K. / HILLERHEIM, D.: Das Standortverhalten neuerrichteter und verlagerter Industriebetriebe im Zeitraum von 1970 – 1979.
In: Informationen zur Raumentwicklung, H. 11 / 1980, S. 611 – 633

SCHLIEBE, K. / HILLERHEIM, D.: Industrieansiedlungen: Das Standortwahlverhalten der Industriebetriebe in den Jahren von 1955 bis 1979,
Forschungen zur Raumentwicklung, Bd. 11, Bonn 1982

SCHMUDE, J. (Hrsg.): Neue Unternehmen. Interdisziplinäre Beiträge zur Gründungsforschung, Band 108 der Wirtschaftswissenschaftlichen Beiträge,
Heidelberg 1994

SCHMUDE, J.: Geförderte Unternehmensgründungen in Baden-Württemberg.
Eine Analyse der regionalen Unterschiede des Existenzgründungsgeschehens am Beispiel des Eigenkapitalhilfe-Programms (1979 – 1989), Stuttgart 1994

SCHRADER, M.: Die Eisen- und Stahlindustrie in der Bundesrepublik Deutschland unter besonderer Berücksichtigung des Raumes Salzgitter.
In: Die Erde, H. 1 – 2 / 1981, S. 33 – 59

SCHUMANN, M. / BAETHGE-KINSKY, V. / KUHLMANN, C. / NEUMANN, U.:
Trendreport Rationalisierung: Automobilindustrie, Werkzeugmaschinenbau,
Chemische Industrie, Berlin 1994

SCOTT, A. J.: New Industrial Spaces. Flexible Production Organization and Regional
Development in North America and Western Europe, London 1998

SEDLACEK, P.: Strukturumwandlung und Erneuerung in altindustriellen Standorten.
Konzepte und Erfahrungen in Schweden 1975 – 1990,
Bd. 4 der Jenaer Geographische Schriften, Jena 1994

SIEVERT, O. / HÄRING, N. / JANK, H.-H. / MOLITOR, CHR. / NAUST, H.:
Zur Standortqualität des Saarlandes, St. Ingbert 1991

SINZ, M.: Perspektiven von Niedergang und Revitalisierung: Industrie und
Gewerbe in der Stadtentwicklung. In: Informationen zur Raumentwicklung,
H. 10 – 11 / 1984, S. 1 111 – 1 128

SOYEZ, D.: Ressourcenverknappung und Konflikt, Bd. 35 der Arbeiten aus dem
Geographischen Institut der Universität des Saarlandes, Saarbrücken 1985

SPRENGER, R. U. / BRITSCHKAT, G.: Beschäftigungseffekte der Umweltpolitik,
München / Berlin 1979

SPRENGER, R. U. / BRITSCHKAT, G.: Struktur und Entwicklung der
Umweltschutzindustrie in der Bundesrepublik Deutschland,
Berichte des Umweltbundesamtes, Berlin 1984

STÄRK, J.: Standortplanung von Industrie- und Gewerbegebieten in den neuen
Bundesländern – das Beispiel des Kreises Greiz, H. 148 der Arbeitsmaterialien
zur Raumordnung und Raumplanung, Bayreuth 1996

STERNBERG, R.: Technologie- und Gründerzentren – Neues Instrument der
Wirtschaftsförderung? In: Wirtschaft und Standort, H. 3 – 4 / 1989, S. 15 – 21,
sowie Fortsetzung in H. 5 – 6 / 1989, S. 26 – 31

STOREY, D. J.: Entrepreneurship and the new firm, London 1982

STOREY, D. J.: Understanding sector: The small business, London / New York 1994

Süddeutsche Zeitung vom 24. April 1994

TANK, H.: Altindustrialisierte Gebiete. Lösungswege in den Regionen Pittsburgh /
USA und Glasgow / GB, H. 12 der ILS-Schriften, Dortmund 1988

THIELE, A.: Luftverunreinigung und Stadtklima im Großraum München,
insbesondere in ihrer Auswirkung auf epixyle Testflechten,
H. 49 der Bonner Geographischen Abhandlungen, Bonn 1974

THÜNEN, J. H. V.: Der isolierte Staat in Beziehung auf Landwirtschaft und
Nationalökonomie, Stuttgart 1966

THÜRAUF, G.: Industriestandorte in der Region München, Bd. 16 der Münchner
Studien zur Sozial- und Wirtschaftsgeographie, Kallmünz 1975

TOYNE, P.: Organisation, location and behavior:
Decisionsmaking in Economic Geography, London 1974

TYLOR, M. J. / THRIFT, N.: Large corporations and concepts tration of capital in Australia:
a geographcial analysis. In: Economic Geography, No. 4 / 1980, S. 261 – 280

ULLMANN, A. A. / ZIMMERMANN, K.: Umweltpolitik und Umweltschutzindustrie
in der BRD, Berichte des Umweltbundesamtes, Berlin 1981

WAGNER, H.-G.: Industrialisierung in Süditalien – Wachstumspolitik ohne Entwicklungsstrategie? In: H. 73 der Marburger Geographische Schriften, Marburg 1977

WELZEL, F.: Die Elektroindustrie in der BRD, eine industriegeographische Monographie, Dissertation, Köln 1974

WILSON, D. C.: A strategy of change, London / New York 1995

WITTENBERG, W.: Ein Erklärungsansatz zur Mobilität von Industriebetrieben, Züricher Geographische Schriften, H. 1 / 1981, S. 269 – 280

WOOD, P. A.: Industrial organization, location and planning. In: Regional Studies, Bd. 12 / 1978, S. 143 – 152

WÜRTH, M.: Dynamik des tertiären Sektors und Raumentwicklung – Strukturwandel, Standortpräferenzen und Ansätze einer dienstleistungsorientierten Regionalpolitik. In: Institut für Orts-, Regional- und Landesplanung der ETH-Zürich (Hrsg.): Berichte zur Orts-, Regional- und Landesplanung, Nr. 59, Zürich 1986

Verzeichnis der Abbildungen

Vorsätze (Quelle: Alexander Pro, Klett-Perthes, Gotha und Stuttgart 1996)
Vorderes Vorsatz: Deutschland: Wirtschaft, 1 : 3 000 000
Hinteres Vorsatz: linke Seite: Europa: Wirtschaft, 1 : 30 000 000
                  rechte Seite: Europa: Erwerbsstruktur und Arbeitslosigkeit,
                  1 : 30 000 000

Verzeichnis der Tabellen

Verzeichnis der Übersichten

Quellennachweis

Der Verlag dankt folgenden Verlagen, Autoren und Institutionen für die freundliche Erteilung von Abdruckgenehmigungen für die in Klammern gesetzten Abbildungen:

Akademie für Raumforschung und Landesplanung, Hannover (A 1),
H. Uhlig (A 2),
Georg Westermann Verlag, Braunschweig, Praxis Geographie (A 3: 7 – 8 / 98);
Geographische Rundschau (A 22: 9 / 93 – W. Dege, Essen; A 30 u. A 31: 5 / 89 – E. W.
Schamp, Frankfurt / Main; C 20: 49 / 97 – E. Giese, Gießen; E 13: 9 / 96, D. Soyez, Köln),
Luchterhand Literaturverlag GmbH, München (A 5, A 7),
Die Zeit, Zeitverlag Gerd Bucerius GmbH & Co, Hamburg (A 6),
© T. Formiczenko-Beyer in: geographie heute 155, Friedrich Verlag,
Seelze, 1997 (A 8),
Ernst Heuss (A 9),
Globus Infografik GmbH, Hamburg (A 10, E 12),
Umschau Buchverlag Breidenstein GmbH, Frankfurt / Main (A 11),
Verlag Ferdinand Schöning GmbH, Paderborn (A 12, A 13, B 1, B 2, B 3, B 4),
Franz Steiner Verlag Wiesbaden GmbH, Stuttgart (A 15, A 16),
Duncker & Humblot GmbH, Berlin (A 24),
Diebold Deutschland GmbH, Eschborn (A 29)
Wirtschaftsverlag Bachem, Köln (A 32),
Huss Verlag, München (A 33, A 34),
W. Kohlhammer GmbH, Stuttgart (B 6),
Bayerisches Staatsministerium für Wirtschaft, Verkehr und Technik,
München (B 13),
Bundesforschungsanstalt für Landeskunde und Raumordnung,
Bonn-Bad Godesberg (C 15),
Bundesministerium für Raumordnung, Bauwesen und Städtebau (D 1),
Arbeitsgemeinschaft Deutscher Technologie- und Gründerzentren e.V., Berlin (D 3),
Dortmunder Vertrieb für Bau- und Planungsliteratur (D 4),
Springer-Verlag GmbH & Co. KG, Wirkungsanalyse von Technologie- und
Gründerzentren in Westdeutschland, Heiko Behrendt, Wirtschaftswissenschaftliche Beiträge 123, Seite 67, 1996, Heidelberg (D 5, D 6),
Pressestelle Daimler-Benz AG, Stuttgart (E 5),
Helmut Kaiser Unternehmensberatung, Tübingen (E 8, E 9),
Aus: Öko-Audit; Autoren: Waldemar Hopfenbeck, Christine Jasch;
© 1995, verlag moderne industrie, Landsberg am Lech (E 10, E 11),
Betriebswirtschaftlicher Verlag Dr. Th. Gabler GmbH, Wiesbaden (E 14)

Trotz intensiver Recherchen ist es dem Verlag nicht gelungen für einige Abbildungen dieses Werkes die Rechteinhaber zu ermitteln. Der Verlag bittet um Nachsicht und ggf. um Geltendmachung der Rechte im Nachhinein!

Sachregister

Perthes GeographieKolleg

Diese neue Studienbuchreihe behandelt wichtige geographische Grundlagenthemen. Die Bücher dieser Reihe bestechen durch ihre Aktualität (Erscheinungsdaten ab 1994), ihre Kompetenz (ausschließlich von Hochschuldozenten verfasst) und ihre gute Lesbarkeit (zahlreiche Abbildungen, Karten und Tabellen). Sie sind daher für Studenten und Lehrer aller geo- und ökowissenschafilichen Disziplinen eine unverzichtbare Informationsquelle für die Aus- und Weiterbildung.

Physische Geographie Deutschlands
Herbert Liedtke und Joachim Marcinek (Hrsg.)
2. Auflage 1995, 560 Seiten, 3-623-00840-0

Das Klima der Städte
Von Fritz Fezer
1. Auflage 1995, 199 Seiten, 3-623-00841-9

Das Wasser der Erde
Eine geographische Meeres-
und Gewässerkunde
Von Joachim Marcinek und Erhard Rosenkranz
2. Auflage 1996, 328 Seiten, 3-623-00836-2

Naturressourcen der Erde und ihre Nutzung
Von Heiner Barsch und Klaus Bürger
2. Auflage 1996, 296 Seiten, 3-623-00838-9

Geographie der Erholung und des Tourismus
Von Bruno Benthien
1. Auflage 1997, 192 Seiten, 3-623-00845-1

Wirtschaftsgeographie Deutschlands
Elmar Kulke (Hrsg.)
1. Auflage 1998, 563 Seiten, 3-623-00837-0

Agrargeographie Deutschlands
Von Karl Eckart
1. Auflage 1998, 440 Seiten, 3-623-00832-X

Allgemeine Agrargeographie
Von Adolf Arnold
1. Auflage 1997, 248 Seiten, 3-623-00846-X

Lehrbuch der Allgemeinen
Physischen Geographie
Manfred Hendl und Herbert Liedtke (Hrsg.)
3. Auflage 1997, 867 Seiten, 3-623-00839-7

Umweltplanung und -bewertung
Von Einhardt Schmidt-Kallert,
Christian Poschmann und
Christoph Riebenstahl
1. Auflage 1998, 152 Seiten, 3-623-00847-8

Landschaftsentwicklung in Mitteleuropa
Von H.-R. Bork u. a.
1. Auflage 1998, 328 Seiten, 3-623-00849-4

Geographisch denken und
Wissenschaftlich arbeiten
Von Axel Borsdorf
1. Auflge 1999, 160 Seiten, 3-623-00649-1

Arbeitsmethoden in Physiogeographie
und Geoökologie
Heiner Barsch, Konrad Billwitz,
Hans-Rudolf Bork (Hrsg.)
1 Auflage 2000, 612 Seiten, 3-623-00848-6

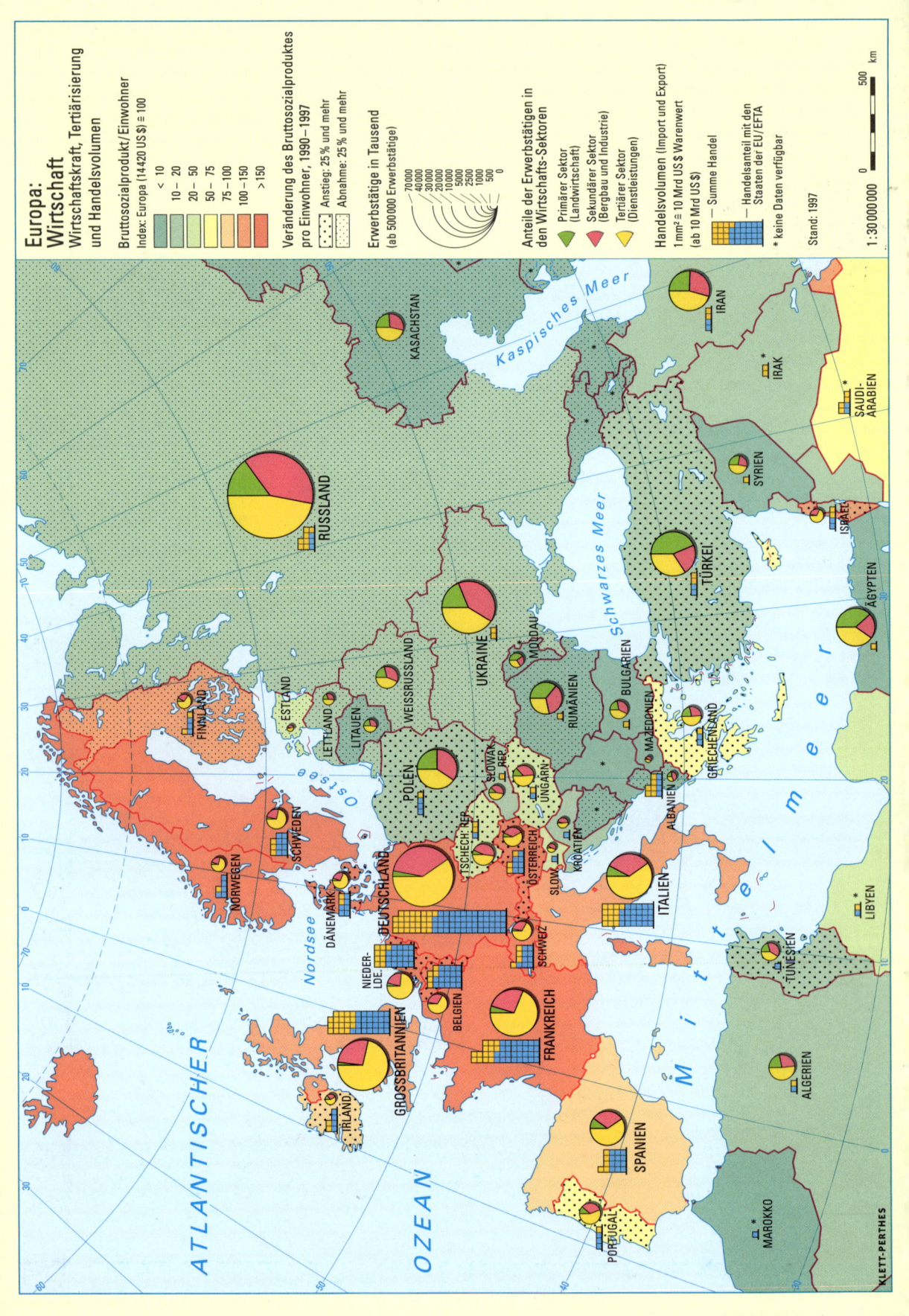

Europa: Wirtschaft
Wirtschaftskraft, Tertiärisierung und Handelsvolumen

Bruttosozialprodukt/Einwohner
Index: Europa (14420 US $) ≙ 100

< 10
10 – 20
20 – 50
50 – 75
75 – 100
100 – 150
> 150

Veränderung des Bruttosozialproduktes pro Einwohner, 1990–1997
Anstieg: 25% und mehr
Abnahme: 25% und mehr

Erwerbstätige in Tausend
(ab 500000 Erwerbstätige)
70000
40000
30000
20000
10000
5000
2500
1000
500
0

Anteile der Erwerbstätigen in den Wirtschafts-Sektoren
Primärer Sektor (Landwirtschaft)
Sekundärer Sektor (Bergbau und Industrie)
Tertiärer Sektor (Dienstleistungen)

Handelsvolumen (Import und Export)
1 mm² ≙ 10 Mrd US $ Warenwert (ab 10 Mrd US$)
Summe Handel
Handelsanteil mit den Staaten der EU/EFTA
* keine Daten verfügbar

Stand: 1997

1 : 30000000

0   500 km

KLETT-PERTHES

ATLANTISCHER OZEAN

Nordsee

Ostsee

Kaspisches Meer

Schwarzes Meer

Mittelmeer

RUSSLAND
KASACHSTAN
IRAN
IRAK
SAUDI-ARABIEN
SYRIEN
ISRAEL
ÄGYPTEN
TÜRKEI
UKRAINE
MOLDAU
WEISSRUSSLAND
ESTLAND
LETTLAND
LITAUEN
FINNLAND
SCHWEDEN
NORWEGEN
DÄNEMARK
NIEDER-LDE.
GROSSBRITANNIEN
IRLAND
BELGIEN
DEUTSCHLAND
POLEN
TSCHECH. REP.
SLOWAK. REP.
ÖSTERREICH
SCHWEIZ
SLOW.
KROATIEN
UNGARN
RUMÄNIEN
BULGARIEN
MAZEDONIEN
ALBANIEN
GRIECHENLAND
ITALIEN
FRANKREICH
SPANIEN
PORTUGAL
MAROKKO
ALGERIEN
TUNESIEN
LIBYEN